高职高专工作过程·立体化创新规划教材——计算机系列

Visual Basic 程序设计与应用开发

王韦伟　王海军　主　编

郑广成　杨　波　蔡　寅　副主编

清华大学出版社

北　京

内容简介

Visual Basic 是 Windows 环境下的软件开发工具，它功能强大，可以快捷而简单地开发 Windows 应用软件，还可以用于开发数据库、多媒体和网络通信等复杂的应用软件。本书系统地介绍了 Visual Basic 面向对象可视化程序设计的方法与技术。全书共分 17 章，分别介绍了 Visual Basic 程序开发环境、对象及其操作、简单程序设计、Visual Basic 程序设计基础、数据的输入与输出、控制结构、数组、常用标准控件、过程、键盘和鼠标的事件过程、菜单程序设计、对话框程序设计、多重窗体程序设计环境应用、文件处理、多媒体应用开发和数据库编程初步等内容。

本书以“工作场景导入”→“知识讲解”→“回到工作场景”→“工作实训营”为主线编写，内容系统全面，图文并茂，实例丰富，文字叙述简明易懂，同时尽量将复杂的问题简单化，设计方法尽量简捷，程序功能力求完善。本书还强调实用性和可操作性，尤其注重程序设计能力的培养。通过本书的学习，读者能快速熟悉 Visual Basic 的编程方法和技巧，得心应手地解决实际问题，可以全面掌握 Visual Basic 面向对象可视化程序设计方法和开发技术。每章末尾均提供了工作实训，以提升读者的理解及操作能力。

本书既可作为高职高专院校计算机专业的教材，也可作为工具书供从事计算机应用开发的各类人员使用，还可作为参加计算机等级考试二级 Visual Basic 考试的人员或编程初学者的自学用书。

图书在版编目(CIP)数据

Visual Basic 程序设计与应用开发/王韦伟，王海军主编；郑广成，杨波，蔡寅副主编. --北京：清华大学出版社，2012

(高职高专工作过程・立体化创新规划教材——计算机系列)

ISBN 978-7-302-29668-3

Ⅰ. ①V…　Ⅱ. ①王…　②王…　③郑…　④杨…　⑤蔡…　Ⅲ. ①BASIC 语言—程序设计—高等职业教育—教材　Ⅳ. ①TP312

中国版本图书馆 CIP 数据核字(2012)第 176923 号

责任编辑：章忆文　杨作梅
封面设计：刘孝琼
责任校对：周剑云
责任印制：何　芊

出版发行：清华大学出版社
网　　址：http://www.tup.com.cn，http://www.wqbook.com
地　　址：北京清华大学学研大厦 A 座　　**邮　　编**：100084
社 总 机：010-62770175　　**邮　　购**：010-62786544
投稿与读者服务：010-62776969，c-service@tup.tsinghua.edu.cn
质 量 反 馈：010-62772015，zhiliang@tup.tsinghua.edu.cn
课 件 下 载：http://www.tup.com.cn,010-62791865
印 装 者：三河市金元印装有限公司
经　　销：全国新华书店
开　　本：185mm×260mm　　**印　　张**：27　　**字　　数**：654 千字
版　　次：2012 年 9 月第 1 版　　**印　　次**：2012 年 9 月第1 次印刷
印　　数：1～4000
定　　价：48.00 元

产品编号：035921-01

丛　书　序

高等职业教育强调“以服务为宗旨，以就业为导向，走产学结合发展的道路”。服务社会、促进就业和提高社会对毕业生的满意度，是衡量高等职业教育是否成功的重要指标。坚持“以服务为宗旨，以就业为导向，走产学结合发展的道路”体现了高等职业教育的本质，是适应社会发展的必然选择。为了提高高职院校的教学质量，培养符合社会需求的高素质人才，我们计划打破传统的高职教材以学科体系为中心，讲述大量理论知识，再配以实例的编写模式，设计一套突出应用性、实践性的丛书。一方面，强调课程内容的应用性，以解决实际问题为中心，而不是以学科体系为中心，基础理论知识以应用为目的，以“必需、够用”为度；另一方面，强调课程的实践性，在教学过程中增加实践性环节的比重。

2009 年 5 月，我们组织全国高等职业院校的专家、教授组成了“高职高专工作过程·立体化创新规划教材”编审委员会，全面研讨人才培养方案，并结合当前高职教育的实际情况，历时近两年精心打造了这套“高职高专工作过程·立体化创新规划教材”丛书。

我们希望通过对这一套全新的、突出职业素质需求的高质量教材的出版和使用，促进技能型人才培养的发展。

本套丛书以“工作过程为导向”，强调以培养学生的职业行为能力为宗旨，以现实的职业要求为主线，选择与职业相关的教学内容组织开展教学活动和过程，使学生在学习和实践中掌握职业技能、专业知识及工作方法，从而构建属于自己的经验和知识体系，以解决工作中的实际问题。

本丛书首推书目

- 计算机应用基础
- 办公自动化技术应用教程
- 计算机组装与维修技术
- C++语言程序设计与应用教程
- C 语言程序设计
- Java 2 程序设计与应用教程
- Visual Basic 程序设计与应用开发
- Visual C# 2008 程序设计与应用教程
- 网页设计与制作
- 计算机网络安全技术
- 计算机网络规划与设计
- 局域网组建、管理与维护实用教程
- 基于.NET 3.5 的网站项目开发实践
- Windows Server 2008 网络操作系统
- 基于项目教学的 ASP.NET(C#)程序开发设计
- SQL Server 2008 数据库技术实用教程
- 数据库应用技术实训指导教程(SQL Server 版)

- 单片机原理及应用技术
- 基于 ARM 的嵌入式系统接口技术
- 数据结构实用教程
- AutoCAD 2010 实用教程
- C# Web 数据库编程

丛书特点

(1) 以项目为依托，注重能力训练。以“工作场景导入”→“知识讲解”→“回到工作场景”→“工作实训营”为主线编写，体现了以能力为本位的教育模式。

(2) 内容具有较强的针对性和实用性。丛书以贴近职业岗位要求、注重职业素质培养为基础，以“解决工作场景”为中心展开内容，书中每一章节都涵盖了完成工作所需的知识和具体操作过程。基础理论知识以应用为目的，以“必需、够用”为度，因而具有很强的针对性与实用性，可提高学生的实际操作能力。

(3) 易于学习、提高能力。通过具体案例引出问题，在掌握知识后立刻回到工作场景解决实际问题，使学生很快上手，提高实际操作能力；每章末的“工作实训营”板块都安排了有代表意义的实训练习，针对问题给出明确的解决步骤，并给出了解决问题的技术要点，且对工作实践中的常见问题进行分析，使学生进一步提高操作能力。

(4) 示例丰富、由浅入深。书中配备了大量经过精心挑选的例题，既能帮助读者理解知识，又具有启发性。针对较难理解的问题，例子都是从简单到复杂，内容逐步深入。

读者定位

本系列教材主要面向高等职业技术院校和应用型本科院校，同时也非常适合计算机培训班和编程开发人员培训、自学使用。

关于作者

丛书编委会特聘执教多年且有较高学术造诣和实践经验的名师参与各册的编写。他们长期从事有关的教学和开发研究工作，积累了丰富的经验，对相应课程有较深的体会与独特的见解，本丛书凝聚了他们多年的教学经验和心血。

互动交流

本丛书保持了清华大学出版社一贯严谨、科学的图书风格，但由于我国计算机应用技术教育正在蓬勃发展，要编写出满足新形势下教学需求的教材，还需要我们不断地努力和实践。因此，我们非常欢迎全国更多的高校老师积极加入到“高职高专工作过程·立体化创新规划教材——计算机系列”编审委员会中来，推荐并参与编写有特色、有创新的教材。同时，我们真诚希望使用本丛书的教师、学生和读者朋友提出宝贵的意见和建议，使之更臻成熟。联系信箱：Book21Press@126.com。

丛书编委会

前　言

Visual Basic 是美国微软公司推出的 Windows 环境下的软件开发工具，它采用面向对象的编程技术，巧妙地把开发 Windows 环境下应用程序的复杂性“封装”起来，能够快捷而又简单地开发 Windows 应用软件，同时 Visual Basic 使用事件驱动的编程思想，提高了应用程序的灵活性、方便性。Visual Basic 功能强大，除了可开发简单的应用程序外，还可以用于开发数据库、多媒体和网络通信等复杂的应用软件。

为了普及计算机知识、提高计算机的应用水平，国内先后推出了一系列有关计算机的考试，且规模在不断扩大。为了满足教学和计算机考试的实际需要，作者编写了《Visual Basic 程序设计与应用开发》一书。

本书以 Visual Basic 6.0 为基础，系统地介绍了 Visual Basic 面向对象可视化程序设计的方法和技术。

全书共分 17 章，主要内容包括：Visual Basic 程序开发环境、对象及其操作、简单程序设计、Visual Basic 程序设计基础、数据的输入与输出、控制结构、数组、常用标准控件、过程、键盘和鼠标事件过程、菜单程序设计、对话框程序设计、多重窗体程序设计环境应用、文件处理、多媒体应用开发、数据库编程初步，最后一章介绍一个综合性的编程案例。每章都提供了多种形式的习题(附录中提供答案)和上机操作题供读者练习和实践。

本书内容系统、全面，图文并茂，实例丰富，文字叙述简明易懂，同时尽量将复杂的问题简单化，设计方法尽量简捷，程序功能力求完善，本书还强调实用性和可操作性，尤其注重程序设计能力的培养。通过学习本书，读者能快速熟悉 Visual Basic 的编程方法和技巧，得心应手地解决实际问题，使读者可以全面掌握 Visual Basic 面向对象可视化程序设计的方法和开发技术。

为了指导和帮助学生顺利地通过计算机等级考试二级 Visual Basic 语言程序设计考试，本书在编写每章习题时，特意按照等级考试的题型进行编写，并编入了历年考试真题。本书中所有的例题源代码及习题的答案源代码都在电脑上成功通过调试。

本书在每一章的第一节一般会有一个工作场景导入，并提出引导问题，使读者带着问题学习每章的内容。工作场景有的比较实用，有的具有很强的娱乐性，这样能提高读者的学习兴趣。在相应章的后面，会给出工作场景的解决办法，读者可以在完成本章知识的学习后参考章后解答，完成对工作场景的设计。每一章的工作场景都具有一定的综合性，可以培养读者的思维能力、自学能力和操作能力。

本书既可作为高职高专院校计算机专业的教材，也可作为工具书供从事计算机应用开发的各类人员使用，还可作为参加计算机等级考试二级 Visual Basic 考试的人员或编程初学者的自学用书。

本书由王韦伟、王海军任主编，郑广成、杨波、蔡寅任副主编。在本书编写过程中，臧传相、张居晓、姚昌顺、许勇、杨明、杨萍、赵传审、李海、赵明、张伍荣、范荣钢、钱阳勇、陈芳等同志给予了很大的帮助。限于作者水平，书中难免存在不足之处，恳请广大读者批评指正。

目 录

第 1 章

Visual Basic 程序开发环境

- Visual Basic 的特点。
- Visual Basic 的安装和启动方法。
- Visual Basic 的集成开发环境。

- 初步了解 Visual Basic。
- 学会 Visual Basic 的安装和启动。
- 掌握 Visual Basic 工具的使用。

1.1 Visual Basic 的发展、特点及版本

1.1.1 Visual Basic 的发展

Visual Basic 是在 BASIC 语言的基础上开发而成的，它具有 BASIC 语言易学易用的优点，同时增加了结构化和可视化程序设计的功能。它是一种可视化的、面向对象的和采用事件驱动方式的结构化高级程序设计语言，可用于开发 Windows 环境下的各类应用程序。

在 Visual Basic 环境下，利用事件驱动的编程机制、新颖易用的可视化设计工具，借助于 Windows 内部的应用程序编程接口(API)函数，以及动态链接库(DLL)、动态数据交换(DDE)、对象的链接与嵌入(OLE)、开放式数据库连接(ODBC)等技术，可以高效、快速地开发出 Windows 环境下功能强大、图形界面丰富的应用软件系统。

1.1.2 Visual Basic 的特点

Visual Basic 主要有以下两个特点。

1. 可视化界面设计

在用传统程序设计语言来设计程序时，都是通过编写程序代码来设计用户界面的，在设计过程中看不到界面的实际显示效果，必须在编译和运行程序后才能观察。如果对界面的效果不满意，还要回到程序中去修改，这种“编程—编译—修改”的操作可能要反复多次，极大地影响了软件开发的效率。Visual Basic 提供了可视化设计工具，把 Windows 界面设计的复杂性“封装”起来，开发人员不必为界面设计而编写大量的程序代码，只需要按设计要求的屏幕布局，用系统提供的工具，在屏幕上画出各种“部件”，即图形化对象，并设置这些图形化对象的属性。Visual Basic 会自动产生界面设计代码，程序设计人员只需要编写实现程序功能的那部分代码即可，这样可以提高程序设计的效率。

Visual Basic 支持面向对象的程序设计，但它与一般的面向对象的程序设计语言(如 C++)不完全相同。在一般的面向对象程序设计语言中，对象由程序代码和数据组成，是抽象的概念；而 Visual Basic 则是应用面向对象的程序设计方法(OOP)，把程序设计和数据封装起来作为一个对象，并对每个对象赋予应有的属性，使对象成为实在的东西。在设计对象时，不必编写建立和描述每个对象的程序代码，而是直接用工具画在界面上，因此对象都是可视的。

2. 事件驱动的编程机制

Visual Basic 通过事件来执行对象的操作。一个对象可能会产生多个事件，每个事件都可以通过一段程序来响应。例如，命令按钮是一个对象，当用户单击该按钮时，将产生一个“单击”(Click)事件，而在产生该事件时将执行一段程序，用来实现指定的操作。

在用 Visual Basic 设计大型应用软件时，不必建立具有明显开始和结束的程序，而是编写若干个微小的子程序，即过程，这些过程分别面向不同的对象，由用户操作引发某个事件来驱动执行某种特定的功能，或者由事件驱动程序调用通用过程来执行指定的操作。这样可以为编程人员带来很大的方便，从而提高工作效率。

1.1.3　Visual Basic 的版本

Microsoft 公司于 1991 年推出 Visual Basic 1.0 版，获得了巨大的成功，接着于 1992 年秋天推出 2.0 版，1993 年 4 月推出 3.0 版，1995 年 10 月推出 4.0 版，1997 年推出 5.0 版，1998 年推出 6.0 版，2002 年，微软公司又推出了全新的 Visual Basic .NET 版，它是微软较新的平台技术，版本号是 Visual Basic 7.0，直接建立在.NET 的框架结构上，支持可视化继承，并且包含了许多新的特性，成为真正面向对象以及支持继承性的语言。但是，Visual Basic .NET 是为建造基于因特网的分布式计算而设计的，对于目前仍比较普遍的 Win32 环境来讲，Visual Basic .NET 并没有比 Visual Basic 6.0 有什么进步。随着版本的改进，Visual Basic 已逐渐成为简单易学、功能强大的编程工具。从 1.0 到 4.0 版，Visual Basic 只有英文版；而 5.0 版以后的 Visual Basic 在推出英文版的同时，又推出了中文版，大大方便了中国用户。

本书是以 Visual Basic 6.0 为蓝本的，它包括 3 种版本：标准版、专业版和企业版。这三个版本的基础是一致的，只不过为了适应不同层次用户的需要，在工具提供的方面有所不同。因此，大多数应用程序在三种版本中都通用，下面简要介绍这三个版本的各自特点。

- 标准版(也称学习版)：它是为初学者了解基于 Windows 平台的应用程序开发而设计的，是 Visual Basic 的基础版本，可以用来开发 Windows 应用程序。该版本包括所有的内部控件(标准控件)、网格控件、Tab 对象及数据绑定控件。
- 专业版：它是为专业人员创建客户/服务器应用程序而设计的，为专业编程人员提供了一整套用于软件开发的功能完备的工具，包括了学习版中的全部功能，同时包括 ActiveX 控件、Internet 控件、Crystal Report Writer 和报表控件。
- 企业版：它是为创建更高级的分布式、高性能的客户/服务器或 Internet/Intranet 上的应用程序而设计的。该版本包括专业版的全部内容，并具有自动化管理器、部件管理器、数据库管理工具、Microsoft Visual SourceSafe 面向工程版的控制系统等。

本书使用的是 Visual Basic 6.0 中文企业版，但其内容可用于专业版和学习版，所有程序均可以在专业版和学习版中运行。Visual Basic 6.0 是专门为 Microsoft 的 32 位操作系统设计的，可用来建立 32 位的应用程序。在 Windows XP 环境下，用 Visual Basic 6.0 的编译器可以自动生成 32 位应用程序。这样的应用程序在 32 位操作系统下运行时，速度快、安全，并且适合在多任务环境下运行。

1.2　Visual Basic 的集成开发环境介绍

在通过“开始”菜单或者桌面快捷图标启动 Visual Basic 6.0 后，将会出现如图 1.1 所示的启动界面。

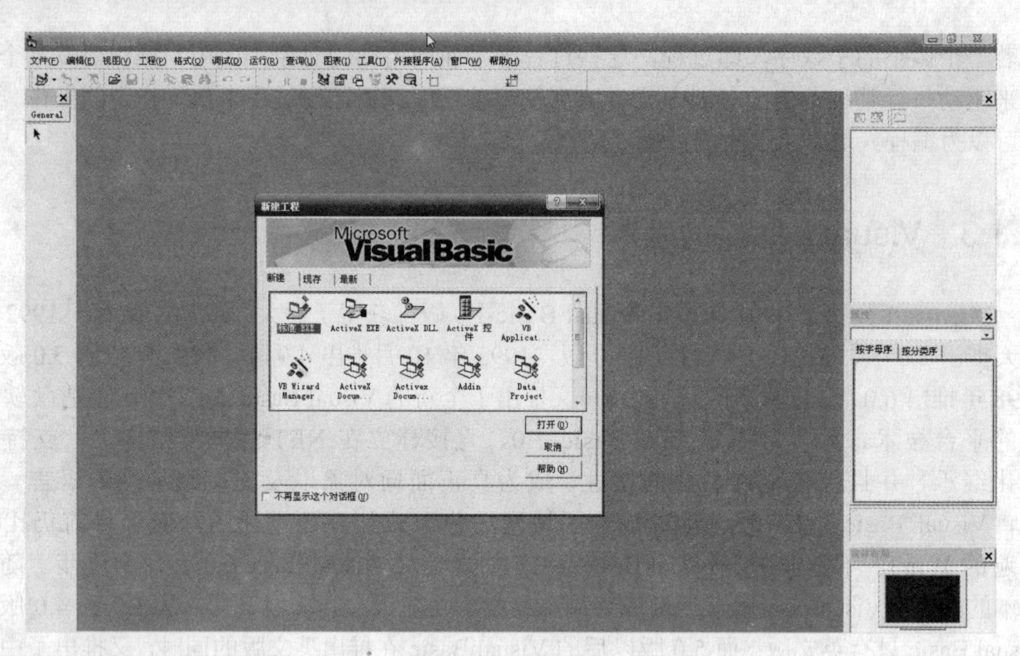

图 1.1　启动界面

每次启动 Visual Basic 时，将弹出“新建工程”对话框，默认新建一个标准的 EXE。单击“打开”按钮，将进入 Visual Basic 6.0 应用程序的集成开发环境主窗口，如图 1.2 所示。

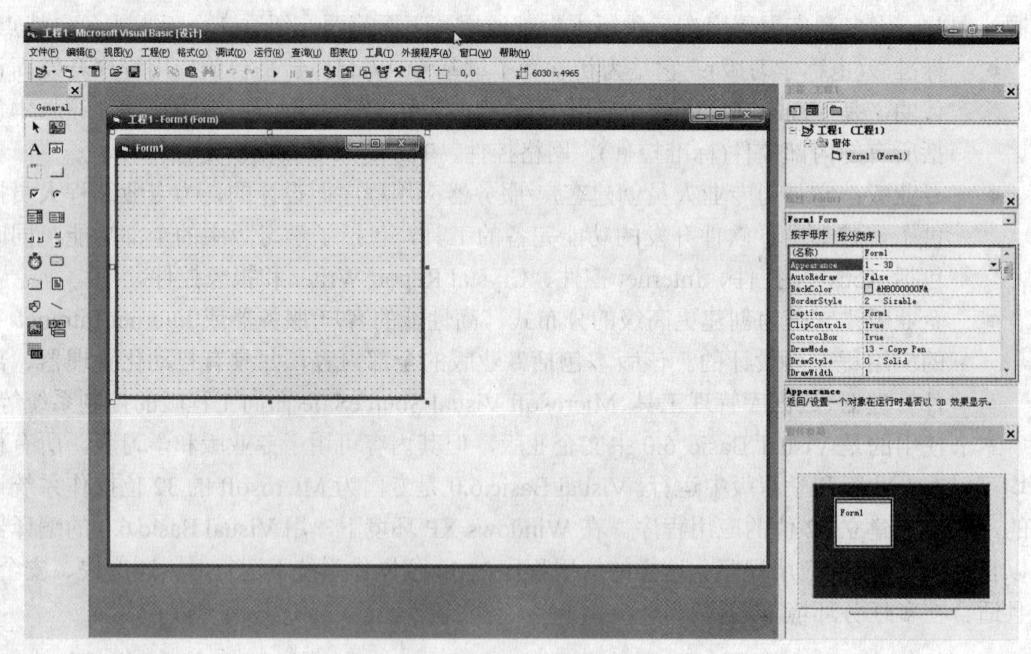

图 1.2　集成开发环境主窗口

1.2.1　标题栏、菜单栏和工具栏

启动 Visual Basic 6.0 后，在集成开发环境的顶部依次排列着标题栏、菜单栏和工具栏(参

见图 1.2)，下面将针对这 3 个栏的功能分别进行说明。

1. 标题栏

标题栏是屏幕顶部的水平条，它显示的是应用程序的名字。用户与标题栏之间的交互关系由 Windows 来处理，而不是由应用程序处理。启动 Visual Basic 后，标题栏中显示的信息如下：

```
工程 1 - Microsoft Visual Basic[设计]
```

方括号中的“设计”表明当前的工作状态是“设计阶段”。随着工作状态的不同，方括号中的信息也随之改变，可能会是“运行”或是 Break，分别代表“运行阶段”或“中断阶段”。这 3 个阶段也分别称为“设计模式阶段”、“运行模式阶段”和“中断模式阶段”。

2. 菜单栏

在标题栏的下面是集成开发环境的主菜单。菜单栏中的菜单命令提供了开发、调试和保存应用程序所需要的工具。Visual Basic 6.0 中文版的菜单栏共有 13 个主菜单，即“文件”、“编辑”、“视图”、“工程”、“格式”、“调试”、“运行”、“查询”、“图表”、“工具”、“外接程序”、“窗口”和“帮助”。每个菜单含有若干个菜单项，用于执行不同的操作。用鼠标单击某个菜单，将弹出下拉菜单，然后选择其中的某一项就能执行相应的菜单命令。

3. 工具栏

Visual Basic 6.0 提供了 4 种工具栏，包括“编辑”、“标准”、“窗体编辑器”和“调试”，并且用户可根据需要定义自己的工具栏。在一般情况下，集成开发环境中只显示标准工具栏，其他工具栏可以通过“视图”菜单中的“工具栏”命令打开(或关闭)。

标准工具栏位于菜单栏的下面，它以图标按钮的形式提供了部分常用菜单命令的功能。只要单击代表某个命令的图标按钮，就能直接执行相应的菜单命令。标准工具栏中有 20 个图标按钮，代表 20 种操作，如图 1.3 所示。大多数图标都有与之等价的菜单命令。

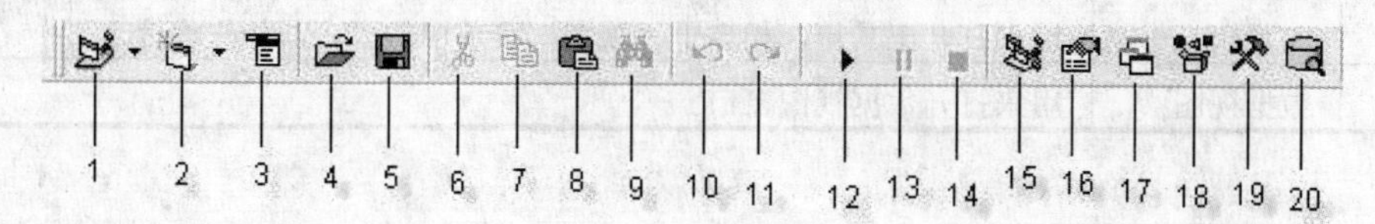

图 1.3　标准工具栏

表 1.1 中列出了“标准”工具栏中各图标按钮的作用(表中的编号与图 1.3 中的图标按钮编号对应)。

表 1.1　“标准”工具栏图标及作用

编　号	名　称	作　用
1	新建工程	新建一个新工程，相当于“文件”菜单中的“新建工程”命令
2	添加窗体	在工程中添加一个新窗体，相当于“工程”菜单中的“添加窗体”命令
3	菜单编辑器	用来打开菜单编辑对话框，相当于“工具”菜单中的“菜单编辑器”命令

续表

编　号	名　称	作　用
4	打开工程	用来打开一个已经存在的 Visual Basic 工程文件，相当于“文件”菜单中的“打开工程”命令
5	保存工程	用来保存当前的 Visual Basic 工程(组)文件，相当于“文件”菜单中的“保存工程”命令
6	剪切	把选择的内容剪切到剪贴板，相当于“编辑”菜单中的“剪切”命令
7	复制	把选择的内容复制到剪贴板，相当于“编辑”菜单中的“复制”命令
8	粘贴	把剪贴板的内容复制到当前插入位置，相当于“编辑”菜单中的“粘贴”命令
9	查找	用来打开“查找”对话框，相当于“编辑”菜单中的“查找”命令
10	撤消	用来撤消当前的修改
11	重复	对“撤消”的反操作
12	启动	用来运行一个应用程序，相当于“运行”菜单中的“启动”命令
13	中断	暂停正在运行的程序(可以用“启动”按钮或按 Shift+F5 组合键继续)，相当于按 Ctrl+Break 组合键或执行“运行”菜单中的“中断”命令
14	结束	结束一个应用程序的运行并回到设计窗口，相当于“运行”菜单中的“结束”命令
15	工程资源管理器	用来打开工程资源管理器窗口，相当于“视图”菜单中的“工程资源管理器”命令
16	属性窗口	用来打开属性窗口，相当于“视图”菜单中的“属性窗口”命令
17	窗体布局窗口	用来打开窗体布局窗口，相当于“视图”菜单中的“窗体布局窗口”命令
18	对象浏览器	用来打开“对象浏览器”对话框，相当于“视图”菜单中的“对象浏览器”命令
19	工具箱	用来打开工具箱，相当于“视图”菜单中的“工具箱”命令
20	数据视图	用来打开数据视图窗口

1.2.2　工作窗口

除主窗口外，Visual Basic 6.0 的编程环境中还包含其他一些窗口，例如窗体设计器窗口、属性窗口、工程资源管理器窗口、工具箱窗口、调色板窗口、代码窗口和立即窗口。本节将介绍部分窗口。

1. 窗体设计器和工程资源管理器

(1)　窗体设计器窗口

窗体设计器窗口也称对象窗口，如图 1.4 所示。

窗体设计窗口用于应用程序的用户界面设计，通过在窗体上画出各类控件并设置相应的属性来完成窗体的设计。每个窗体必须有一个名字，默认为 Form1，扩展名为.frm。用户可以通过选择“工程”→“添加窗体”命令来新建或添加窗体。

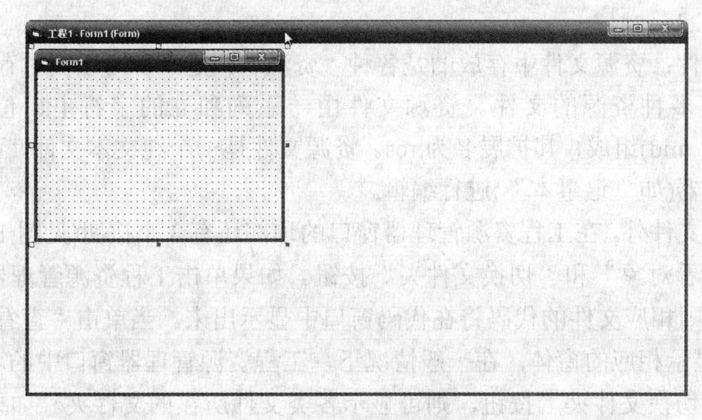

图 1.4　窗体设计器窗口

(2) 工程资源管理器窗口

Visual Basic 把一个应用程序称为一个工程，工程包含了一个应用程序的所有文件。工程资源管理器就是用来管理这些文件的，其窗口如图 1.5 所示。

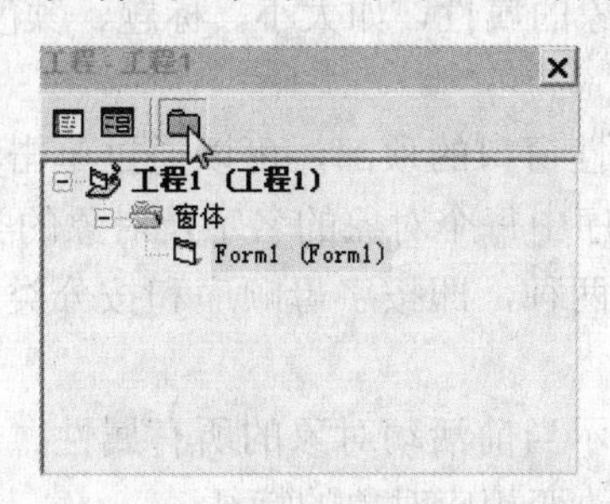

图 1.5　工程资源管理器窗口

在工程资源管理器窗口中，含有建立一个应用程序所需要的文件的清单。工程资源管理器窗口中的文件可以分为 6 类，即窗体文件(.frm)、标准模块文件(.bas)、类模块文件(.cls)、工程文件(.vbp)、工程组文件(.vbg)和资源文件(.res)。现分别说明如下。

- 窗体文件：窗体文件的扩展名为.frm，每个窗体对应一个窗体文件，窗体及其控件的属性和其他信息(包括代码)都存放在该窗体文件中。一个应用程序可以有多个窗体(最多可达 255 个)，因此就可以有多个以.frm 为扩展名的窗体文件。
- 工程文件与工程组文件：工程文件的扩展名为.vbp，每个工程对应一个工程文件。当一个程序包括两个以上的工程时，这些工程构成一个工程组，工程组文件的扩展名为.vbg。选择“文件”菜单中的“新建工程”命令可以建立一个新的工程，选择“打开工程”命令可以打开一个已有的工程，而选择“添加工程”命令可以添加一个工程。
- 标准模块文件：标准模块文件也称为程序模块文件，其扩展名为.bas，它是为合理组织程序而设计的。标准模块由程序代码组成，主要用来声明全局变量和定义一些通用的过程，可以被不同窗体的程序调用。

- 类模块文件：Visual Basic 提供了大量预定义的类，同时也允许用户根据需要定义自己的类，用户通过类模块来定义自己的类，每个类都用一个文件来保存，其扩展名为.cls。
- 资源文件：资源文件中存放的是各种“资源”，是一种可以同时存放文本、图片、声音等多种资源的文件。资源文件由一系列独立的字符串、位图及声音文件(.wav、.mid)组成，其扩展名为.res。资源文件是一个纯文本文件，可以用简单的文字编辑器(如“记事本”)进行编辑。

除上面几种文件外，在工程资源管理器窗口的顶部还有 3 个按钮(见图 1.5)，分别为“查看代码”、“查看对象”和“切换文件夹”按钮。如果单击工程资源管理器窗口中的“查看代码”按钮，则相应文件的代码将在代码窗口中显示出来。当单击“查看对象”按钮时，Visual Basic 将显示相应的窗体。在一般情况下，工程资源管理器窗口中的项目不显示文件夹，如果单击“切换文件夹”按钮，则可显示各类文件所在的文件夹。如果再单击一次该按钮，则取消文件夹显示。

2. 属性窗口和工具箱窗口

(1) 属性窗口

属性窗口用于设置所选对象的属性，如大小、标题、颜色、字体等，如图 1.6 所示。它主要由以下 4 个部分组成。

- 对象列表框：位于属性窗口的顶部，可以通过单击其右端向下的箭头显示下拉列表，其内容为应用程序中每个对象的名字及对象的类型。
- 属性显示方式：分为两种，即按字母顺序和按分类顺序，分别通过单击相应的按钮来实现。
- 属性列表框：可以显示当前活动对象的所有属性，以便观察或设置每项属性的当前值。属性的变化将改变相应对象的特征。
- 属性说明：显示该属性名称并对其做功能说明。

(2) 工具箱窗口

Visual Basic 6.0 的工具箱窗口位于窗体的左侧，如图 1.7 所示。

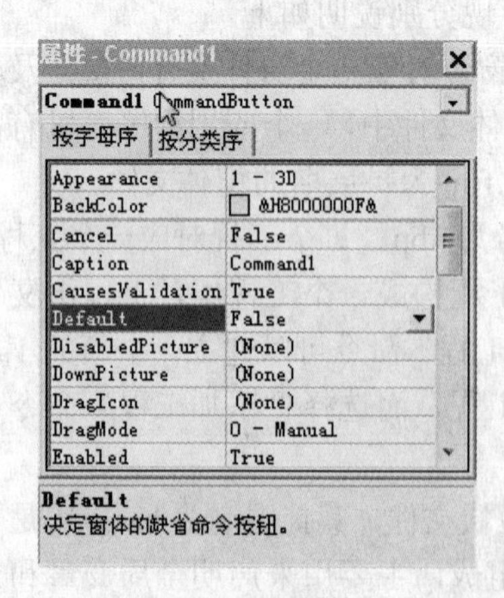

图 1.6　属性窗口

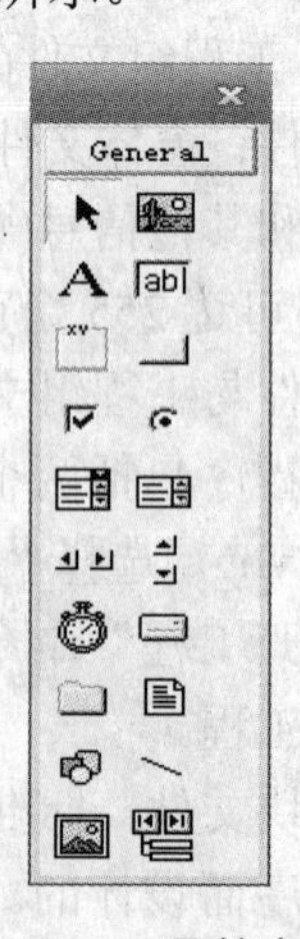

图 1.7　工具箱窗口

工具箱窗口由工具图标组成，这些图标是 Visual Basic 应用程序的构件，称为图形对象或控件，每个控件由工具箱中的一个工具图标来表示。

工具箱中的工具分为两类，一类称为内部控件或标准控件，一类称为 ActiveX 控件。启动 Visual Basic 后，工具箱中只有内部控件。

工具箱主要用于应用程序的界面设计。在设计阶段，首先用工具箱中的工具(即控件)在窗体上建立用户界面，然后编写程序代码。界面的设计完全通过控件来实现，可以任意改变其大小，移动到窗体的任何位置。

除上述几种窗体外，在集成环境中还有其他一些窗口，包括窗体布局窗口、代码编辑器窗口、立即窗口、本地窗口和监视窗口等。

1.3　习　题

1. 选择题

(1) Visual Basic 中的窗体文件的扩展名是________。

A. .reg　　B. .frm
C. .bas　　D. .vbp

(2) Visual Basic 中的标准模块文件的扩展名是________。

A. .reg　　B. .frm
C. .bas　　D. .vbp

(3) Visual Basic 中的工程文件的扩展名是________。

A. .reg　　B. .frm
C. .bas　　D. .vbp

(4) 与传统的程序设计语言相比，Visual Basic 最突出的特点是________。

A. 结构化程序设计　　B. 程序开发环境
C. 事件驱动编程机制　　D. 程序调试技术

(5) Visual Basic 窗体设计器的主要功能是________。

A. 建立用户界面　　B. 编写源程序代码
C. 画图　　D. 显示文字

2. 填空题

(1) 界面上没有调试工具栏，可通过选中“视图”菜单中的_____中的“调试”命令把它显示出来。

(2) 要运行 VB 程序可以按_____键。

(3) _______的功能是显示当前过程所有局部变量的当前值。

(4) _______的功能是查看指定表达式的值。

(5) _______的功能是用于显示当前过程中的有关信息，当测试一个过程时，可在其中输入代码并立即执行。

(6) Visual Basic 有三种运行模式，分别是________、运行模式和中断模式，其中

________模式可以监视表达式和变量的值。

(7) Visual Basic 程序在运行时，用户可通过按______键进入中断状态。

(8) 在 Visual Basic 的中断模式下，要想“逐语句”调试程序可按______键，要想“逐过程”调试程序可按______键。

第2章

对象及其操作

- 对象及其属性等基本概念。
- 窗体的概念、作用，窗体的属性设置以及窗体的主要事件。
- 标准控件的作用、控件值的概念。
- 控件的画法及基本操作。

技能目标

- 掌握设置窗口和控件属性的方法。
- 掌握控件的画法及其操作。
- 理解事件驱动机制的概念和作用。

2.1 工作场景导入

【工作场景】

利用标签制作文字效果。程序界面如图 2.1 所示，启动程序，界面只有 4 个按钮，单击“显示”按钮，界面上显示“谢谢你使用本教材”；单击“红色”按钮，字的颜色变红；单击“绿色”按钮，字的颜色变绿，单击“取消”按钮，字不可见。

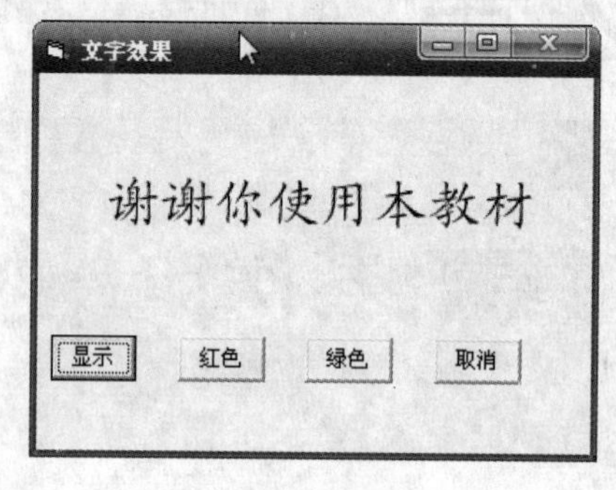

图 2.1 启动界面

【引导问题】

(1) 如何设计程序界面？

(2) 如何通过属性对话框设置对象属性？

(3) 如何在程序中更改对象属性？

2.2 对象

Visual Basic 是一种以结构化 BASIC 语言为基础，以面向对象、事件驱动作为运行机制的可视化程序设计语言，因此，准确地理解和认识对象的概念，是设计 Visual Basic 应用程序的重要一步。

2.2.1 Visual Basic 的对象

对象是指 Visual Basic 中可访问的实体，如窗体、控件、外部文件、变量等，整个应用程序也是对象，它含有一定的属性和方法等，并能对外界的事件进行响应。

1. 对象属性

反映一个“对象”的基本特征、本质特征以及外观等方面的具体数据的集合，就是对象的属性。不同的对象有不完全相同的属性。例如，日常生活中，人作为“对象”所具有的特质，就有男、女，高、矮，胖、瘦，大学学历、小学毕业，工人家庭、高干子女等，这些就是人的属性。而在 Visual Basic 中，我们所见到的按钮、图标等对象经常使用的属性有标题(Caption)、名称(Name)、颜色(Color)、字体大小(Fontsize)、是否可见(Visible)等。

属性通常可以用两种方法进行设置，即在属性窗口中直接设置和在程序代码中进行设置。下面我们主要介绍以程序代码设置的方法。在程序代码中设置属性的格式为：

```
对象名.属性名称 = 新设置的属性值
```

例如，假设窗体上有一个框架控件，该控件名为 fra1，要将其标题属性(Caption)设置为"选择"，如图 2.2 所示，则程序中的代码是：

```
fra1.Caption = "选择"
```

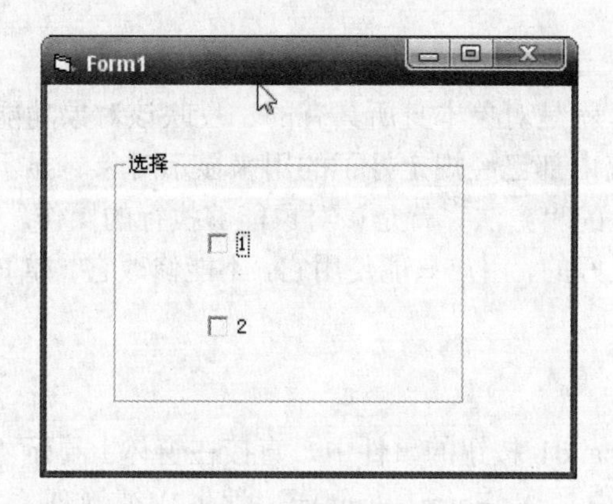

图 2.2　框架标题

如果想把窗体的标题名改为"选择"，则程序中的代码是：

```
Form1.Caption = "选择"
```

2. 对象事件

所谓事件(Event)，就是由 Visual Basic 系统预先设置好的、能够被对象识别的动作；或者说，能够发生在某个对象上的具体的事件。例如，发生在某个按钮上面的事件就有单击(Click)、双击(DblClick)、移动(Move)事件等。

在 Visual Basic 中，事件分为两类：系统事件、用户事件。系统事件是由计算机系统自动产生的、与用户的动作无关的或少有联系的事件，例如定时信号；用户事件是用户完成某个动作时所发生的事件，例如单击了某个按钮、双击了某个按钮或文本框等。

发生某个事件之后所产生的直接结果，叫作事件过程。所谓"事件过程"，是指计算机系统响应了某个事件后所执行的操作。而这些操作是通过一段程序代码来实现的，所以"事件过程"的实质就是程序代码。

事件过程的一般格式如下：

```
Private Sub 对象名_事件名称()
    ...
    响应事件的程序代码
    ...
End Sub
```

这里的“对象名”是指该对象的Name属性；“事件名称”是由Visual Basic预先设定的、由用户根据实际需要选择的该对象能够识别的某个事件名称；“响应事件的程序代码段”则是系统响应该事件时执行的代码，即“事件过程”；格式中，Sub ... End Sub成对出现。例如想在单击Command1按钮后，使窗体Form1的标题名变为“选择”，框架fra1名称变为“请选择”，则此事件的过程可通过以下编程来实现：

```
Private Sub Command1_Click()            '事件为 Command1 的单击事件
    Form1.Caption = "选择窗口"            'Form1 的标题名改为“选择窗口”
    fra1.Caption = "请选择"               '框架 fra1 名称变为“请选择”
End Sub
```

3. 对象方法

所谓“对象方法”，就是对象本身所具有的、反映该对象功能的内部函数或特有的过程；或者说是某些在系统内部已经规定好了的用来显示对象、显示图像以及移动、打印、绘画等特殊的过程。这里的“方法”就是该对象能够执行的操作。

方法是系统事先定义好的，用户只能使用它，不能修改它。如Print、Hide、Show、Move等，其调用的格式为：

```
对象名.方法名 [参数名表]
```

例如，在单击Command1按钮的事件中，直接在窗体上显示“学生成绩管理系统”。只要在按钮的单击事件中加入Form1.Print =“学生成绩管理系统”语句即可，这里的Form1.Print就是所谓的“方法”，而“学生成绩管理系统”可认为是“参数”。具体的实现方法见下面的程序段：

```
Private Sub Command1_Click()
    Form1.Print = "学生成绩管理系统"
End Sub
```

Visual Basic提供了大量的方法，有些方法可以适用于多种甚至所有类型的对象，而有些方法可能只适用于特定的少数几种对象。在以后的各章节中，将通过大量的实例来描述各种方法的使用，通过使用可以深切体会到“对象方法”给我们带来的好处和方便。

2.2.2 对象属性的设置

对象属性的设置方法有两种：通过属性窗口设置、通过程序代码设置。上面我们已经讲过通过程序代码设置属性值，下面我们主要介绍如何通过属性窗口来设置属性值。

1. 直接键入新的属性值

对于那些明确有意义的属性值，例如：Caption(标题)、Name(名称)等，往往都需要用户通过属性窗口进行输入。例如，窗体中含有一个框架控件，需要将Caption属性设置为“请选择”，可选中此框架控件，直接在属性窗口中找到Caption项，将右侧的默认属性删除并输入“请选择”，如图2.3所示。

图 2.3　通过属性窗口设置控件属性

2. 在属性列表中选择所需要的属性值

对于那些属性值仅有几项，且不能由用户输入的，可以使用系统所提供的下拉列表选择所需要的属性值。例如，为了将窗体上的按钮的 Visible(可见性)属性设置为“False”，可以选中窗体上的按钮，在属性列表上找到 Visible 项，单击下拉列表，选中“False”选项，如图 2.4 所示。此时，运行程序，该按钮的“可见性”属性就被设置为 False(不可见)了。

图 2.4　给 Visible 属性设置 False 值

3. 利用对话框设置属性值

对于与图像(Picture)和字体(Font)有关的属性，在进行属性设置时，就不再有下拉列表或可选项。在属性值的设置框中为省略号(…)，单击“…”按钮后将弹出一个对话框，在对话框中选择所需要的内容即可。

2.3　窗体

窗体是任何一个应用程序必不可少的对象，因为窗体是其他对象的载体，各种部件对象都必须建立在窗体上；同时，窗体是应用程序的顶层对象，设计应用程序都是从窗体开始的。窗体是一块“画布”，在窗体上可以直观地建立应用程序。窗体是 Visual Basic 中的对象，具有自己的属性、事件、方法。本节主要介绍窗体的属性和事件。

2.3.1　窗体的结构与属性

Visual Basic 启动之后，会自动添加一个窗体，在这个窗体上用户可以添加各种对象。

1. 窗体结构

Visual Basic 的窗体同其他 Windows 环境下的应用程序的窗口有些类似，都是 Windows 的窗口风格，如图 2.5 所示。

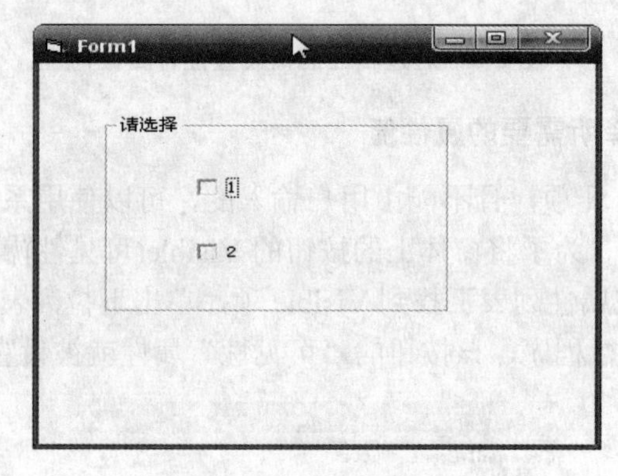

图 2.5　窗体的结构

窗体主要包括 5 个部分，具体如下。

- 标题栏：在窗体顶部区域，用于显示窗体的 Caption 属性。同时也用于提示窗体是否为当前窗体，若为深色，表示是当前(活动)窗体，若为浅色的，则表示该窗体不是当前窗体。
- 控制菜单：标题栏最左边的图标即是控制菜单。Visual Basic 预先为窗体设计的控制菜单上所包括的菜单项有还原、移动、大小、最大化、最小化和关闭 6 项，单击控制菜单可以显示这 6 个菜单项，并执行相应的命令。
- 控制按钮：标题栏右边有 3 个控制按钮，即最大化、最小化和关闭按钮。
- 工作区：用来摆放各种部件的区域。
- 边界：窗体周围的线条。

2. 窗体属性

窗体的属性决定了窗体的外观和操作。可以用两种方法来设置窗体的属性，通过属性窗口设置和通过程序代码设置。大部分属性既可以通过属性窗口设置，又可以通过程序代码设置。而有些属性只能通过属性窗口设置、另一些属性只能通过程序代码设置。如 Name 之类的属性只能通过属性窗口设置，这类属性被称为“只读属性”。另外，用属性窗口设置的属性一般是在程序运行过程中其值不变的属性(静态)，而用程序代码设置的属性，往往在程序运行过程中可以不断地变化(动态)。

下面将重点介绍窗体的一些常用属性，这些属性也大多适用于其他对象。

(1)　AutoRedraw(自动重画)

该属性控制屏幕图像的重建，主要用于多窗体程序设计中。其格式如下：

```
对象名.AutoRedraw [=Boolean]
```

其中，“对象名”可以是窗体或图片框；Boolean 为属性值，只能是 True 或 False。若属性值为 True，则当一个窗体被其他窗体覆盖，又回到该窗体时，将自动刷新或重画该窗体上的所有图形。若设置为 False，则没有此项功能。该属性的默认值为 False。若省略“=Boolean”，将返回对象当前的 AutoRedraw 属性值。

(2) BackColor(背景颜色)

该属性用来设置窗体的背景颜色。属性值是一个十六进制常量，每种颜色对应一种常量。系统默认的背景颜色是灰色。

在设计程序时，通常利用调色板来设置背景颜色：选择“属性”窗口中的 BackColor 属性项，单击右边的“箭头”按钮，在弹出的对话框中选择“调色板”选项，即可显示“调色板”，从中选择所某个需要的颜色(单击该颜色块)，即可将该颜色设置为窗体的背景色。

(3) BorderStyle(边框类型)

该属性用来设置窗体边框的类型，系统已经预设了 6 种类型，见表 2.1。

表 2.1　窗体边框的 6 种类型

设 置 值	作　用
0-None	窗体无边框
1-Fixed Single	固定单边框。可以包含控制菜单、标题栏，“最大化”和“最小化”按钮，其大小只能通过最大化和最小化按钮改变
2-Sizable	(默认值)可调整的边框。窗体大小可变，并有标准的双线边界
3-Fixed Dialog	固定单边框。可以包含控制菜单、标题栏，但没有最大化按钮和最小化按钮。窗体大小不变(设计时设定)，并有双线边界
4-Fixed ToolWindow	固定工具窗口。窗体大小不能改变，只显示关闭按钮，并用缩小的字体显示标题栏
5-Sizable ToolWindow	可变大小工具窗口。窗体大小可变，只显示关闭按钮，并用缩小的字体显示标题栏

在运行期间，该属性处于“只读”状态，即该属性只能在设计阶段设置，而不能在运行阶段改变。

(4) Caption(标题)

该属性用于返回或设置窗体标题栏上显示的文字。建立一个窗体时，系统自动为 Caption 属性预设一个与 Name 属性值相同的标题。当窗体的标题超出窗体标题栏的长度时，自动将超出部分截断。设置标题时，可以在某个字符前加上一个&，则该字符将成为快捷键(显示时，该字符下面显示一条下划线)，在使用时，同时按下 Alt 键和该字符键时，焦点会移到该窗体上。Caption 属性可以在属性窗口中设置，也可以通过程序代码设置。在程序代码中设置时，其格式如下：

```
对象名.Caption = 字符串
```

⚠ 注意：Caption 属性和 Name 属性不是一回事，不要混淆。

(5) ControlBox(控制框)

该属性用来设置窗体的控制框，即确定程序在运行时是否在窗体中显示标题栏左、右两侧的控制图标和按钮。属性值为逻辑值，即 True 或 False。默认为 True，显示标题栏左侧的控制图标和右侧所有的控制按钮。若为 False，则所有控制框都消失。

⚠ 注意：本属性与 BorderStyle 属性有关联，即当 BorderStyle 属性为“0 - None”时，该属性不起作用。

(6) Enabled(允许)

该属性是窗体中非常重要的一个属性，它确定该窗体是否可以被激活。每个对象都有一个 Enabled 属性，可设置为 True 或 False。当为 True 时，窗体处于允许激活状态；若为 False，则不允许窗体对事件做出反应，窗体上的其他对象也不能被用户访问。

(7) 字形属性设置

字形属性用来设置输出字符的各种特性，包括字体、字体样式和字号(大小)等。这些属性适用于窗体和大部分控件，包括复选框、组合框、命令按钮、目录列表框、文件列表框、驱动器列表框、框架、网格、标签、列表框、单选按钮、图片框、文本框及打印机。字形属性可以通过属性窗口设置，也可以通过程序代码设置。

(8) ForeColor(前景颜色)

该属性用来定义文本或图形的前景颜色。其设置方法及适用范围与背景颜色属性相同。由 Print 方法输出(显示)的文本均按 ForeColor 属性设置的颜色输出。

(9) Height/Width(高/宽)

用来设置窗体的高度和宽度，其默认的度量单位是 twip，即 1 点的二十分之一(1/1440 英寸)。如果不指定高度和宽度，则窗口的大小与设计时窗体的大小相同。

(10) Icon(图标)

该属性用来设置窗体最小化时的图标。该属性只适用于窗体。在属性窗口的属性列表中选择该属性，然后单击右侧的“...”按钮，再从弹出的“加载图标”对话框中选择一个图标文件(*.ico)载入。如果用程序代码设置该属性，则需要使用 LoadPicture 函数或将另一个窗体图标的属性赋给该窗体的图标属性。

(11) MaxButton/MinButton(最大化/最小化按钮)

显示在窗体右上角的最大化、最小化按钮。可以通过对这两个按钮属性的设置使其显示或消失。在属性窗口中，可以将这两个属性选择为 True 或 False。注意：如果边框类型的属性被设置为“0 - None”，则这两个属性将被忽略。

(12) Name(名称)

这个属性是最常用的一个属性，用来定义窗体的名称。用 Name 属性所定义的名称是在程序代码中使用的对象名，与对象的标题(Caption)属性不同。Name 是只读属性，在运行过程中，对象的名称不能改变。该属性适用于窗体、所有控件、菜单及菜单命令等。若给不同的窗体取相同的名称，则意味着建立一个窗体数组。Name 属性在属性窗口中为第一个属性项，一般写成“名称”。

> 注意：Name 属性值必须是以字母开头，由字母、数字、下划线组成，但不能是标点符号或空格。

(13) Picture(图形)

用来在窗体上显示一个图形(加载图形)。从属性窗口中选择该属性，并单击右侧的“...”按钮，将弹出“加载图片”对话框，利用该对话框选择某文件夹的一个图形文件，该图形即可显示在窗体上。Visual Basic 所支持的图形文件格式有位图文件(*.bmp/*.dib)、GIF 压缩位图文件(*.gif)、JPEG 压缩文件(*.jpg)、图元文件(*.wmf/*.emf)、图标文件(*.ico/*.cur)。该属性适用于窗体、图像框、OLE 和图片框。

(14) Top、Left(顶边 / 左边位置)

这两个属性是用来定位窗体的，由此确定窗体的左边位置和顶端位置。坐标值的默认单位为 twip。

(15) Visible(可见性)

该属性用来控制窗体为可见或不可见(隐藏)。该属性为逻辑值，即 True 或 False。默认为 True，即可见。该属性既可以用属性窗口设置，又可以通过程序代码设置。若用程序代码设置，其格式如下：

```
对象名.Visible = Boolean
```

> 注意：无论是哪种情况将属性设为 False，在设计阶段，窗体或其他控件都还是可见的，其效果仅体现在程序运行之后，即只有当程序运行时，该属性才会起作用。

(16) WindowState(窗口状态)

该属性用来设置窗口运行之后的存在状态，可以用属性窗口设置，也可以用程序代码进行设置。若用属性窗口设置，则直接选择 WindowState 属性右侧的属性值(0—标准、1—最小化、2—最大化)。若用程序代码设置，其格式为：

```
对象名.WindowState [= 设置值]
```

2.3.2　窗体事件

与窗体有关的事件较多，其中最常用的有以下几个。

1. Click(单击)事件

单击窗体的空白处或一个无效控件时，将触发 Form_Click 事件。该事件是窗体经常用到的事件，该事件也是其他控件都能触发的事件。其格式为：

```
Private Sub Form_Click()
    ...
End Sub
```

注意：必须单击窗体的空白处，而不能是窗体内的控件。

2. DblClick(双击)事件

双击窗体的空白处或一个无效控件时，将触发 Form_DblClick 事件。其格式为：

```
Private Sub Form_DblClick()
    ...
End Sub
```

注意：必须双击窗体的空白处，不能是窗体内的任何控件；双击的速度要适当，否则，将认为是两次单击事件，或不认识。

3. Load(载入)事件

窗体的加载是指窗体及其所有控件被装入内存。在装载一个窗体时触发 Load 事件，该事件在 Initialize 事件之后发生。Load 事件是最基本、最常用的窗体事件。Load 事件是由系统自动触发的事件，因而不能由用户触发。Load 事件主要用于对程序执行过程所用到的变量进行赋值，或对窗体的属性进行初始化。其格式为：

```
Private Sub Form_Load()
    ...
End Sub
```

4. Unload(卸载)事件

当从内存中清除一个窗体(关闭窗体或执行 Unload 语句)时触发该事件。如果重新装入该窗体，则窗体中所有的控件都要重新初始化。它与 Load 事件相对应。UnLoad 事件会卸载一个窗体，同时可以为用户提供存盘等信息。其格式为：

```
Private Sub Form_UnLoad()
    ...
End Sub
```

5. Activate(活动)、Deactivate(非活动)事件

当窗体由非活动窗口变为活动窗口时触发 Activate 事件，而在窗体由活动窗口变为非活动窗口前触发 Deactivate 事件。通过操作可以把窗体变为活动窗口，例如单击窗体或在程序中执行 Show 方法等将出现这种情况。

6. Initialize(初始化)事件

在窗体创建时发生 Initialize 事件，这是程序运行时发生的第一个事件，它发生在 Load 事件之前。其主要作用是初始化变量，给它们赋值等。

2.4 控件

所谓“控件”就是 Visual Basic 预先定义好的、程序中能够直接使用的对象，这种对象是能使用户能方便、快捷地开发出良好用户界面的应用程序。它与窗体一样，都是 Visual Basic 中的对象。控件以图标的形式存放在“工具箱”中，每种控件都有与之对应的图标。Visual Basic 6.0 中的控件分为三类：内部控件、ActiveX 控件和可插入的对象控件，本节主要讲解内部控件。

2.4.1 内部控件

内部控件又称标准控件，这类控件保存在 Visual Basic 的 .EXE 文件中。这些控件用于制作常用的窗口对象。它们不能从工具箱中删除。启动 Visual Basic 6.0 后，工具箱中列出的是内部控件，如图 2.6 所示。图中的标准控件的名称及作用如表 2.2 所示。

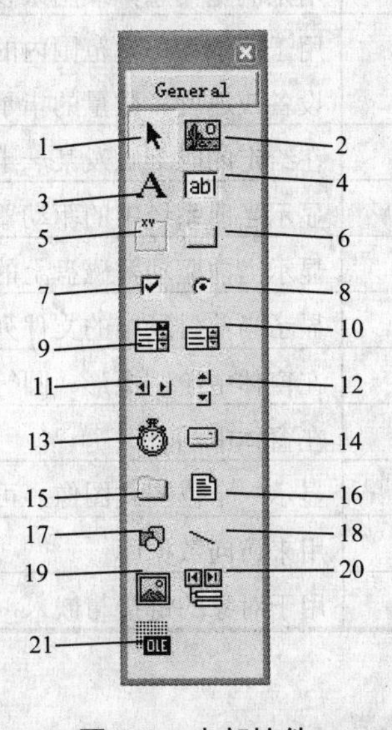

图 2.6 内部控件

表 2.2 Visual Basic 6.0 的内部控件

序 号	名 称	作 用
1	Pointer(指针)	这不是一个控件，只有在选择它后，才能改变窗体中控件的位置和大小
2	PictureBox(图片框)	用于显示图像，包括图片或文本，Visual Basic 把它们看成是图形。可以装入位图、图标以及.mf、.jpg、.gif 等各种图形格式的文件，或作为其他控件的容器
3	Label(标签)	可以显示(输出文本)信息，但不能输入文本

续表

序 号	名 称	作 用
4	TextBox(文本框)	可输入文本的显示区域，既可以输入文本也可以输出文本，并可对文本进行编辑
5	Frame(框架)	组合相关的对象，将性质相同的控件集中在一起
6	CommandButton(命令按钮)	用于向 Visual Basic 应用程序发出指令，当单击按钮时，可执行指定的操作
7	CheckBox(复选框)	又称检查框，用于多重选择
8	OptionButton(单选按钮)	又称收音机按钮，用于表示单项的开关状态
9	ComboBox(组合框)	为用户提供对列表的选择，或者允许用户在附加框内输入选择项。它把 TextBox(文本框)和 ListBox(列表框)组合在一起，既可选择内容，又可进行编辑
10	ListBox(列表框)	用于显示可供用户选择的固定列表
11	HScrollBar(水平滚动条)	用于表示在一定范围内的数值选择。常放在列表框或文本框中用来浏览信息，或用来设置数值输入
12	VScrollBar(垂直滚动条)	用于表示在一定范围内的数值选择。可以定位列表，作为输入设备或速度、数量的指示器
13	Timer(定时器)	在给定的时刻触发某一事件
14	DriveListBox(驱动器列表框)	显示当前系统中的驱动器列表
15	DirListBox(目录列表框)	显示当前驱动器磁盘上的目录列表
16	FileListBox(文件列表框)	显示当前目录中的文件列表
17	Shape(形状)	在窗体中绘制矩形、圆等几何图形
18	Line(直线)	在窗体中画直线
19	Image(图像框)	显示一个位图式图像，可作为背景或装饰的图像元素
20	Data(数据)	用来访问数据库
21	OLE Container (OLE 容器)	用于对象的链接与嵌入

2.4.2 控件的命名和控件值

1. 控件的命名

每个窗体和控件都有一个名字，这个名字就是窗体或控件的 Name 属性值。

系统一般都会给它们设定一个默认值，如 Form1、Command1、Text1 等。但作为用户而言，在设计应用程序时，都会将这样的对象的名称设置为具有实际意义的 Name 属性值，增强程序的可读性。

为了与系统的默认名有一定的关联性，微软对控件等对象的 Name 属性值又提出了建议(不是规定)，用 3 个小写字母作为该对象的 Name 属性的前缀，见表 2.3。

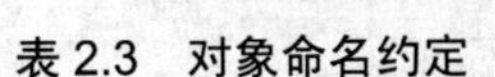

表 2.3 对象命名约定

对　象	前　缀	举　例
Form(窗体)	frm	frmStartup
PictureBox(图片框)	pic	picMove
Label(标签)	lbl	lblOptions
CommandButton(命令按钮)	cmd	cmdEnd
Frame(框架)	fra	fraOpreate
CheckBox(复选框)	chk	chkFont
OptionButton(单选按钮)	opt	optPrinter
ComboBox(组合框)	cbo	cboWorker
ListBox(列表框)	lst	lstSound
HScrollBar(水平滚动条)	hsb	hsbTemp
VScrollBar(垂直滚动条)	vsb	vsbRate
Timer(计时器)	tmr	tmrAnimate
DriveListBox(驱动器列表框)	drv	drvName
DirListBox(目录列表框)	dir	dirSelect
FileListBox(文件列表框)	fil	filNamed
Shape(形状)	shp	shpOval
Line(直线)	lin	linDraw
Image(图像框)	img	imgDisp
Data(数据)	dat	datMani
OLE Container (OLE 容器)	ole	oleWord
CommonDialog(通用对话框)	cdl	cdlAccess
Grid(表格)	grd	grdDisplay

2. 控件值

控件的属性值可以通过属性窗口或程序代码来设置。用属性窗口设置时，找到当前控件的相应属性值，进行选择、输入或进入对话框再确定等方式来实现。用程序代码来设置控件值的格式为：

```
控件名.属性名 = 属性值
```

为了方便起见，Visual Basic 为每个控件规定了一个默认属性，在设置属性时，用户不必再给出属性名，通常把该属性称为控件值。控件值是一个控件最重要或最常用的属性。例如，文本框的控件值是 Text，在设置该控件的 Text 属性时，不必写成 Text1.Text 的形式，只要写控件名即可。例如：

```
Text1 = "Visual Basic 6.0 程序设计"  '表示 Text1.Text 的属性值为等号后面的内容
```

部分常用控件的控件值见表 2.4。

表 2.4　部分常用控件的控件值

控　件	控件值(属性)
CheckBox(复选框)	Value
ComboBox(组合框)	Text
CommandButton(命令按钮)	Value
CommonDialog(通用对话框)	Action
Data(数据)	Caption
DBCombo(数据约束组合框)	Text
DBGrid(数据约束网格)	Text
DBList(数据约束列表框)	Text
DirListBox(目录列表框)	Path
DriveListBox(驱动器列表框)	Drive
FileListBox(文件列表框)	FileName
Frame(框架)	Caption
HScrollBar(水平滚动条)	Value
Image(图像框)	Picture
Label(标签)	Caption
Line(直线)	Visible
ListBox(列表框)	Text
OptionButton(单选按钮)	Value
PictureBox(图片框)	Picture
Shape(形状)	Shape
TextBox(文本框)	Text
Timer(计时器)	Enabled
VScrollBar(垂直滚动条)	Value

2.5　控件画法和基本操作

在设计用户界面时，要在窗体上画出所需要的控件。也就是说，除窗体外，建立界面的主要工作就是画控件，本节主要介绍控件的画法和基本操作。

2.5.1　控件的画法

在窗体上画出控件有如下 3 种方法。

1. 单击方法

(1) 单击工具箱中的控件按钮图标，使其呈凹陷显示。

(2) 将鼠标移到窗体上，此时鼠标指针变为+号(+号中心是控件的左上角位置)。

(3) 把+号移到适当位置，然后按住鼠标左键向右下角拖动，大小合适时，释放鼠标左键，则一个控件被画到窗体上。

2. 双击方法

双击的方法比较简单，只要双击所需要的控件，则该控件就会自动定位到窗体的中心位置。

3. 画多个相同类型控件

使用上述两种方法，每次只能画一个控件，而画多个相同类型的控件时可以采用一种简单的方法，实现一次画多个控件，具体方法如下。

(1) 按住 Ctrl 键，单击所要画的控件图标，然后松开 Ctrl 键。

(2) 用上面的第一种方法或第二种方法连续在窗体上画出多个控件。

(3) 画完控件后，单击工具箱中的指针图标(或其他图标)。

2.5.2　控件的基本操作

1. 选择控件

当窗体上有多个控件时，用户在某一时刻对某个控件进行操作，此时这个控件被称为活动控件或当前控件。活动控件的特征是在控件的四周有 8 个控制点(黑色小方块)均匀地分布在 4 个边的中心和 4 个角上。选择需要操作的控件通常有以下两种方法：

- 按住 Shift(或 Ctrl)键，不要松开，然后单击每个要选择的控件，如图 2.7 所示。

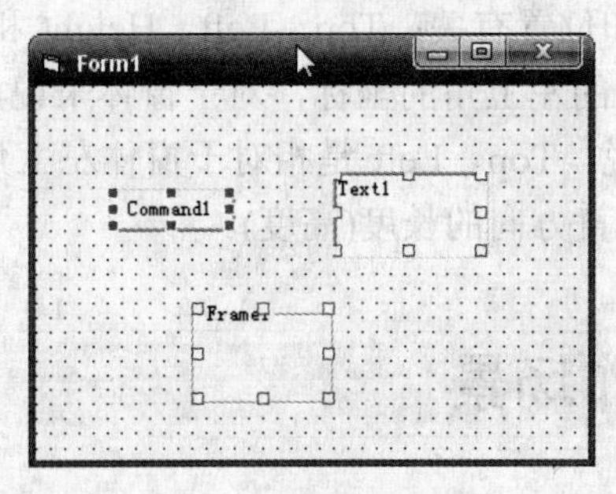

图 2.7　选择控件

- 把鼠标移到窗体中适当位置(没有控件的地方)，然后拖动鼠标，可画出一个虚线框，在该虚线框中的控件即被选中。

注意：如图 2.7 所示在被选择的多个控件中，有一个控件的周围是实心小方块，这个控件为“基准控件”，当对选择的控件进行对齐、调整大小操作时，将以基准控件为准。

2. 移动控件

画出控件后，其大小和位置不一定符合设计要求，此时需要移动控件。移动控件的方法可以通过以下两种途径：

- 将鼠标指针指向要移动的控件，单击，使之被激活成为当前控件，然后用鼠标将其拖到指定的位置。
- 按下"Ctrl +方向箭头"键，然后对控件进行移动，使其到达指定的位置。

3. 控件缩放

控件的缩放就是调整控件的大小和纵横比例，使控件更符合用户的要求。主要方法有：

- 选定当前控件，把鼠标指针指向活动控件四周的控制点之一，按住鼠标的左键向内拖以缩小控件，或向外拖以放大控件；当鼠标指针指向四个角的控制点之一时，同样是向外拖则放大，向内拖则缩小。
- 将鼠标指针对准控制点，出现双箭头时，拖动也可有上述效果。
- 按下"Shift +方向箭头"键也可以改变控件的大小。

4. 复制和删除控件

Visual Basic 系统允许对画好的控件进行"复制"，其操作步骤如下。

(1) 单击要复制的控件(假定为 Command1)。

(2) 选择"编辑"→"复制"命令。系统将活动控件复制到 Windows 的"剪贴板"。

(3) 选择"编辑"→"粘贴"命令，会弹出一个对话框，询问是否要建立控件数组。

(4) 单击"否"按钮后，活动控件将复制到窗体的左上角。

删除一个控件的操作非常简单，激活控件后，按 Delete 键或 Del 键均可实现。

5. 设置属性值以改变控件的位置和大小

对于有些控件，可以通过在属性窗口设置属性值来改变窗体或控件的大小和位置。有如下 4 项属性与控件的大小和位置有关：Top、Left、Height 和 Width。

Top、Left 是窗体或控件的左上角的坐标，对于窗体来说，Top、Left 是相对于屏幕左上角的位移量；对于控件来说，Top、Left 是相对于窗体左上角的位移量。Width 是水平方向的长度(宽度)，Height 是垂直方向的长度(高度)。

2.6 回到工作场景

通过对第 2.2~2.5 节内容的学习，应该掌握了设计窗体界面、更改对象属性和事件驱动的方法，此时足以完成文字效果的设计。下面我们将回到 2.1 节介绍的工作场景中，完成工作任务。

【分析】

本问题重点在于设置对象属性，本程序中，命令按钮的 Caption 属性通过属性窗口设置，通过在程序中改变标签的属性实现显示。

【工作过程一】设计用户界面

在窗体上画出一个标签，4 个按钮，并调整窗体上各个控件的大小和位置，并设置各控件的属性，完成后的界面如图 2.8 所示。其中主要设置的属性值见表 2.5。

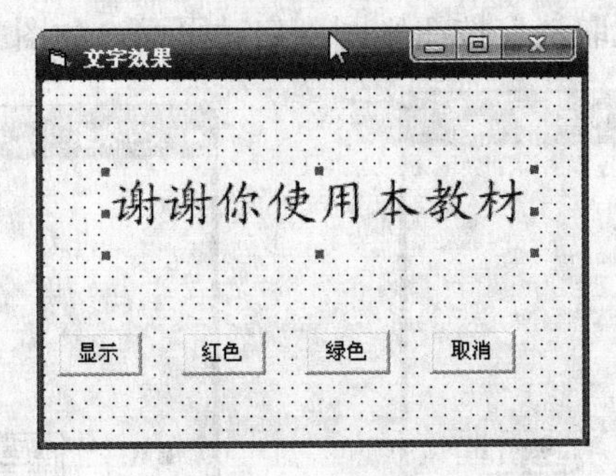

图 2.8　用户界面

表 2.5　设置属性值

控　件	属　性	值
Form1	Caption	“文字效果”
Label1	Caption	“谢谢你使用本教材”
Command1	Caption	“显示”
Command2	Caption	“红色”
Command3	Caption	“绿色”
Command4	Caption	“取消”

【工作过程二】编写代码

分别编写窗体的 Load 事件和 4 个按钮的 Click 事件如下：

```
Private Sub Command1_Click()              '“显示”按钮事件
   Label1.Visible = True
End Sub
Private Sub Command2_Click()              '“红色”按钮事件
   Label1.ForeColor = &HFF&
End Sub
Private Sub Command3_Click()              '“绿色”按钮事件
   Label1.ForeColor = &HC000&
End Sub
Private Sub Command4_Click()              '“取消”按钮事件
   Label1.Visible = False
   Label1.ForeColor = &H0&
End Sub
Private Sub Form_Load()                   '窗体的加载事件过程
   Label1.Visible = False
   Label1.ForeColor = &H0&
End Sub
```

【工作过程三】运行和保存工程

(1) 启动程序后的界面如图 2.9 所示；单击“显示”按钮后的界面显示效果如图 2.1 所示；单击“红色”按钮后的界面显示效果如图 2.10 所示；单击“绿色”按钮后的界面显示效果如图 2.11 所示；单击“取消”按钮则回到启动页面，如图 2.9 所示。

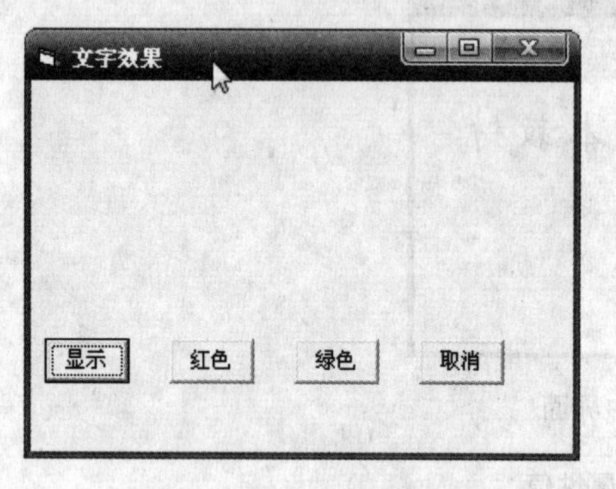

图 2.9 启动界面

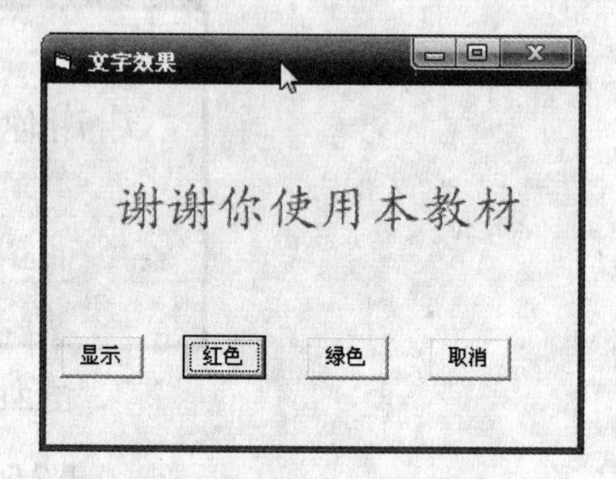

图 2.10 单击“红色”按钮后的界面

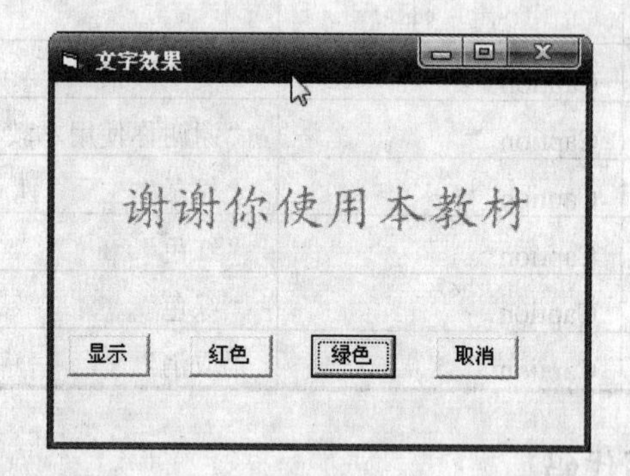

图 2.11 单击“绿色”按钮后的界面

(2) 保存工程和窗体文件。

2.7 工作实训营

训练实例

利用标签制作阴影文字效果。程序启动后，在窗体上显示不含阴影文字的“欢迎光临本窗体”，单击“效果一”按钮后文字出现阴影，单击“效果二”按钮后文字阴影的间距加大。效果如图 2.12~2.14 所示。

【分析】

通过让两个相互重叠的标签错位来实现文字阴影效果，当两个标签控件的大小位置相同时则相互覆盖。

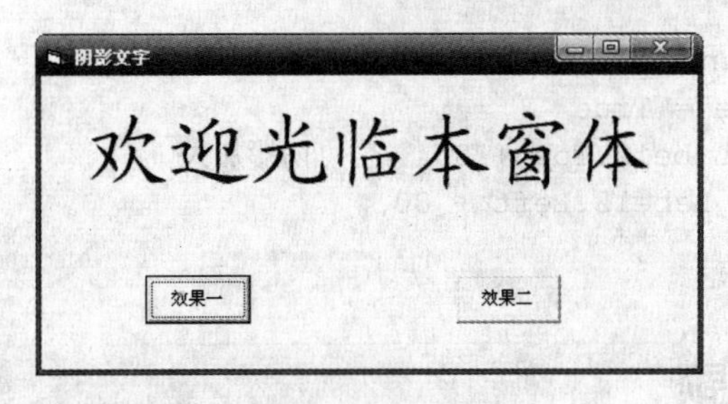

图 2.12　启动窗体

图 2.13　窗体效果(一)

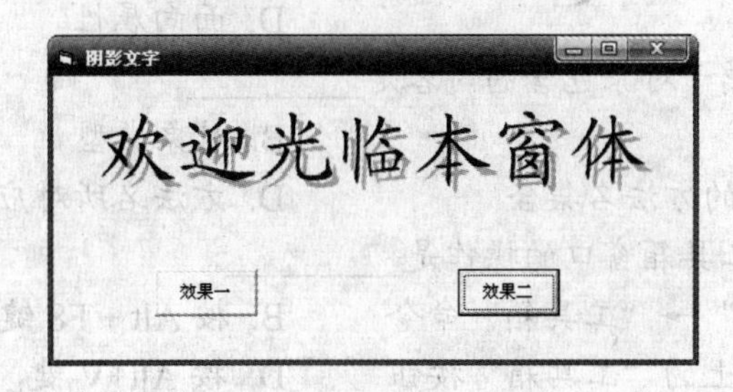

图 2.14　窗体效果(二)

【设计步骤】

1. 窗体界面设计

(1) 创建标准的 EXE 窗体。

(2) 设置窗体属性，将窗体的 Caption 属性设置为“阴影文字”。

(3) 添加标签控件 Label1，将标签控件的 Caption 属性设置为“欢迎光临本窗体”，将它的 ForeColor 改为淡一点的颜色。

(4) 复制控件 Label1，在粘贴时会弹出对话框，询问是否创建控件数组，此时单击“否”按钮；新的标签控件名称为 Label2，将其 ForeColor 改为“黑色”。

(5) 添加两个命令按钮，Caption 值分别设置为“效果一”和“效果二”。

2. 编写代码

为两个命令按钮编写如下代码：

```
Private Sub Command1_Click()
    Label1.Visible = True
    Label1.Top = Label2.Top + 40          '出现阴影
    Label1.Left = Label2.Left + 40
End Sub
```

```
Private Sub Command2_Click()
    Label1.Visible = True
    Label1.Top = Label2.Top + 80      '阴影加大
    Label1.Left = Label2.Left + 80
End Sub
```

2.8 习 题

1. 选择题

(1) 下面可以激活属性窗口的操作是________。

A. 用鼠标双击窗体的任何部位　　B. 选择“格式”→“属性窗口”命令

C. 按Ctrl + F4键　　D. 按F4键

(2) 所谓的可视化技术“编程”采用的是________的编程方法。

A. 面向事件　　B. 面向过程

C. 面向对象　　D. 面向属性

(3) 下述4项中不属于对象包含的内容是________。

A. 对象名字　　B. 对象类型

C. 对象所管理的方法名集合　　D. 方法名所对应的代码片段

(4) 下面不能打开工具箱窗口的操作是________。

A. 选择“视图”→“工具箱”命令　　B. 按Alt + F8键

C. 单击工具栏上的“工具箱”按钮　　D. 按Alt+V键，再按Alt+X键

(5) 设窗体上有多个控件，且有一个控件是活动的，为了用属性窗口设置窗体的属性，则预先应执行的操作是________。

A. 单击窗体上没有控件的地方　　B. 单击任一个控件

C. 不执行任何操作　　D. 双击窗体的标题栏

(6) 下列叙述正确的是________。

A. 同一个事件的名称在不同的程序中可以不同

B. 事件是由用户定义的

C. 对象的事件是不固定的

D. 事件是对象能够识别的动作

(7) 事件的名称________。

A. 都是由用户来定义的　　B. 由用户或系统定义

C. 都是由系统预先定义的　　D. 是不固定的

(8) 事件过程是指________所执行的程序代码。

A. 运行程序　　B. 设置属性时

C. 使用控件时　　D. 响应某个事件

(9) 确定一个控件在窗体上的位置的属性是________。

A. Width或Height　　B. Width和Height

C. CurrentX或CurrentY　　D. Top和Left

(10) 为了同时改变一个活动控件的高度和宽度，正确的操作是________。

A. 拖动控件4个角上的某个小方块　　B. 只能拖动控件右下角的小方块

C. 只能拖动控件左下角的小方块　　D. 不能同时改变控件的高度和宽度

2. 填空题

(1) 在窗体上已经画好了两个文本框和一个命令按钮，然后在命令按钮的代码窗口中编写如下程序段：

```
Private Sub Command_Click()
    Text1.Text = "欢迎使用VB语言"
    Text2.Text = "编写应用程序"
End Sub
```

程序运行时，单击命令按钮后，两个文本框中所显示的内容分别是_____和_____。

(2) 控件的Name属性只能通过_________设置，而不能通过_________设置。

(3) 属性窗口分为左右两栏，左边一栏为_________，右边一栏为_________。

(4) 在Visual Basic中，事件的名称是固定的，它们是VB的_________。

(5) 事件的方法是用于_________。

(6) 窗体的Caption属性的作用是设置_________，其默认值与Name属性_________。

3. 编程题

(1) 在窗体上画一个文本框和两个命令按钮，并把两个按钮的标题分别设置为“显示”和“隐藏”。在装载窗体时，文本框中自动显示“用VB设计应用程序”(字体字号为默认)；当单击命令按钮1时，文本框消失；当单击命令按钮2时，文本框及内容自动重新显示。请编写实现上述功能的程序代码段。

(2) 建立一个窗体，在窗体上显示两行文字。具体要求：在窗体的坐标(600，600)处显示第一行文字“面向对象程序设计”(楷体、16号字)，在窗体坐标(1000，1500)处显示第二行文字“可视化编程方法”(隶书、18号字)。请用窗体的单击事件编程实现。

(3) 在窗体上建立一个标签框，在其中输入“VB程序设计”(隶书、16号字)文字。现在要实现当单击窗体时，标签框下移(150，150)；双击窗体时，标签框上移先移回原处，再将文字重新设置(楷体、14号字)并再次下移(450，450)。请编程实现。

第 3 章

简单程序设计

- 设计简单应用程序的大致流程。
- 应用程序设计的 3 个步骤。
- Visual Basic 中几个常用的语句。
- 应用程序中的 3 种模块。

技能目标

- 熟练运用 Visual Basic 语言进行简单的编程。
- 掌握运用 Visual Basic 语言进行简单编程的步骤。
- 了解 Visual Basic 应用程序中的 3 种模块。

3.1 工作场景导入

【工作场景】

编写一个用户登录程序，界面如图 3.1 所示，填入用户名、密码，单击“确定”按钮，如果信息正确，则通过“消息”对话框显示登录成功的信息；如果信息不对，通过“消息”对话框显示登录失败的信息。

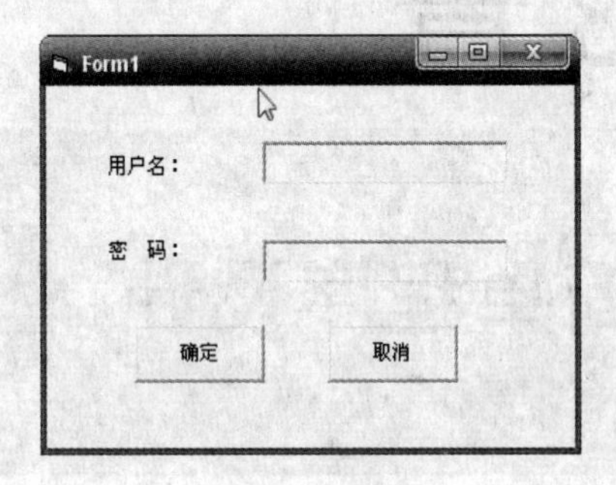

图 3.1　界面

【引导问题】

(1) 如何设计程序界面？
(2) 如何更改对象属性？
(3) 如何运用对象事件编程？
(4) 如何运行和保存工程？
(5) 如何使用消息框？

3.2 Visual Basic 中的语句

Visual Basic 中的语句由 Visual Basic 关键字、对象属性、运算符、函数及能够生成 Visual Basic 编辑器可识别指令的符号组成。它是执行具体操作的指令，每个语句用 Enter 键结束。如果设置了“自动语法检测”(在执行“工具”→“选项”命令后弹出对话框的“编辑器”选项卡中)，则在输入语句的过程中，Visual Basic 将自动对输入的内容进行语法检查，如果发现了语法错误，则弹出一个消息框提示错误的原因。

Visual Basic 对语句的处理有自己的约定。如命令词的第一个字母大写，运算符前后加空格等。在输入语句时，命令词、函数等可以不必区分大小写。例如，在输入 Print 时，不管输入 Print、print，还是 PRINT，当你按下 Enter 键后，都自动变为 Print。为了提高程序的可读性，在代码中要适当地加入一些空格。

在 Visual Basic 中进行程序语句输入时，一般情况下是一行一句。但 Visual Basic 允许使用复合语句行，即把几个语句(特别是短语句)放在同一行中，各语句之间用冒号(:)隔开。

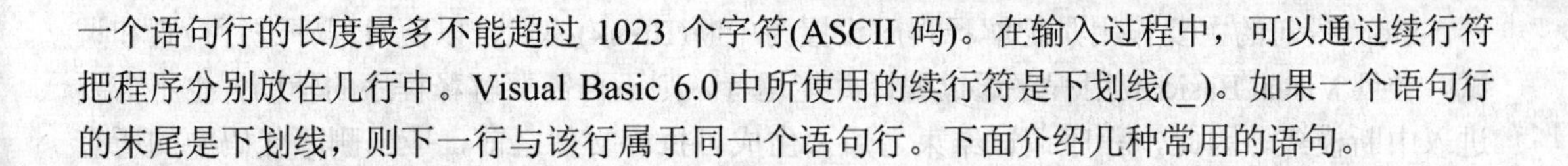

一个语句行的长度最多不能超过 1023 个字符(ASCII 码)。在输入过程中，可以通过续行符把程序分别放在几行中。Visual Basic 6.0 中所使用的续行符是下划线(_)。如果一个语句行的末尾是下划线，则下一行与该行属于同一个语句行。下面介绍几种常用的语句。

3.2.1　赋值语句

赋值语句可以把指定的值赋给某个变量或某个带有属性的对象，其一般格式为：

```
[Let] <变量名> = <表达式>
```

其中“=”被称为“赋值号”(与等号概念不同)。它的功能是：先计算表达式的值，然后把它的值赋给赋值号左边的变量。<变量名>为变量或属性的名称，<表达式>是任何数据类型的表达式，但两者的类型必须相同或兼容。下面是几个赋值语句的例子：

```
ABC = 3456                          '将 3456 赋给 ABC 这个变量
Str = "程序设计"                    '将字符串赋给 Str
Lg = True                           '将布尔值赋给 Lg
Text1.Text = "欢迎使用"             '给 Text1 的 Text 属性赋"欢迎使用"
```

3.2.2　注释语句

注释语句用来给程序或语句添加注释，以提高程序的可读性，特别是将程序给其他用户使用的，更需要通过注释来反映你的设计思想。其一般格式为：

```
Rem|'<字符串>
```

注释语句可单独占用一行或与语句行同行(即直接在语句的后面)。若在其他语句行后面使用 Rem 命令，则必须使用冒号(:)与语句隔开；若在其他语句行后使用单引号，不必加冒号。这里特别提醒注意：单引号应当使用英文半角符号，不能使用中文全角符号。例如：

```
Label1.Caption = Str + Text1.Text       '这是一条赋值语句
a = 10 : b = 20 : c = 30                '对 a、b、c 三个变量进行赋值
Str = "程序设计" : Rem                  '对 Str 赋值
```

3.2.3　暂停语句

暂停语句的格式为：

```
Stop
```

Stop 语句用来暂停程序的执行，其作用类似选择“运行”→“中断”命令。当执行 Stop 语句时，将中断程序的运行并自动打开立即窗口。

在 Visual Basic 的解释系统中，Stop 语句保持文件打开，并且不退出 Visual Basic。因此，常在调试程序时用 Stop 语句设置断点。如果在可执行文件(*.exe)中含有 Stop 语句，则将关闭所有文件。

Stop 语句的主要作用是把解释程序设置为中断(Break)模式，以便对程序进行检查和调试。一旦 Visual Basic 应用程序通过编译并能运行，则不再需要解释程序的辅助，也不需要进入中断模式。因此，程序调试结束之后，生成可执行文件之前，应当删除代码中的所有 Stop 语句。

3.2.4 结束语句

结束语句的格式为：

```
End
```

End 语句结束的是一个过程或块。它提供了一种强迫中止程序的方法。End 语句可放在程序中的任何位置，执行到 End 语句时将退出程序。例如下面是一个单击事件过程：

```
Sub Command1_Click()
    End                     '结束程序
End Sub
```

当单击命令按钮时，执行结束语句，自动结束程序的运行。End 语句除了用来结束程序的执行外，还与其他的语句或函数构成完整的语句含义。主要有如下几种：

```
End Sub                     '结束一个 Sub 过程
End Function                '结束一个 Function 过程
End If                      '结束一个 If 语句块
End Type                    '结束记录类型的定义
```

3.3 编写简单的 Visual Basic 应用程序

用 Visual Basic 开发应用程序，完全打破了传统的面向过程的语言，使程序的开发大为简化，而且变得更容易掌握。

3.3.1 用 Visual Basic 开发应用程序的一般步骤

一般来说，在用 Visual Basic 开发应用程序需要以下 3 步。

1. 建立用户界面

用户界面由对象，即窗体和控件组成，所有的控件都放在窗体上(一个窗体最多可容纳 255 个控件)，程序中的所有信息都要通过窗体显示出来，它是应用程序的最终界面。

对于在应用程序中要用到的控件，都要在设计阶段添加到窗体上。在用户运行程序后，所出现的窗口以及窗口上的控件就是用户设计的结果。

在 Visual Basic 启动之后，屏幕上会出现一个窗体，Visual Basic 自动给这个窗体取一个默认的名字 Form1，用户可以在这个窗体上添加控件，设计需要的用户界面。

2. 设置属性

在将各种控件添加到窗体上之后，此时必须对窗体和控件的属性进行设置，使其达到用户所需要的效果。属性可以在摆放控件的同时进行设置，也可以在全部控件放置完毕之后再统一设置。在放置控件之前，对窗体及控件的属性设置要有一个总体构思，才能达到一个好的效果。

3. 编写代码

在建立了用户界面并设置了窗体及控件的各种属性之后，最重要的就是让界面上的这些控件做些什么，完成一些功能，这就需要编写程序代码，即编写事件过程。可以通过以下 4 种方式进入代码窗口进行程序代码的编写：

- 双击已建立好的控件。
- 选择“视图”→“代码窗口”菜单命令。
- 按 F7 键。
- 单击“工程资源管理器”窗口中的“查看代码”按钮。

进入代码窗口后，可以进行程序代码的编写。程序代码的好坏将直接影响到程序运行的效率。

3.3.2　编写 Visual Basic 应用程序

下面用一个具体的实例介绍如何通过以上几步来实现应用程序的开发。

程序要求：窗体界面如图 3.2 所示，运行程序时，窗体标题为“程序设计示例”，文本框内容为空白，当单击“显示”按钮时，文本框显示“欢迎使用 Visual Basic 6.0”；当单击“清除”按钮时，清除文本框内容；单击“结束”按钮时，结束程序。

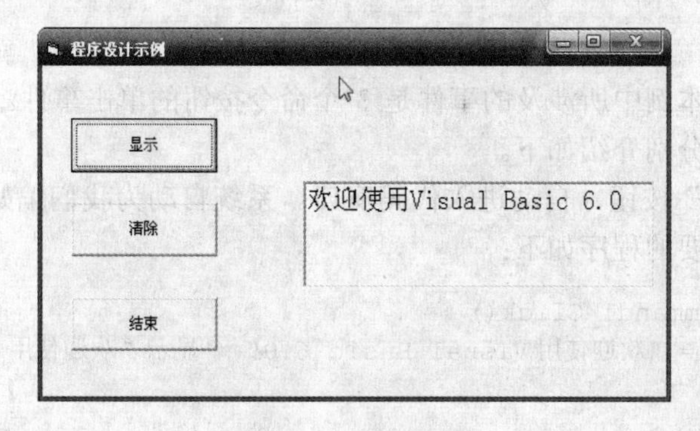

图 3.2　程序界面

下面根据程序要求，介绍如何设计这个应用程序。

1. 建立用户界面

首先启动 Visual Basic，选择“文件”→“新建工程”菜单命令，在“新建工程”对话框中选择“标准 EXE”选项，并单击“确定”按钮，自动添加一个窗体。根据程序要求，在窗体上添加 4 个控件：1 个文本框，3 个命令按钮。可按下面的步骤建立用户界面。

(1) 分别双击“工具箱”上的文本框控件，并 3 次双击命令按钮控件以得到 3 个命令按钮。

(2) 按要求摆放各控件。

(3) 利用“格式”菜单，为这些控件设好对齐方式、间距以及控件的大小等。

摆放好之后的窗体界面如图 3.3 所示。

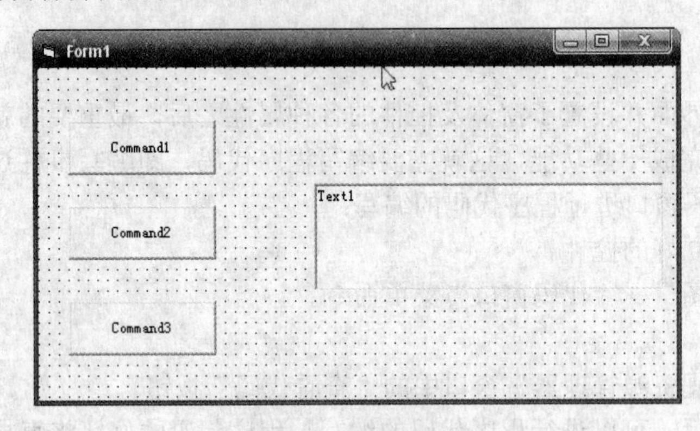

图 3.3 界面设计

2. 设置属性

通过属性窗口对窗体和各控件进行属性设置。窗体、按钮、文本框的属性都需要更改，更改的方法如下。

(1) 对于 3 个命令按钮的标题，必须依次单击这 3 个命令按钮，分别在属性窗口中找到对应的 Caption(标题)属性，并将它们分别改写为“显示”、“清除”、“结束”。

(2) 选中窗体，找到 Caption(标题)属性，改为“程序设计示例”。

(3) 选中文本框，将 Text 属性中的内容清空。

3. 编写程序

根据程序要求，本例中所涉及的事件是 3 个命令按钮的单击事件。下面对编写的 3 个事件相应的程序代码分别介绍如下。

(1) 双击“显示”按钮，自动进入代码窗口。系统自动为我们编好了按钮单击事件的开头和结尾，编写需要的程序如下：

```
Private Sub Command1_Click()
   Text1.Text = "欢迎使用 Visual Basic 6.0"  '显示“欢迎使用 Visual Basic 6.0”
End Sub
```

(2) 双击“清除”按钮，编写如下程序：

```
Private Sub Command2_Click()
   Text1.Text = ""                  '文本框清空
End Sub
```

> 注意："" 代表空字符。

(3) 单击“退出”按钮，编程如下：

```
Private Sub Command3_Click()
    End                                    '退出程序
End Sub
```

编写完3个单击事件的代码后，所有事件过程的程序代码如图3.4所示。

至此，程序设计工作全部结束。用户只要运行该程序，就会出现如图3.1所示的界面。单击相应的命令按钮，就会得到所需要的结果。

虽然这个程序比较简单，但展示了Visual Basic应用程序设计的全过程。可以看出，这一过程与传统的程序设计过程有着本质的区别，在使用Visual Basic设计程序时，通常不必编写含有大量代码的程序，而是首先建立用户界面，设置各对象属性，然后编写由用户启动的事件来激活若干个小程序，即事件过程，从而大大简化了程序开发过程。

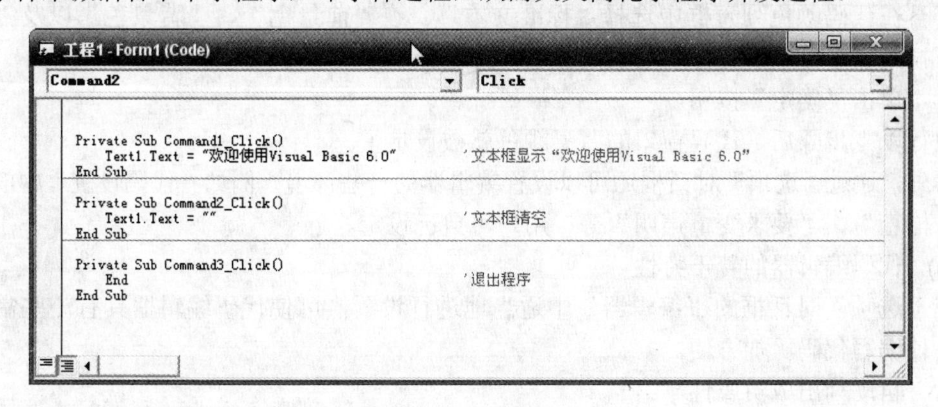

图3.4　程序代码窗口

3.3.3　代码编辑器的使用

代码编辑器又称“代码窗口”，如图3.4所示。

代码窗口是由如下几部分构成的。

- 标题栏：显示工程的名称、窗体名称，及最小化、最大化、关闭按钮。
- 对象下拉列表框：在标题栏的左下方，包括窗体和窗体上所有控件的列表。
- 过程下拉列表框：在标题栏的右下方，包括所选对象的所有事件名或过程列表。
- 代码区：当选择了某个对象的某个事件后，就可以在代码区编写所需要的程序代码。不过程序代码也可以通过文字处理软件输入，然后粘贴到这里。
- “单过程查看”和“全模块查看”按钮：位于整个代码窗口的左下角。其中，左边为“单过程”查看按钮，而右边的为“全模块”查看按钮。

(1)　代码窗口的环境设置

代码窗口的环境是系统预先设置的，Visual Basic为用户提供了对代码窗口的环境重新进行设置的功能。下面以设置代码窗口的背景颜色为例，说明设置窗口环境的操作步骤。

①　选择“工具”→“选项”菜单命令，弹出“选项”对话框。

②　单击对话框中的“编辑器格式”标签，出现如图3.5所示的界面。

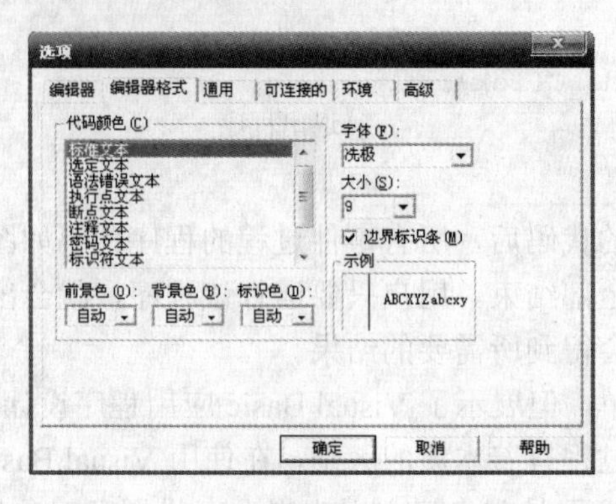

图 3.5 “编辑器格式”选项卡

③ 在代码颜色列表框中选择“标准文本”。在“前景色”、“背景色”以及“标识色”下拉列表中可分别选择所需要的颜色，并选择字体和字号。

④ 单击“确定”按钮。

执行以上步骤后，代码窗口的背景颜色就被设定了。

另外，通过“选项”对话框还可以设置编辑器的一些环境，例如“代码设置”中的“自动语法检查”、“要求变量声明”等，用户可自己设定。

(2) 代码编辑器的若干特性

在“选项”对话框的“编辑器”中适当地进行设置，可使代码编辑器具有一些常用的功能，使编写代码更加方便。

① 自动列出成员属性

在用代码设置控件的属性和方法时，可在输入控件名后输入小数点，则 Visual Basic 会自动弹出该控件的所有属性和方法的下拉列表框，用户可以通过该列表框选择所需要的属性或方法(先将光标条移到相应属性名上，再按空格键即可)，如图 3.6 所示。

② 自动显示快速信息

该功能主要用于显示语句或函数的格式。当用户输入合法的 Visual Basic 语句或函数后，在当前行的下面会自动显示该语句或函数的语法格式，如图 3.7 所示。其中，第一个参数为黑体，输入第一个参数后，第二个参数又变为黑体，如此继续。这样，如果用户对某些参数在使用上不太熟练时，出现的提示会给用户带来许多方便。

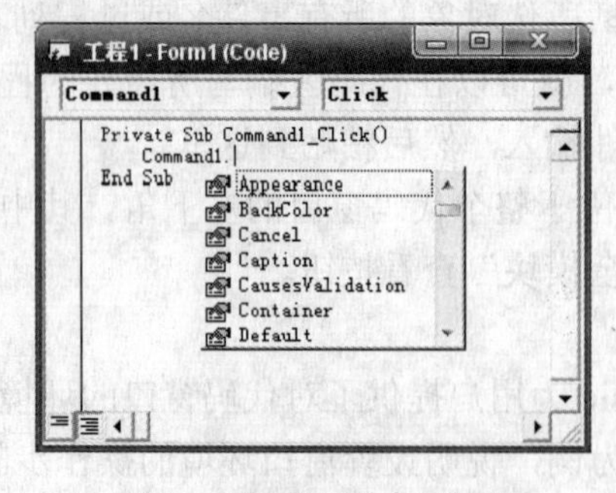

图 3.6 自动列出成员特性

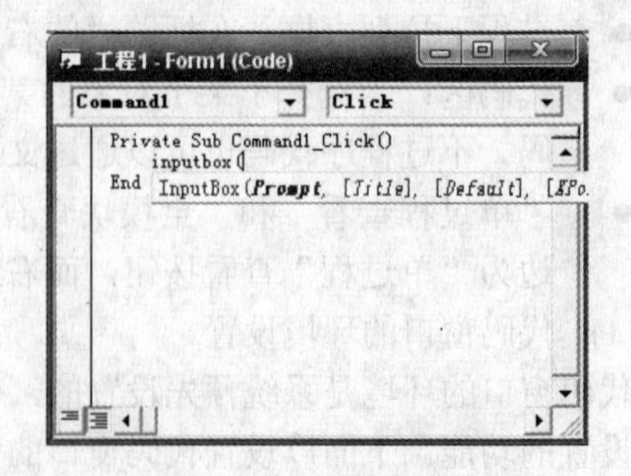

图 3.7 自动显示快速信息

③ 自动进行语法检查

当输入某行代码后按 Enter 键时，Visual Basic 会自动检查该行语句的语法是否有错。

如果出现错误，Visual Basic 会显示警告提示框，同时该语句变为红色。

④　要求变量声明

用户在使用变量时，可以在不声明变量名称、类型等情况下直接使用。但 Visual Basic 为了保证用户在使用变量时不会出现错误，可以在使用前特地提示使用变量必须先声明，系统会自动地检查，确保不出现错误。有两种方法要求进行变量声明：在代码窗口的起始部分加入语句 Option Explicit 或者在“选项”对话框中的“编辑器”标签下选中“要求变量声明”复选框。

3.4　程序的保存、加载和运行

当应用程序设计完毕，经检查确认无误后，通常先将程序存入磁盘，然后再运行程序，看是否符合设计的要求。当然，也可以先运行检查，再进行存盘。

3.4.1　保存程序

Visual Basic 应用程序有 4 种文件。第一种是窗体文件，扩展名为.frm；第二种是公用的标准模块文件，扩展名为.bas；第三种是类模块文件.cls；第四种是工程文件，扩展名为.vbp，这种文件由若干个窗体和模块组成。在这 4 种文件中，工程文件和窗体文件是必不可少的两个文件。保存文件有先后次序，即先保存窗体文件、标准模块文件等，最后才保存工程文件。在上一节我们介绍的程序中，需要保存窗体文件和工程文件。

保存窗体文件步骤如下。

(1)　选择“文件”→“保存 Form1”菜单命令或直接单击工具栏上的“保存”按钮，则自动打开“文件另存为”对话框。

(2)　在对话框中，保存类型栏内显示的文件类型为“窗体文件”，文件名栏的 Form1.frm 是默认名，保存位置在当前文件夹。一般要重新修改这三项，例如文件夹名为 C:\vbgrog，文件名为 vbapp.frm，保存类型不变。

(3)　单击“保存”按钮，则窗体文件以用户设置的名称保存在指定的文件夹下。

保存好窗体文件和标准模块文件后，要求保存工程文件。与保存窗体文件等类似，需要确定保存的位置(具体的路径)、工程文件名等。

3.4.2　程序的加载

用 Visual Basic 开发的应用程序，只要加载了工程文件，就可以自动地把与该工程有关的其他文件装入内存。假设已保存了一个名为“工程 1.vbp”的工程文件，只要加载这个文件，则对应的窗体文件会自动地被装入。实际上工程文件在 Visual Basic 系统中具有管理和跟踪其他文件的功能。因此，加载应用程序实际上就是加载工程文件。

启动 Visual Basic 后，可以通过下述操作将工程文件载入内存。

(1)　选择“文件”→“打开工程”命令，显示“打开工程”对话框，单击该对话框中的“最新”标签——若单击“现存”标签，则必须找到原路径(文件夹名)以及相应的文件，则显示最近建立的文件。

(2) 在“文件”栏中找出工程名“工程 1”，并在“文件夹”栏中找到所在的文件夹“C:\Program Files\ Microsoft Visual Studio\VB98”。

(3) 单击“打开”按钮即可。

应用程序载入内存后，可以对其进行修改。如果修改后要按原文件名保存，则直接单击工具栏上的“保存”按钮即可。

在“文件”菜单中的“保存窗体”、“保存工程”和“窗体另存为”、“工程另存为”命令都可以保存相应的窗体文件和工程文件。只是前者直接以当前文件名存盘，而后者则是可以用新的名字保存到新的路径下。

3.4.3 程序的运行

用户可以在文件存盘之后或在程序设计完后就运行程序。运行的目的是输出结果、检查错误。在 Visual Basic 环境中，程序可以用解释的方式执行，或者直接生成可执行文件(.exe 文件)来运行。

1. 解释运行

解释运行实际上就是在“设计”环境下，直接选择“运行”→“启动”菜单命令来实现程序的运行。有如下 3 种方式：

- 选择菜单栏中的“运行”→“启动”命令。
- 按 F5 键。
- 直接单击“工具栏”上的黑色的向右箭头按钮▸。

窗体启动后的界面实际上执行的是加载窗体时的事件过程，当程序启动之后，在此界面上单击相应的命令按钮，还会执行其他事件过程，出现相应运行后的效果。

2. 生成可执行文件运行

前面“解释运行”的情况，无法脱离 Visual Basic 环境而独立运行，要使用 Visual Basic 编写的程序能在 Windows 的其他环境中也能运行，必须将所编写的程序通过 Visual Basic 内部的编译程序编译链接，生成可执行(.exe)文件。

生成可执行文件的具体操作步骤如下。

(1) 选择“文件”→“生成 vbapp.exe”菜单命令。

(2) 在对话框“文件名”输入可执行文件的名字，选择存放位置。假设存放位置为“C:\Program Files\ Microsoft Visual Studio\VB98”

(3) 单击“确定”按钮，则生成可执行文件。

运行可执行文件时，可以通过资源管理器，找到“C:\Program Files\Microsoft Visual Studio\VB98”下的可执行文件 vbapp.exe，双击该文件即可运行。

3.5 Visual Basic 应用程序的结构与工作方式

应用程序结构是组织指令的方法。对于一个复杂的应用程序来说，程序的指令繁多、控件的构成复杂，如何组织好指令便是一个重要的问题。程序的结构就是组织指令的具体方法。Visual Basic 的应用程序一般由 3 个模块组成：窗体模块、标准模块和类模块。

3.5.1 窗体模块

在 Visual Basic 中，窗体是最基本的对象，一个应用程序通常都包含一个或多个窗体对象。一个窗体对应一个窗体文件(扩展名为.frm)，所以，一个应用程序包含一个或多个窗体模块。每个窗体模块分为两部分：一部分是作为用户界面的窗体，另一部分是执行具体操作的代码，如图 3.8 所示。

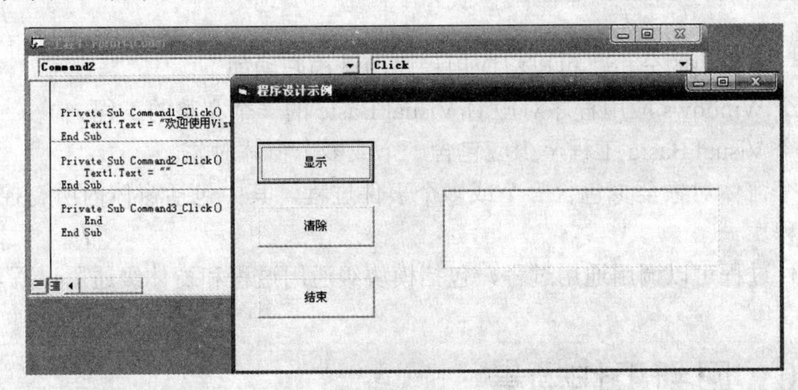

图 3.8 窗体模块

每个窗体一般会有多个控件，每个控件都会对应一个或多个事件过程；窗体本身也会发生多种事件；另外，窗体模块中还可以包含通用过程，通用过程可以被窗体模块中的任何事件过程所调用。所以，窗体模块中包括了多个事件过程。

3.5.2 标准模块

标准模块又称过程模块，其文件类型是.bas。标准模块完全由代码组成，它不属于任何窗体，标准模块中的代码可以被窗体模块中的任何事件所调用。可见，标准模块是公用的。标准模块通常是用于声明全局变量，或者建立通用过程。

可以使用一个独立的标准模块，在该模块中声明全局变量。这样的模块在所有基本指令开始执行之前被处理，以使这些全局变量起作用。在大型程序中，可以在标准模块中定义一些函数过程或子过程，用于执行主要操作，而窗体模块则用来实现与用户的通信。

一个工程中可以包含有多个标准模块，可以是新建的，也可以把原有的标准模块加入到工程中。但标准模块是可选的，比如在只有一个窗体的应用程序中，就没有必要建立标准模块。标准模块通过“工程”菜单中的“添加模块”命令来建立。执行“添加模块”命令后，弹出“添加模块”对话框，单击“新建”标签，就可以建立新模块了，输入必要的信息后，单击“打开”按钮，打开标准模块代码窗口，在该窗口中建立和编辑代码，存盘后，即生成扩展名为.bas 的标准模块。

3.5.3 类模块

Visual Basic 中的每个对象都是用类定义的，每个类模块定义了一个类。例如，工具箱中的每个控件都是一个类，当用户在窗体上建立一个控件后，实际上是建立了该控件类的一个拷贝，这个建立的对象所属的类的名称显示在属性窗口上。

⚠ 注意：与标准模块不同的是，类模块不仅包含代码，同时也包含数据。

3.5.4 应用结构程序总结

经过对三种模块的分析，可以将应用程序的结构归纳如下。

(1) 一个 Windows 应用程序对应着 Visual Basic 的一个完整的工程。

(2) 一个 Visual Basic 工程至少应包含一个或多个窗体对象。

(3) 一个窗体对象至少包含一个或多个事件过程，其中包括窗体内所有控件对象所对应的事件过程。

(4) 事件过程可以调用通用过程，包括模块级通用过程和窗体级通用过程。

3.6 回到工作场景

通过 3.2~3.5 节内容的学习，应该已经掌握了设计窗体界面、更改对象属性和编程的方法，此时足以完成用户登录程序的设计。下面我们将回到 3.1 节介绍的工作场景中，完成工作任务。

【分析】

本问题重点在于用户如何输入密码，在单击“确定”按钮后，自动进行登录密码的校验。此项功能由“确定”按钮的 Click 事件过程实现。密码屏蔽用文本框的 PassWordChar 属性实现，密码判断由条件语句(If...Else...)实现。判断结束的消息对话框可通过函数 MsgBox 实现。

【工作过程一】设计用户界面

在窗体上画出两个标签，两个按钮，两个文本框，并调整窗体上各个控件的大小和位置，如图 3.9 所示。

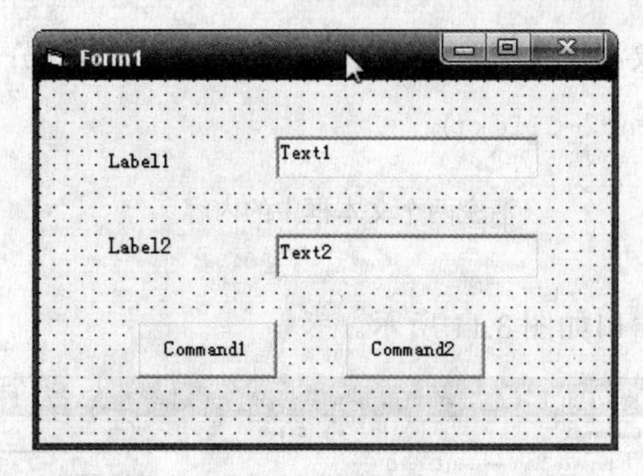

图 3.9 控件大小和位置调整后的窗口

【工作过程二】设置属性

设置属性的方法如下。

(1) 选择窗体对象，在属性窗口中选择 Caption 属性，去掉默认值，改为“Form1”。

(2) 选择 Command1 按钮，将 Caption 属性改为“确定”。

(3) 选择 Command2 按钮，将 Caption 属性改为“取消”。

(4) 选择 Label1 标签，将 Caption 属性更改为“用户名：”

(5) 选择 Label2 标签，将 Caption 属性更改为“密　码：”

(6) 清空 Text1、Text2 的 Text 属性。

设置好的界面如图 3.10 所示。

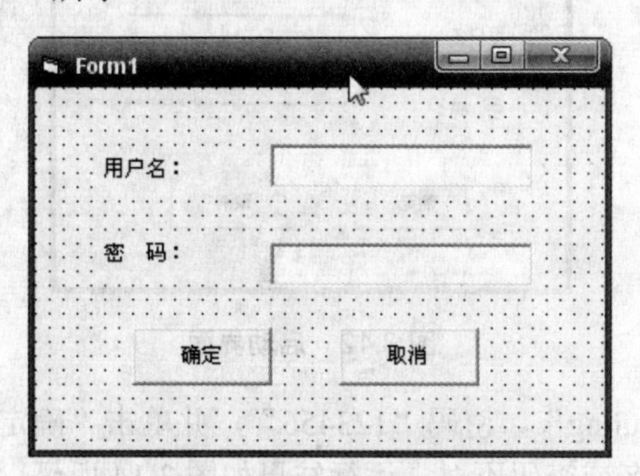

图 3.10 设置好属性的用户界面

【工作过程三】编写代码

(1) 双击“确定”按钮，打开代码窗口，并显示该命令按钮单击事件过程的开头结尾，然后，在事件过程中输入如下代码：

```
Private Sub Command1_Click()
   If Text1 = "liuling" And Text2 = "123456" Then     '判断信息正错
      MsgBox "登录成功"            '登录成功消息框
   Else
      MsgBox "登录失败"            '登录失败消息框
   End If
End Sub
```

(2) 用鼠标双击“取消”按钮，在事件过程中输入如下代码：

```
Private Sub Command2_Click()
    Text1 = ""
    Text2 = ""                '清空两个文本框中的内容
End Sub
```

编完程序后，代码窗口如图 3.11 所示。

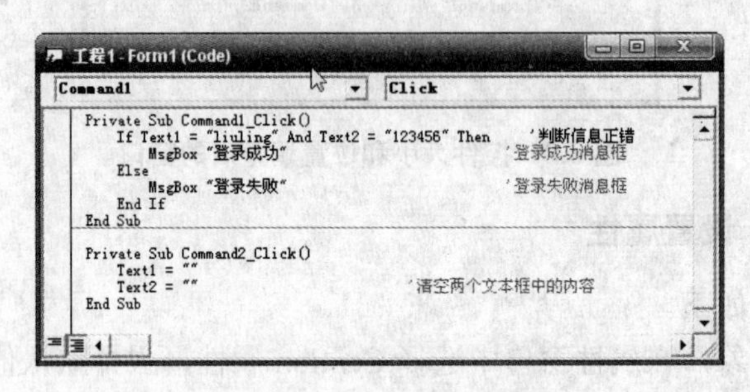

图 3.11 代码窗口

【工作过程四】运行和保存工程

(1) 单击标准工具栏中的▶按钮，程序运行后的界面如图 3.12 所示。

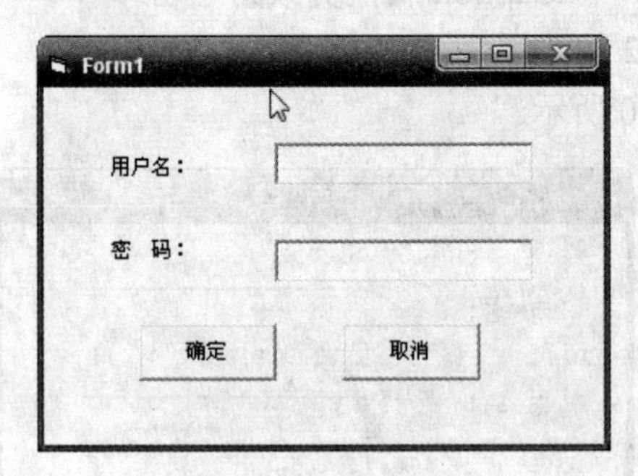

图 3.12 启动界面

在用户名中输入“liuling”，密码“123456”，并单击“确定”按钮，程序运行结果如图 3.13 所示，如果用户名或密码不对，运行结果如图 3.14 所示。

单击“取消”按钮，界面恢复到图 3.12 的启动页面，两个文本框的内容清空。

(2) 保存工程文件和窗体文件。

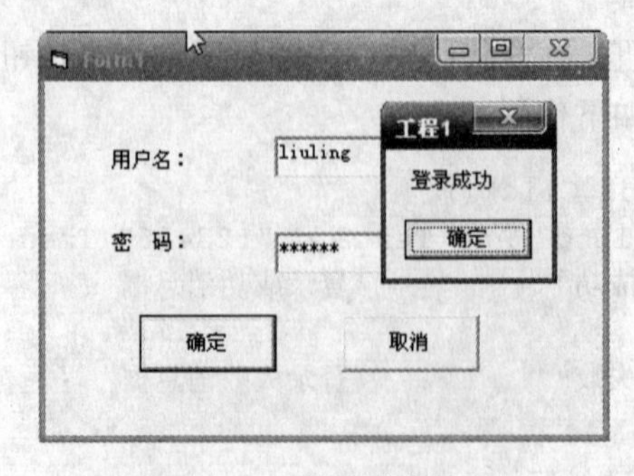

图 3.13 登录成功界面

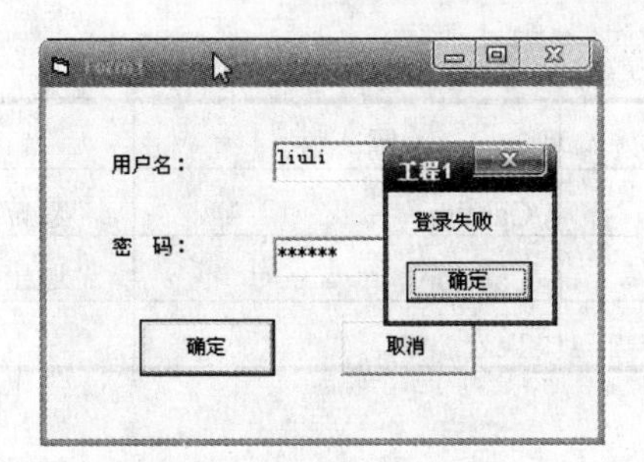

图 3.14　登录失败界面

3.7　工作实训营

训练实例

设计一个超市商品零售计价的应用程序，如图 3.15 所示。在“单价”和“数量”两个文本框中输入数据，单击“计算”按钮将在第 3 个文本框中显示应付款金额。

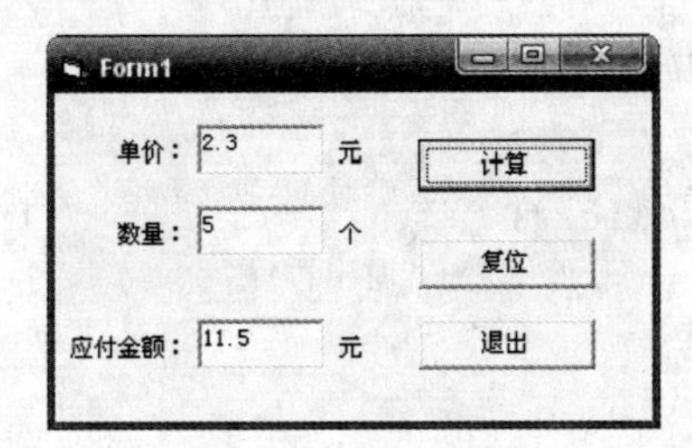

图 3.15　运行界面

【分析】

本问题主要在于获取输入值，并根据两个文本框中的值编写计算程序代码。

【工作过程】

(1) 创建窗体界面

创建如图 3.15 所示窗体界面，窗体中各控件的属性值如表 3.1 所示。

表 3.1　各控件的属性值

控　件	属　性	值
Label1	Caption	“单价”
Label2、Label6	Caption	“元”
Label3	Caption	“数量”
Label4	Caption	“个”
Label5	Caption	“应付金额”
Command1	Caption	“计算”

续表

控 件	属 性	值
Command2	Caption	“复位”
Command3	Caption	“退出”
Text1~Text3	Text	“ ”

(2) 编写代码

为三个命令按钮编写如下代码：

```
Private Sub Command1_Click()
    Dim sng1 As Single
    Dim sng2 As Single
    sng1 = Text1.Text
    sng2 = Text2.Text
    Text3 = sng1 * sng2                '在第三个文本框中显示应付金额
End Sub
Private Sub Command2_Click()           '清空三个文本框中的内容
    Text1.Text = ""
    Text2.Text = ""
    Text3.Text = ""
End Sub
Private Sub Command3_Click()
    End                                '退出程序
End Sub
```

3.8 习 题

1. 选择题

(1) 假定窗体名称(Name 属性)为 Form1，则把窗体的标题设置为 VB Test 的语句为_________。

A. Form1 = VB Test　　B. Form1.Caption = “VB Test”

C. Form1.Text =“VB Test”　　D. Form1.Name =“VB Test”

(2) 下面不能改变窗体大小的方法是_________。

A. 设计时在窗体布局窗口进行调整　　B. 设计时在属性窗口设置

C. 运行时设置相应属性值　　D. 运行时调用窗体的 Move 方法

(3) 下面不能打开代码窗口的操作是_________。

A. 双击窗体上的某个控件　　B. 双击窗体

C. 按 F7 键　　D. 单击窗体或控件

(4) 下面没有 Caption 属性的对象是_________。

A. Form　　B. TextBox

C. CommandButton　　D. Label

(5) 下列各选项中，不是可视化编程方法特点的是________。

A. 不必运行程序就能看到所要做的界面 B. 采用面向对象驱动事件的机制

C. 使用工程的概念来建立应用程序 D. 将代码和数据集中到一个对象中

(6) VB 可视化编程有三个基本步骤，这三步依次是________。

A. 创建工程，建立窗体，建立对象 B. 创建工程，设计界面，保存工程

C. 建立窗体，设计对象，编写代码 D. 设计界面，设置属性，编写代码

(7) 关于加载一个 VB 应用程序的正确说法是________。

A. 只装入窗体文件(.frm)

B. 只装入工程文件(.vbp)

C. 分别装入工程文件和窗体文件

D. 分别装入工程文件、窗体文件和标准模块

(8) 下列关于属性设置的叙述错误的是________。

A. 一个控件具有什么属性是 VB 预先设计好的，用户不能改变它

B. 一个控件具有什么属性值是 VB 预先设计好的，用户不能改变它

C. 一个控件的属性既可以在属性窗口中设置，也可以用程序代码设置

D. 一个控件的属性在属性窗口中设置之后，还可以利用程序代码为其设置新值

2. 填空题

(1) VB 采用的是________________编程机制。

(2) 一个窗体对象应包含________________。

(3) VB 应用程序通常由三类模块组成，即________、标准模块和________。

(4) 在保存 VB 应用程序(设仅有窗体文件和工程文件)时，保存的顺序依次是________、________；它们的文件类型分别为.frm 和________。

(5) 控件和窗体的 Name 属性只能通过____________设置，而不能在程序运行期间进行设置。

(6) 代码窗口分为左右两栏，左边一栏称为______________，右边一栏则称为__________。

(7) 假设在窗体上有两个文本框 Text1、Text2 和一个命令按钮 Command1，单击命令按钮的事件过程如下：

```
Private Sub Command1_Click()
    Text1.Text = "VB应用程序"
    Text2.Text = Text1.Text
    Text1.Text = "欢迎使用本系统！"
End Sub
```

程序运行后，Text1、Text2 中所显示的内容分别是________和________。

3. 编程题

程序要求：在窗体上安排 5 个控件，即一个标签框，一个文本框，3 个命令按钮。3 个命令按钮的标题分别为“显示界面”、“清除文字”、“结束运行”。当运行窗体时，标签框中的内容是“欢迎使用本系统”；文本框中的内容是“本系统是由 VB 语言开发”。窗

体运行后的界面如图 3.16 所示。当单击“显示界面”按钮时，标签框和文本框中的内容分别为“程序开发的第一步”和“建立用户界面”。当单击“清除文字”按钮时，标签框内容还原为“欢迎使用本系统”，而文本框内容以及文本框本身将自动消失。当单击“结束运行”按钮时，将结束运行，回到设计状态。

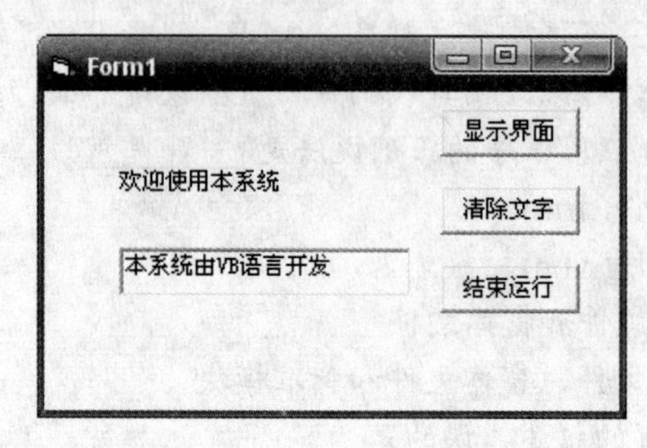

图 3.16　窗体运行界面

第 4 章

Visual Basic 程序设计基础

- Visual Basic 系统中的数据类型。
- 常量、变量的声明。
- 常用的系统内部函数。
- 运算符和表达式。

技能目标

- 掌握 Visual Basic 系统的数据类型。
- 熟练掌握在程序中声明变量的程序设计方法。
- 掌握系统内部函数的使用方法。
- 掌握运算符及运算符的优先级，学会编写各种表达式的代码。

4.1 工作场景导入

【工作场景】

数学上，一元二次方程的基本形式为：

$$ax^2+bx+c=0$$

如果 $\Delta=b^2-4ac>0$，方程有两个实根；如果 $\Delta=b^2-4ac=0$，方程有一个根；如果 $\Delta=b^2-4ac<0$，方程没有实根。

通过编程，程序界面如图 4.1 所示：用户输入 a、b、c 三个数据，单击“解方程”按钮，程序就能够把方程的解通过两个文本框输出，如果方程无解，通过对话框输出错误信息。

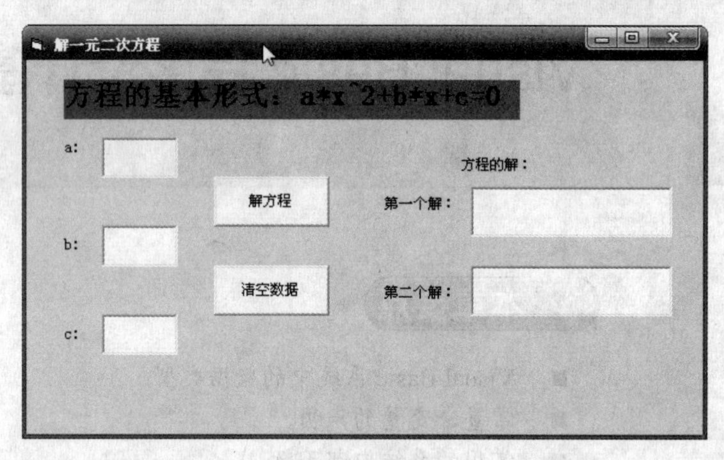

图 4.1　界面

【引导问题】

(1) 如何通过设置属性值来建立如图 4.1 所示的界面？

(2) 如何在程序设计中声明变量？

(3) 如何在程序设计中判断方程有没有解，怎样写判断表达式？

(4) 如何利用程序计算方程的解？

4.2 数据类型

数据是程序的重要组成部分，没有数据就失去了需要处理的对象。在程序设计语言、特别是在高级语言中，数据往往是通过“数据类型”体现的。在不同的应用程序中，可能使用到不同的数据类型，不同的数据类型体现了数据结构的不同特点。Visual Basic 为用户提供了多种数据类型，并允许用户定义自己所需的类型。

4.2.1　基本数据类型

基本数据类型也称简单数据类型或标准数据类型，是由语言系统定义的。Visual Basic 6.0 提供的基本数据类型主要有字符串数据和数值型数据，此外还提供了字节、货币、对象、日期、布尔和变体数据类型。

1. 字符串型

字符串(String)也称字符串型数据，它是由标准 ASCII 字符和扩展 ASCII 字符组成的。字符型数据必须用英文半角的双引号括起来。例如：

```
"你好！"
"she is a good student."
"13579"
```

Visual Basic 中的字符串包括如下两种：变长字符串和定长字符串。定长字符串含有确定长度(个数)的字符串，其长度不能超过 2^{16}，即 65536 的字符，用于字符串长度固定的场合；变长字符串则长度不确定，其长度可以从 0 到约 21 亿个字符(即 $0\sim2^{31}$)，一般用于字符串长度不确定的场合。

2. 数值型

Visual Basic 的数值型数据分为整型数和浮点型数两大类。

(1)　整型数

整型数包括两种，整数和长整数，它们是一种不带小数点和指数符号的数。整数(Integer)以两个字节(16 位)的二进制码表示和参与运算，取值范围是-32768 ~ +32767；长整型(long)是以 4 个字节(32 位)的二进制码表示和参与运算，取值范围是-2147483648 ~ 2147483647。

(2)　浮点型数

浮点数也分为两种，即单精度数和双精度数。它由 3 部分组成：符号、指数及尾数。在用科学计数法表示时，单精度数和双精度数的指数分别用 E 和 D 来表示。例如 123.45E+3 表示单精度数 123.45 乘以 10 的 3 次幂；123.4567D+3 表示双精度数 123.4567 乘以 10 的 3 次幂。其中 123.45 或 123.4567 是尾数部分，而 E+3、D+3 则是指数部分。

> **注意：** 数 100 与数 100.00 对计算机而言是截然不同的两个数，前者为整数(占两个字节)，而后者为浮点数(占 4 个字节)。

单精度数和双精度数的区别如下。

(1)　单精度数(Single)：1 个单精度数占 4 个字节内存，有效数字精确到 7 位十进制数。其负数的取值范围是-3.402823E+38 ~ -1.401298E-45；而正数的取值范围是 1.401298E-45 ~ 3.402823E+38。

(2)　双精度数(Double)：1 个双精度数占 8 个字节内存，有效数字精确到 15 位或 16 位十进制数，在表示时也用科学计数法。负数的取值范围是-1.797693134862316D+308 ~ -4.94065D-324；正数的取值范围是 4.94065D-324 ~ 1.797693134862316D+308。

3. 货币型

货币型数据是专门用来表示货币数量的数据类型。其特点是小数点后的有效数位是确定的，固定为 4 位。计算的结果将小数点后 4 位以下的数字舍去。该数据类型的数据占用 8 个字节的内存，其取值范围是-922337203685477.5808 ~ 922337203685477.5807。

> 注意：货币型数据与浮点型数据都是带小数点的数，但两者之间的区别是：货币型数据的小数点是固定的，而浮点型数据中的小数点是“浮动”的。有时又称货币型数据为“固定数据类型”。

4. 字节型

字节实际上是一种数值类型，以 1 个字节的无符号二进制数存储，其取值范围为 0~255。

5. 对象型

对象型数据用来表示图形、OLE 对象或其他对象，占用 4 个字节内存。

6. 布尔型

布尔型数据又称“逻辑型”数据，是经常用到的一种数据类型，占用两个字节的内存。其取值仅有两种，即 True(真)、False(假)。

7. 日期型

日期型数据表示由年、月、日组成的日期信息或由时、分、秒组成的时间信息。日期型数据占用 8 个字节内存。日期型数据的书写格式为 mm/dd/yyyy 或 mm-dd-yyyy，或是可以辨认的文本日期。取值范围为 1/1/100 到 12/31/9999，即日期范围是从公元 100 年 1 月 1 日到 9999 年 12 月 31 日。

日期数据必须用#号将数据括起来。例如#12/26/2004#、#10:58:30#等都是合法的日期型数据。

以上介绍了 Visual Basic 语言中的数据类型，归纳如表 4.1 所示。

表 4.1 Visual Basic 的基本数据类型

类型名称	存储空间(字节)	取值范围
Integer(整型)	2	-32768~32767，小数部分四舍五入
Long(长整型)	4	-2147483648 ~ 2147483647，小数四舍五入
Single(单精度浮点数)	4	负数：-3.402823E+38 ~ -1.401298E-45 正数：1.401298E-45 ~ 3.402823E+38
Double(双精度浮点数)	8	负数：-1.79769313486D+308 ~ -4.940656D-324 正数：4.94065645841D-324 ~ 1.7976931349D+308
Currency(货币型)	8	-922337203685477.5808 ~ 922337203685477.5807
Byte(字节型)	1	0~255

续表

类型名称	存储空间(字节)	取值范围
String(变长)	字符串长度	0～约 20 亿
String(定长)	字符串长度	1～65536 字节(64KB)
Boolean(布尔型)	2	True 或 False
Date(日期型)	8	1/1/100~12/31/9999
Object(对象型)	4	任何对象的引用
Variant (数值)	16	任何数值，最大可达 Double 的范围
Variant (字符)	字符串长度	与变长型字符串有相同的范围

4.2.2　用户定义的数据类型

程序设计者可以使用 Type 语句声明自定义的数据类型。自定义的数据类型由已存在的数据类型组合而成。其具体的定义格式为：

```
Type <数据类型名>
    成员名 1 As 类型名
    成员名 2 As 类型名
    ...
    成员名 n As 类型名
End Type
```

这里的 Type 是用户定义类型的关键字，Type...End Type 需要成对出现，“数据类型名”是要定义的数据类型的名字，其命名规则与变量的命名规则相同(后面将会介绍)；“成员名”也遵守同样的规则，且不能是数组名；“类型名”就是常用的基本数据类型。例如：

```
Type Student
    Num As Long
    Name As String * 10
    Sex As String * 5
    Score As Single
End Type
```

这里的 Student 定义了 4 个成员以及每个成员的类型，要使用自定义数据类型，就要声明自定义类型的变量。下面的事件过程使用了自定义类型 Student 声明了一个变量、并给它的每个成员赋值：

```
Private Sub Command1_Click()
    Dim intavs As Integer
    Dim first As Student              '声明自定义变量
    first.Num = 12738434              '给变量的每个成员赋值
    first.Name = "张三"
    first.Sex = "男"
    first.Score = 90.4
End Sub
```

可以看出，使用“自定义类型变量名.成员名”的形式来存取一个自定义类型变量中的成员的值。

4.2.3 枚举类型

枚举类型主要用于取值情况只有若干种并且数值之间关系相对固定的数据。这里的“枚举”是指将变量的值一一列举出来，变量的值只限于列举出来的值。例如，一个星期有 7 天，一周工作日有 5 天等，对此可以定义枚举类型，使用较为方便。枚举类型数据用 Enum 语句开头，其定义的格式为：

```
[Public|Private] Enum <类型名称>
    成员名 1[=常数表达式]
    成员名 2[=常数表达式]
    ...
    成员名 n[=常数表达式]
End Enum
```

下面我们定义一个名为 WeekDays 的枚举类型，程序代码如下：

```
Public Enum WeekDays
    Sunday
    Monday
    Tuesday
    Wednesday
    Thursday
    Friday
    Saturday
End Enum
```

这里定义了一个枚举类型 WeekDays，它包括 7 个成员，都省略了“常数表达式”，因此常数 Sunday 的值为 0，常数 Monday 的值为 1，等等。下面的事件使用了定义的枚举类型，程序代码如下：

```
Private Sub Form_Click()
Dim Myday As WeekDays                               '定义 MyDay 为枚举变量
     For Myday = Sunday To Saturday
         Print Myday
     Next Myday
End Sub
```

以上的事件的含义是：当单击窗口，屏幕上打印出 0、1、2、3、…。

4.3 常量和变量

上一节介绍了 Visual Basic 中使用的数据类型。在程序中，不同类型的数据既可以以常量形式出现，也可以以变量形式出现。常量在程序执行过程中是不变的，相反变量是可变的，它代表内存中指定的存储单元。

4.3.1　常量

常量(常数)是指在程序运行过程中数值保持不变的数据，包括直接常量和符号常量。

1. 直接常量

直接常量包括数值常量、字符串常量、日期常量和布尔常量。

(1)　数值常量

数值常量包括以下 4 种。

①　整型数：包括 3 种形式，即十进制、十六进制和八进制整数。

- 十进制整型数：由一个或几个十进制数字(0~9)组成，可以带有正号或负号，其取值范围为-32768 ~ 32767，例如 523、-879、+736 等。
- 十六进制整型数：由一个或几个十六进制数字(0~9)及 A~F 或 a~f 组成。数的前面冠以&H(或&h)，其取值(绝对值)范围为&H0 ~ &HFFFF。例如&H576、&H80F 等。
- 八进制整数：由一个或几个八进制数字(0~7)组成。数的前面冠以&(或&O)，其取值范围为&O0 ~ &O177777。例如&O136、&O452 等。

②　长整型数：也包括上述的十进制、十六进制和八进制整数 3 种。

- 十进制长整型数：其组成与十进制整数相同，其取值范围为-2147483648 ~ 2147483647，例如 8234765、-9879321 等。
- 十六进制长整型数：由十六进制数字组成。以&H(或&h)开头，以&结尾。其取值范围为&H0& ~ &HFFFFFFFF&。例如&H576&、&H80ABC8F&等。
- 八进制长整型数：由八进制数字组成。以&(或&O)开头，以&结尾。其取值范围为&O0& ~ &O37777777777。例如&O567&、&O354622&等。

③　货币型常量：定点数，即小数点保留 4 位，多余自动截断。

④　浮点数：也称实数，包括单精度和双精度数，其中单精度用 E 表示指数、双精度用 D 表示指数。浮点数有三部分：尾数、指数符号和指数，其中尾数可以有小数点。

(2)　字符串常量

字符串常量由任何 ASCII 字符组成，但不包括双引号和回车符。表示字符串常量时，必须用双引号括起来。其长度范围不超过 65535 个字符(定长字符串)或 2^{31}(约 21 亿)个字符(变长字符串)。

当用户需要特别指明一个常量属于哪种类型时，可以在常数的后面加上类型说明符。数值常量的类型说明符(在数值的后面加上相应的符号)如下：

- %　整型。
- &　长整型。
- !　单精度。
- #　双精度。
- @　货币型。
- $　字符串。

例如 32.76#为双精度型，而 32.76@为货币型。

(3) 日期常量

日期常量是由一对#号括起来的字符串。例如#12/18/2004#。

(4) 布尔常量

布尔常量也称为逻辑常量，它只有 True(真)和 False(假)两个值。

2. 符号常量

符号常量是用符号来表示的常量。它分为系统常量和用户自定义常量两种。

(1) 系统常量是 Visual Basic 系统内部定义和使用的常量。例如，MsgBox()函数中，按钮组合中的常量，通常用 VB 开头，如 VBOkOnly...，用户直接使用即可。

(2) 用户自定义常量

用 Const 语句可以给常量分配名字、值和类型等。格式如下：

```
[Public|Private] Const <常量名> [As <数据类型>] = 表达式...
```

其中 Const 前面的关键字表示常量是全局的、还是局部的，有时可以省略；常量名的命名规则与变量名的命名规则相同；表达式由数值常量、字符常量及运算符组成。例如：

```
Const pi = 3.1415926                          '定义常量 pi
Private Const CityName = "Beijing"            '定义字符串常量 CityName
Public Const Mummax As Integer = 100          '定义全局常量 Mummax
```

4.3.2 变量

所谓的变量也可以指一个有名称的内存位置。变量包括变量名、类型以及存储类别等。每个变量唯一对应一个变量名，通过名字来引用一个变量。

1. 变量的命名规则

变量是一个名字，给变量命名时应遵循以下规则：

- 以字母开头，由字母、数字、下划线组成。
- 中间不能有空格，最后可用类型符。
- 长度不超过 255 个字符。
- 不能使用系统保留字或类型说明符。
- 不区分字母大小写，即 ABC 与 abc 同名，视为同一个变量名。

> 注意：Visual Basic 虽然不允许用保留字作为变量名，但可以将保留字嵌在变量名中，如 Print_Num2 就是一个合法的变量名。

2. 变量的类型与定义

任何变量都属于一定的数据类型，包括基本的数据类型和用户定义的数据类型。定义变量时需要指定其类型。可以通过下面的格式定义变量：

```
Declare 变量名 As 类型
```

这里的 Declare 可以是 Dim、Static、Private、Public，As 是关键字，“类型”可以是基本的数据类型或用户自己定义的数据类型。

(1) Dim 用于声明普通局部变量，这种变量只能在声明它的过程中使用，不能跨过程使用，并且在过程真正执行时才分配内存空间，执行完毕，释放空间，变量值不会被保存。这种情况所声名的变量多用于标准模块、窗体模块定义变量或数组等。例如：

```
Dim int1 As Integer           '把 int1 定义为整型变量
Dim int2 As Double            '把 int2 定义为双精度变量
Dim str1 As String            '把 str1 定义为变长字符串变量
Dim str2 As String * 10       '把 str2 定义为定长字符串变量，长度为 10 个字节
```

也可以用一个 Dim 定义多个变量，例如：

```
Dim str1 As String, total As Double '定义 str1 为字符串变量，total 为双精度变量
Dim int3, int4 As Integer            '定义 int3 为变体类型，int4 为整型变量
```

注意： 当一个 Dim 语句中定义多个变量时，每个变量都要用 As 子句声明其类型，如上面第二句 int3 后面没有类型说明符，则被隐含定义为变体类型(Variant)。

(2) Static 声明静态局部变量，只在声明它的过程中使用。所谓静态变量，是指当过程运行结束后，其值继续保留的变量。其特点是：尽管是局部变量，但在程序运行期间均有效，并且过程执行结束后，只要程序没有结束，该变量的值仍然有效，该变量所占空间不被释放。静态变量主要用于需要用它作为累计情况，或每次的数值需要保留的情况。例如以下过程：

```
Sub test()
    Static num As Integer                 '声明静态局部变量
    num = num + 1
End Sub
```

则每次调用一次上面的过程，num 这个变量加 1。

(3) Private 用于在窗体模块或过程中声明的局部变量为私有变量，不能跨模块使用。

(4) Public 声明全局变量，必须在某个模块的声明部分进行预先声明，它适合于该模块以及其他模块内的所有过程，即在整个程序内都有效，也可用于在标准模块中定义的全局变量或数组。

4.3.3　变体类型变量

一个变量未加定义而直接使用，Visual Basic 即把它看成变体类型的变量。变体类型的变量不是无类型的变量，而是类型可以自由转换的变量。变体类型的变量给用户带来了方便。定义变体变量用参数 Variant 完成。例如，将 Var1 定义为变体变量，其方法是：

```
Dim Var1 As Variant
```

或者：

```
Dim Var1
```

即未说明具体类型的变量自动为变体变量。变体变量的类型随着所赋值的改变而变化，并能自动转化为相应的类型，其类型可以为数值、字符串、日期、时间等。一个变体变量的类型随着所赋值的改变而变化。例如，在上面定义了变体变量 Var1 的基础上，可以进行如下赋值：

```
Var1 = "刘玲"                    '字符串型，值为“刘玲”
Var1 = 100                       '数值类型，值为100
```

若一个变量未加定义就赋值，这个变量隐含类型为变体数据类型，并以最紧凑(最小存储空间)的方式存储该值，并可以根据需要自动改变数据类型。变体变量中含有以下几个特定值。

(1) 空值(Empty)：当一个变量被定义为变体变量时，首先预赋一个“空值”，实际上表示该变量没有被赋值，根据具体情况，可以解释为 0 或空字符串。可以用测试函数 IsEmpty 来测试，如设 y 为变体变量，则可以使用如下语句：

```
If IsEmpty(y) Then y = 0          '若y为空，则将数值0赋给y
```

(2) Null 值：通常用于数据库应用程序，表示未知数据或丢失的数据。可以通过 IsNull 函数来判断一个变体变量的值是否为 Null。

(3) Error 值：指出已发生的过程中的错误状态。根据错误类型的不同，其错误级别以及处理方式也不同。

4.3.4 关于强制显式声明变量

希望在使用变量时，必须先声明变量及其类型。这样做主要是为了使变量的类型更加明确，同时也为了防止出现编辑变量出错可能。强制声明的方法有以下两种。

(1) 利用“工具”→“选项”菜单，在“选项”对话框的“编辑器”选项卡中设置。

(2) 通过声明语句强制声明。其语句是 Option Explicit。这种声明必须放在程序代码窗口的公共部分。

通过以上设置后，在使用变量时，要求必须声明变量，否则认为出错。反之，若不要求声明，直接使用时，会按变体类型处理。

4.4 常用的内部函数

内部函数是程序设计语言预定义的函数，可以在应用程序中直接调用。Visual Basic 为用户提供了大量的内部函数。本节将介绍部分常用的内部函数。

4.4.1 数学函数

数学函数用于各种数学运算，包括三角函数、求平方根、绝对值及对数、指数等。常用的数学函数见表 4.2。

表 4.2　常用的数学函数

函数名称	函数功能
Sin(x)	计算角度(弧度)的正弦值
Cos(x)	计算角度(弧度)的余弦值
Tan(x)	计算角度(弧度)的正切值
Act(x)	计算角度(弧度)的反正切值
Abs(x)	计算某数的绝对值
Exp(x)	计算 e 的指定次幂
Log(x)	得到某数的自然对数
Sgn(x)	返回数的符号值，即 1(正数)、-1(负数)
Sqr(x)	得到某数的平方根
Int(x)	将浮点数或货币型数转换成为不大于给定数的最大整数
Fix(x)	返回某数的整数部分，小数自动舍去

4.4.2　常用转化函数

转化函数用于数据类型或形式的转换，包括整型、浮点型、字符串之间以及数值与 ASCII 字符之间的转换，常用的转换函数见表 4.3。

表 4.3　转换函数

函数名称	函数功能
Asc(String)	将字符串转换成 ASCII 代码值
Chr(x)	将 ASCII 代码值转换成字符串
Cint(x)	将某数取整，小数部分四舍五入
Format(Number, Fmt)	将数值量转换为字符型量，将序数值转换为日期或时间
Str(Number)	将数值型量转换为字符型量
Val(String)	将字符型量转换为数值型量
CDbl(x)	将某数转换为双精度数
CLng(x)	将某数的小数部分四舍五入后转换为长整型数
Csng(x)	将某数转换为单精度数

4.4.3　常用字符串函数

字符串函数用于字符串处理，常用的字符串函数见表 4.4。

表 4.4　常用的字符串函数

函数名称	函数功能
Ltrim(String)	删除字符串左边的空格符
Rtrim(String)	删除字符串右边的空格符
Trim(String)	删除字符串前导和尾随的空格
Left(String, n)	从字符串的左边取出一个字符串
Right(String, n)	从字符串的右边取出一个字符串
Mid(String, n, m)	取出字符串中的一部分连续字符组成新的字符串
Len(String)	计算字符串的长度
Space(x)	产生一个指定数目空格字符组成的字符串
Lcase(String)	返回以小写字母组成的字符串
Ucase(String)	返回以大写字母组成的字符串

4.4.4　日期时间函数及随机函数

日期时间函数用于返回系统当前的日期和时间，常用的日期时间函数见表 4.5。

表 4.5　常用的日期时间函数

函数名称	函数功能
Date	返回计算机系统当前的日期(月-日-年)
Day	返回月中第几天(1~31)
Hour	返回小时(0~23)
Month	返回月份(1~12)
Now	返回计算机系统的当前日期和时间
Time	返回计算机系统的当前时间(hh:mm:ss)
Timer	返回从午夜算起已过的秒数
Weekday	返回星期几(1~7)
Year	返回年份(yyyy)

随机函数 Rnd 返回一个小于 1 并且大于或等于 0 的 Single 类型的随机数。要生成一个随机数，需要提供一个“种子”，在同一个“种子”下，生成的随机数相同。调用此函数的格式为：

```
Rnd[(x)]
```

这里 x 是一个整型数，它是“种子”，可以省略。

注意：如果想生成[m, n]区间的随机数，可使用表达式 m+Rnd*(n−m)。

4.5　运算符和表达式

运算是对数据处理、加工的具体方法和过程。最基本的运算形式常常可以用一些简洁的符号来描述，这些符号称为运算符或操作符。被运算的对象及数据称为运算量或操作数。由运算符和运算量组成的表达式描述了对哪些数据、以何种顺序进行什么样的操作。Visual Basic 系统提供了丰富的运算符，可以构成多种表达式。

4.5.1　算术运算符及其表达式

算术运算是最常用的一种运算，Visual Basic 提供了 9 种算术运算符。

1. 指数运算(^)

指数运算符计算乘方和方根，下面是指数运算符应用的几个例子：

```
3^4                 '3 的 4 次方，结果为 81
10^-2               '10 的平方的倒数，结果为 0.01
(40+9)^0.5          '49 的平方根，结果为 7
```

> 注意：当指数是一个表达式时，表达式必须用括号括起来，否则出错。如上面的式子(40+9)^0.5

2. 除法(/)、整除(\)和取模(Mod)

除法运算符(/)执行常规的除法运算，与常规除法相同。

整数除法运算符(\)虽然也执行除法运算，但执行的是整除，结果为整型数。

取模运算(Mod)是用来求余数的一种算术运算，其结果为两个数整除之后得到的余数。

下面举例说明上述种运算符的应用：

```
9/2                 '结果为 4.5
9\2                 '结果为 4
25.7\6.89           '结果为 3
9 Mod 2             '结果为 1
25.68 Mod 6.99      '结果为 5
```

> 注意：整除与取模运算的操作数必须为整数，如果操作数含有小数，将首先四舍五入为整型数，然后进行整除和取模运算。见上面的例子

3. 字符串连接(&)

在 Visual Basic 中用于字符串连接(运算)的运算符是&，它可以连接两个或多个字符串。其格式为：

```
<字符串 1> & <字符串 2> [& <字符串 3>]...
```

例如，假设 A=“你好”，B=“刘玲”，执行以下语句：

```
C= B & A                    '对字符串 A 和 B 进行连接
```

运算结果：C 的值变为“刘玲你好”。

注意：“+”既可以用作加法运算符，也可以把两个字符连接起来，而“&”专门用做字符串连接，在有些情况下“&”比“+”安全。

4. 算数运算符的优先级

幂运算(^)优先级最高，然后是取负(−)、乘(*)、浮点除(/)、整除(\)、取模(Mod)、加(+)、减(−)、字符串连接(&)。其中，乘(*)和浮点除(/)是同级运算符，加和减是同级运算符。当一个表达式中有多种算术运算符时，必须严格按运算符的优先级执行，对于有括号的情况，必须先算括号中的内容，然后再按上述规则进行运算。

归纳总结以上各运算符，并按优先级先后排列如表 4.6 所示。

表 4.6 算术运算符

运 算	运 算 符	实例说明
次幂	^	a^x 表示 a 的 x 次方
取负	−	−a 表示将 a 值取负
乘法	*	a * b 表示两数相乘
除法	/	a / b 表示 a 除以 b
整除	\	a \ b 表示 b 整除 a
取模	Mod	a Mod b 表示取除法的余数
加法	+	X + Y 表示 X 加 Y
减法	−	X − Y 表示 X 减 Y
连接	&	X & Y，连接后结果为 XY

4.5.2 关系运算符与逻辑运算符

1. 关系运算符

关系运算符有时也称比较运算符，用来对两个表达式的值进行比较，其结果为一个逻辑值，即 True(真)或 False(假)。Visual Basic 提供了 8 种关系运算符，见表 4.7。

表 4.7 关系运算符和关系表达式

运 算	运 算 符	关系表达式示例
等于	=	x = y
大于	>	x > y
小于	<	x < y
大于等于	>=	x >= y

续表

运　算	运 算 符	关系表达式示例
小于等于	<=	x <= y
不等于	<> 或 ><	x <> y
比较样式	Like	Like 2, 4, 6
比较对象变量	Is	Is > 100

Visual Basic 把任何非 0 值都认为是“真”，但一般以 1 表示真，以 0 表示假。在用关系运算符进行比较运算时，可以进行数值比较，也可以进行字符串的比较。关于关系表达式的问题有以下几点需要说明。

(1) 当对单精度数或双精度数使用比较运算符时，要特别注意，运算可能会给出接近但不相等的结果。例如关系式：

```
2.0/6.0*6.0 = 2.0
```

从数学角度上看，这应该是一个恒等式，但在计算机进行计算时，可能会给出一个 False(假)结果。因此应尽量避免对两个浮点数进行“相等”或“不相等”的判断。上式可改为如下形式：

```
Abs(2.0/6.0*6.0-2.0) < 1E-5
```

只要它们的差的绝对值小于一个很小的值，就认为上式为真。

(2) 判断 x 是否在区间[a，b]上时，在 Visual Basic 程序中可表示为：

```
a <= x And x <= b
```

如果写成 a <= x<= b，就不能实现判断功能。

(3) 同一个程序以 EXE 文件形式运行和在 Visual Basic 环境下的解释执行可能会得到不同的结果。其主要原因是：在 EXE 文件中可以产生更有效的代码，这些代码可能改变单精度数和双精度数的比较方式。

(4) 字符串数据按其 ASCII 码值进行比较。在比较两个字符串时，首先比较两个字符串的第一个字符，其中 ASCII 码值较大的字符所在的字符串大。如果第一个字符相同，则比较第二个，依次类推。

2. 逻辑运算符

逻辑运算也称布尔运算，用逻辑运算符连接两个或多个关系式，可以组成一个逻辑表达式。Visual Basic 有 6 种逻辑运算符，如表 4.8 所示。

表 4.8　逻辑运算符

运　算	逻辑运算符	逻辑表达式说明
非	Not	3>8 的值为 False，而 Not(3>8)的值为 True
与	And	两个关系表达式的值均为 True，结果才为 True；否则为 False。 例如：(2<5) And (5>8)的结果为 False

续表

运　算	逻辑运算符	逻辑表达式说明
或	Or	两个关系表达式的值均为 False，结果才为 False；否则为 True。 例如：(2<5) Or (5>8)的结果为 True
异或	Xor	两个关系表达式的值均为 False 或均为 True，结果才为 False；否则为 True。 例如：(2<5) Xor (5>8)的结果为 True
等价	Eqv	如果两个表达式同时为 True 或同时为 False，则结果为 True。 例如：(2>5) Eqv (5>8)，结果为 True
蕴含	Imp	仅当第一个表达式为 True，且第二个表达式为 False 时，结果为 False。 其他情况均为 True

对数值进行逻辑运算时，操作数必须在-2147483648～2147483647 范围内，否则将产生溢出错误。在对数值进行逻辑运算时，都要转换成 16 位(整数)和 32 位(长整数)二进制数参加运算，例如：

```
63 And 16
```

转换成 16 位二进制数进行运算，即：

00000000 01111111

And 00000000 0001000

―――――――――――――

00000000 00010000

因此，63 And 16 的结果为 16。

4.5.3　运算符的优先级

一个表达式可能含有很多运算，各种运算符之间有优先级，计算机先算优先级高的运算，各种运算符的运算优先级如表 4.9 所示。在所有的运算符中，算术运算符高于关系运算符，关系运算符优先级又大于逻辑运算符。

表 4.9　各种运算符的优先级

算　术	关　系	逻　辑	优 先 级
指数运算(^)	相等(=)	Not	
负数(−)	不等(<>)	And	高
乘法、除法(*、/)	小于(<)	Or	↓
整除(\)	大于(>)	Xor	↓
求模(Mod)	小于等于(<=)	Eqv	↓
加、减法(+、−)	大于等于(>=)	Imp	↓
字符串连接(&)	Like		低
	Is		

当同一级的运算符出现在表达式中时，将按照它们从左到右出现的顺序进行计算。当计算的表达式中有括号时，必须对括号中的运算先处理，然后再按规则运算。

在书写表达式时，应该注意以下几点：

- 乘号(*)不能省略。
- 括号可以改变运算顺序，在表达式中只能使用圆括号，不能使用方括号或花括号。
- 指数运算符(^)表示自乘，如 A^B 表示 A 的 B 次方，即 B 个 A 连乘。

4.6　回到工作场景

通过对 4.2~4.5 节内容的学习，应该掌握了 Visual Basic 系统中变量的定义方法，并懂得了运算符、逻辑表达式和常用内部函数的使用方法。结合以前学习的设计窗体界面的方法，此时足以完成解一元二次方程的程序的设计。下面我们将回到 4.1 节介绍的工作场景中，完成工作任务。

【分析】

本问题重点在于判断方程是否有解，这可以通过逻辑表达式判断 $\Delta = b^2 - 4ac$ 是否大于 0 来完成。如果方程无解，通过消息框提示方程无实根；如果方程有解，通过求方程根的公式算出方程的解，通过文本框把解值输出。

【工作过程一】设计用户界面

启动 Visual Basic 6.0，建立新的“标准 EXE”工程，在窗体上画出 7 个标签，2 个按钮，5 个文本框，并调整窗体上各个控件的大小和位置(见图 4.1)，设计界面过程中设置的对象属性列于表 4.10 中。

表 4.10　各控件的属性值

控　件	属　性	值
Form1	Caption	“解方程”
Label1	Caption	“方程的基本形式：a*x^2+b*x+c=0”
Label2	BackColor	红
Label3	Caption	“a：”
Label4	Caption	“b：”
Label5	Caption	“c：”
Label6	Caption	“方程的解：”
Label7	Caption	“第一个解：”
Label8	Caption	“第二个解：”
Command1	Caption	“解方程”
Command2	Caption	“清空数据”
Text1~Text5	Text	“”

【工作过程二】编写代码

(1) 双击“解方程”按钮，打开代码窗口，并显示该命令按钮单击事件过程的开头结尾，然后，在事件过程中输入如下代码：

```
Private Sub Command1_Click()
   Dim a As Single              '定义 4 个单精度浮点型变量
   Dim b As Single
   Dim c As Single
   Dim d As Single
   a = Text1          '把输入到文本框 Text1、Text2、Text3 的值赋给 a、b、c
   b = Text2
   c = Text3
   If b ^ 2 - 4 * a * c < 0 Then             '判断方程是否有解
      MsgBox "方程无实根"         '方程无实根，输出信息框
    ElseIf b ^ 2 - 4 * a * c = 0 Then
      Text4.Text = -b / (2 * a)
    Else
      d = Sqr(b ^ 2 - 4 * a * c)          'sqr 是系统的内部函数，用于求平方根
      Text5 = (d - b) / (2 * a)           '计算各个解的值，通过文本框输出结果
      Text4 = (-b - d) / (2 * a)
    End If
End Sub
```

(2) 双击“清空数据”按钮，在事件过程中输入如下代码：

```
Private Sub Command2_Click()
    Text1 = ""                      '清空 5 个文本框中的内容
    Text2 = ""
    Text3 = ""
    Text4 = ""
    Text5 = ""
End Sub
```

编完程序后，代码窗口如图 4.2 所示。

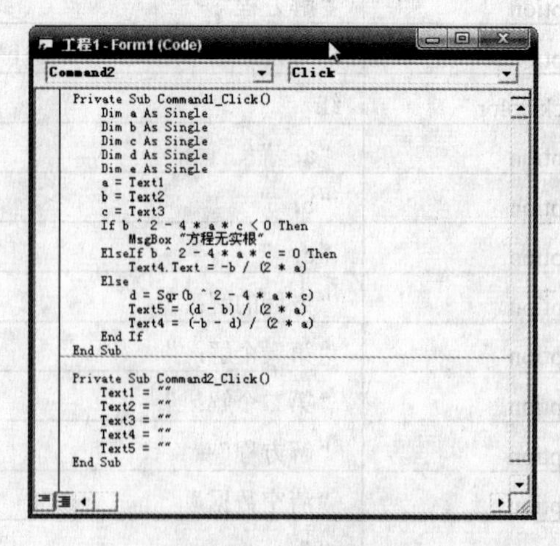

图 4.2 代码窗口

【工作过程三】运行和保存工程

(1) 单击标准工具栏中的 ▶ 按钮，程序运行后的界面如图 4.1 所示。

如果输入 a、b、c 三个数据的值分别为 1、5、3，并单击“解方程”按钮，程序运行结果如图 4.3 所示，这说明方程 $x^2+5x+3=0$ 有解，两个根分别为-4.302775、-0.6972244；如果输入 a、b、c 三个数据的值分别为 1、5、10，单击“解方程”按钮，运行结果如图 4.4 所示，说明方程没有实根。单击“清空数据”按钮，5 个文本框内的内容清空，将重新回到如图 4.1 所示的启动界面上。

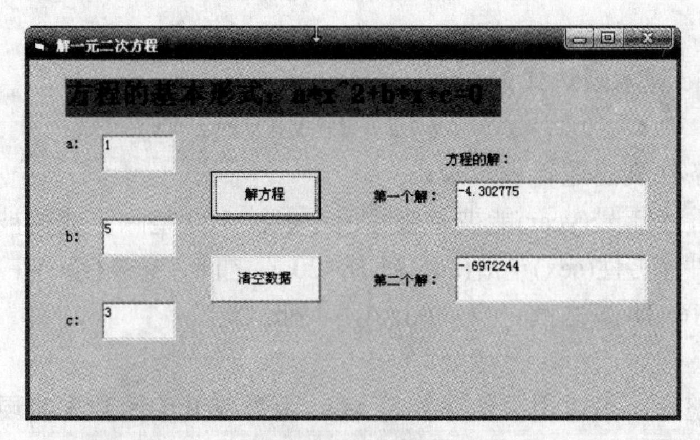

图 4.3 方程有解情况

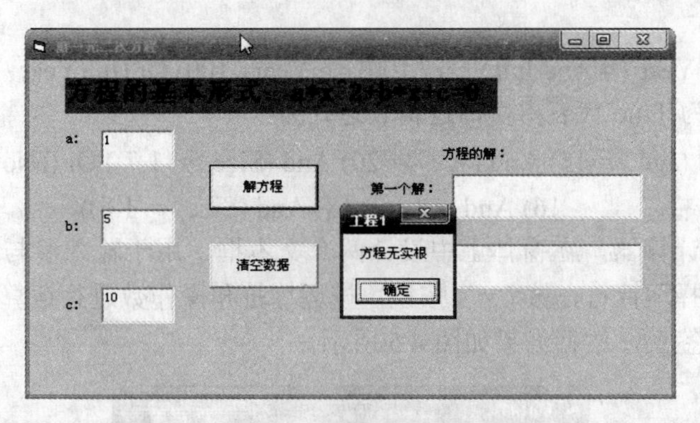

图 4.4 方程无解情况

(2) 保存工程文件和窗体文件。

4.7 工作实训营

训练实例

(1) 把下列数学表达式改写为等价的 Visual Basic 算术表达式。

① $\sqrt{s(s-a)(s-b)(s-c)}$　　② $x^2+\frac{3xy}{2-y}$

【分析】

本问题主要注意 Visual Basic 中的算术表达式的写法，它与数学中表达式写法有点区别，在此要注意。

【解答】

① Visual Basic 算术表达式为：

(s * (s − a) * (s − b) * (s − c)) ^ 0.5

或者：

(s * (s − a) * (s − b) * (s − c)) ^ (1 / 2)

或者：

Sqr(s * (s − a) * (s − b) * (s − c))

② Visual Basic 算术表达式为：

x ^ 2 + 3 * x * y / (2 − y)

(2) 根据所给条件列出逻辑表达式。

① 闰年的条件：年号(year)能被 4 整除但不能被 100 整除；或能被 400 整除。

② 征兵的条件：男性(sex)年龄(age)在 18~20 岁之间，身高(size)在 1.7m 以上；或者女性(sex)年龄(age)在 16~18 岁之间，身高(size)在 1.6m 以上。

【解答】

① 被某个数整除，可以用数值运算符 Mod 函数或 Int()函数来实现，逻辑表达式为：

(Year Mod 4 = 0 And Year Mod 100 <> 0) Or (Year Mod 400 = 0)

或者：

(Int(Year / 4) = Year / 4 And Int(Year / 100) <> Year / 100) Or (Int(Year / 400) = Year / 400)

② 设 sex 值为 True 代表男性，逻辑表达式为：

(sex And (age >= 18) And (age <= 20) And (Size >= 1.7)) Or ((Not sex) And (age >= 16) And (age <= 18) And (Size >= 1.6))

(3) 编写简易计算器，在窗体上中设计两个文本框，用于输入参与运算的操作数，使用下拉式列表框选择运算符，按“=”按钮，按运算符和操作数进行运算，并将计算结果显示在按钮后面的标签上，运行结果如图 4.5 所示。

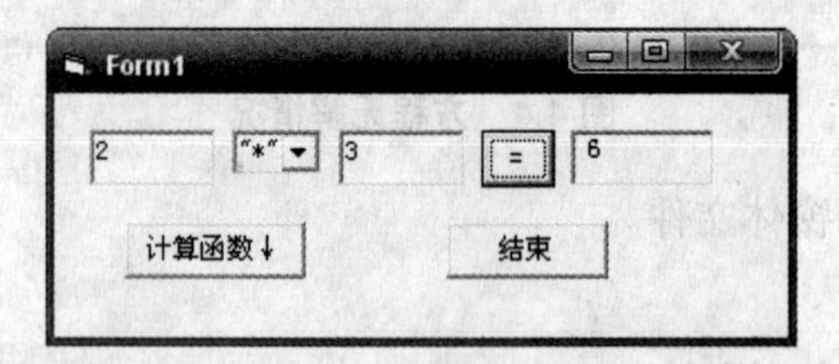

图 4.5 折叠界面

单击“计算函数↓”按钮，展开窗体，出现一个文本框和一堆函数，在文本框中输入数值，单击相应的函数，函数值返回到文本框中，如图 4.6 所示。

【分析】

本问题主要在于获取输入值，并根据两个文本框中的值及运算符和函数编写计算程序代码。

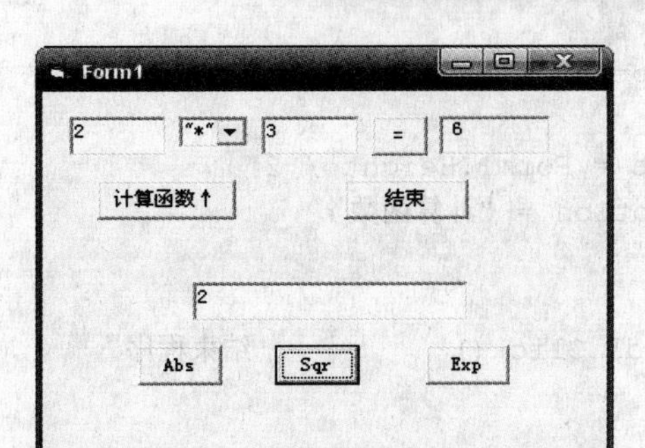

图 4.6　展开界面

【设计步骤】

① 创建如图 4.5 和图 4.6 所示窗体界面，窗体中各控件的属性值如表 4.11 所示。

表 4.11　各控件的属性值

控　件	属　性	值
Combo1	List	"+"、"-"、"*"、"/"
Command1	Caption	"计算函数↓"
Command2	Caption	"="
Command3	Caption	"结束"
Command4	Caption	"Abs"
Command5	Caption	"Sqr"
Command6	Caption	"Exp"
Text1~Text4	Text	""

② 为命令按钮编写如下代码：

```
Private Sub Command1_Click()
    Dim str1 As String
    Dim s As Long
    Select Case Combo1.ListIndex        '判断数据运算
        Case 0
            s = Val(Text1.Text) + Val(Text2.Text)
        Case 1
            s = Val(Text1.Text) - Val(Text2.Text)
        Case 2
            s = Val(Text1.Text) * Val(Text2.Text)
        Case 3
            s = Val(Text1.Text) / Val(Text2.Text)
    End Select
    Label1.Caption = Str(s)
End Sub
Private Sub Command2_Click()            '展开收缩窗体
    If Command2.Caption = "计算函数↓" Then
        Form1.Height = Form1.Height * 2
```

```
        Command2.Caption = "计算函数↑"
    Else
        Form1.Height = Form1.Height / 2
        Command2.Caption = "计算函数↓"
    End If
End Sub
Private Sub Command3_Click()          '结束程序
    End
End Sub
Private Sub Command4_Click()          '求绝对值
    Text3.Text = Abs(Val(Text3.Text))
End Sub
Private Sub Command5_Click()          '求平方根
    Text3.Text = Sqr(Val(Text3.Text))
End Sub
Private Sub Command6_Click()          '求指数函数
    Text3.Text = Exp(Val(Text3.Text))
End Sub
```

4.8 习 题

1. 选择题

(1) 已知A、B、C中C最小，则判断A、B、C可否构成三角形的逻辑表达式为________。

A. A>=B And B>=C And C>0　　B. A+C>B And B+C>A And C>0

C. (A+B>=C Or A−B<=C) And C>0　　D. A+B>C And A−B<C And C>0

(2) 假定窗体名称(Name 属性)为 Form1，则把窗体的标题设置为"VB Test"的语句为__________。

A. Form1 = VB Test　　B. Form1.Caption = "VB Test"

C. Form1.Text = "VB Test"　　D. Form1.Name = "VB Test"

(3) 下面________是算数运算符。

A. Imp　　B. Mod

C. Not　　D. Eqv

(4) 下列各运算符中，优先级最高的是________。

A. Not　　B. Is

C. Like　　D. &

(5) 下列字符串中，可以作为 Visual Basic 的变量名的是________。

A. Print　　B. A(ABC)

C. Print_Text　　D. 123A

(6) 单精度浮点数所占内存空间的字节数是________。

A. 2 字节　　B. 4 字节

C. 1 字节　　D. 8 字节

(7) 日期型数据应该在数据的前后加一对________括起来。

A. 双引号　　B. #号

C. 单引号　　D. 圆括号

(8) 声明静态变量应该使用的关键字是________。

A. Static　　B. Public

C. Private　　D. Const

(9) 用户自定义数据类型时，其成员不能是________。

A. 定长字符串和整数型　　B. 变长字符串和数组

C. 货币型和日期型　　D. 字符串和货币型

(10) 运算符“And”是________运算。

A. 逻辑与　　B. 逻辑或

C. 关系　　D. 与“&”相同，用于连接字符串

(11) 浮点数除法的运算符是________。

A. ÷　　B. /

C. \　　D. Mod

(12) 设 a=2, b=3, c=5, d=8, 则表达式 a>b And c<d Or 2*b > c 的值是________。

A. 1　　B. -1

C. True　　D. False

(13) 数值型数据包括________两种。

A. 整型和长整型　　B. 整型和浮点型

C. 单精度型和双精度型　　D. 整型、实型和货币型

(14) 若要强制变量必须先定义才能使用，应该用________语句来说明。

A. Public Const　　B. Option Explicit

C. Type 数据类型名　　D. DefBbl

(15) 关于变体数据类型的叙述正确的是________。

A. 变体是一种没有数据类型的数据

B. 变体被赋给某一种类型数值后，就不能再赋给它另一种数据类型

C. 一个变量没有定义类型就赋值，该变量即为变体类型

D. 变体的空值就表示该变量的值为0

2. 填空题

(1) DefSng x 定义的变量 x 是____________类型的变量。

(2) 若变量未被定义，末尾也没有类型说明符，则该变量的默认类型是______类型。

(3) 货币类型的数据小数点的位置是固定的，精确到小数点后__________位。

(4) 设 a=2，b=3；表达式 a>b 的值是____________。

(5) 执行下面的程序段后，a、b 的值分别为______、______。

```
a = 300 : b = 200
a = a + b : b = a - b : a = a - b
```

(6) 表达式 1 Mod 2 * 4 ^ 3 / 6 \ 2 的值为____________。

(7) 要想在某个窗体中定义一个在其他模块中也能使用的整型变量 A，可使用的语句是____________。

(8) VB 的默认数据类型是____________，它可以存储各种类型的数据。

(9) 用户自定义数据类型只能在____________模块中定义。请定义一个用户自定义类型，类型名为 STU，有三个成员：姓名(Name, 8 个字符组成的字符串)，年龄(Age, 整型)，数学成绩(Math，单精度型)，类型定义的过程为____________。

(10) 表示“x + y 小于 10，且 x − y 大于 0”的 VB 表达式为____________。

(11) 表示“x 和 y 都是正数或都是负数”的 VB 表达式是____________。

(12) 表示“A 和 B 之一为 0 但两者不同时为 0”的 VB 表达式为____________。

(13) 已知 K = 2, J = 3, A = True，则 VB 表达式(K − J <= K) And (Not A) Or (K + J >= J)的值为____________。

(14) 数学表达式 $a \leqslant x < b$ 的 VB 表达式为____________。

(15) 执行下列语句后，输出的结果是____________，____________。

```
A$ = "Good " : B$ = "Morning"
Print A$ + B$
Print A$ & B$
```

3. 编程题

编写程序，界面如图 4.7 所示，将 0~250 之间的十进制输入到上面的文本框，单击“转化”按钮，该十进制的二进制形式显示在下面的文本框中。

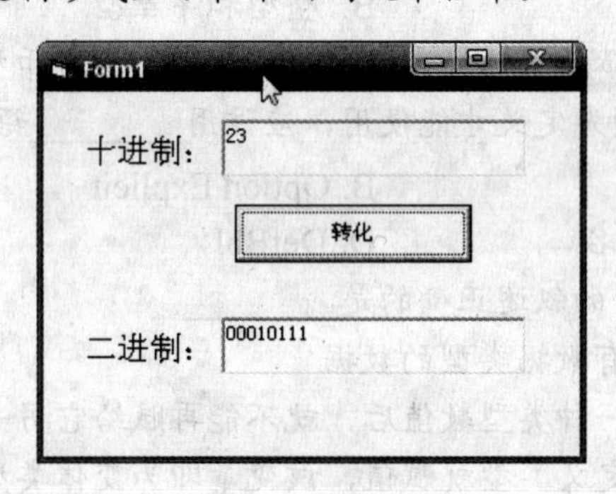

图 4.7　程序界面

第5章

数据的输出与输入

- 利用 Print 方法实现数据输出。
- 与 Print 方法有关的函数、方法及格式输出。
- 利用 InputBox 函数实现数据输入。
- MsgBox 函数的应用。
- 字体的设定。

技能目标

- 掌握 Print 方法及其相关函数和方法的应用。
- 利用 InputBox 函数实现数据的输入。
- 掌握 MsgBox 语句的使用方法。
- 掌握设置字体字型及大小的方法。

5.1 工作场景导入

【工作场景】

编写一个猜数的小程序，程序界面如图 5.1 所示。运行程序，单击上面的“产生随机数”按钮，将在最上面的文本框中随机生成一个二位整数，单击“开始猜”按钮，出现输入框，输入你猜的数，单击“确定”按钮，在窗体上会出现信息，告诉你所猜的数是对还是错。窗体底部有一个文本框记录你猜的次数。

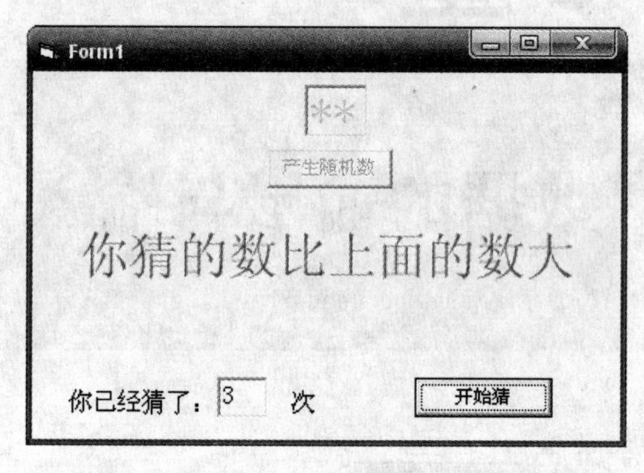

图 5.1 界面

【引导问题】

(1) 如何编写代码实现数据的输入？

(2) 如何应用输入框？

(3) 如何利用程序代码产生随机数？

(4) 如何利用程序代码在窗体中央输出结果？

计算机通过输入操作接收数据，然后对数据进行处理，并将处理完的数据以完整有效的方式提供给用户，即输出。Visual Basic 的输入输出有着十分丰富的内容和形式，它提供了多种手段，并可通过各种控件实现输入输出操作，使输入输出灵活、多样、方便、形象、直观。下面我们将主要介绍窗体的输出和输入操作。

5.2 数据输出(Print 方法)

在 Visual Basic 中，可以用 Print 方法实现数据输出。Print 方法可以在窗体、图片框、立即窗口中及打印机上输出文本数据或表达式的值。

5.2.1 Print 方法

Print 方法的格式为：

```
[对象名称.]Print [表达式列表][,|;]
```

其中，“对象名称”可以是窗体(Form)、图片框(PictureBox)、打印机(Printer)、立即窗口(Debug)。如果省略对象名称，则默认在当前窗体上输出。“表达式表”是一个或多个表达式，可以是数值表达式或字符串。对于数值表达式，打印出表达式的值；而字符串则照原样输出。如果省略表达式列表，则输出一个空行。例如：

```
Form1.Print "Visual Basic"          '在窗体1界面上输出“Visual Basic”
Print "Visual Basic"                '与上式作用一样
Picture1.Print "Visual Basic"       '把字符串“Visual Basic”在图片框上显示
Print                               '输出一个空行
```

注意：如果输出字符串，必须将字符串放在双引号内。

当输出多个表达式或字符串时，各表达式用分隔符(逗号、分号或空格)隔开。如果输出的各表达式之间用逗号分隔，则按标准输出格式(分区输出格式)显示数据项。在这种情况下，以14个字符位置为单位把一个输出行分为若干个区段，逗号后面的表达式在下一个区段输出。如果各输出项之间用分号或空格作为分隔符，则按紧凑输出格式输出数据。当输出数值数据时，数值的前面有一个符号位，后面有一个空格，而字符串前后都没有空格。

在一般情况下，每执行一次 Print 方法会自动换行，也就是说，后面执行 Print 时将在新的一行上显示信息。为了能连在同一行上显示，可以在末尾加上一个分号或逗号。当使用分号时，下一个 Print 输出的内容将紧跟在当前 Print 所输出的信息的后面；如果使用逗号，则在同一行上跳到下一个显示区段显示下一个 Print 所输出的信息。例如下面四句：

```
Print "4 + 3 =",                    '在语句末尾加逗号
Print 4 + 3                         '数值表达式 4 + 3，打印出表达式的值 7
Print "4 + 3 =";                    '在语句末尾加分号
Print 4 + 3
```

输出结果为：

```
4 + 3 =       7
4 + 3 = 7
```

注意：Print 方法在 Form_Load 事件过程中不起作用。如果要在该事件中显示数据，必须在该过程内加上 Form.Show 方法或把窗体的 AutoRedraw 属性设置为 True。

5.2.2 与 Print 方法有关的函数

为了使信息按指定的格式输出，Visual Basic 提供了几个与 Print 配合使用的函数，包括

Tab、Spc、Space 和 Format，这些函数可以与 Print 方法配合使用。

1. Tab 函数

该函数的应用格式为：

```
Tab(n)
```

其中，参数 n 为数值表达式，其值为一整数，它是下一个输出位置的列号，表示在输出前把光标(或打印头)移到该列。通常最左边的列号为 1，如果当前的显示位置已经超过 n，则自动下移一行。在 Visual Basic 中，对参数 n 的取值范围没有具体限制，当 n 比行宽大时，显示位置为“n Mod 行宽”；若 n<1，则把输出位置移到第一列。当在一个 Print 方法中有多个 Tab 函数时，每个 Tab 函数对应一个输出项，各输出项之间用分号隔开。下面介绍 Tab 函数的应用。

【例 5.1】设计程序，在图片框中输出表 5.1 的信息。

表 5.1　输出列表

姓 名	部 门	职 务
刘玲	护理部	护士
李刚	外科	医生

编写按钮的事件过程，使事件运行时，单击“生成信息”按钮，在图片框中有序地输出列表中的信息，图片框中的输出如图 5.2 所示。

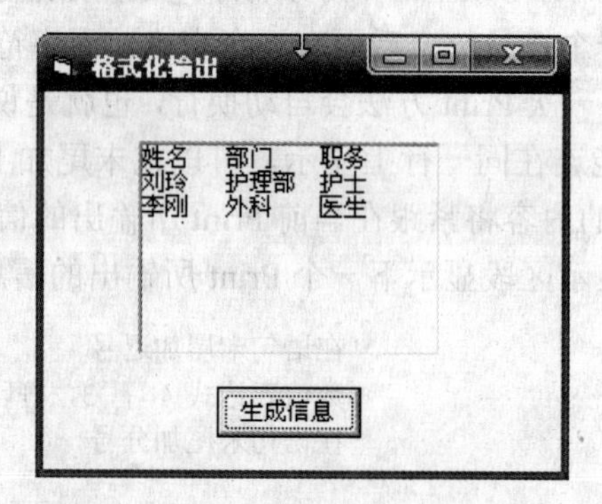

图 5.2　Tab 函数控制的格式化输出

编写的单击事件过程程序如下：

```
Private Sub Command1_Click()
    Picture1.Print "姓名"; Tab(8); "部门"; Tab(16); "职务"        '输出第一行
    Picture1.Print "刘玲"; Tab(8); "护理部"; Tab(16); "护士"      '输出第二行
    Picture1.Print "李刚"; Tab(8); "外科"; Tab(16); "医生"        '输出第三行
End Sub
```

2. Spc 函数

该函数的应用格式为：

```
Spc(n)
```

其中，参数n为一个数值表达式，其值为一整数，取值范围是0~32767，Spc与输出项之间用分号隔开。应用这个函数可以使输出跳过n个格，如果n大于输出行的宽度，则Spc输出的位置为：当前打印位置+(n Mod 宽度)

下面举例讲解函数Spc的应用：

```
Print "ABC";Spc(8);"DEF"          '首先输出ABC，跳过8个格输出DEF
Print "ABC";Spc(90);"DEF"   '如果输出行宽度80，则先输出ABC，跳过10个格输出DEF
```

注意： Spc函数与Tab函数的作用类似，可互相代替。但应注意，Tab函数需要从对象的左端开始计数，而Spc函数只表示两个输出项之间的间隔。

3. Space函数

该函数的应用格式为：

```
Space(n)
```

Space$函数返回n个空格。例如(在“立即”窗口中试验)：

```
x$ = "ab" + Space(8) + "bc"      <按Enter键>
print x$                         <按Enter键>
ab        bc
```

5.2.3　格式输出

Visual Basic提供了输出函数Format$，可以使数值或日期按指定的格式输出。函数Format$的一般格式为：

```
Format$(数值表达式, 格式字符串)
```

该函数的功能是：按“格式字符串”指定的格式输出“数值表达式”的值。如果省略“格式字符串”，则Format$函数的功能与Str$函数基本相同，唯一的差别是，当把正数转换成字符串时，Str$函数在字符串前面留有一个空格，而Format$函数则不留空格。

用Format$函数可以使数值按“格式字符串”指定的格式输出，包括在输出字符串前加$、字符串前或后补充0及加千位分隔符等。“格式字符串”是一个字符串常量或变量，它由专门的格式说明字符组成，如表5.2所示，由这些字符决定数据项的显示格式，并指定显示区段的长度。当格式字符为常量时，必须放在双引号中。

各说明字符详细解释如下。

(1) #表示一个数字位。#的个数决定了显示区段的长度。如果要显示的数值的位数小于格式字符串指定的区段长度，则该数值靠区段的左端显示，多余的位不补0。如果要显示的数值的位数大于指定的区段长度，则数值照原样显示。

(2) 0与#功能相同，只是多余的位以0补齐。例如(在“立即”窗口中试验，<CR>表示在立即窗口中按Enter键，后面不再解释)：

```
Print Format$(12, "#####")        <CR>
12
```

```
Print Format$(12, "00000")        <CR>
00012
```

表 5.2　格式说明字符

字　符	作　用
#	数字，不在前面或后面补 0
0	数字，在前面或后面补 0
.	小数点
,	千位分隔符
%	百分比符号
$	美元符号
-、+	负、正号
E+、E-	指数符号

(3)　.表示显示小数点。小数点与#或 0 结合使用，可以放在显示区段的任何位置。根据格式字串符的位置，小数部分多余的数字按四舍五入处理。例如：

```
Print Format$(123.45, "###.##")         <CR>
123.45
Print Format$(1.234, "000.00")          <CR>
001.23
```

(4)　,表示显示逗号。在格式字符串中插入逗号起到“分位”的作用，即从小数点左边一位开始，每 3 位用一个逗号分开。例如：

```
Print Format$(12345.67, "##,###.##")    <CR>     (正确)
12,345.67
Print Format$(12345.67, "#.####.##")    <CR>     (正确)
12,345.67
Print Format$(12345.67, ",####.##")     <CR>     (错误)
,12345.67
Print Format$(12345.67, "#####,.##")    <CR>     (错误)
12.35
```

注意：逗号可以放在格式字符中小数点左边除头部和尾部的任何位置。如果放在头部或尾部，则不能得到正确的结果。

(5)　%表示输出百分号。通常放在格式字符串的尾部，用来输出百分号。例如：

```
Print Format$(0.123, "00.0%")           <CR>
12.3%
Print Format$(0.123, "00%")             <CR>
12%
```

(6)　$表示输出美元符号。通常作为格式字符串的起始字符，在所显示的数值前加上一个$。例如：

```
Print Format$(123.4, "$###0.00")          <CR>
$123.40
```

(7) +(正号)使显示的正数带上符号，“+”通常放在格式字符串的头部。

(8) -(负号)用来显示负数。例如：

```
Print Format$(123.45, "-###0.00")         <CR>
-123.45
Print Format$(123.45, "+###0.00")         <CR>
+123.45
Print Format$(-123.45, "-###0.00")        <CR>
--123.45
Print Format$(-123.45, "+###0.00")        <CR>
-+123.45
```

从上面的例子可以看出，“+”和“-”用来在所要显示的数值前面强加上一个正号或负号。

(9) E+(E-)：用指数形式显示数值。两者作用基本相同。例如：

```
Print Format$(123.45, "0.00E+00")         <CR>
1.23E+02
Print Format$(123.45, "0.00E-00")         <CR>
1.23E02
Print Format$(0.012345, "0.00E+00")       <CR>
1.23E-02
Print Format$(0.012345, "0.00E-00")       <CR>
1.23E-02
```

下面通过实例说明格式输出，如图 5.3 所示。

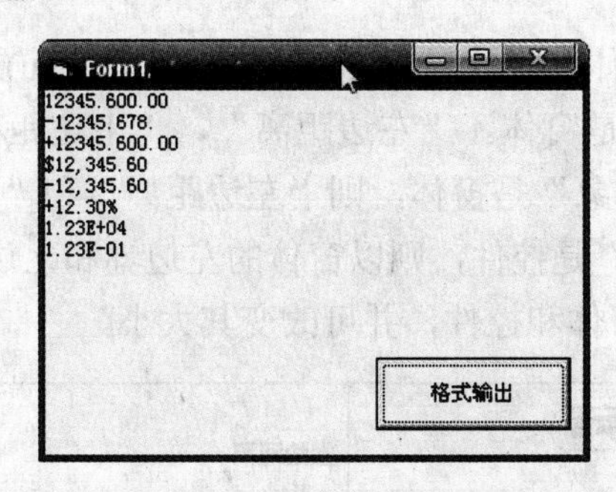

图 5.3　数值格式化输出

我们编写按钮单击事件显示格式输出数值，编写的程序代码如下所示：

```
Private Sub Command1_Click()
    Print Format$(12345.6, "000.000.00")
    Print Format$(12345.678, "-###.###.##")
    Print Format$(12345.6, "+###.##0.00")
    Print Format$(12345.6, "$###,#0.00")
    Print Format$(12345.6, "-###,##0.00")
    Print Format$(0.123, "+0.00%")
    Print Format$(12345.6, "0.00E+00")
```

```
    Print Format$(0.1234567, "0.00E-00")
End Sub
```

5.2.4 其他方法和属性

Visual Basic 提供了几种方法可以和 Print 方法配合使用，具体介绍如下。

1. Cls 方法

该函数的应用格式为：

```
[对象.]Cls
```

其中对象可以是窗体或图片框，如果省略则代表窗体。它作用是清除由 Print 方法显示的文本或在图片框中显示的图形，并把光标移到对象的左上角。例如：

```
Picture1.Cls             '清除图片框中的图形或文本
Form1.Cls                '清除当前窗体中的内容
Cls                      '与上式作用一样
```

> 注意：当窗体的背景是用 Picture 属性装入的图形时，不能用 Cls 方法清除，只能通过 LoadPicture 方法清除。

2. Move 方法

该函数的应用格式为：

```
[对象.]Move 左边距离[,上边距离[,宽度[,高度]]]
```

其中“对象”可以是窗体及除计时器(Timer)、菜单(Menu)之外的所有控件，如果省略“对象”，则表示要移动的是窗体。“左边距离”，“上边距离”、“宽度”及“高度”均以 twip 为单位。如果“对象”是窗体，则“左边距离”和“上边距离”均以屏幕左边界和上边界为准；如果“对象”是控件，则以窗体的左边界和上边界为准。具体说明如图 5.4 所示。Move 方法用来移动窗体和控件，并可改变其大小。

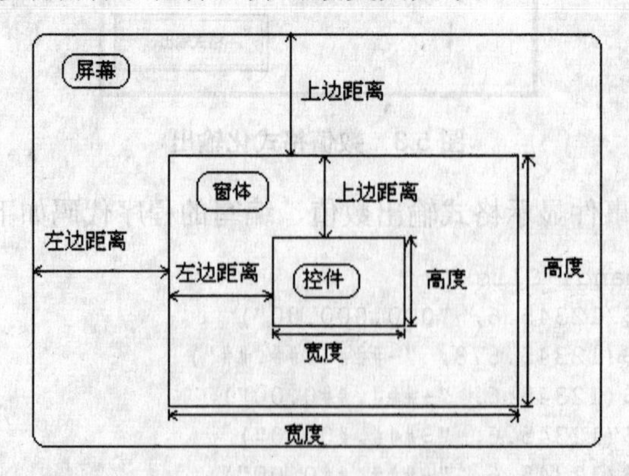

图 5.4 Move 方法的参数设置

【例 5.2】在窗体上任意放置一个文本框和一个图片框，放置一个按钮，然后运行程序，单击按钮，文本框、窗体和图片框的位置会按要求移动到相应的位置，并在窗体上显示窗体在屏幕上的位置，文本框中显示文本框在窗体中的位置，图片框中显示图片框在窗体上的位置。

具体设计步骤如下。

(1) 设计窗体界面，如图 5.5 所示。

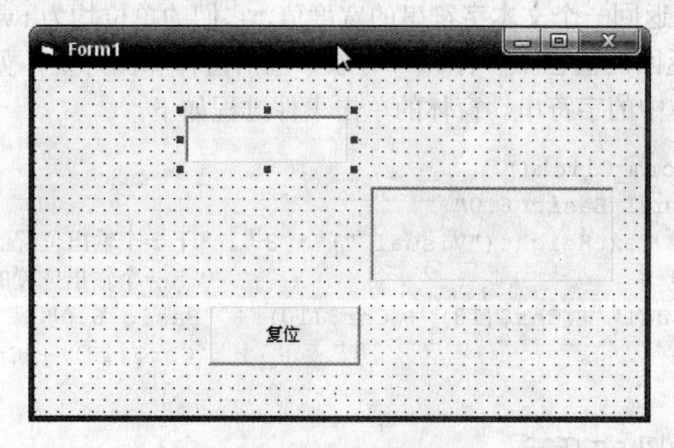

图 5.5　窗体界面

(2) 编写“复位”按钮程序：

```
Private Sub Command1_Click()
   Move 400, 500, 10000, 4000                     '移动窗体
   Text1.Move 100, 200, 4000, 1000                '移动文本框
   Picture1.Move 4200, 200, 4000, 1000            '移动图片框
   Print "400, 500, 10000, 4000"                  '在窗体上显示窗体在屏幕上的位置
   Picture1.Print "4200, 200, 4000, 1000"         '在图片框中显示图片框在窗体中的位置
   Text1 = "100, 200, 4000, 1000"                 '在文本框中输出文本框在窗体中的位置
End Sub
```

(3) 运行后的程序界面如图 5.6 所示。

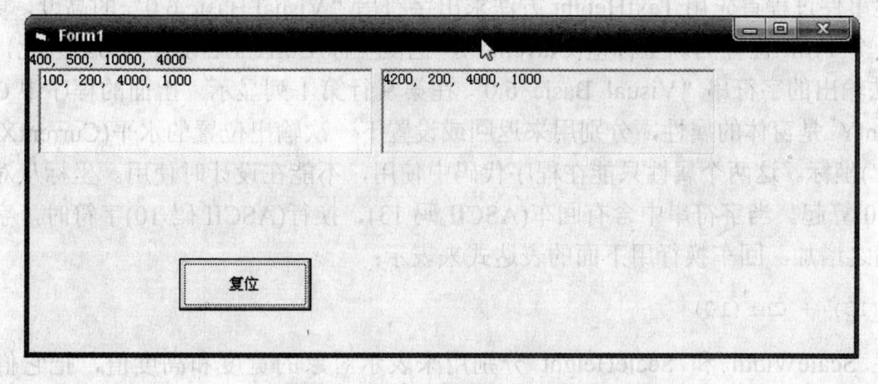

图 5.6　程序运行后的显示界面

窗体上显示了窗体在屏幕上的位置，文本框中显示了文本框在窗体中的位置，图片框中显示了图片框在窗体上的位置。

3. TextHeight 和 TextWidth 方法

这两个函数的应用格式为：

```
[对象.]TextHeight(字符串)
[对象.]TextWidth(字符串)
```

这两个方法用来辅助设置坐标。其中 TextHeight 方法返回一个文本字符串的高度值，而 TextWidth 方法则返回一个文本字符串的宽度值，它们的单位均为 twip。当字符串的字形和大小不同时，所返回的值也不一样。“对象”包括窗体和图片框，如果省略“对象”，则用来测试当前窗体中的字符串。窗体的单击事件过程如下。

```
Private Sub Form_Click()
    Print "Visual Basic 6.0"
    CurrentY = TextHeight("Visual ") * 8     '下一个输出位置的Y坐标
    CurrentX = 0                             '下一个输出位置的X坐标
    Print "Visual" + Chr$(13) + Chr$(10) + "Basic 6.0"
                                             'Chr$(13) + Chr$(10)为换行符
End Sub
```

运行程序结果如图 5.7 所示。

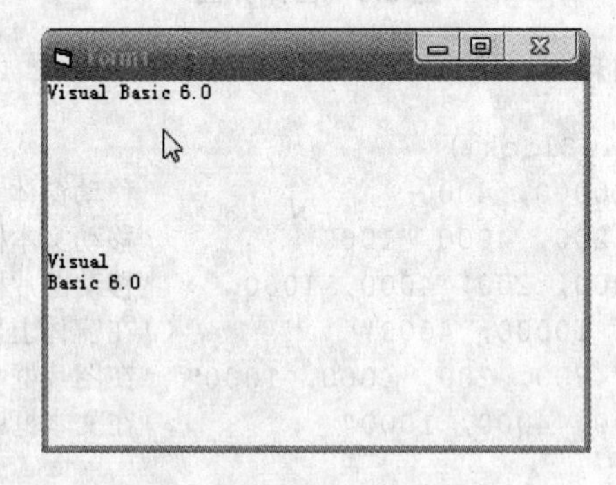

图 5.7　程序运行后的显示界面

上述事件过程首先用 TextHeight 方法求出字符串“Visual Basic 6.0”的高度，并乘以 8 作为下一个 Print 位置的纵坐标值(CurrentY)，把横坐标 CurrentX 设置为 0。因此，第二个 Print 方法输出的字符串“Visual Basic 6.0”在第 9 行第 1 列显示。上面的程序中 CurrentX 和 CurrentY 是窗体的属性，分别用来返回或设置下一次输出位置的水平(CurrentX)或垂直(CurrentY)坐标。这两个属性只能在程序代码中使用，不能在设计时使用。坐标从对象的左上角(0，0)算起。当字符串中含有回车(ASCII 码 13)、换行(ASCII 码 10)字符时，字符串的高度也随之增加。回车换行用下面的表达式来表示：

```
Chr(13) + Chr(10)
```

属性 ScaleWidth 和 ScaleHeight 分别用来表示对象的宽度和高度值，把它们与方法 TextWidth 和 TextHeight 结合使用，可以使字符串居中显示。例如下面的事件过程：

```
Private Sub Form_Click()
    FontSize = 24
    Str1 = "程序设计窗体"
```

```
        CurrentX = (ScaleWidth - TextWidth(Str1)) / 2
        '确定字符串输出的开始X坐标
        CurrentY = (ScaleHeight - TextHeight(Str1)) / 2
        '确定字符串输出的开始Y坐标
        Print Str1                                  '在窗体中央显示字符串
    End Sub
```

运行上面的程序，可以在窗体的中心显示字符串“程序设计窗体”。

在窗体或其他图形对象中显示信息时，有时候可能信息在对象中显示不完，一部分信息被“隐藏”起来。用 TextWidth 的方法可以控制输出宽度，使输出结果不会超出窗体或其他对象之外。例如下面程序：

```
    Dim Word As String * 20
    Sub WidthCheck()
        If TextWidth(Word) + CurrentX >= ScaleWidth Then   '判断是否超出窗体
            Print                                           '超出就换行
        End If
    End Sub
```

上述代码定义了一个窗体层变量 Word，这是一个定长字符串变量，其长度与要输出的字符串长度相同；代码中还定义了一个通用过程 WidthCheck，用来检查输出宽度。在这个过程中，判断输出信息的宽度加上当前的横坐标值(CurrentX)是否超过对象宽度，如果超过了则输出换行。

前面的章节介绍过 Height、Width、Left 及 Top 属性，它们的一般格式如下：

```
[窗体.][控件.]|Printer.|Screen.Height [= 高度值]
[窗体.][控件.]|Printer.|Screen.Width [= 宽度值]
[窗体.][控件.]Left [= 距左边距离]
```

在上面 4 个属性的格式中，等号及其右边的部分可以省略，在这种情况下，将返回各自当前的属性值。Height 和 Width 属性可用来返回或设置窗体、控件、打印机及屏幕的高度和宽度，Left 和 Top 属性分别用来返回或设置窗体、控件与其左右边和上下边的距离，它们的单位均为 twip。例如：

```
Screen.Height          '返回屏幕的宽度
Screen.Width           '返回屏幕的高度
```

5.3　数据输入(InputBox 函数)

前面介绍了窗体的输出操作，它主要是由 Print 方法实现的。本节将介绍数据的输入函数 InputBox。执行 InputBox 函数可以产生一个对话框，作为输入数据的界面，等待用户输入数据，并返回所输入的内容。调用格式为：

```
InputBox(prompt[,title][,default][,xpos,ypos][,helpfile,context])
```

其中含有 7 个参数，分别介绍如下。

(1) prompt 是一个字符串，其长度不得超过 1024 个字符，它是在对话框内显示的信息，用来提示用户输入。在对话框内显示 prompt 时，可以自动换行。如果想按自己的要求换行，则须插入回车换行操作，即 Chr (13) + Chr(10)或 vbCrLf。

(2) title 是字符串，它是对话框的标题，显示在对话框顶部的标题区。

(3) default 为字符串，用来显示输入缓冲区的默认信息。也就是说，在执行 InputBox 函数后，如果用户没有输入任何信息，则可用此默认字符串作为输入值；如果用户不想用这个默认字符串作为输入值，则可在输入区直接键入数据，以取代默认值；如果省略该参数，则对话框的输入区为空白，等待用户键入信息。

(4) xpos、ypos 为两个整数值，分别用来确定对话框与屏幕左边的距离(xpos)和上边的距离(ypos)，它们的单位均为 twip。这两个参数必须全部给出，或者全部省略。如果省略这一对位置参数，则对话框显示在屏幕中心线向下约三分之一处。

(5) helpfile、context：helpfile 是一个字符串变量或字符串表达式，用来表示帮助文件的名字；context 是一个数值变量或表达式，用来表示相关帮助主题的帮助目录号。这两个参数必须同时提供或同时省略。当带有这两个参数时，将在对话框中出现一个“帮助”按钮，单击该按钮或按 F1 键，可以得到有关的帮助信息。

根据以上对 InputBox 函数的介绍，我们做下面的例子。

【例 5.3】编写程序，用 InputBox 函数输入数据，数据输入窗口如图 5.8 所示。

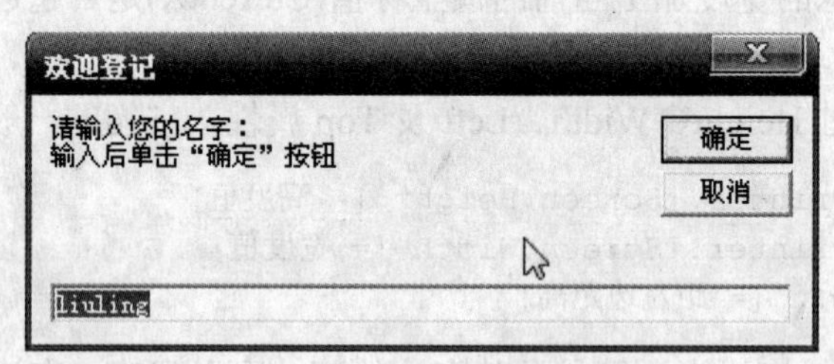

图 5.8　InputBox 函数对话框

设计的程序代码如下：

```
Private Sub Form_Click()
    Dim str1 As String
    Dim str2 As String
    Dim str3 As String
    str1 = "请输入您的名字："
    str2 = "输入后单击“确定”按钮"
    str3 = str1 + Chr(13) + Chr(10) + str2
    visitor = InputBox(str3, "欢迎登记", "liuling")        '输入信息
    Print visitor                        '将输入的信息在窗体上输出
End Sub
```

运行程序后，显示如图 5.8 所示的窗体，输入信息，并单击“确定”按钮，输入的信息将在窗体中显示。

在上面的过程中，InputBox 函数使用了 3 个参数。第一个参数 str3 用来显示 2 行信息，通过 Chr(13) + Chr(10)组合换行；第二个参数“欢迎登记”用来显示对话框的标题；第三个

参数 liuling 是默认输入值，在输入区显示出来。在函数中省略了确定对话框位置的参数 xpos、ypos 和显示“帮助”按钮的 helpfile、context。

使用 InputBox 函数时，应注意以下几点。

(1) 调用 InputBox 函数后，将产生一个对话框，提示用户输入数据，光标位于对话框底部的输入区中。如果第 3 个参数(default)不省略，则在输入区中显示该参数的值，此时如果按 Enter 键或单击对话框中的“确定”按钮，则输入该默认值，并可把它赋给一个变量；如果不想输入默认值，则可以直接键入所需要的数据，然后按 Enter 键或单击“确定”按钮输入。

(2) 在默认情况下，InputBox 的返回值是一个字符串(不是变体类型)。也就是说，如果没有事先声明返回值变量的类型(或声明为变体类型)，则当把该函数的返回值赋给这个变量时，Visual Basic 总是把它作为字符串来处理。因此，当需要用 InputBox 函数输入数值，并且需要输入的数值参加运算时，必须在进行运算前用 Val 函数(或其他转换函数)把它转换为相应类型的数值，否则有可能会得到不正确的结果。如果正确地声明了返回值的变量类型(或者加了类型说明符)，则可不必进行类型转换。

(3) 在调用 InputBox 函数所产生的对话框中，有两个按钮，一个是“确定”按钮，另一个是“取消”按钮。在输入区输入数据后，单击“确定”按钮(或按 Enter 键)表示确认，并返回在输入区中输入的数据；而如果单击“取消”按钮(或按 Esc 键)，则使当前的输入作废，在这种情况下，将返回一个空字符串。

(4) 每调用一次 InputBox 函数只能输入一个值，如果需要输入多个值，则必须多次调用 InputBox 函数。输入数据并按 Enter 键或单击“确定”按钮后，对话框消失，输入的数据必须作为函数的返回值赋给一个变量，否则输入的数据不能保留。在实际应用中，函数 InputBox 通常与循环语句、数组结合使用，这样可以连续输入多个值，并把输入的数据赋给数组中各元素。

(5) 与其他返回字符串的函数一样，InputBox 函数也可以写成 InputBox$的形式，这两种形式完全等价。

5.4　MsgBox 函数和 MsgBox 语句

在用户与 Windows 操作系统进行交互时，如果操作有误，屏幕上会显示一个对话框，让用户进行选择，然后根据选择确定其后的操作。MsgBox 函数的功能与此类似，它可以向用户传送信息，并可通过用户在对话框上的选择接收用户所做的响应，作为程序继续执行的依据。

5.4.1　MsgBox 函数

该函数的调用格式如下：

```
MsgBox(msg[,type][,title][,helpfile,context])
```

该函数有 5 个参数，除第一个参数外，其余参数都是可选的。各参数的含义如下。

(1) msg 是一个字符串，其长度不能超过 1024 个字符，如果超过，则多余的字符被截掉。该字符串的内容将在产生的对话框内显示。当字符串在一行内显示不完时，将自动换行，也可以用“Chr (13) + Chr (10)”强制换行。

(2) type 是一个整数值或符号常量，用来控制在对话框内显示的按钮、图标的种类及数量。该参数的值由 4 类数值相加产生，这 4 类数值或符号常量分别表示按钮的类型、显示图标的种类、活动按钮的位置及强制返回，具体内容参见表 5.3。

表 5.3 type 参数的取值(1)

常量	值	作用
vbOKOnly	0	只显示“确定”按钮
vbOKCancel	1	显示“确定”及“取消”按钮
VbAbortRetryIgnore	2	显示“终止”、“重试”及“忽略”按钮
vbYesNoCancel	3	显示“是”、“否”及“取消”按钮
vbYesNo	4	显示“是”及“否”按钮
vbRetryCancel	5	显示“重试”及“取消”按钮
vbCritical	16	显示 Critical Message 图标
vbQestion	32	显示 Warning Query 图标
vbExclamation	48	显示 Warning Message 图标
vbInformation	64	显示 Information Message 图标
vbDefaultButton1	0	第一个按钮是默认值
vbDefaultButton2	256	第二个按钮是默认值
vbDefaultButton3	512	第三个按钮是默认值
vbDefaultButton4	768	第四个按钮是默认值
vbApplicationModal	0	应用程序强制返回；应用程序一直被挂起，直到用户对消息框做出响应才继续工作
vbSystemModal	4096	系统强制返回；全部应用程序都被挂起，直到用户对消息框做出响应才继续工作

表 5.3 中的数值分为 4 类，其作用分别说明如下。

- 数值 0~5：对话框内按钮的类型和数量。按钮共有 7 种，即确认、取消、终止、重试、忽略、是、否。每个数值表示一种组合方式。
- 数值 16、32、48、64：指定对话框所显示的图标。共有 4 种，其中 16 指定暂停，32 表示疑问(?)，48 通常用于警告(?)，64 用于指示消息(i)。
- 数值 0、256、512、768：指定默认活动按钮。活动按钮中文字的周围有虚线，按 Enter 键可执行该按钮的操作。
- 数值 0、4096：分别用于应用程序和系统强制返回。

type 参数由上面的 4 类数值组成，其组成原则为：从每一类中选择一个值，把这几个值加在一起就是 type 参数的值(在大多数应用程序中，通常只使用前 3 类数值)。不同的组合会得到不同的结果。例如：

16=0+16+0 显示“确定”按钮、“暂停”图标，默认按钮为“确定”；

35=3+32+0 显示“是”、“否”、“取消”三个按钮，“？”图标，默认活动按钮为“是”。

291 = 3 + 32 + 256 显示“是”、“否”、“取消”三个按钮，“?”图标，默认活动按钮为“否”。

每种数值都有相应的符号常量，其作用与数值相同。使用符号常量可以提高程序的可读性。

上面 4 类数值是 type 参数较为常用的数值。除这 4 类数值外，type 参数还可以取其他几种值，这些数值是不常用的，其常量和值见表 5.4。

表 5.4　type 参数的取值(2)

常　量	值	作　用
vbMsgBoxHelpButton	16384	将 Help 按钮添加到消息框
vbMsgBoxSetForeground	65536	指定消息框窗口作为前景窗口
vbMsgBoxRight	524288	文本为右对齐
vbMsgBoxRtlReading	1048576	指定文本应为在希伯来和阿拉伯语系统中的从右到左显示

(3)　title 是一个字符串，用来显示对话框的标题。

(4)　helpfile、context：与 InputBox 函数中的 helpfile、context 相同。

在 MsgBox 函数的 5 个参数中，只有第一个参数 msg 是必需的，其他参数均可省略。如果省略第 2 个参数 type(默认值为 0)，则对话框内只显示一个“确定”的命令按钮，并把该按钮设置为活动按钮，不显示任何图标。如果省略第 3 个参数 title，则对话框的标题为当前工程的名称。如果希望标题栏中没有任何内容，则应把 title 参数设置为空字符串。

MsgBox 函数的返回值是一个整数，这个整数与所选择的按钮有关。

如前所述，MsgBox 函数所显示的对话框有 7 种按钮，返回值与这 7 种按钮相对应，分别为 1~7 的整数，见表 5.5。

表 5.5　MsgBox 的返回值

返 回 值	操　作	常　量
1	选“确定”按钮	vbOk
2	选“取消”按钮	vbCancle
3	选“终止”按钮	vbAbort
4	选“重试”按钮	vbRetry
5	选“忽略”按钮	vbIgnore
6	选“是”按钮	vbYes
7	选“否”按钮	vbNo

下面通过实例介绍 MsgBox 的应用。

【例 5.4】编写程序，用 MsgBox 函数判断是否关闭计算机。

设计的程序代码如下：

```
Private Sub Command1_Click()
    Dim str1 As String
    Dim str2 As String
    str1 = "你确定要关闭计算机?"
    str2 = "关闭"
    x = MsgBox(str1, 307, str2)
                    '307=3+48+307 显示“是”、“否”、“取消”，“否”为默认按钮
    If x = 6 Then          '判断是否单击“是”按钮
       End         '退出程序
    End If
End Sub
```

运行程序，单击 Command1 按钮，弹出如图 5.9 所示的消息框。如果单击“是”按钮，则结束程序退出；如果单击“否”或“取消”按钮，程序回到界面不执行任何操作。“是”、“否”、“取消”三个按钮默认为第二个按钮。

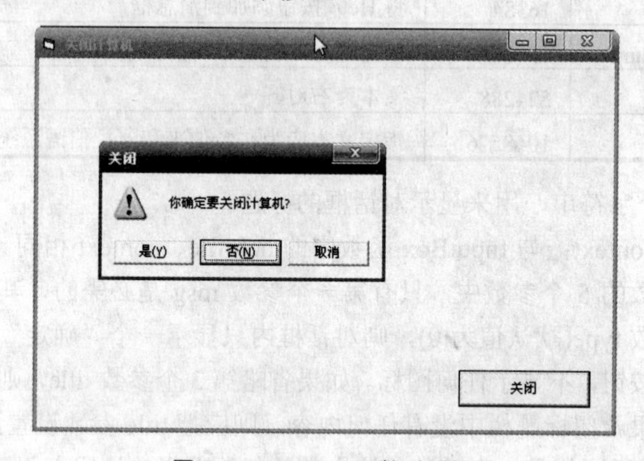

图 5.9　MsgBox 函数对话框

通过以上说明及实例介绍，我们对 MsgBox 函数再做如下说明。

(1)　MsgBox 函数的第 2 个参数的第三类数值用来确定默认活动按钮。当某个按钮为活动按钮时，其内部的文字周围有一个虚线框(参见图 5.9)。如果按 Enter 键，则选择的是活动按钮，与单击该按钮的作用相同。用 Tab 键可以把其他按钮变为活动按钮，每按一次 Tab 键，则变换一个活动按钮。此外，不管是否是活动按钮，用鼠标(单击)都可以选择该按钮。

(2)　用 MsgBox 函数显示的提示信息最多不超过 1024 个字符，所显示的信息自动换行，并能自动调整信息框的大小。如果由于格式要求需要换行，则必须增加回车换行代码。

(3)　在应用程序中，MsgBox 函数的返回值通常用来作为继续执行程序的依据，根据返回值决定其后的操作。

5.4.2　MsgBox 语句

MsgBox 函数也可以写成语句形式，语句格式为：

```
MsgBox Msg$[,type%][,title$][,helpfile,context]
```

以上语句中参数的含义与 MsgBox 函数中的参数相同。因为 MsgBox 语句没有返回值，所以常用用于较简单的信息显示。例如下面的语句：

```
MsgBox "输入信息错误！"
```

执行上面的语句后，显示如图 5.10 所示的简单信息提示框。

图 5.10　MsgBox 语句提示框

由 MsgBox 函数或 MsgBox 语句所显示的信息框有一个共同的特点，就是在出现信息框后，必须做出选择，即单击框中的某个按钮或按 Enter 键，否则不能执行其他任何操作。在 Visual Basic 中，把这样的窗口称为“模态窗口”，这种窗口在 Windows 中普遍使用。

程序运行时，模态窗口挂起应用程序中其他窗口的操作。一般来说，当屏幕上出现一个窗口时，如果需要在响应该窗口中的提示后才能进行其后的操作，则应使用模态窗口。

与模态窗口相反，非模态窗口允许对屏幕上的其他窗口进行操作，也就是说，可以激活其他窗口，并把光标移到该窗口。MsgBox 函数和 MsgBox 语句强制显示的信息框为模态窗口。在多窗体程序中，可以把某个窗体设置为模态窗口。

5.5　字形

Visual Basic 可以输出各种英文字体和汉字字体，并可通过设置字形的属性来改变字体的大小、笔画的粗细和显示方向，以及加删除线、下划线、重叠等。下面就来介绍相关的属性。

5.5.1　字体类型和大小

1. 字体类型

字体类型通过 FontName 属性设置，改变字体类型的一般格式为：

```
[窗体.][控件.]Printer.FontName[="字体类型"]
```

FontName 可作为窗体、控件或打印机的属性，用来设置从这些对象上输出的字体类型。字体类型指的是 Visual Basic 可以使用的英文字体或中文字体。对于中文来说，可以使用的字体数量取决于 Windows 的汉字环境。例如：

```
FontName = "Tahoma"
FontName = "Courier"
FontName = "幼圆"
```

> 注意：用 FontName [=“字体类型”]可以设置英文或中文的字体类型，如果省略[=“字体类型”]，即只给出 FontName，则返回当前正在使用的字体类型。

2. 字体大小

字体大小通过 FontSize 属性来设置，改变字体大小的一般格式为：

```
FontSize [= 点数]
```

其中，“点数”用来设定字体的大小。在默认情况下，系统使用最小的字体，“点数”为 9。如果省略[=点数]，则返回当前字体的大小。

下面通过实例讲解字体类型和字体大小的应用。

【例 5.5】编写程序，在窗体上输出不同的字体。

设计的程序代码如下：

```
Private Sub Command1_Click()
    Dim str1 As String
    Dim str2 As String
    str1 = "Welcome to VB World!"
    str2 = "字体类型和大小设置"
    FontSize = 16                    '设置英文字大小为 16
    FontName = "system"              '设置英文字形
    Print " system: "; str1
    FontName = "Courier"
    Print "Courier: "; str1
    FontSize = 20                    '汉字大小为 20
    FontName = "宋体"
    Print "宋体: "; str2             '汉字字形为宋体
    FontName = "隶书"
    Print "隶书: "; str2             '汉字字形为隶书
End Sub
```

运行程序，单击“显示”按钮，将在窗体上显示 4 行不同字体和大小的文字，效果如图 5.11 所示。

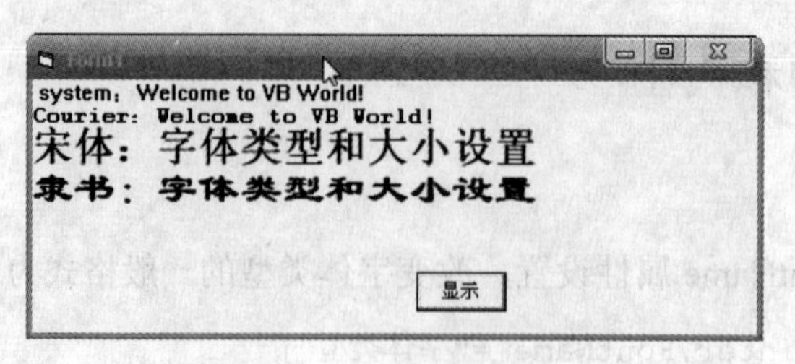

图 5.11　各种字体的输出

5.5.2　其他属性

除了字体类型和大小外，Visual Basic 还提供了其他一些属性，使文字的输出更加丰富多彩。

1. 粗体字

粗字体由 FontBold 属性设置，一般格式为：

```
FontBold [= Boolean]
```

该属性可以取两个值，即 True 和 False。当 FontBold 属性为 True 时，文本以粗体字输出，否则按正常字输出。默认为 False。

2. 斜体字

斜体字通过 FontItalic 属性设置，其格式为：

```
FontItalic [= Boolean]
```

该属性可以取两个值，即 True 和 False。当 FontItalic 属性被设置为 True 时，文本以斜体字输出。该属性的默认值为 False。

3. 加删除线

斜体字通过 FontStrikethru 属性设置，其格式为：

```
FontStrikethru [= Boolean]
```

如果把 FontStrikethru 属性设置为 True，则在输出的文本中部划一条直线，直线的长度与文本的长度相同。该属性的默认值为 False。

4. 加下划线

用 FontUnderline 属性可以给输出的文本加上底线，其格式为：

```
FontUnderline [= Boolean]
```

如果 FontUnderline 属性被设置 True，则可使输出的文本加下划线。该属性的默认值为 False。

> **注意：** 上面的各种属性，可以省略方括号中的内容。在这种情况下，将输出属性的当前值或默认值。

5. 重叠显示

当以图形或文本作为背景显示新的信息时，有时候需要保留原来的背景，使新显示的信息与背景重叠，可以通过 FontTransParent 属性来实现，其格式如下：

```
FontTransParent [= Boolean]
```

如果该属性被设置为 True，则前景的图形或文本可以与背景重叠显示；如果被设置为 False，则背景将被前景的图形或文本覆盖。

在使用以上介绍的字形属性时，应注意以下两点。

(1) 除重叠显示(FontTransParent)属性只适用于窗体和图片框控件外，其他属性都适用于窗体和各种控件及打印机。如果省略对象名，则指的是当前窗体，否则应加上对象名。

(2) 设置一种属性后，该属性即开始起作用，并且不会自动撤消，只有在显式地重新设置后，才能改变该属性的值。

在 Visual Basic 6.0 中，除通过上面所讲的属性设置窗体或控件的字形外，还可以在设计阶段通过字体对话框设置字形。其方法是：选择需要设置字体的窗体或控件，然后激活属性窗口，选择其中的 Font 选项，再单击右端的“...”按钮，将打开“字体”对话框，可在此对话框中对所选择对象的字形进行设置，这里请读者自己尝试去做。

5.6 回到工作场景

通过对 5.2~5.5 节内容的学习，应该已经掌握了 VB 系统中输入、输出方法的应用，此时足以完成猜数程序的设计。下面我们将回到 5.1 节中介绍的工作场景中，完成工作任务。

【分析】

本问题重点在于如何实现数据的输入和输出，本程序通过 InputBox 函数输入数据，通过窗体的 Print 方法输出猜的结果。

【工作过程一】设计用户界面

启动 VB，建立新的“标准 EXE”工程，在窗体上画出 2 个标签，2 个按钮，2 个文本框，并调整窗体上各个控件的大小和位置，使其如图 5.12 所示，设计界面过程中设置的对象属性列于表 5.6 中。

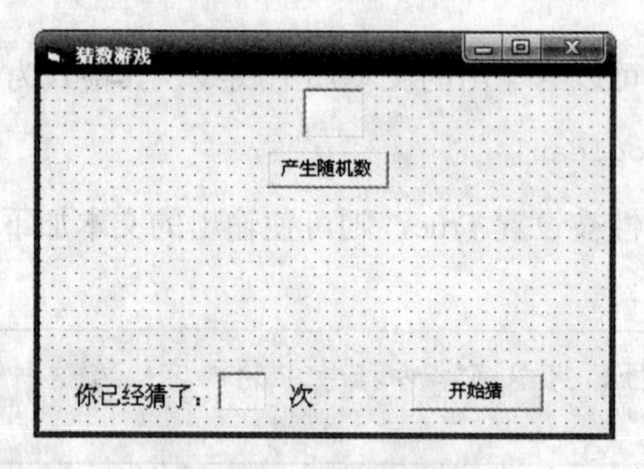

图 5.12 用户界面

表 5.6 各控件的属性及值

控 件	属 性	值
Form1	Caption	“猜数游戏”
Label1	Caption	“你已经猜了：”
Label2	Caption	“次”
Command1	Caption	“解产生随机数”
Command2	Caption	“开始猜”
Text1、Text2	Text	“”

【工作过程二】编写代码

(1) 在代码编辑窗口定义一个记录猜的次数的变量 n，代码如下：

```
Dim n As Integer
```

(2) 双击“产生随机数”按钮，打开代码窗口，并显示该命令按钮单击事件过程的开头和结尾，然后，在事件过程中输入如下代码：

```
Private Sub Command1_Click()
    Dim int1 As Integer
    Randomize
    int1 = Int(10 + Rnd * (90))        '产生10~99之间的随机整数
    Text1.Text = int1
    Command1.Enabled = False
    Command2.Enabled = True
    n = 0
End Sub
```

(3) 双击“开始猜”按钮，在事件过程中输入如下代码：

```
Private Sub Command2_Click()
    Dim int1 As Integer
    Dim x1 As Single
    Dim x2 As Single
    Dim y As Single
    Dim str1 As String
    Dim str2 As String
    Dim str3 As String
    int1 = Int(InputBox("请输入你猜的二位整数：", "猜"))
    str1 = "恭喜你猜对了！"
    str2 = "你猜的数比上面的数小"
    str3 = "你猜的数比上面的数大"
    Cls
    FontSize = 24                    '设定字的大小及颜色
    ForeColor = &HFF&
    x1 = (ScaleWidth - TextWidth(str1)) / 2
    x2 = (ScaleWidth - TextWidth(str2)) / 2
    y = (ScaleHeight - TextHeight(str1)) / 2
    CurrentX = x2
    CurrentY = y
    If int1 > Text1.Text Then
        Print str3
        n = n + 1
        Text2.Text = n
    ElseIf int1 < Text1.Text Then
        Print str2
        n = n + 1
        Text2.Text = n
    Else
        CurrentX = x1
```

```
        Print str1
        n = n + 1
        Text2.Text = n
        Command1.Enabled = True
        Command2.Enabled = False
    End If
End Sub
```

【工作过程三】运行和保存工程

运行程序，先单击“产生随机数”按钮，再单击下面的按钮，出现输入框，在输入框中输入数据，看程序运行结果。

5.7 工作实训营

训练实例

设计三维文字效果窗体，窗体上有 4 个按钮，单击不同的按钮，可实现不同的三维文字效果，如图 5.13~5.16 所示。

图 5.13 左上效果

图 5.14 左下效果

图 5.15 右上效果

图 5.16 右下效果

【分析】

将一定数量的文字按照一定的规律重叠起来，可以达到三维效果：首先确定文字的输出位置，然后每隔一个像素单位输出一个文字，将文字重叠起来，形成三维效果。用坐标变量 CurrentX、CurrentY 实现文字在窗体上输出定位，输出位置的改变用循环语句(For ... Next ...)来实现。在窗体上输出文本用窗体的 Print 方法来实现。

【设计步骤】

1. 创建窗体界面

创建如图 5.13~5.16 所示的窗体界面，窗体中各控件的属性值如表 5.7 所示。

表 5.7　各控件的属性值

控　件	属　性	值
Form1	Caption	“3D 文字效果”
	Font	“楷体”、“初号”
Command1	Caption	“3d Left－Up”
Command2	Caption	“3d Left－Down”
Command3	Caption	“3d Right－Up”
Command4	Caption	“3d Right－Down”

2. 编写代码

为 4 个命令按钮编写如下代码：

```
Private Sub Command1_Click()                    '左上效果
   Me.Cls                                       '清除窗体
   x = 1000                                     '设置文字阴影的起始位置
   y = 600
   For i = 0 To 100
       ForeColor = RGB(0, 0, 0)                 '设置阴影的颜色为黑色
       x = x - 1
       y = y - 1
       CurrentX = x
       CurrentY = y
       Print "3D 文字"
   Next i
   ForeColor = RGB(255, 255, 255)               '设置文字的颜色为白色
   x = x - 1
   CurrentX = x
   CurrentY = y - 25
   Print "3D 文字"
End Sub
Private Sub Command2_Click()                    '左下效果
   Me.Cls
   x = 1000
```

```
        y = 600
        For i = 0 To 100
            ForeColor = RGB(0, 0, 0)
            x = x - 1
            y = y + 1
            CurrentX = x
            CurrentY = y
            Print "3D 文字"
        Next i
        ForeColor = RGB(255, 255, 255)
        x = x - 1
        CurrentX = x
        CurrentY = y + 25
        Print "3D 文字"
    End Sub
    Private Sub Command3_Click()                '右上效果
        Me.Cls
        x = 1000
        y = 600
        For i = 0 To 100
            ForeColor = RGB(0, 0, 0)
            x = x + 1
            y = y - 1
            CurrentX = x
            CurrentY = y
            Print "3D 文字"
        Next i
        ForeColor = RGB(255, 255, 255)
        x = x - 1
        CurrentX = x
        CurrentY = y - 25
        Print "3D 文字"
    End Sub
    Private Sub Command4_Click()                '右下效果
        Me.Cls
        x = 1000
        y = 600
        For i = 1 To 100
            ForeColor = RGB(0, 0, 0)
            x = x + 1
            y = y + 1
            CurrentX = x
            CurrentY = y
            Print "3D 文字"
        Next i
        ForeColor = RGB(255, 255, 255)
        x = x - 1
        CurrentX = x
        CurrentY = y + 25
```

```
    Print "3D文字"
End Sub
```

5.8　习　题

1. 选择题

(1) 设有语句：

```
x = InputBox("输入数值", "0", "示例")
```

程序运行后，如果从键盘上输入数值 10 并按 Enter 键，则下列叙述中正确的是________。

A.　变量 x 的值是数值 10

B.　在 InputBox 对话框标题栏中显示的是“示例”

C.　0 是默认值

D.　变量 x 的值是字符串“10”

(2) InputBox 函数返回值的类型为________。

A. 数值　　　　B. 字符串

C. 变体　　　　D. 数值或字符串(视输入的数据而定)

(3) 如果在“立即”窗口中执行以下操作：

```
a = 8
b = 9
Print a>b
```

则输出结果是________。

A. -1　　　　B. 0

C. False　　　　D. True

(4) 以下语句的输出结果是________。

```
Print Format$(32548.5, "000,000.00")
```

A. 32548.5　　　　B. 32,548.5

C. 032,548.50　　　　D. 32,548.50

(5) 假定 Pic1 和 Txt1 分别是图片框和文本框的名称，下列不正确的语句是________。

A. Print “abcd”　　　　B. Pic1.Print “abcd”

C. Txt1.Print “abcd”　　　　D. Debug.Print “abcd”

(6) 运行以下程序后，输出结果是________。

```
For I = 1 to 5 step 2
cls
   print "I=";I;
Next
```

A. 135　　　　B. 5

C. I= 1I= 3I= 5　　　　D. I= 5

2. 填空题

(1) 语句 Print Format$(13.236, “-000.00”) 的输出结果是________________，语句 Print Format$(-13.236, “-000.00”) 的输出结果是________，语句 Print Format$(13.236, “+000.00”) 的输出结果是________，语句 Print Format$(-13.236, “+000.00”) 的输出结果是________。

(2) 以下语句的输出结果是________。

```
a$ = "95"
b$ = "101"
Print a$; b$
```

(3) 在窗体上画一个命令按钮，然后编写如下事件过程：

```
Private Sub Command1_Click()
    a = InputBox("请输入一个整数")
    b = InputBox("请输入一个整数")
    Print a + b
End Sub
```

程序运行后，单击命令按钮，在输入对话框中分别输入“321”和“456”，则输出结果为__________。

(4) 下列语句执行后，输出的结果是________。

```
age = 26
Print "你的年龄是：";
Print age
```

(5) 在窗体上画一个命令按钮，然后编写如下事件过程：

```
Private Sub Command1_Click()
    Myname = "Zhang" & Space(5) & "XinRu"
    Myage = 24
    Mywage = 1880
    Print Len(Myname) + Len(Str(Myage)) + Len(Format(Mywage))
End Sub
```

当该事件过程代码执行后，输出结果是________。

(6) 下列语句的执行后，产生的信息框的标题是________。

```
Dim s As String
s = MsgBox("ABCD", , "EFGH", "", 5)
```

(7) 下列程序的执行结果是________。

```
a = "abcd"
b = "123"
Print a > b
```

(8) 要把字符串“今天是个好日子”输出到打印机，使用的语句是________。

(9) 在窗体上画一个命令按钮，然后编写如下事件过程：

```
Private Sub Command1_Click()
    Myname = "Zhang" & Space(5) & "XinRu"
```

```
    Myage = 24
    Mywage = 1880
    Print Len(Myname) + Len(Str(Myage)) + Len(Format(Mywage))
End Sub
```

当该事件过程代码执行后，输出结果是________。

(10) 设 a = sqr(2) * sqr(3)，下列语句的输出结果分别是_____、_____、_____、_____。

```
Print format$(a, "000.00")
Print format$(a, "###.#00")
Print format$(a, "00.00e+00")
Print format$(a, "-#.####")
```

(11) 下列程序在执行时，要求输入一个密码，如果密码不正确则显示出非法用户对话框。请填空。

```
Const PassWord = "12345678"
Dim inpass As String
inpass = _________("请输入你的密码", "输入密码")
If inpass = PassWord Then
   Exit Sub
Else
   _________"对不起！你是非法用户。", vbOKOnly + vbCritical, "拒绝"
   Unload Me
End If
```

3. 编程题

(1) 编写一个程序，当在第一和第二个文本框中输入两个数，并单击“确定”按钮后，在第三个文本框中输出两个数的和。

(2) 编写一个程序，使按钮上显示一个图形，当按下按钮时按钮图形变换，并显示一个标签提示信息“你按下了按钮”；当松开按钮时图形恢复，提示信息消失。

(3) 编写一个程序，添加两个文本框和三个命令按钮。当在第一个文本框中输入数据时全部显示“*”号，当输入“Password”时，弹出一个窗口，显示密码不正确。三个命令按钮分别是“确定”、“清除”、“取消”，并实现热键功能。

```
[illegible]
Mwage = 1460
Print "[illegible]"; [illegible]; Format(Mwage, "[illegible]")
End Select
```

[illegible]执行后，输出结果是____。

(10) 设 a = sgn(2) + sgn(3)……，[illegible]输出结果分别是____、____、____、____。

```
Print Format$(a, "000.00")
Print [illegible]
Print Format$([illegible], "0.00e+00")
Print [illegible]
```

(11) 下列程序在执行时，要求输入一个密码，如果输入不正确则显示出错[illegible]值，请填空。

```
Const PassWord = "[illegible]"
Dim Inpass As String
Inpass = ________        '从键盘中读取输入的密码
If Inpass = PassWord Then
    Exit Sub
End If
________    '[illegible]
Unload Me
End Sub
```

3. 编程题

(1) 编写一个程序，[illegible]在两个文本框中输入两个数，[illegible]

在第三个文本框中输出[illegible]。

(2) 编写一个程序，[illegible]

[illegible]

(3) 编写一个程序，[illegible]

[illegible]

第6章

控制结构

- 程序的结构及流程图。
- 常用的选择语句。
- 常用的循环语句。
- GoTo 语句的功能与使用方法。

技能目标

- 了解程序的结构及流程图。
- 掌握选择语句的具体应用过程。
- 熟练运用循环语句进行编程。
- 了解 GoTo 语句的应用。

6.1 工作场景导入

【工作场景】

模拟一台收银机，由柜员输入购物金额与收款金额(假设都是不超过 1000 元的整数)，机器会计算和显示应找金额和应找的各种零钱的数目。程序界面如图 6.1 所示。

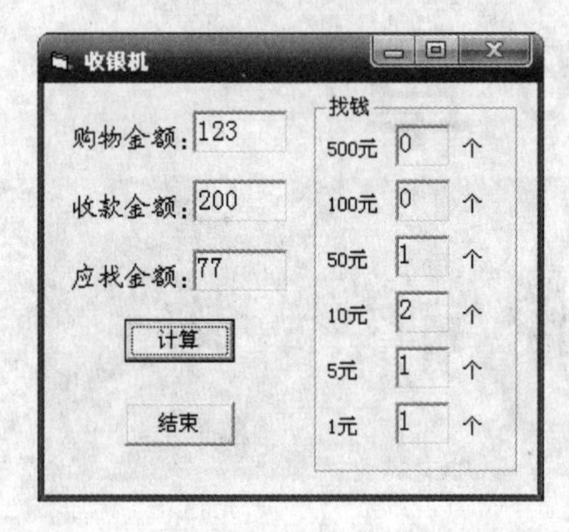

图 6.1 程序界面

【引导问题】

(1) 如何设计程序界面？
(2) 如何利用程序代码计算零钱的数目？
(3) 如何在程序中使用循环结构？

6.2 程序的结构及流程图

计算机之所以能够完成很多任务，其实质是按照事先编好的程序执行的。而在 VB 的一个过程中语句是按从上到下的顺序一条一条执行的，这种程序结构称为“顺序结构”。前面几章讲的程序大多属于顺序结构。

例如看一个将弧度换算为角度值的程序：

```
Private Sub Command1_Click()
    Const Pi As Single = 3.1415926
    Dim x As Single
    Dim y As Single
    Dim z As Single
    Dim du As Integer
    Dim fen As Integer
    Dim miao As Integer
    x = Val(Text1.Text)
    y = x * (180 / Pi)
```

```
    du = Fix(y)
    z = (y - du) * 60
    fen = Fix(z)
    miao = Fix((z - fen) * 60 + 0.5)
    Text2.Text = Str(du) & "°" + Str(fen) + "//" + Str(miao) & """ "
End Sub
```

以上的程序按从上到下的顺序一条一条地执行，程序虽然比较容易理解，但是不可能处理复杂的问题。在理想情况下，上面的程序是可以工作的。但如果用户在输入弧度值之前就单击了按钮 Command1 或者用户输入的是一些字母，程序的结果就没有意义甚至出错。

此外，在计算 1 + 2 + 3 + ... + 1000 或 50!的值时，如果还是使用顺序结构，那么程序会非常繁琐，或根本无法实现。为了解决此类问题，引入了控制结构。

结构化程序设计的基本控制结构有 3 种，即顺序结构、选择结构和循环结构。在 Visual Basic 中要解决较复杂的问题，就要使用到分支结构和跳转结构了。而程序也正是因为有了这些结构才使得计算机能顺利地完成各种各样的任务。所有的这些结构方式都是通过相应的语句实现的，它们是：

- 条件结构——If 语句。
- 选择结构——Select Case 语句。
- 循环结构——Do... Loop 语句、For... Next 语句和 While…Wend 语句。
- 跳转结构——GoTo 语句和 GoSub 语句。

程序员在面对要解决的问题或要完成的任务时，首先将问题简化为模型，然后考虑应该采用什么结构、使用什么语句以及如何来安排这些语句来实现此模型。“采用什么结构、使用什么语句以及如何来安排这些语句”的总和被称为“算法”，算法是应用程序解决问题的基础和前提。编程人员在开始编程之前，就应该确定解决问题的算法。算法也可以被理解为程序中进行操作的方法和步骤。解决同一问题时，可能有多种算法，但其中有高低优劣之分。有经验的程序设计人员可以设计出代码小、效率高、占用系统资源少、便于理解、易于调试的算法。

在研究算法时，人们习惯于使用流程图来描述算法的结构。这种方法是用一些框图表示各类型的操作，用带箭头的线表示这些操作的执行顺序。流程图有国际标准，图 6.2 列出了一些常用的标准流程图符号。

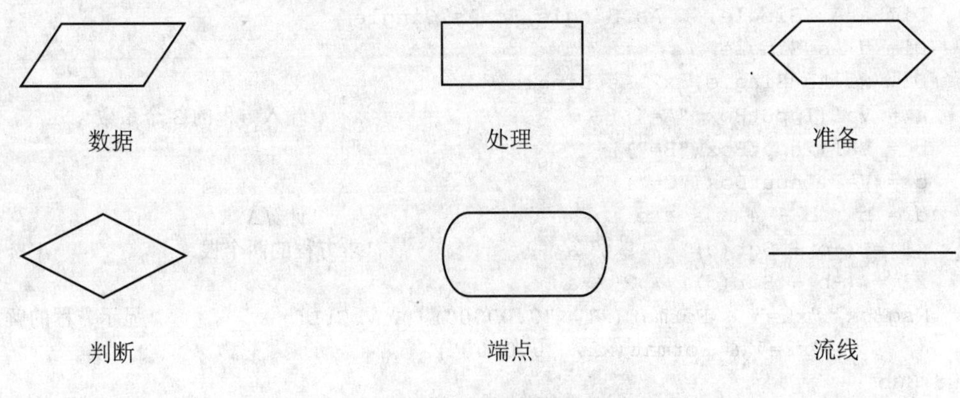

图 6.2 标准流程图符号

使用流程图可以形象地表示复杂的程序结构，如图 6.3 所示为用流程图表示的常用控制结构。

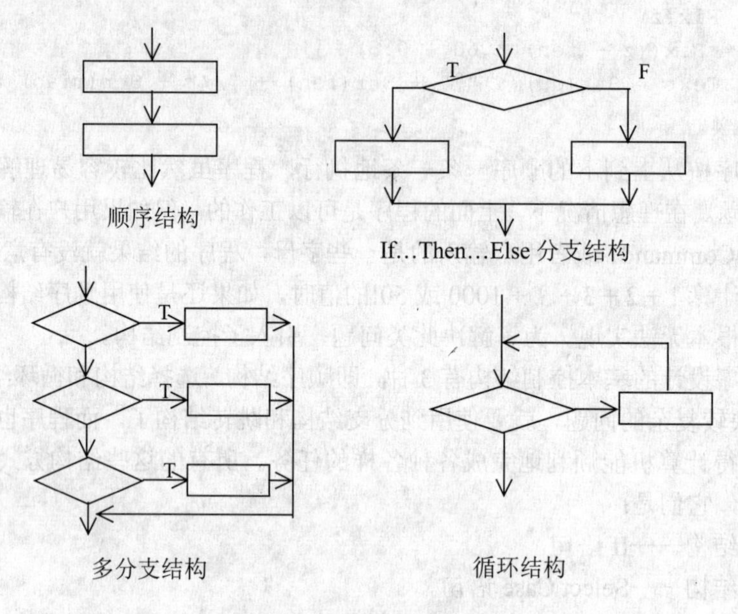

图 6.3　常用控制结构

6.3　选择控制结构

在许多情况下，人们希望程序语句执行的顺序依赖于输入数据或中间运算的结果。这时需要对某个变量或表达式的值进行判定，以决定执行哪些语句和跳过哪些语句，我们称这种程序结构为选择结构。

首先来看如下应用到选择结构的例子。

【例 6.1】 求一元二次方程 $ax^2+bx+c=0$ 的实数解。

编写的顺序结构程序代码如下：

```
Private Sub Command1_Click()
    Dim a As Single, b As Single, c As Single
    Dim d As Single
    Dim x1 As Single, x2 As Single
    a = Val(InputBox("A="))                              '输入方程的 3 个系数
    b = Val(InputBox("B="))
    c = Val(InputBox("C="))
    d = b * b - 4 * a * c                                '计算Δ
    x1 = (-b + Sqr(d)) / 2 / a                           '求方程的两个根
    x2 = (-b - Sqr(d)) / 2 / a
    MsgBox "x1=" & Format(x1, "0.0000") & VbCrLf & _     '显示方程的解
           "x2=" & Format(x2, "0.0000")
End Sub
```

上面的程序在执行的时候，要求用户的输入必须保证有实数解(Δ≥0)，否则在进行运算Sqr(d)时会出现错误。这是因为在求解二次方程时需要对Δ的值进行如下判断。

- 当Δ≥0 时：方程有实数根。
- 当Δ<0 时：方程无实数根。

这就要求程序在对 x1 和 x2 根据求根表达式赋值前先对Δ的值进行判断，如果有实数根，才执行赋值操作。使用选择结构可以满足上述要求，在 Visual Basic 中的选择结构有 6 种实现形式，下面分别做详细的介绍。

6.3.1　单行结构条件语句

单行条件语句比较简单，其格式如下：

```
If 条件 Then 语句1 Else 语句2
```

该语句的功能是：如果“条件”为 True，则执行“语句 1”，否则执行“语句 2”。程序流程如图 6.4 所示。

【例 6.2】下面的语句用来判断整数的奇偶性：

```
Dim int1 As Integer, int2 As Integer
int1 = CInt(txtInput.Text)
int2 = int1 Mod 2
If int2 = 0 Then MsgBox "是一个偶数"
Else MsgBox "是一个奇数"
```

If 语句中 else 和语句 2 是可选的，可以省略，省略后的格式为：

```
If 条件 Then 语句
```

程序流程如图 6.5 所示。

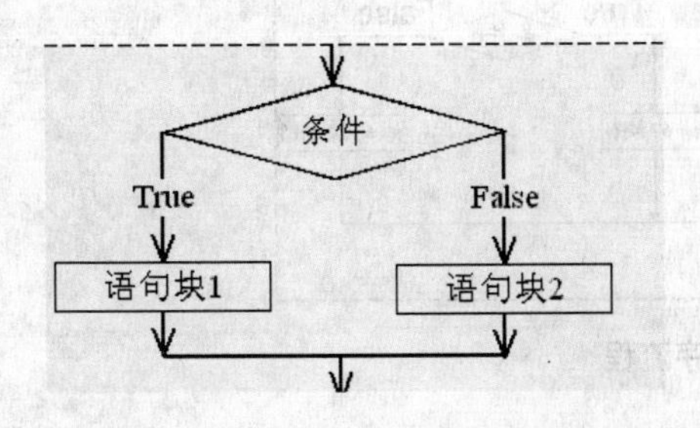

图 6.4　If... Then... Else 语句的程序流程

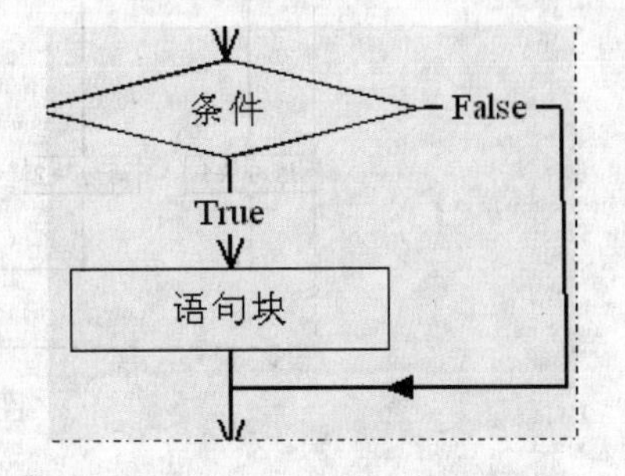

图 6.5　If... Then 语句的程序流程

【例 6.3】通过 InputBox 函数输入的两个数，判断两个数中的较大数。通过按钮的单击事件完成的程序代码如下：

```
Private Sub Command1_Click()
    Dim A As Integer, B As Integer
    Dim Max As Integer
    A = InputBox("请输入第一个整数", "输入", 3)        '输入第一个数
    B = InputBox("请输入第二个整数", "输入", 6)        '输入第二个数
```

```
        Max = A
        If Max < B Then Max = B                '如果 A<B，则大数为 B
        MsgBox Str(A) + "与" + Str(B) + "之中的大数为" + Str(Max)
                                               '输出结果
    End Sub
```

6.3.2 块结构条件语句

块结构条件语句的一般格式如下：

```
If 条件 1 Then
    语句 1
[ElseIf 条件 2 Then
    语句 2]
[ElseIf 条件 3 Then
    语句 3]
...
[Else
    语句 n]
End If
```

块结构条件语句的功能是：如果“条件 1”为 True，则执行“语句 1”；否则，如果“条件 2”为 True，则执行“语句 2”……否则，执行“语句 n”。

程序流程如图 6.6 所示。

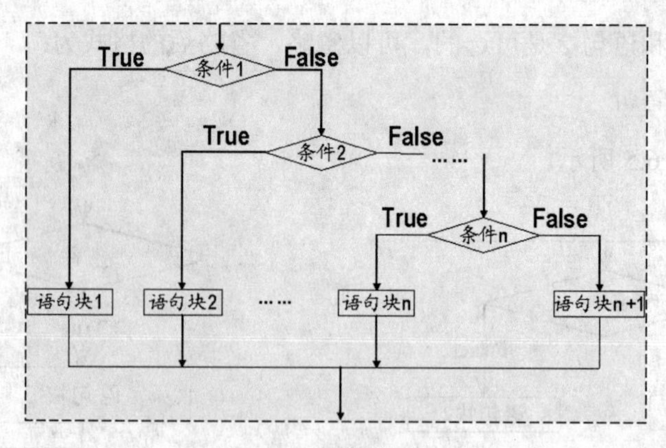

图 6.6 程序流程

下面对块结构条件语句做几点说明。

(1) 格式中的“条件 1”、“条件 2 ”等都是逻辑表达式，通常把数值表达式和关系表达式看成是逻辑表达式的特例。当“条件”是数值表达式时，非 0 值表示 True，0 值表示 False。而当“条件”是关系式或逻辑表达式时，-1 表示 True，0 表示 False。如前所述，格式中的“语句 1”、“语句 2”等是一个或多个 Visual Basic 语句。

(2) 选择语句在执行了 Then 或 Else 后面的语句后，程序退出块结构条件语句，继续执行 End If 后面的语句。

(3)　“语句”中的语句不能与前面的 Then 在同一行上，否则 Visual Basic 认为是一个单行结构的条件语句。也就是说，块结构与单行结构条件语句的主要区别是看 Then 后面的语句是否与 Then 在同一行上。如果在同一行上，则为单行结构，否则为块结构。对于块结构，必须以 End If 结束，单行结构没有 End If。

(4)　在块结构的条件语句中，ElseIf 子句的数量没有限制，可以根据需要加入任意多个 ElseIf 子句。

(5)　块结构条件语句中的 ElseIf 子句和 Else 子句是可选的。如果省略这些子句，则块结构条件语句格式可以简化为：

```
If 条件 1 Then
   语句 1
End If
```

例如：

```
If Max < B Then
   Max = B
End If
```

上面块结构形式的条件语句也可以写成单行形式，具体写法见例 6.3，它去掉了 End If，并把语句“Max = B”放在 Then 的后面。

(6)　在“条件 1”、“条件 2”等多个条件中，可能有多个条件为 True，但 Visual Basic 只执行第一个为 True 的条件后面的语句，例如下面的判断语句：

```
Dim a As Integer
a = InputBox("输入成绩：", "成绩判别")
If a > 80 Then
   Print "良好"
ElseIf a > 70 Then
   Print "及格"
Else
   Print "不及格"
End If
```

如果对变量 a 输入 85，则条件“a>80”和条件“a>70”都对，但系统只执行条件“a>80”后面的语句，在窗体上输出“良好”。执行完就跳出 If 语句。

(7)　If 语句可以嵌套。即一个 If...Then...Else 块可以放在另一个 If...Then...Else 块内，嵌套必须完全“包住”，不能互相“骑跨”。

与单行条件语句相比，块结构条件语句有很多优点。例如，块形式比单行形式提供了更好的结构和灵活性，它允许条件分支跨越数行。

同时，用块形式可以测试更复杂的条件。块形式使程序的结构按逻辑来引导，而不是把多个语句放在一行中。

此外，使用块形式的程序一般容易阅读、维护和调试。任何单行形式的条件语句都可以改写成块形式。

【例 6.4】下面的程序用来判断输入成绩的等级。条件如表 6.1 所示。

表 6.1　成绩分级表

分　数	显　示
90~100	优秀
80~89	良好
70~79	中等
60~69	及格
30~59	补考
0~29	重修

通过 InputBox 函数输入成绩，程序代码如下：

```
Private Sub Command1_Click()
    Dim sng As Single
    sng = InputBox("请输入成绩：")                '用户输入成绩
    If sng >= 90 Then                            '通过块形式的条件语句判断
        MsgBox "优秀"
    ElseIf sng >= 80 Then
        MsgBox "良好"
    ElseIf sng >= 70 Then
        MsgBox "中等"
    ElseIf sng >= 60 Then
        MsgBox "及格"
    ElseIf sng >= 30 Then
        MsgBox "补考"
    Else
        MsgBox "重修"
    End If
End Sub
```

程序界面如图 6.7 所示，输入成绩 50，单击“确定”按钮，将弹出消息框，提示重修。

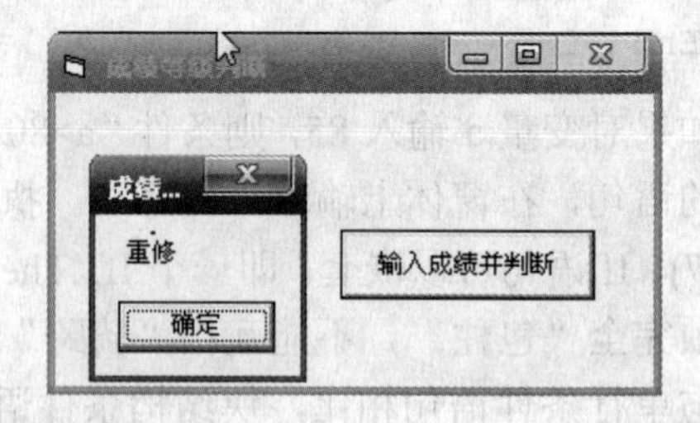

图 6.7　程序运行效果

6.3.3　多分支选择控制结构(Select Case)

虽然 If ... Then … ElseIf 可以用来判断多重条件的情况，但有时条件太多，程序会变得不易阅读，为此 Visual Basic 提供了 Select Case 语句，使用 Select Case 语句可以使程序写起来较为简洁，不但容易阅读，而且执行起来也比较有效率。

Select Case 语句调用的语法格式为：

```
Select Case 测试表达式
    Case 测试结果 1
        语句组 1
    Case 测试结果 2
        语句组 2
    ...
    Case 测试结果 n-1
        语句组 n-1
    Case Else
        语句组 n
End Select
```

Select Case 的功能是：首先计算出测试表达式的值，如果该测试表达式值满足 Case 后任何一个测试结果，则对应的语句组会被执行，执行完毕退出 Select Case 语句；如果都不满足，则执行 Case Else 后的语句组。

Select Case 语句的程序流程如图 6.8 所示。

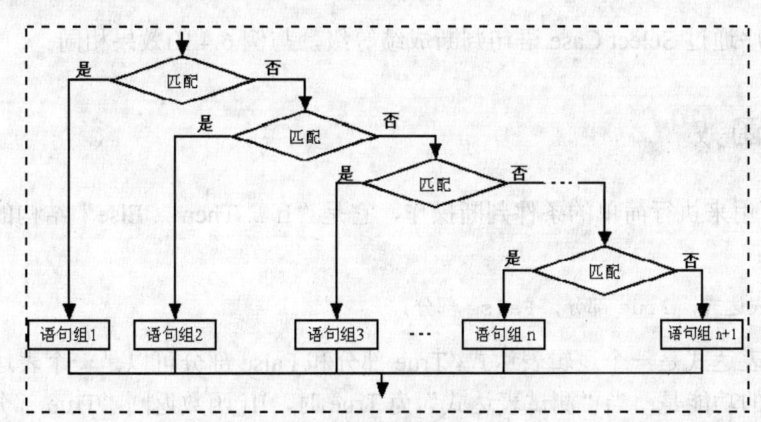

图 6.8　Select Case 语句的程序流程

测试可以是下列 3 种形式之一。

(1) 一般表达式。例如：

```
Case 1, 2, 3, 4, 5
```

(2) To 表达式。例如：

```
Case 1 To 5
```

(3) Is 关系运算表达式，使用的运算符包括<、>、<=、>=、<>、=。例如：

```
Case Is = 12
Case Is < a + b
```

测试表达式的值必须与测试结果的数据类型相同。

Select Case 语句有时可以与 If 语句互换使用，例如我们可以用 Select Case 语句重新编写例 6.4 的程序：

```
Private Sub Command1_Click()
    Dim sng As Single
    sng = InputBox("请输入成绩：")                    '用户输入成绩
    Select Case sng                                   '通过块形式的条件语句判断
        Case Is >= 90
            MsgBox "优秀"
        Case Is >= 80
            MsgBox "良好"
        Case Is >= 70
            MsgBox "中等"
        Case Is >= 60
            MsgBox "及格"
        Case Is >= 30
            MsgBox "补考"
        Case Else
            MsgBox "重修"
        End Select
End Sub
```

上面的程序通过 Select Case 语句判断成绩等级，与例 6.4 的效果相同。

6.3.4 IIf 函数

IIf 函数可用来执行简单的条件判断操作，它是“If ... Then ... Else”结构的简写版本。其语法格式为：

```
IIf(测试表达式, True 部分, False 部分)
```

其中测试表达式是一个逻辑表达式，True 部分和 False 部分可以是一个表达式或变量和常量。此函数的功能是：当“测试表达式”为 True 时，IIf 函数返回“True 部分”；否则返回“False 部分”。

例 6.3 可以应用 IIf 函数修改为如下代码：

```
Private Sub Command1_Click()
    Dim A As Integer, B As Integer
    Dim Max As Integer
    A = InputBox("请输入第一个整数", "输入", 3)       '输入第一个数
    B = InputBox("请输入第二个整数", "输入", 6)       '输入第二个数
    Max = A
    Max = IIf (Max < B , Max = B , Max )              '如果 A<B，则大数为 B
    MsgBox Str(A) + "与" + Str(B) + "之中的大数为" + Str(Max)   '输出结果
End Sub
```

> **注意：** IIf 函数返回一个值，在编程时一般把 IIf 函数返回的值赋给一个变量，要求变量和 IIf 函数返回值类型要一致。

6.4　循环控制结构

在实际应用中，经常遇到一些操作并不复杂，但需要反复多次处理的问题，比如要计算1+2+3+...+10000，直接把这个求和的表达式用手工输入显然是不现实的。循环结构可以帮助我们有效地解决这一类问题。利用循环结构，只需要编写少量的语句就可以让计算机重复执行许多次，从而完成大量同类计算的需求。

Visual Basic 提供了 3 种循环控制方式：For ... Next 方式、Do ... Loop 方式和 While ... Wend 方式。有时，在程序中必须强迫改变程序的流程以脱离循环，Visual Basic 也提供了几个可以影响执行程序流程的语句，比如 Exit For、Exit Do、Goto 等。

6.4.1　For... Next 循环

For 循环通常用来将某一程序段重复执行，且重复次数是固定的。其语法格式为：

```
For 计数器 = 初值 To 终值 [Step 增量]
    [循环体]
Next 计数器
```

其中，“计数器”为循环控制变量，“初值”是循环变量的初值，“终值”是循环变量的终值。执行 For 循环时，先将计数器设定为初值；若增量为正，则判断计数器的值是否小于终值；若增量为负，则判断计数器的值是否大于终值；若以上判断为 True，则执行循环体中的语句，否则跳出循环，执行到 Next 语句，将计数器加上增量，重复以上步骤。For 循环程序流程如图 6.9 所示。

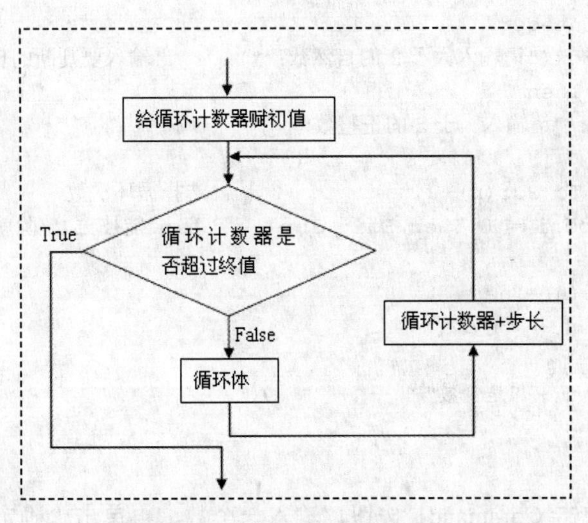

图 6.9　For 循环的程序流程

【例 6.5】编写程序求 S=1+2+3+...+N，其中，N 由用户输入。

编写的程序代码如下：

```
Private Sub Command1_Click()
    Dim n As Integer, i As Integer
    Dim S As Long
    n = InputBox("n=")              '输入累加的终值
    For i = 1 To n                  '循环，求解 n 个数的和
      S = S + I
    Next i
    Print "S="; S                   '输出和
End Sub
```

运行以上的程序过程，输入累加的终值 100，则在窗体上输出结果为 S=5050。

注意：Step 增量值可以省略，如果省略，则默认步长为 1。

可以注意到，对于需要将某些语句执行固定次数的循环，使用 For...Next 循环非常方便。而 For 循环的次数是由循环的初值、终值和步长 3 个因素确定，计算公式为：

```
循环次数 = Int((终值-初值)/步长) + 1
```

一般情况下，For...Next 循环需要正常结束，即循环变量到达终值。但在某些情况下，可能在循环变量到达终值前需要退出循环，这可通过 Exit For 语句来实现。

For...Next 循环也可以嵌套使用，嵌套层数没有具体限制，其基本要求是：每个循环必须有一个唯一的循环变量；内层循环的 Next 语句必须在外层循环的 Next 语句之前，内外循环不得相互交叉。

【例 6.6】编写程序判断用户输入的自然数是否为质数。

编写的程序代码如下：

```
Private Sub Command1_Click()
    Dim n As Integer
    Dim i As Integer
    n = InputBox("请输入大于 2 的自然数：")        '输入要判断的自然数
    If n <= 2 Then
       MsgBox "请输入大于 2 的正整数"
    End If
    For i = 2 To Sqr(n)                       '选择循环次数
      If n Mod i = 0 Then Exit For            '若 n 能被 I 整除就是合数
    Next i
    If i > Sqr(n) Then
      MsgBox n + "是质数"
    Else
      MsgBox n + "是合数"
    End If
End Sub
```

程序运行后，单击 Command1 按钮，输入一个数，再单击“确定”按钮，程序就能辨别出输入的数是否为质数了。

6.4.2　Do...Loop 循环

虽然 For ... Next 提供了重复执行循环体的功能，但其执行次数是固定的，必须预先设定。有些时候，我们希望循环能不限次数地重复执行，直到某个条件被满足为止， Do...Loop 循环就可以根据循环条件是 True 或 False 决定是否结束循环。Do...Loop 循环调用格式可以有以下两种：

```
Do [While|Until 循环条件]
    循环体
Loop

Do
    循环体
Loop [While|Until 循环条件]
```

其中，Do、Loop 及 While、Until 都是关键字，“循环体”是需要重复执行的语句，“循环条件”是一个逻辑表达式。以上两种格式分别称为条件前置式和条件后置式。Do...Loop 循环的语句功能是：若指定的“循环条件”为 True，则重复执行循环体语句。两种形式的流程图如图 6.10 所示。

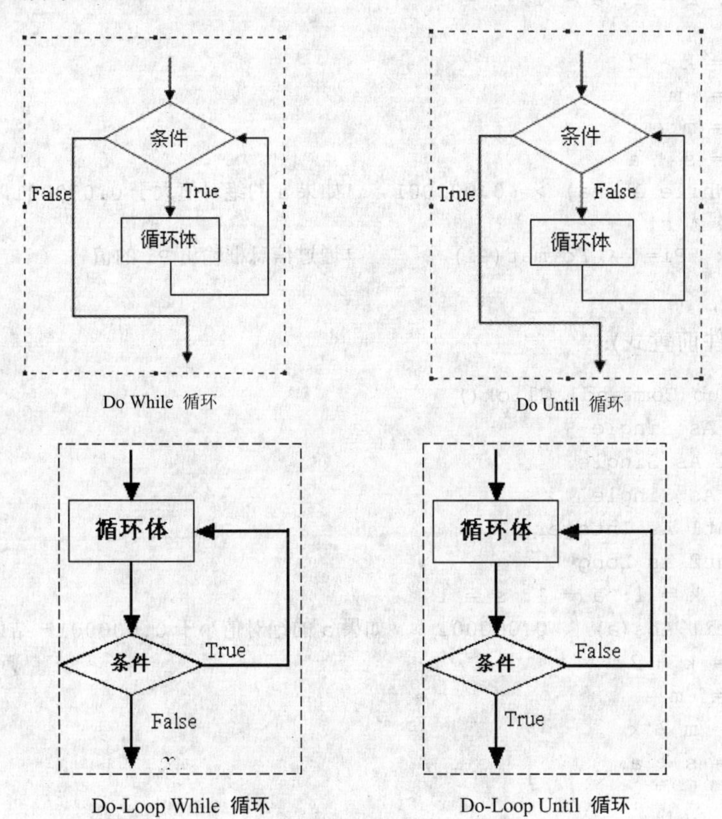

图 6.10　Do 循环程序的流程图

当只有 Do、Loop 两个关键字，而没有循环条件时，Do...Loop 循环调用格式可以简化为以下形式：

```
Do
    循环体
Loop
```

在这种情况下，程序将不停地执行循环体语句。为了能使程序能够退出循环，可以通过在循环体中添加 Exit Do 语句退出循环。在调试程序时，如果发生“死循环”(无穷循环)，可以使用 Ctrl+Break 组合键中断程序。无条件的 Do 循环等价于 Do While 循环的条件永远成立的情况，一般不推荐在程序中使用无条件的 Do 循环。

【例 6.7】用 Do 循环根据 $\frac{\pi}{4}=1-\frac{1}{3}+\frac{1}{5}-\frac{1}{7}+\frac{1}{9}+\cdots$ 来求解π的值(精确到小数点后 6 位)。

解法一(条件后置式)：

```
Private Sub Command1_Click()
    Dim s As Single
    Dim Pi As Single
    Dim a As Single
    Dim int1 As Integer
    Dim int2 As Long
    m = 1: k = 1: a = 1: s = 1
    Do
        k = k + 2
        m = -m
        a = m / k
        s = s + a
    Loop While Abs(a) >= 0.000001    '如果 a 的绝对值大于 0.000001，继续执行循环
    Pi = 4 * s
    MsgBox "Pi=" & Format(Pi)         '通过信息框输出 Pi 的值
End Sub
```

解法二(条件前置式)：

```
Private Sub Command1_Click()
    Dim s As Single
    Dim Pi As Single
    Dim a As Single
    Dim int1 As Integer
    Dim int2 As Long
    m = 1: k = 1: a = 1: s = 1
    Do Until Abs(a) < 0.000001    '如果 a 的绝对值小于 0.000001，结束循环
        k = k + 2
        m = -m
        a = m / k
        s = s + a
    Loop
    Pi = 4 * s
    MsgBox "Pi=" & Format(Pi)         '通过信息框输出 Pi 的值
End Sub
```

运行以上任一程序，跳出信息框，如图 6.11 所示。说明π的值为 3.141598。

图 6.11　运行结果

6.4.3　While ... Wend 循环

While ... Wend 循环与条件前置的 Do While ... Loop 循环相似，要先判断条件以决定是否执行循环体。其语法格式为：

```
While 条件
    [循环体]
Wend
```

执行 While...Wend 循环时，先判断条件是否成立，当条件为 True 时反复执行循环体，直到条件为 False 时为止。While...Wend 语句是早期 Basic 语言的循环语句，现在它的功能已完全被 Do...Loop 语句所包括，所以不常使用了。While...Wend 循环的程序流程如图 6.12 所示。

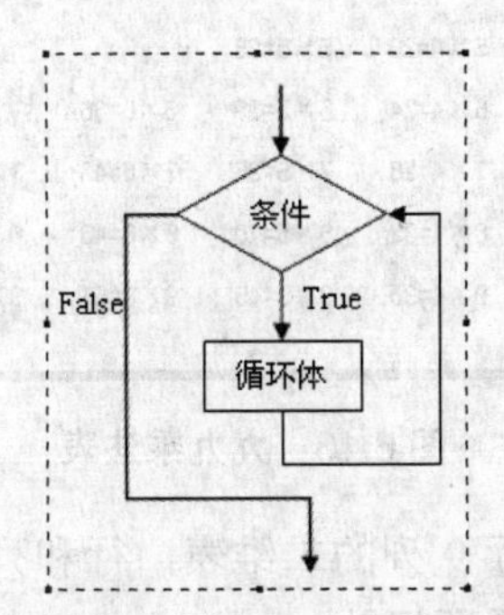

图 6.12　While ... Wend 循环的程序流程

下面通过一个程序来说明 While...Wend 循环的应用。

通过 While...Wend 循环解例 6.6，程序代码如下：

```
Private Sub Command1_Click()
    Dim s As Single
    Dim Pi As Single
    Dim a As Single
    Dim int1 As Integer
    Dim int2 As Long
    m = 1: k = 1: a = 1: s = 1
    While Abs(a) >= 0.000001    '如果 a 的绝对值小于 0.000001，结束循环
        k = k + 2
```

```
        m = -m
        a = m / k
        s = s + a
    Wend
    Pi = 4 * s
    MsgBox "Pi=" & Format(Pi)
End Sub
```

运行程序，我们可以发现应用 While...Wend 循环可以得到与运用 Do...Loop 循环同样的结果。

6.4.4 多重循环

通常把循环体内不含有循环语句的循环叫做单层循环，而把循环体内含有循环语句的循环称为多重循环。例如在循环体内含有一个循环语句的循环称为二重循环。多重循环又称作多层循环或循环嵌套。下面通过实例讲解多重循环的应用。

【例 6.8】 打印“九九乘法表”。如图 6.13 所示。

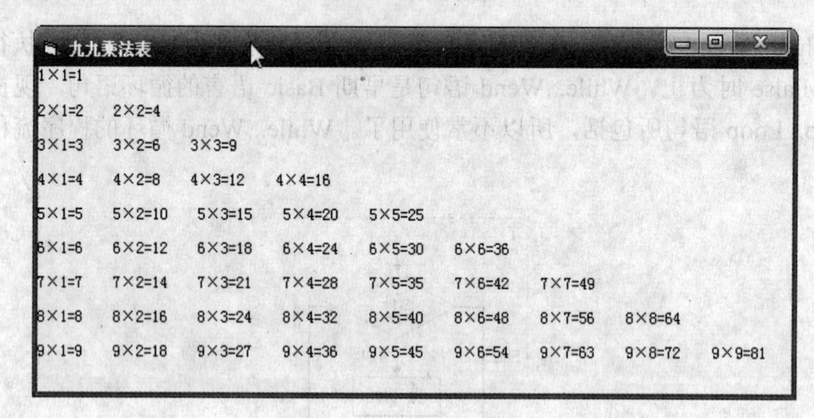

图 6.13 九九乘法表

分析：九九乘法表是一个 9 行 9 列的二维表，行和列都要变化且行列相互约束(第 i 行需要有 i 列)，是一个典型的二重循环问题。

程序代码如下：

```
Private Sub Form_Click()
    Dim i As Integer
    Dim j As Integer
    For i = 1 To 9
        For j = 1 To i
            Print i & "×" & j & "=" & i * j; Spc(4);    '输出一个式子，不换行
        Next j
        Print                   '换行作用
        Print                   '输出一个空行
    Next i
End Sub
```

上面的程序有两重循环，执行内部循环一次，在窗体上输出一行式子。内部循环的次数每次都加一，外部循环执行 9 次，效果是在窗体上打印出九行九列的二维表。

【例 6.9】如果将一角人民币换成零钱(可以包括含 1 分、2 分、5 分中的任意多个面值)，编程计算共有多少种换法。

分析：组成一角的零钱中，最多有 10 个 1 分面值、5 个 2 分面值、2 个 5 分面值。判断所有的组合中，总和正好是 10 分的情况有多少次即为所求。编写的程序代码如下：

```
Private Sub Form_Click()
    Dim int1 As Integer
    Dim int2 As Integer
    Dim int3 As Integer
    Dim num As Integer
    num = 0
    Print "1 分"; Tab(8); "2 分"; Tab(16); "5 分"
    For int1 = 0 To 10
        For int2 = 0 To 5
            For int3 = 0 To 2
                If int1 + 2 * int2 + 5 * int3 = 10 Then       '判断组合是否为所求
                    num = num + 1                            '计数加 1
                    Print int1; Tab(8); int2; Tab(16); int3   '显示组合结果
                End If
            Next
        Next
    Next
    Print "一角换零钱共有"; num; "种方法"                      '最后一行输出结果
End Sub
```

运行程序，单击窗体界面，就能显示如图 6.14 所示的结果。图 6.14 表明总共有 10 种排法，在窗体中列出了每种排法对应的 1 分、2 分、5 分的数目。

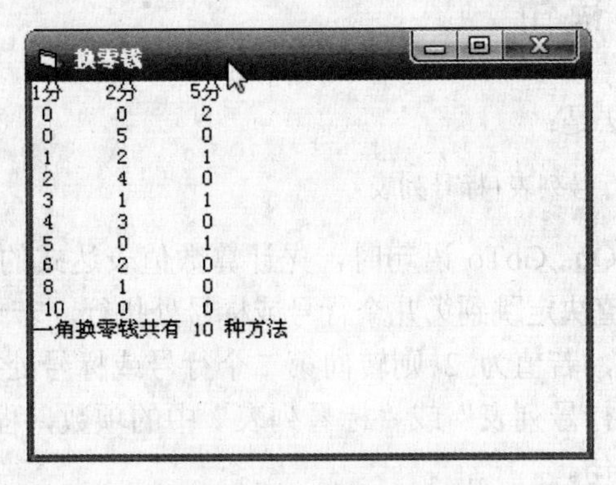

图 6.14　程序运行结果

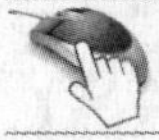

6.5　GoTo 型控制

Visual Basic 系统保留了 GoTo 型控制，包括 GoTo 语句和 On-GoTo 语句。尽管 GoTo

型控制会影响程序质量，但在某种情况下还是有用的。

6.5.1 GoTo 语句

GoTo 语句的语法是：

```
GoTo 标号|行号
```

当程序执行到 GoTo 语句时，会无条件的跳转到“标号或行号”所标识的语句并继续执行下去。对 GoTo 语句做以下几点说明。

(1) 标号的命名与变量类似，但是必须以冒号结束；行号则是由数字指定，后面不跟冒号。

(2) GoTo 语句的功能被限定在一个过程中，不能跳转到另一个过程中。

下面通过例子说明 GoTo 语句的应用。

【例 6.10】下面的程序判断用户输入的 Number 的值是否为数字 1：

```
Private Sub Form_Click()
    Dim Number, MyString As String
    Number = InputBox("请输入数值：")
    If Number = 1 Then GoTo Line1 Else GoTo Line2
        '判断 Number 的值以决定要完成哪一个程序区段
    Line1: MyString = "Number 值为 1"
    GoTo LastLine              '完成程序跳转到最后一行
    Line2: MyString = "Number 值不为 1"
    LastLine: MsgBox MyString
End Sub
```

6.5.2 On...GoTo 语句

On...GoTo 语句的语法是：

```
On 数值表达式 GoTo 行号列表|标号列表
```

Visual Basic 在遇到 On...GoTo 语句时，先计算数值表达式的值，并将其四舍五入得到一个整数，根据这个整数值决定跳到第几个行号或标号处执行。若该整数值为 1 则转向第一个行号或标号处执行语句，若值为 2 则转向第二个行号或标号处执行语句……以此类推。若该整数值为 0 或大于“行号列表”或“标号列表”中的项数，程序自动跳转到 On...GoTo 语句后面的一个可执行语句。

【例 6.11】下面的程序根据用户的选择，执行相应的代码段：

```
Private Sub Command1_Click()
Private Sub Command1_Click()
Dim Number, MyString As String
Number = InputBox("请选择 1、2、3、4：")
    On Number GoTo Line1, Line2, Line3, Line4
                        ' 判断 Number 的值以决定要完成哪一个程序区段
```

```
    MsgBox "超出范围"
    Exit Sub
Line1:    MsgBox "选择了 1"
    Exit Sub
Line2:    MsgBox "选择了 2"
    Exit Sub
Line3:    MsgBox "选择了 3"
    Exit Sub
Line4:    MsgBox "选择了 4"
    End Sub
End Sub
```

注意： 数值表达式的值不能为负数，如果为负数，会产生一个运行期错误。

在结构化程序设计中，过度地使用 GoTo 型控制会使程序不易阅读和调试，所以在编写代码时应尽量使用结构化的控制结构(选择结构与循环结构)。

6.6 回到工作场景

通过对 6.2~6.5 节内容的学习，应该掌握了程序基本结构的用法，此时足以完成收银机程序的设计。下面我们回到 6.1 节介绍的工作场景中，完成工作任务。

【分析】

本问题重点在于计算各币种零钱的数目，本程序用 For 循环和 Do...Loop 循环嵌套的方式计算各币种零钱的数目。并通过标签控件显示。

【工作过程一】设计用户界面

通过标签控件、文本框控件、按钮控件建立如图 6.15 所示的程序界面，各控件的属性值列于表 6.2 中。

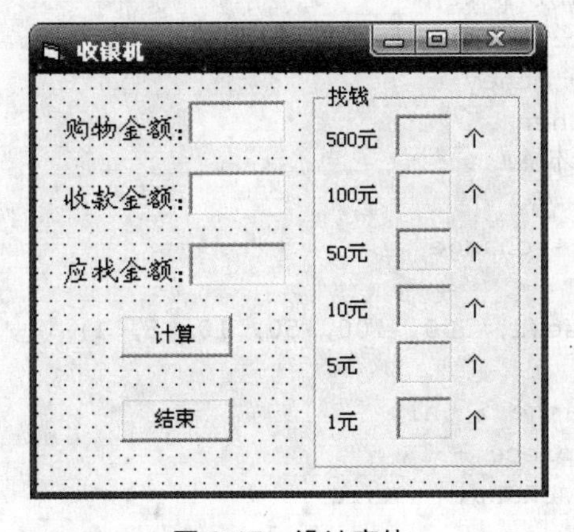

图 6.15 设计窗体

表 6.2 各控件的属性值

控 件	属 性	值
Form1	Caption	“收银机”
Command1	Caption	“计算”
Command2	Caption	“结束”
Frame1	Caption	“找钱”
Label1	Caption	“购物金额”
Label2	Caption	“收款金额”
Label3	Caption	“应收金额”
Label4、6、9、12、15、18、21	Caption	“”
Label5	Caption	“500 元”
Label8	Caption	“100 元”
Label11	Caption	“50 元”
Label14	Caption	“10 元”
Label17	Caption	“5 元”
Label20	Caption	“1 元”
Label7、10、13、16、19、22	Caption	“个”

【工作过程二】编写代码

双击“计算”按钮，编写按钮的 Click 事件过程如下：

```
Private Sub Command1_Click()
    Dim money As Integer
    Dim cash As Integer
    Dim change As Integer
    Dim piece As Integer
    Dim unit As Integer
    money = Val(Text1.Text)
    cash = Val(Text2.Text)
    change = cash - money
    If change < 0 Then
        MsgBox "付钱不够"
    End If
    Label4.Caption = change
    For i = 1 To 6
        unit = Choose(i, 500, 100, 50, 10, 5, 1)     '选择钱币的面值
        piece = 0
        Do While change > unit
            piece = piece + 1
            change = change - unit
        Loop
        Select Case i
            Case 1
```

```
            Label6.Caption = piece              '500 元的个数
        Case 2
            Label9.Caption = piece              '100 元的个数
        Case 3
            Label12.Caption = piece             '50 元的个数
        Case 4
            Label15.Caption = piece             '10 元的个数
        Case 5
            Label18.Caption = piece             '5 元的个数
        Case 6
            Label21.Caption = piece             '1 元的个数
        End Select
    Next
End Sub
```

双击“取消”按钮，编写按钮的 Click 事件过程如下：

```
Private Sub Command2_Click()
    End                         '退出程序
End Sub
```

【工作过程三】运行和保存工程

编写完两个命令按钮的 Click 事件后，所有的编程完成。此时运行程序，在购物金额中填入 136，在收款金额中填入 300，单击“计算”按钮，可求得需要找的零钱为 164 元，各币种的数目为：100 元一张、50 元一张、10 元一张、1 元四张。结果如图 6.16 所示。

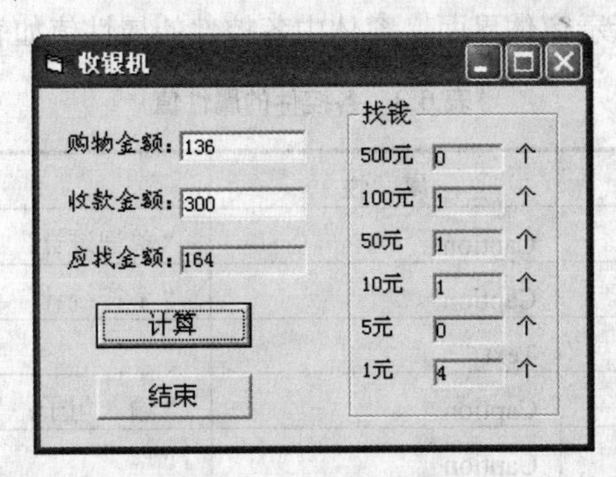

图 6.16　程序运行结果

6.7　工作实训营

训练实例

编写程序，在文本框中输入一段文字，能够对其中的单词数、字母数、数字字符及其他字符数进行统计，通过对“单词统计”、“字符统计”按钮的单击，分别对单词个数和字符个数进行统计，运行界面如图 6.17 所示。

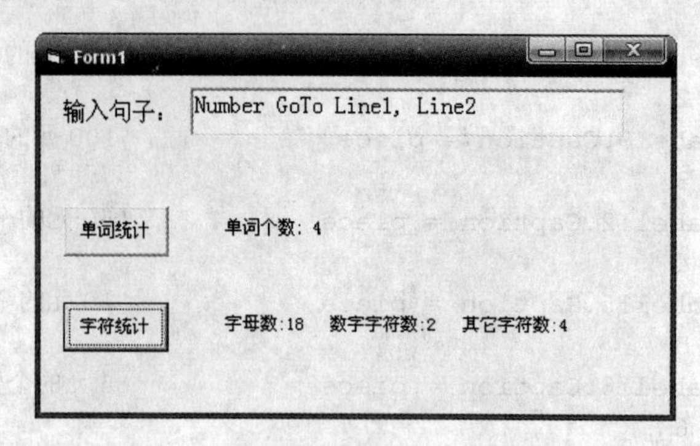

图 6.17 文本统计程序运行后的显示界面

【分析】

若要统计出单词的个数，需要明白单词间是用空格符分隔的。循环读取字符时，需用一个逻辑变量来表明是否有新单词开始，具体方法如下。

(1) 设一逻辑变量初始值为真，当读到第一个非空字符时，计数变量增 1，同时将该逻辑变量设为假。

(2) 遇到空格时将该逻辑变量设为真，再次遇到非空字符时，再次将该逻辑变量设为假，同时计数。

(3) 循环往复，最后得到单词总数。

(4) 对于字符的统计只需在读取每个字符时判断是什么类型的字符，并进行统计即可。

【设计步骤】

(1) 创建如图 6.17 所示窗体界面，窗体中各控件的属性值如表 6.3 所示。

表 6.3 各控件的属性值

控 件	属 性	值
Command1	Caption	“单词统计”
Command2	Caption	“字符统计”
Text1	Text	“”
Label1	Caption	“输入句子：”
Label2、Label3	Caption	“”

(2) 编写代码。

为两个命令按钮编写如下代码：

```
Private Sub Command1_Click()          '统计单词数过程
    Dim n As Integer
    Dim i As Integer
    Dim f As Boolean
    Dim s As String
    Dim c As String
    s = Text1.Text
    n = 0
```

```
    f = True
    i = 1
    Do While i <= Len(s)
        c = Mid(s, i, 1)
        If c <> " " And f = True Then
            n = n + 1
            f = False
        ElseIf c = " " And f = False Then
            f = True
        End If
        i = i + 1
    Loop
    Label2.Caption = "单词个数:" + Str(n)
End Sub
Private Sub Command2_Click()           '统计字符过程
    Dim n1 As Integer
    Dim n2 As Integer
    Dim n3 As Integer
    Dim i As Integer
    Dim c As String
    Dim s As String
    s = Text1.Text
    n1 = 0: n2 = 0: n3 = 0
    For i = 1 To Len(s)
        c = Mid(s, i, 1)
        Select Case c
            Case "a" To "z", "A" To "Z"
                n1 = n1 + 1
            Case "0" To "9"
                n2 = n2 + 1
            Case Else
                n3 = n3 + 1
        End Select
    Next i
    Label3.Caption = "字母数:" & n1 & "    " & "数字字符数:" & _
n2 & "    " & "其他字符数:" & n3
End Sub
```

6.8　习　题

1. 选择题

(1) 在窗体上画两个名称分别为 Text1、Text2 的文本框和一个名称为 Command1 的命令按钮，然后编写如下事件过程:

```
Private Sub Command1_Click()
    Dim x As Integer, n As Integer
```

```
    x = 1
    n = 0
    Do While x < 20
        x = x * 3
        n = n + 1
    Loop
    Text1.Text = Str(x)
    Text2.Text = Str(n)
End Sub
```

程序运行后，单击命令按钮，在两个文本框中显示的值分别是________。

A. 15 和 1　　B. 27 和 3

C. 195 和 3　　D. 600 和 4

(2) 设 a=6，则执行 x = IIf(a>5, -1, 0)后，x 的值为________。

A. 5　　B. 6

C. 0　　D. -1

(3) 有如下程序：

```
a = 10
b = 4
For j = 1 To 20 Step -2
    a = a + 5
    b = b + 4
Next
Print a;b
```

运行后，输出的结果是________。

A. 10　4　　B. 60　24

C. 110　44　　D. 55　40

(4) 下列程序的执行结果是________。

```
cj = 85
If cj > 90 Then dj = "A"
If cj > 80 Then dj = "B"
If cj > 70 Then dj = "C"
If cj > 60 Then dj = "D"
If cj < 60 Then dj = "E"
Print "dj="; dj
```

A. dj=B　　B. dj=C

C. dj=D　　D. dj=E

2. 填空题

(1) 在窗体上画一个命令按钮，名称为 Command1。然后编写如下程序：

```
Private Sub Command1_Click()
    For I = 1 To 4
        For J = 0 To I
```

```
            Print Chr$(65 + I);
        Next J
    Next I
End Sub
```

程序运行后，如果单击命令按钮，则在窗体上显示的内容是＿＿＿＿＿＿。

(2) 以下程序的功能是：从键盘上输入若干个学生的考试分数，当输入负数时结束输入，然后输出其中的最高分数和最低分数。请在空白处填入适当的内容，将程序补充完整。

```
Private Sub Form_Click()
    Dim x As Single, amax As Single, amin As Single
    x = InputBox("Enter a score")
    amax = x
    amin = x
    Do While ________
        If x > amax Then
            amax = x
        End If
        If ________Then
            amin = x
        End If
        x = InputBox("Enter a Score")
    Loop
    Print "Max="; amax, "Min="; amin
End Sub
```

(3) 以下程序的功能是：生成 20 个 200 到 300 之间的随机整数，输出其中能被 5 整除的数并求出它们的和。请填空。

```
Private Sub Command1_Click()
    For i = 1 To 20
        x = Int (________* 200 + 100)
        If________= 0 Then
            Print x
            S = S + ______
        End If
    Next
    Print "Sum=";S
End Sub
```

(4) 下面是一个体操评分程序。20 位评委，除去一个最高分和一个最低分，计算平均分(设满分为 10 分)。

```
Max = 10
Min = 0
For i = 1 To 20
    n = Val(InputBox("请输入分数"))
    If__________Then Max = n
    If__________Then Min = n
    s = s + n
Next
```

```
s =________
p = s / 18
Print "最高分"; Max, "最低分"; Min
Print "最后得分: "; p
```

(5) 下面的程序输入 X 的值，按以下公式求 Y 值。

$$Y=\begin{cases}100-X & -100\leqslant X\leqslant 0\\100+X & 0\leqslant X\leqslant 100\\400 & 100\leqslant X\leqslant 200\end{cases}$$

```
Private Sub Command1_Click()
    X = Val(Text1.Text)
    Select Case X
        Case________
            Print "X < -100 OR X > 200"
        Case________
            Y = 100 - X
        Case________
            Y = 100 + X
        Case________
            Y = 400
    End Select
    Text2.Text = Y
End Sub
```

(6) 下面程序的功能是输出数列 1，1，2，3，5，8，13，... 的前 20 项，按每行 5 个数的形式输出，请填空。

```
Dim a As Integer, b As Integer
Dim c As Integer, i As Integer
a = 1 : b = 1 : i = 3
Print a, b,
Do While (i <= 20)
    c = a + b
    t = b
    b = a + b
    __________
    Print c,
    If________Then
      Print
    End If
    ________
Loop
```

3. 编程题

(1) 利用*号打印如图 6.18 所示的图形。

提示：可以按先打印一个正三角形再打印一个倒置三角形的方法解决本题，请读者考虑可否通过计算行数与每行的*号个数用一个双重循环实现。

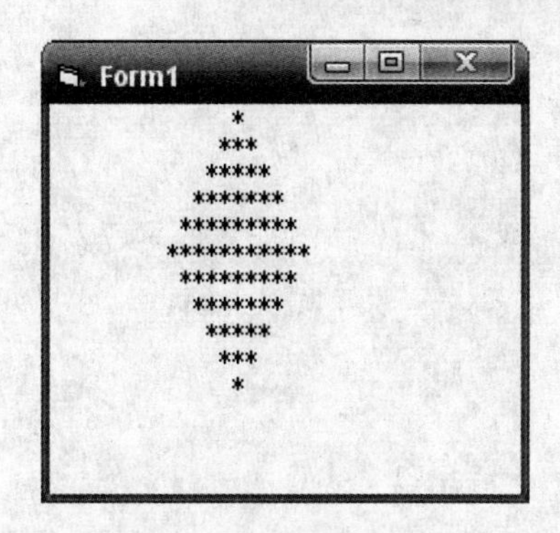

图6.18　菱形输出

(2) 编写程序，在窗体上输出50~100以内所有的质数。

提示：采用双重循环的办法，外层循环用来遍历50~100的所有整数，内部循环需要判断每一个数是否为质数，如果是质数则输出。

(3) 三数排序，构造如图6.19所示的界面，用户在3个文本框中输入3个数，单击“排序”按钮完成从大到小的排序，把结果显示在第4个文本框中。

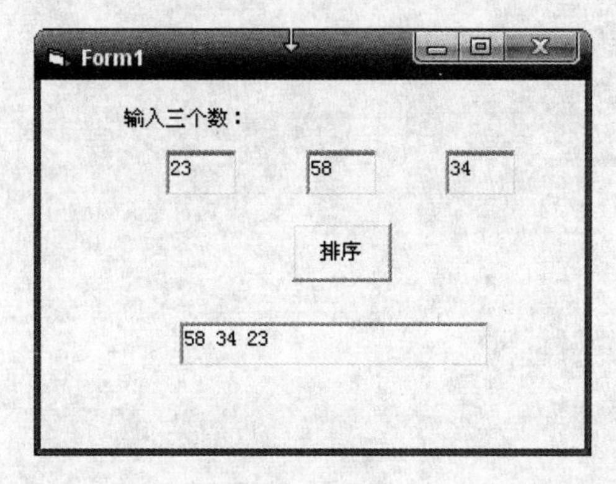

图6.19　排序

第7章

数　　组

- 常规数组的定义及操作。
- 动态数组的应用。
- 控件数组的使用。

技能目标

- 掌握各类数组的定义方式。
- 掌握对数组进行各种操作的方法。
- 掌握控件数组的应用。

7.1 工作场景导入

【工作场景】

计算器是平时常用的运算工具，编写程序，模拟 Windows“附件”中的“计算器”，要求可以进行整数的运算，以及开方、求倒数等。设计界面如图 7.1 所示。

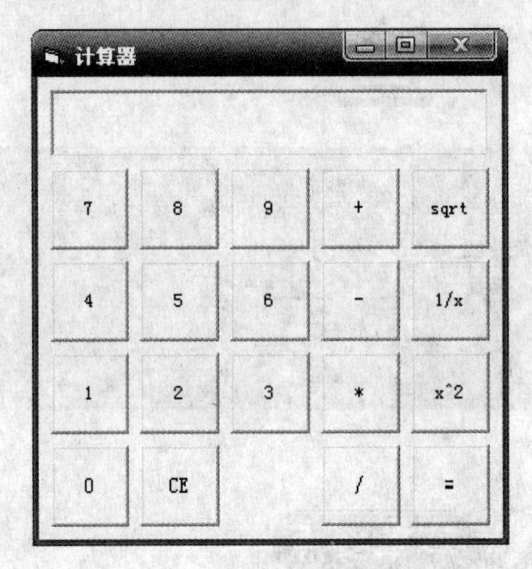

图 7.1 计算器界面

【引导问题】

(1) 如何设计程序界面？

(2) 如何在程序中使用控件数组？

(3) 如何用程序识别用户输入的数学运算表达式？

(4) 如何编写完整的程序？

7.2 数组的概念

前面学习的数据类型包括了数值型(Integer、Long、Single、Double 和 Byte)、字符串(String)、布尔型(Boolean)、日期型(Date)，这些都是 Visual Basic 的基本数据类型。此外，Visual Basic 还支持数组及自定义类型等复合结构类型。

在 Visual Basic 中，数组(Array)用来保存多个相同类型的相关联的数据。数组有数组名，一个数组由多个数组元素组成，每一个数组元素中保存了一个数据。要对某一元素中的数据进行存取，必须指定这个元素在数组中的序号(又称为索引或下标)。每一个数组元素都可以使用数组名与下标来唯一确定。下标是连续的整数，下标的最小值称为下标下界，最大值称为下标上界。由下标的上下界可以确定数组中元素的个数。

数组必须先声明才能使用，在 Visual Basic 中可以使用 Dim、ReDim、Static、Public 等

关键字来声明数组。数组声明是要指定数组的类型与数组名。如果数组在声明时指定了下标的上下界，称为固定大小的数组(又称为常规数组)；声明时不指定下标上下界的数组称为动态数组。

7.2.1 常规数组的声明

常规数组的声明格式为：

```
[Public|Private|Static|Dim|ReDim[Preserve]] 数组名 (维数说明) [As 数据类型]
```

其中“数组名”与简单变量相同，可以是任意合法的变量名。“As 数据类型”用来说明数据类型，可以是 Integer、Long、Single、Double、Byte 和 String 类型等，如果省略，则定义的数组为 Variant 类型。定义数组时，语句把数值数组中的全部元素初始化为 0，而把字符串数组中的全部元素都初始化为空字符串。维数的说明有两种方法，介绍如下。

(1) 第一种维数说明的方法是只给出下标上界，即可以使用的下标的最大值。例如：

```
Dim a(5) As Integer      '定义了一个一维数组
Dim b(2, 4) As Single    '定义了一个二维数组
```

上面第一句定义 a 为一个一维数组，数组名为 a，类型为 Integer(整型)，占据 6 个(0~5)整型变量的空间(12 个字节)；第二句定义 b 为一个二维数组，数组名为 b，类型为 Single(单精度浮点型)，该数组有 3 行(0~2)、5 列(0~4)，可以看成是 3 行 5 列的矩阵或表格，其元素如图 7.2 所示。占据 15 个单精度浮点型变量的空间(60 个字节)。

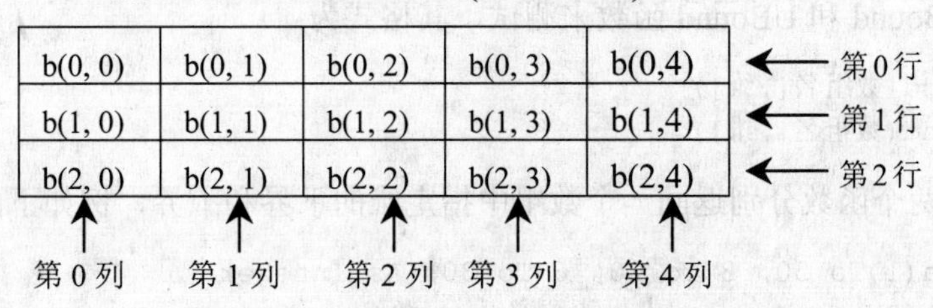

图 7.2 数组 b(2, 4)的元素

可见，用第一种格式声明的数组下标的下界一般默认为 0。如果希望下标从 1 开始，可以通过 Option Base 语句来设置，其格式如下：

```
Option Base n
```

其中 n 为一个整数，其值只能是 0 或 1，当 n 为 1 时，默认的下标下界从 1 开始。如果不使用 Option Base 语句，则默认为 0。

注意：区分“可以使用的最大下标值”和“元素个数”，两者可能相等，也可能不等。

(2) 第二种维数说明的方法是给出下标上界的同时指定数组下标的下界，例如下面 4 条语句：

```
Dim a(-2 To 2) As Integer
Dim b(2 To 4, 2) As Integer
```

```
Dim c(2, 4 To 6) As Integer
Dim d(2 To 4, 4 To 6) As Integer
```

第一条语句定义了一维数组 a，其下标的下界是-2，上界为 2，该数组可以使用的下标值在-2 和 2 之间，数组元素有 a(-2)、a(-1)、a(0)、a(1)、a(2)，共有 5 个元素；上面第二条语句定义了二维数组 b，其第一维下标的值在 2 和 4 之间，第二维下标的值在 0 和 2 之间，总共有 9 个元素。同样可以解释第三、第四条语句。

下面对声明数组做几条说明。

(1) 在同一个过程中，数组名不能与变量名同名，否则会出错。

(2) 在定义数组时，每一维下标上下界的值都必须是常量，不能是变量或含变量的表达式。例如下面两条语句：

```
Dim a(i) As Integer
Dim b(n + 3) As Integer
```

这两条语句都是不合法的，即使在定义数组之前给出了变量的值，也是错误的。如果需要在运行时定义数组的大小，可以通过以下两种方法来解决：

- 用 ReDim 语句定义数组，例如：

```
n = InputBox("输入数组的大小")
ReDim a(n) As Integer
```

- 使用动态数组实现，将在后面的章节介绍。

(3) 数组的上界值必须大于下界值。有时候，可能需要知道数组的上界和下界值，可以通过 LBound 和 UBound 函数来测试，其格式为：

```
LBound(数组名[,维])
UBound(数组名[,维])
```

上面两个函数分别返回一个数组中指定维的下界和上界，例如下面几条语句：

```
Dim a(1 To 50, 3 To 20, 6 To 30) As Integer
Dim b(5) As Integer          '定义 a、b 数组
Print LBound(b)             '输出 b 数组的下界值为 0
Print LBound(a, 2)          '输出 a 数组第二维的下界值为 3
Print UBound(a, 3)          '输出 a 数组第三维的上界值为 30
Print UBound(b)             '输出 b 数组上界值为 5
```

7.2.2 数组元素的使用

在定义好数组之后，要使用数组的值，是通过访问数组元素来实现的，即数组元素可以像变量一样参与赋值和表达式的运算；而对数组元素的引用是通过指定数组的下标来完成的，即在数组名后的括号中指定下标即可使用相应的数组元素。例如下面通过 For 循环给数组元素赋值并在窗体上打印出数组元素的值。

```
Private Sub Form_Click()
Dim i As Integer
```

```
Dim j As Integer
Dim n As Integer
Dim a(2, 2) As Integer
n = 0
For i = 0 To 2              '给数组赋值
    For j = 0 To 2
        a(i, j) = n
        n = n + 1
    Next
Next
For i = 0 To 2              '在窗体上输出数组
    For j = 0 To 2
        Print a(i, j); Spc(4);
    Next
    Print
Next
End Sub
```

运行以上程序，我们得到如图 7.3 所示的结果。

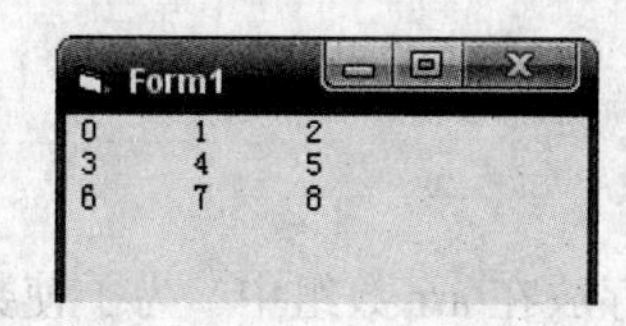

图 7.3 程序运行结果

在引用数组元素时应注意如下两点：

- 若建立的是多维数组，在引用数组元素时必须给出所有维的下标。
- 引用数组元素时，其下标值应在建立数组时所指定的范围内，否则会产生下标越界错误。

7.3 数组的基本操作

7.3.1 数组元素的输入、输出与复制

1. 数组元素的输入

数组元素一般通过 For 循环语句和 InputBox 函数输入，例如：

```
Option Base 1
Private Sub Form_Click()
    Dim a(6) As Integer
    Dim n As Integer
    For n = 1 To 6
        a(n) = InputBox("输入整数值：")
    Next
```

```
End Sub
```

运行以上程序，单击窗体，将连续出现输入框 6 次，提示输入数组的值。假定在输入框中输入 1、3、5、2、3、6，它们将被存入整型变量数组 a 中。

2. 数组元素的输出

数组元素的输出可以用 Print 方法来实现，假定有如下一组二维数组：

38　47　62　53

87　34　98　12

76　78　23　76

35　86　45　67

可以用以下的程序把这些数据输入一个二维数组：

```
Dim arr(4, 4) As Integer
Dim i As Integer
Dim j As Integer
For i = 0 To 3
   For j = 0 To 3
      arr(i, j) = InputBox("输入数组元素：")
   Next
Next
```

原来的数据分为 4 行 4 列，存放在 arr 数组中。为了使数组中的数据按原来的 4 行 4 列输出，可以通过以下程序来实现：

```
For i = 0 To 3
    For j = 0 To 3
        Print arr(i, j); " ";
    Next
    Print
Next
```

3. 数组元素的复制

单个数组元素可以像简单变量一样从一个数组复制到另一个数组。对于整个数组元素，同样可以使用 For 循环将每个元素复制到另一个数组。例如下面的程序可实现 a、b 两个数组的复制：

```
Dim a(10) As Integer
Dim b(10) As Integer
Dim i As Integer
For i = 0 To 9                    '给 a 数组赋值
   a(i) = InputBox("输入数组元素值：")
Next
For i = 0 To 9                    '将 a 数组的值复制到 b 数组
   b(i) = a(i)
Next
```

【例 7.1】实现 4 行 6 列的矩阵的转置(矩阵的转置是将矩阵行列位置相互交换，如图 7.4 所示)。

$$\begin{pmatrix} 73 & 58 & 62 & 36 & 37 & 79 \\ 11 & 78 & 83 & 73 & 14 & 47 \\ 87 & 81 & 43 & 96 & 88 & 15 \\ 95 & 42 & 57 & 79 & 14 & 63 \end{pmatrix} \longrightarrow \begin{pmatrix} 73 & 11 & 87 & 95 \\ 58 & 78 & 81 & 42 \\ 62 & 83 & 43 & 57 \\ 36 & 73 & 96 & 79 \\ 37 & 14 & 88 & 14 \\ 79 & 47 & 15 & 63 \end{pmatrix}$$

图 7.4 矩阵的转置

解析：若矩阵本身为 4 行 6 列的矩阵，转置后应为 6 行 4 列的矩阵，若要将矩阵 a(4, 6) 转置存入矩阵 b(6, 4)，则应有对应关系 b(i, j) = a(j, i)。

编写代码如下：

```
Dim i As Integer
Dim j As Integer
Dim a(4, 6) As Integer
Dim b(6, 4) As Integer

Private Sub Command1_Click()
Text1.Text = ""
Randomize 1                      '初始化随机数生成器
For i = 0 To 3
   For j = 0 To 5
      a(i, j) = Int(10 + Rnd * 90)    '生成 10-99 之间的随机整数
      Text1.Text = Text1.Text + Str(a(i, j)) + " " '在文本框 1 中显示随机矩阵
   Next
   Text1.Text = Text1.Text + vbCrLf + vbCrLf
Next
End Sub

Private Sub Command2_Click()
Text2.Text = ""
For i = 0 To 5
   For j = 0 To 3
      b(i, j) = a(j, i)          '复制 a 矩阵的数值到 b 矩阵
      Text2.Text = Text2.Text + Str(b(i, j)) + " "     '输出 b 矩阵
   Next
   Text2.Text = Text2.Text + vbCrLf + vbCrLf
Next
End Sub
```

运行以上程序，单击“生成随机数组”按钮，将在文本框 1 中显示随机的 4 行 6 列的矩阵，单击“转置”按钮，将在文本框 2 中显示文本框 1 中的矩阵的转置矩阵。效果如图 7.5 所示。

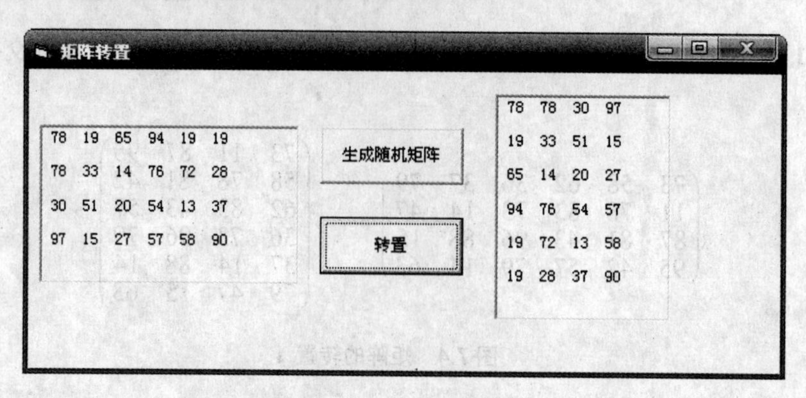

图 7.5　矩阵的转置

注意：在上面编程中，需要设置文本框的 Multiline 属性为 True，否则不能产生文本框的多行输出。

7.3.2　数组元素初始化与清除

1. 数组元素的初始化

对于一维数组，可以使用 Array 函数给数组赋值，它的调用格式为：

```
Array(元素列表)
```

返回一个包含数组的变体类型，即没有作为数组声明的变体类型变量也可以表示数组，可以使用 Array()函数将变体类型的变量赋值为一个一维数组。例如：

```
Dim A
A = Array("星期一", "星期二", "星期三")
Print A(2)                              'A(2)为 "星期三"
```

2. 数组的清除

数组的清除可以通过 Erase 函数来实现，它的调用格式为：

```
Erase 数组名
```

执行 Erase 语句，对应数组会被清除：数值数组每个元素变为 0；变长字符串数组每个元素设为空串("")；定长字符串数组(长度固定)将每个元素设为定长的空格串；逻辑数组每个元素置为 False；变体型数组每个元素设为空值。对于动态数组，Erase 语句释放动态数组所使用的内存。在下次引用动态数组前，必须用 ReDim 语句来重新定义该数组变量的维数与下标。

7.3.3　For Each ... Next 语句

数组是一个特殊的集合，Visual Basic 提供了 For Each 语句，可以遍历集合中的元素。它可针对一个数组或集合对象中的所有元素重复执行一段程序。调用格式为：

```
For Each 元素 In 集合
    [循环体]
Next 元素
```

其中，“元素”是一个变体变量，用来对应集合中的各个成员；“集合”是由多个成员组成的数组或对象的集合。语句的执行步骤为：首先，将集合中的第一个成员指定给元素变量，然后执行循环体。执行到Next语句时，返回 For Each 处；将集合中的下一个成员指定给元素变量，再次执行循环体；反复执行这两个步骤，直到集合中的成员依序执行完为止。

7.4　动态数组

当事先不能预料应该为数组声明多少个元素时，可以使用Visual Basic提供的动态数组。动态数组是指声明之后维数与下标上下界可以改变的数组。

7.4.1　动态数组的定义

声明动态数组的方法与声明常规数组相似，在声明时要指定数组的名称和数据类型，不过数据名后的括号是空的。语法如下：

```
Public|Private|Dim|Static 动态数组名() [As 类型名]
```

可以通过与上节进行比较，可以发现声明动态数组没有维数说明。声明之后，动态数组还没有任何元素，要使用它，必须使用ReDim语句来重新定义动态数组的维数、元素个数及下标上下界。语法如下：

```
Redim 动态数组名([ml To] nl [,m2 To] n2, ...)
```

ReDim语句与使用Dim语句声明数组时的语法相似，只是不能再改变数据类型。在程序中可以根据需要随时使用ReDim来重新定义动态数组。默认情况下，使用ReDim会清除重新定义之前动态数组所有元素中的数据，使用默认值来填充。如果希望在重新定义后保留以前数组元素的值，则要在ReDim语句中使用Preserve关键字。例如：

```
ReDim Preserve intArray(8)
```

注意使用Preserve关键字时，只允许ReDim语句改变动态数组的最后一维的上界。如果改变了其他的上下界、最后一维的下限，或者改变了维数，都会导致出错。

使用ReDim语句重新定义动态数组时，下标的值可以使用变量。例如：

```
ReDim intArray(intl, int2 To int3)
```

7.4.2　动态数组的使用

动态数组的使用同常规数组的使用没有什么区别。在程序中使用时一定要注意数组的维数及每一维下标的上下界。如果在对数组元素进行存取时，给定的下标不在当前数组的上下界之间，则会出现“下标越界”错误，这种错误是初学者经常会犯的。下面介绍使用动态数组的例子。

【例 7.2】 创建窗体，练习动态数组的使用，程序执行后，生成如图 7.6 所示的界面。

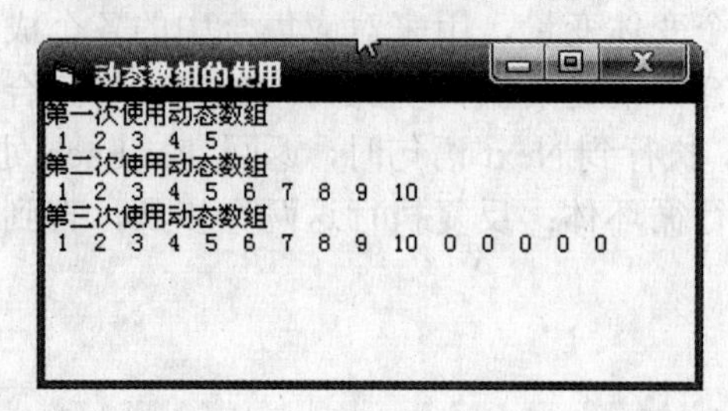

图 7.6　动态数组的使用

编写程序代码如下：

```
Option Explicit
Option Base 1
Private Sub Form_Click()
    Dim i As Integer
    Dim MyArray() As Integer       '动态数组
    ReDim MyArray(5)               '分配 5 个元素
    Print "第一次使用动态数组"
    For i = 1 To 5
        MyArray(i) = i             '初始化数组
        Print MyArray(i);
    Next
    Print
    ReDim MyArray(10)   '重定义该数组的大小，并清空其中所有元素，大小重定为 10 个元素
    Print "第二次使用动态数组"
    For i = 1 To 10
        MyArray(i) = i             '再次初始化数组
        Print MyArray(i);
    Next
    Print
    ReDim Preserve MyArray(15)
                     '重定义该数组的大小，但没有清除其中的元素，大小重定为 15 个元素
    Print "第三次使用动态数组"
    For i = 1 To 15
        Print MyArray(i);
    Next
End Sub
```

运行以上程序，单击窗体，窗体上打印出如图 7.6 所示的界面。

7.5　控件数组

前面介绍了常规数组和动态数组。在 Visual Basic 中，还可以使用控件数组，它为处理

一组功能相近的控件提供了方便的途径。

7.5.1 控件数组的基本概念

控件数组是指具有相同名称、类型以及事件过程的一组控件。每一个控件具有一个唯一的索引(Index)。当数组中的一个控件识别到某一事件时，它将调用此控件组的相应事件过程，并把相应索引作为参数传递，允许用代码决定是哪一个控件识别此事件。

当有多个相同的控件执行相类似的操作时，使用控件数组是很有效的，控件数组共享相同的事件过程，比如 Windows 的计算器程序，在单击数字按钮时总是向文本框内的数字串右侧添加一个 0~9 范围内的数字字符，这时如果要对 10 个数字按钮都编写一个单击事件过程就显得太繁琐，若使用控件数组，只需一个事件过程就可以实现这一功能。

控件数组的每个元素都有一个与之关联的索引(Index)值，该值由控件的 Index 属性指定。由于控件数组中的各个元素具有相同的 Name 属性，所以 Index 属性与控件数组中的某个元素有关。即，控件数组的名字由 Name 属性指定，而数组中的每个元素则由 Index 属性指定，这一点与数组类似，应用控件数组元素时其 Index 值也是在圆括号中标出。例如，有控件数组 Opt，其 Index 值为 1 的元素为 Opt(1)。

为区分控件数组中的各个元素所触发的事件，Visual Basic 会把控件数组元素的索引值传送给事件过程，例如，窗体上有 3 个名为 cmd 的按钮控件，则 cmd 的 Click 事件过程形式为：

```
Private cmd_Click(Index  As  Integer)
    ...
End Sub
```

这样，不论单击了哪一个名为 cmd 的按钮，都会调用这一事件过程，同时该按钮的 Index 属性值作为 Index 参数传递给过程，可以通过判断 Index 的值来确定用户到底单击了哪一个按钮。

在建立控件数组时，Visual Basic 需要给每个控件数组的元素一个 Index 值，通过属性窗口的 Index 属性可以设置和查看这个值是多少。一般情况下，第一个元素的 Index 值为 0，在设计阶段，可以改变控件数组元素的 Index 属性，但不能在运行时改变，即控件的 Index 属性在运行时是只读的。

7.5.2 控件数组的使用

1. 建立控件数组

控件数组是针对控件建立的，因此与普通数组的定义不一样。可以通过以下两种方法来建立。

方法一：在窗体上画出第一个控件数组的元素(如 Command1)，将其选定并复制，在选择“粘贴”命令后，将显示一个对话框，询问是否建立控件数组，单击“是”按钮后，就建立了控件数组。反复地执行“粘贴”操作可向控件数组添加元素。

方法二：在窗体上画出要作为控件数组元素的各个控件(相同的控件，如 Command Button)，选定各个控件，在属性窗口中将其“名称”属性设置为相同的值。当 Visual Basic 在设计期遇到同名控件时，会弹出对话框询问是否创建控件数组，单击“是”按钮以后就建立了控件数组。此时将其他同类控件设置为与控件数组相同的名称后，就可向控件数组添加新的元素。

2. 删除控件数组的元素

在控件数组建立后，只要改变一个控件的“名称”属性，同时将该控件的 Index 属性值清空(将属性变量的值删除，而不是设为 0，因为 0 是数组元素的下标)，就能把该控件从控件数组中删除。

3. 在程序的运行期动态地添加和删除控件数组的元素

在程序运行时，使用 Load 和 Unload 语句可添加和删除控件数组中的元素，然而，添加的控件必须是现有控件数组的元素。因此必须在设计期创建一个 Index 属性为 0(非空)的控件，然后在运行时使用如下格式添加和删除控件数组：

```
Load 对象名(下标)
Unload 对象名(下标)
```

在运行期向控件数组添加新的元素，在加载新元素时，大多数的属性值将由数组中具有最小下标的现有元素复制，但 Visible 属性不会被复制，所以为了使新的控件可见，必须将其 Visible 属性设置为 True，在必要时，还需要重新设置其 Left 与 Top 属性。另外要注意的是，新元素的下标不能与已存在的控件元素下标重复，否则会导致运行期错误。Unload 语句可以删除由 Load 语句创建的控件数组元素，它无法删除设计期创建的控件。

【例 7.3】先在窗体上放置两个按钮，Command1 为“加载”按钮，Command2 为“卸载”按钮，每次单击 Command1 按钮动态加载一个控件，单击 Command2 按钮卸载动态加载的控件。再放置一个按钮，更名为 cmd，并设置其 Index 属性为 0，其 Caption 属性为 0。放置一个文本框 Text1，用来捕捉单击 cmd 控件数组元素的 Caption 属性值，每次单击 cmd 按钮时，将相应的 Caption 属性值显示在 Text1 中。

编写程序代码如下：

```
Option Explicit
Dim num As Integer
Private Sub Command1_Click()
    num = num + 1
    Load cmd(num)
    cmd(num).Caption = Str(num)
    cmd(num).Top = cmd(num - 1).Top + cmd(num - 1).Height  '设置控件大小
    cmd(num).Visible = True
End Sub
Private Sub Command2_Click()
    If num = 0 Then Exit Sub
    Unload cmd(num)          '卸载控件
    num = num - 1
End Sub
```

```
Private Sub cmd_Click(Index As Integer)
    Text1.Text = Str(Index)          '单击控件，控件名在文本框中显示
End Sub
```

运行以上程序，可以得到如图 7.7 所示的结果。

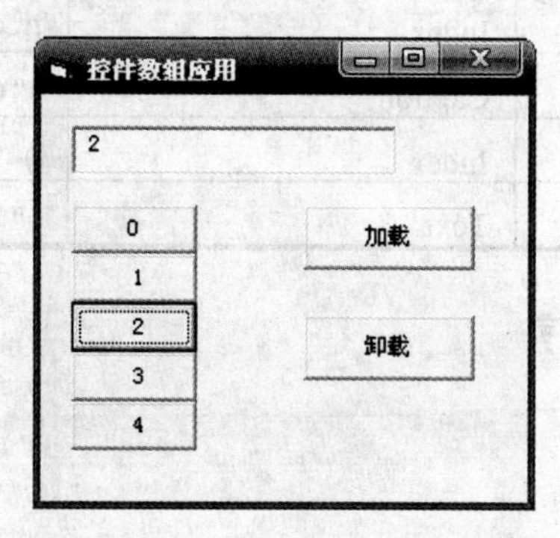

图 7.7　程序运行后的显示界面

7.6　回到工作场景

通过对 7.2~7.5 节内容的学习，应该掌握了控件数组的使用方法和编程技术，结合以前学习的设计窗体界面的方法及运算表达式，此时足以完成计算器程序的设计。下面我们将回到 7.1 节介绍的工作场景中，完成工作任务。

【分析】

本问题重点在于使用控件数组。在本程序中，使用了两组控件数组，一组方便输入数值，另一组方便输入运算符。程序输入第一组数据、输入运算符和输入第二组数据是靠两个逻辑值 firstinput、lastinput 控制的，输入的运算符由字符串变量 opflag 保存。

【工作过程一】设计用户界面

设计如图 7.8 所示的程序界面，各控件的属性值列于表 7.1。

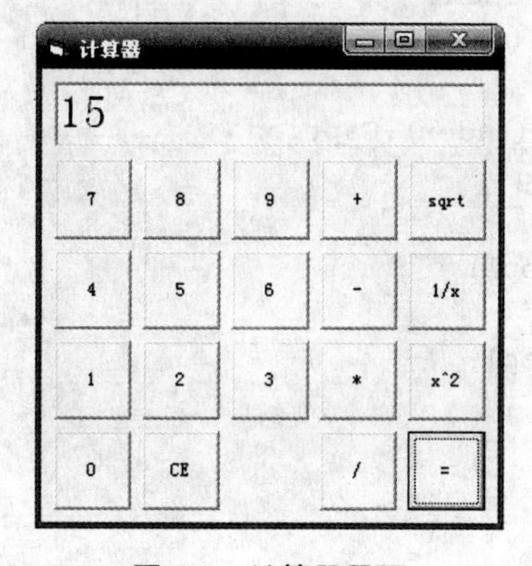

图 7.8　计算器界面

表 7.1　各控件的属性值

控　件	属　性	值
Form1	Caption	“计算器”
Command1	Index	0~9
Command2	Caption	“CE”
Command3	Index	0~7
Text1	Text	“ ”

【工作过程二】编写程序

代码如下：

```
Option Explicit
Dim op1 As Single, op2 As Single
Dim firstinput As Boolean, lastinput As Boolean
Dim opflag As String
Private Sub Command1_Click(Index As Integer)      '取数
If lastinput Then
   Text1.Text = Text1.Text & Index
Else
   Text1.Text = Index
End If
   lastinput = True
End Sub
Private Sub Command2_Click()                      '归零复位
Text1.Text = 0
op1 = 0
op2 = 0
firstinput = True
lastinput = False
End Sub
Private Sub Command3_Click(Index As Integer)      '实现计算
If firstinput = True Then
   op1 = Text1.Text
   firstinput = False
   opflag = Command3(Index).Caption
   Select Case opflag
      Case "sqrt"
         op1 = Sqr(op1)
      Case "1/x"
         op1 = 1 / op1
      Case "x^2"
         op1 = op1 ^ 2
      End Select
Else
   op2 = Text1.Text
   Select Case opflag
```

```
        Case "+"
         op1 = op1 + op2
        Case "-"
            op1 = op1 - op2
        Case "*"
            op1 = op1 * op2
        Case "/"
            If op2 <> 0 Then
               op1 = op1 / op2
            Else
               MsgBox "除数不能为0！"
            End If
    End Select
    If Command3(Index).Caption = "=" Then Text1.Text = op1
End If
lastinput = False
End Sub
```

【工作过程三】运行和保存工程

试验几组简单的运算，校对程序输出结果是否正确。

7.7 工作实训营

训练实例

排序是计算机内经常进行的一种操作，其目的是将一组“无序”的记录序列调整为“有序”的记录序列。常见的排序方法有冒泡排序、二叉树排序、选择排序等。而冒泡排序一直由于其简洁的思想方法和较高的效率而备受青睐。本案例任务是对从小到大的冒泡排序过程进行演示，当单击“生成需要排序的数”按钮时，在窗体中通过标签控件输出10个要排序的数，单击“排序输出”按钮，通过标签控件输出以上10个数并按由小到大排列，单击“复位”按钮，回到初始状态。

【分析】

冒泡排序的基本方法是：依次比较相邻的两个数，将小数放在前面，大数放在后面。即首先比较第1个和第2个数，将小数放前，大数放后。然后比较第2个数和第3个数，将小数放前，大数放后，如此继续，直至比较最后两个数，将小数放前，大数放后，此时第1趟结束，在最后的数必是所有数中的最大数。重复以上过程，仍从第1对数开始比较(因为可能由于第2个数和第3个数的交换，使得第1个数不再小于第2个数)，将小数放前，大数放后，一直比较到最大数前的一对相邻数，将小数放前，大数放后，第2趟结束，在倒数第2个数中得到一个新的最大数。如此下去，直至最终完成排序。

【设计步骤】

(1) 创建如图 7.9 所示窗体界面，窗体中各控件的属性值如表 7.2 所示。

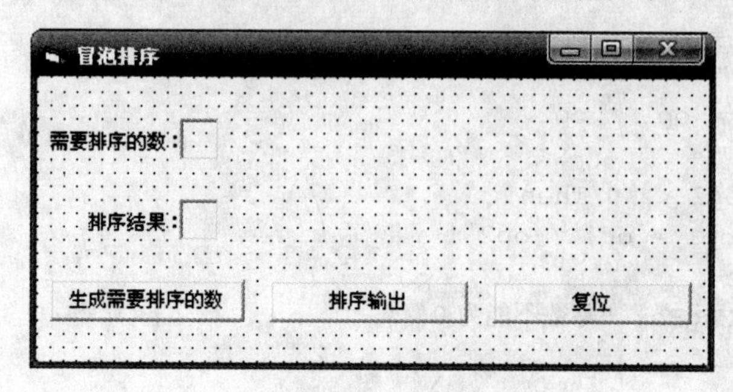

图 7.9 设计界面

表 7.2 各控件的属性值

控 件	属 性	值
Form1	Caption	“冒泡排序”
Command1	Caption	“生成需要排序的数”
Command2	Caption	“排序输出”
Command3	Caption	“复位”
Label1	Caption	“需要排序的数：”
Label2、4	Caption	“”
	Visible	False
Label3	Caption	“排序结果：”

(2) 编写如下代码：

```
Option Base 1
Dim a(10) As Integer
Private Sub Command1_Click()                    '生成要排序的数
    Dim i As Integer
    For i = 1 To 10
        a(i) = Int(Rnd * 100) + 1               '生成整数
        Load Label2(i)
        Label2(i).Caption = a(i)
        Label2(i).Top = Label2(0).Top
        Label2(i).Left = Label2(0).Left + Label2(0).Width * (i - 1) * 1.1
        Label2(i).Visible = True                '通过控件数组输出数
    Next
    Command1.Enabled = False
    Command2.Enabled = True
End Sub
Private Sub Command2_Click()
    Dim i As Integer
    Dim j As Integer
    Dim int1 As Integer
```

```
    For i = 1 To 9
        For j = 1 To 10 - i
            If a(j) > a(j + 1) Then
                int1 = a(j + 1)
                a(j + 1) = a(j)
                a(j) = int1
            End If
        Next
    Next
    For i = 1 To 10
        Load Label4(i)
        Label4(i).Caption = a(i)                    '排序输出
        Label4(i).Top = Label4(0).Top
        Label4(i).Left = Label4(0).Left + Label4(0).Width * (i - 1) * 1.1
        Label4(i).Visible = True
    Next
    Command2.Enabled = False
    Command3.Enabled = True
End Sub
Private Sub Command3_Click()                        '返回初始状态
    Dim i As Integer
    For i = 1 To 10
        Unload Label2(i)
        Unload Label4(i)
    Next
    Command3.Enabled = False
    Command1.Enabled = True
End Sub
```

(3) 运行程序。

首先单击“生成需要排序的数”按钮，然后单击“排序输出”按钮，程序运行结果如图 7.10 所示。

图 7.10　程序运行结果界面

7.8　习　题

1. 选择题

(1) 在窗体上画一个名称为 Command1 的命令按钮，然后编写如下程序：

```
Private Sub Command1_Click()
    Dim i As Integer, j As Integer
    Dim a(10, 10) As Integer
    For i = 1 To 3
        For j = 1 To 3
            a(i, j) = (i - 1) * 3 + j
            Print a(i, j);
        Next j
        Print
    Next i
End Sub
```

程序运行后，单击命令按钮，窗体上显示的是________。

A. 1 2 3
   2 4 6
   3 6 9

B. 2 3 4
   3 4 5
   4 5 6

C. 1 4 7
   2 5 8
   3 6 9

D. 1 2 3
   4 5 6
   7 8 9

(2) 执行以下 Command1 的 Click 事件过程，在窗体上显示________。

```
Option Base 0
Private Sub Command1_Click()
    Dim a
    a = Array("a", "b", "c", "d", "e", "f", "g")
    Print a(1); a(3); a(5)
End Sub
```

A. abc　　B. bdf
C. ace　　D. 出错

(3) 设在窗体上有一个名称为 Command1 的命令按钮，并有以下事件过程：

```
Private Sub Command1_Click()
     Static b As Variant
     b = Array(1, 3, 5, 7, 9)
     ...
End Sub
```

此过程的功能是把数组 b 中的 5 个数逆序存放(即排列为 9，7，5，3，1)。为实现此功能，省略号处的程序段应该是______。

A. For i = 0 To 5 - 1 \ 2
      tmp = b(i)
      b(i) = b(5 - i - 1)
      b(5 - i - 1) = tmp
   Next i

B. For i = 0 To 5
      tmp = b(i)
      b(i) = b(5 - i - 1)
      b(5 - i - 1) = tmp
   Next i

C. For i = 0 To 5 \ 2
```
tmp = b(i)
b(i) = b(5 - i - 1)
b(5 - i - 1) = tmp
Next i
```

D. For i = 1 To 5 \ 2
```
tmp = b(i)
b(i) = b(5 - i - 1)
b(5 - i - 1) = tmp
Next i
```

(4) 有如下程序:

```
Dim a(3, 3) As Integer
For m = 1 To 3
    For n = 1 To 3
        a(m, n) = (m - 1) * 3 + n
    Next n
Next m
For m = 2 To 3
    For n = 1 To 2
        Print a(n, m);
    Next n
Next m
```

运行后输出的结果是________。

A. 2　5　3　6　　　B. 2　3　5　6

C. 4　7　5　8　　　D. 4　5　7　8

(5) 在窗体上画3个单选按钮，组成一个名为chkOption的控件数组。用于标识各个控件数组元素的参数是________。

A. Tag　　　B. Index

C. ListIndex　　　D. Name

2. 填空题

(1) 语句Dim arr (-3 To 5, 2 To 6) As Integer定义的数组元素有________个。

(2) 以下程序代码使用二维数组A表示矩阵，实现单击命令按钮Command1时使矩阵的两条对角线上的元素值全为1，其余元素值全为0。

```
Option Base 1
Private Sub Command1_Click()
    Dim A(4, 4)
    For i = 1 To 4
        For j = 1 To 4
            ________ = 0
        Next j
        ________ = 1
        ________ = 1
    Next
    For i = 1 To 4
        For j = 1 To 4
            Print A(i, j);
        Next j
```

```
        Print
    Next i
End Sub
```

(3) 以下程序是将具有 10 个元素的数组 A 的元素倒序存放，即第一个变为最后一个，第二个变为倒数第二个。

```
Private Sub Backward(a())
    Dim i As Integer, Tmp As Integer
    For i = 1 To 5
        Tmp = a(i)
        ________
        ________
    Next i
End Sub
```

(4) 以下程序是求一维数组的最大值及其下标，请在下划线处填写正确的内容。

```
Option Base 1
Private Sub Form_Click()
Dim a(10) As Integer, max_i
     For i = 1 To 10
         a(i) = InputBox("请输入一个元素值")
     Next i
     max_i = ________
     For i = 2 To 10
         If ________ Then max_i = i
     Next
     Print a(max_i), max_i
End Sub
```

(5) 在窗体上画一个名称为 Text1 的文本框，然后画 3 个单选按钮，并用这 3 个单选按钮建立一个控件数组，名称为 Option1。程序运行后，如果单击某个单选按钮，则文本框中的字体将根据所选择的单选按钮切换。

```
Private Sub Option1_Click(Index As Integer)
    Select Case________
       Case 0
           a = "宋体"
       Case 1
           a = "黑体"
       Case 2
           a = "楷体_GB2312"
    End Select
    Text1.______= a
End Sub
```

3. 编程题

(1) 编写程序，界面见图 7.11，要求单击“加密”按钮时，按下面的规律译成密码:

A → Z	a → z
B → Y	b → y
C → X	c → x
...	...

即对于英文字母，第 1 个字母变成第 26 个字母，第 i 个字母变成第(26−i+1)个字母，非字母字符不变。例如，对于 Hello12You，加密后为 Svoo12Blf。

图 7.11　程序运行界面

(2) 编程在窗体上打印 3 阶魔方阵(由数字 1 到 9 组成)，所谓魔方阵，是指它的第一行、每一列和对角线之和均相等的矩阵。如图 7.12 所示为三阶魔方阵。

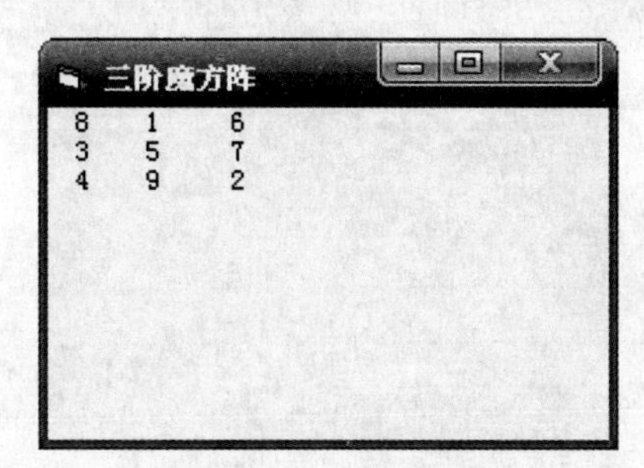

图 7.12　三阶魔方阵

第 8 章

常用标准控件

本章要点

- 各控件的属性值含义。
- 各控件属性值的应用。
- 各控件的使用方法。

技能目标

- 掌握各控件属性值的设置方法。
- 熟练掌握各控件的常用属性值。
- 熟练运用控件进行程序设计。

8.1 工作场景导入

【工作场景】

编写如图 8.1 所示的“调查表”程序。被调查的人填入信息后单击“信息汇总”按钮，能够在右边的文本框中将所有的信息汇总输出；单击“清空”按钮，文本框信息清空。

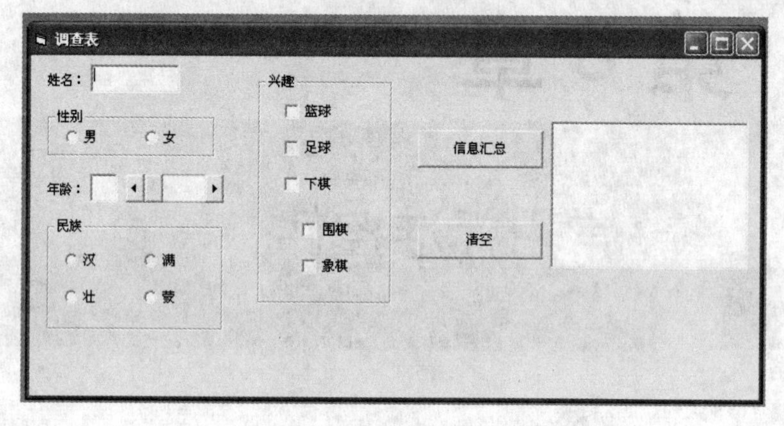

图 8.1 程序界面

【引导问题】

(1) 如何设置控件的属性？

(2) 如何对滚动条、选择按钮等控件编程？

(3) 如何在程序中设置对象焦点？

(4) 如何使用列表框来“汇总信息”？

8.2 图形控件

Visual Basic 中与图形有关的控件有 4 种：图片框、图像框、直线和形状。本节将介绍这些控件的用法。

8.2.1 直线(Line)与形状(Shape)

1. Line 控件

直线控件 Line 并不常用，它的主要作用是在窗体上显示一条直线段，把窗体上的控件进行视觉上的分组。因为 Line 控件只起装饰作用，所以它没有 Move 方法，也不支持任何事件。直线控件的外观由为数很少的几个属性来决定。

下面是 Line 控件常用的属性。

(1) “名称”属性

直线控件的对象名。

(2) X1 属性、Y1 属性、X2 属性、Y2 属性

这 4 个属性决定了直线控件的两个端点在窗体上的坐标值。直线控件没有 Left、Top、Width 和 Height 属性，可以使用上述 4 个属性来调整控件的大小和位置。

(3) Visible 属性

Visible 属性决定了直线控件的可见性，True 为可见；False 为不可见。因为直线控件无事件，所以没有 Enabled 属性。

(4) BorderStyle 属性

此属性决定了直线控件的线型(线条样式)。它的取值为 0~6，各属性值的对应作用列于表 8.1 中。

表 8.1 BorderStyle 属性

常 数	属 性 值	描 述
vbTransparent	0	透明
vbBSSolid	1	(默认值)实线
vbBSDash	2	虚线
vbBSDot	3	点线
vbBSDashDot	4	点划线
vbBSDashDotDot	5	双点划线
vbBSInsideSolid	6	内收实线

例如，下面的两个语句是等效的，都是把直线控件的线型设为点划线：

```
Line1.BorderStyle = 4
Line1.BorderStyle = vbBSDashDot
```

(5) BorderWidth 属性

控件线条的宽度，单位为像素。要使用除“实线”与“透明”之外的线型时，这个属性一定要设为 1，否则只显示实线。不可能有粗点划线、粗虚线等。请尝试通过设置 Line 控件的 BorderStyle 属性和 BorderWidth 属性构成如图 8.2 所示的窗体界面。

图 8.2 设置 Line 控件的属性

2. Shape 控件

直线控件只能显示直线条，而形状控件 Shape 则可以显示多种不同的形状。形状控件也是用来装饰窗体的。

(1) “名称”属性

即 Shape 控件的对象名。

(2) Left 属性、Top 属性、Width 属性、Height 属性、Visible 属性

这些属性决定了形状控件的大小、位置与可见性，用法与其他控件相同。形状控件不响应用户操作，所以没有 Enabled 属性。

(3) Shape 属性

Shape 属性决定了形状控件以什么形状显示，该属性各属性值对应的所有可能的形状都列于表 8.2 中。

表 8.2 Shape 属性

常 数	属 性 值	描 述
VbShapeRectangle	0	(默认值)矩形
VbShapeSquare	1	正方形
VbShapeOval	2	椭圆形
VbShapeOval	3	圆形
VbShapeRoundedRectangle	4	圆角矩形
VbShapeRoundedSquare	5	圆角正方形

注意，只有当一个形状控件显示为矩形时，显示形状的大小才与控件本身的大小相同。当控件显示为其他形状时，比如圆形，控件的大小并不会改变。显示的圆形是控件内部能够容纳的最大圆形。如图 8.3 所示，圆形周围的选定句柄围成的区域才是控件的大小。

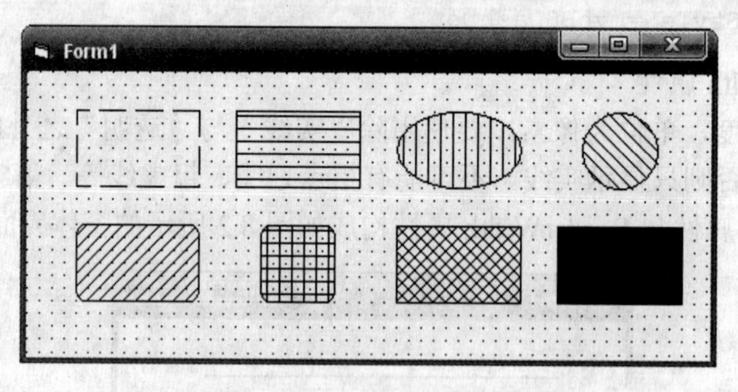

图 8.3 设置 Shape 控件的属性

在图 8.3 中，展示了 8 个形状控件，它们的形状、边框样式、边框宽度和填充样式各不相同。

(4) BorderStyle 属性

这个属性决定了形状控件的边框样式，取值与直线控件的 BorderStyle 属性相同。与直线控件不同的是，当 BorderStyle 属性为 1 时，边框处于形状边缘的中心；当 BorderStyle 属性为 6 时，边框的外边界就是形状的外边缘。

(5) BorderWidth 属性

BorderWidth 属性决定形状控件的边框宽度，单位为像素。与直线控件相似，当这个值大于 1 时，不论 BorderStyle 取值如何，只能显示实线。

(6) FillStyle 属性

此属性决定形状控件内部的填充样式。所有的样式与相应的属性值都列于表 8.3 中。

表 8.3　FillStyle 属性

常　数	属 性 值	描　述
VbFSSolid	0	实心填充
VbFSTransparent	1	(默认值)透明
VbHorizontalLine	2	水平直线
VbVerticalLine	3	垂直直线
VbUpwardDiagonal	4	上斜对角线
VbDownwardDiagonal	5	下斜对角线
VbCross	6	十字线
VbDiagonalCross	7	交叉对角线

(7) Move 方法

形状控件有 Move 方法，用法与其他控件相同，可以移动控件并改变控件的大小。

【例 8.1】在窗体上显示 6 种形状，并填充不同的样式。

编写如下的窗体加载事件过程：

```
Private Sub Form_Load()
Show
For i = 0 To 5
   Shape1(i).Shape = i                 '设置形状类型
   Shape1(i).FillStyle = i + 1         '设置填充样式
Next
End Sub
```

运行程序，窗体显示的样式如图 8.4 所示。

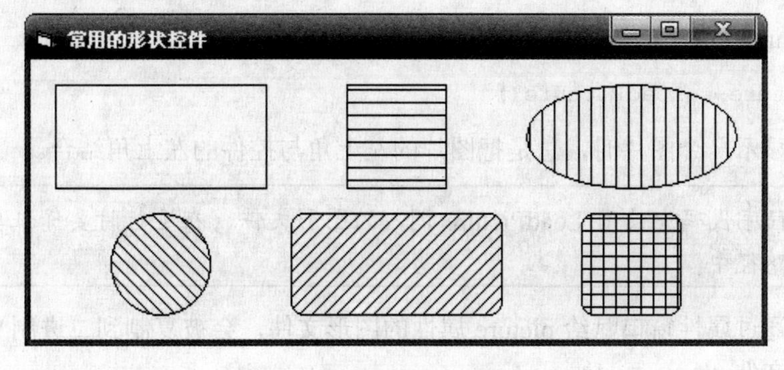

图 8.4　程序运行后显示的界面

8.2.2 图像框(Image)

图像控件用来在窗体上显示保存在文件中的图像。它支持的图形文件格式有位图文件(.bmp)、Windows 元文件(.wmf)、增强型元文件(.emf)、图标文件(.ico)和以.jpg、.gif 为扩展名的图形文件。下面是图像框控件常用的属性、方法和事件。

1. “名称”属性

图像控件的对象名。

2. Left、Top、Width、Height、Visible、Enabled 属性

这些属性与其他控件的意义相同。Enabled 属性为 False 时图像控件的外观和为 True 时相同，图像控件并不能接收 Click 和 DblClick 事件。

3. BorderStyle 属性

此属性值为 0 时，图像控件无边框(默认值)；为 1 时，控件有边框。

4. Picture 属性

Picture 属性决定了图像控件中所显示的图像来源，即磁盘文件。不给此属性赋值，则控件不会显示任何图形。在设计时，可以在 Picture 属性的值单元格中打开“加载图片”对话框来指定图像控件所显示的图形文件。

在程序运行时，可以在代码中使用 Visual Basic 的内部函数 LoadPicture 来把一个图形文件赋予此属性。其语法为：

```
LoadPicture([图形文件名])
```

LoadPicture 函数用来将文件中的图形载入到窗体、图片框或图像框的 Picture 属性。可选参数要求以字符串的形式给出图形的文件名；空参数的 LoadPicture()函数可以清除对象中的图像。例如：当窗体上有一个名为 img1 的图像框，而 C 盘的 Pic 文件夹下有名为 My.bmp 的位图文件时，将图像加载到图像框 img1 中的语句为：

```
imgl.Picture = Loadpicture("C:\Pic\My.bmp")
```

将图像框 img1 清空的语句为：

```
imgl.picture = LoadPicture()
```

图像控件显示一个图片时，总是把图片的左上角与控件的左上角结合。

> **注意：** 在程序代码中使用 LoadPicture 调入的图形文件，在运行时要保证其存在于指定的路径中。

设计时，通过属性窗口赋给 picture 属性的图形文件，会被复制到二进制文件(.frx)中，运行时不依赖文件。

5. Stretch 属性

程序运行时，如果此属性为 True，当所显示图像的原始大小与控件大小不同时，会缩放图像来填充整个控件。当图像缩放过度时，会造成失真。当 Stretch 属性为 False(默认值)时，图像会以原始大小显示，如果控件比图像小，会使图像显示不完整。

6. Move 方法

Image 控件支持 Move 方法，用法与其他控件相同。

7. Click 事件、DblClick 事件

Image 控件支持 Click 事件和 DblClick 事件，用法与其他控件一样。

8.2.3 图片框(PictureBox)

下面是图片框控件常用的属性、方法和事件。

1. “名称”属性

即图片框控件的对象名。

2. Left、Top、Width、Height、Visible、Enabled 属性

图片框控件的这些属性与其他控件的意义相同。

3. BorderStyle 属性

BorderStyle 属性值为 0 时，图片框无边框；为 1 时，有边框(默认值)。

4. Picture 属性

图片框控件 Picture 属性的意义与用法和图像控件的 Picture 属性一样。

5. AutoSize 属性

在运行过程中，如果此属性为 True，当控件显示的图像(Picture 属性决定)大小与控件大小不同时，会自动改变控件的大小来与图像的大小一致；如果属性值为 False(默认值)，不会自动调整控件大小。图片框控件不会对其显示的图像进行缩放，这一点与图像控件不同。

6. Align 属性

Align 属性决定了图片框的位置，取值及意义见表 8.4。

表中的 ScaleWidth 和 ScaleHeight 是窗体的属性，它们的值分别是窗体对象去掉标题栏与边框后(即窗体客户区)的宽度和高度。

表 8.4 Align 属性

常 数	属 性 值	描 述
VbAlignNone	0	无(默认值)，可以在设计时或在程序中设置大小和位置
VbAlignTop	1	顶部，始终显示在窗体的顶部，其宽度等于窗体的 ScaleWidth 属性值

续表

常 数	属 性 值	描 述
VbAlignBottom	2	底部，始终显示在窗体的底部，其宽度等于窗体的 ScaleWidth 属性值
VbAlignLeft	3	左边，始终在窗体的左面，其高度等于窗体的 ScaleHeight 属性值
VbAlignRight	4	右边，始终在窗体的右面，其高度为窗体的 ScaleHeight 属性值

7. Move 方法

PictureBox 控件有 Move 方法，用法与其他控件相同。另外图片框控件具有多个绘图方法，如感兴趣可参考 MSDN 或相关资料使用，这里不做详细介绍。

8. Click 和 DblClick 事件

PictureBox 控件有 Click、DblClick 事件，用法与其他控件一样。

9. Change 事件

当图片框的 Picture 属性的值变化时，即由显示一个图片改为显示另一个图片，则触发这个事件。

与其他控件不同，图片框可以作为控件的“容器”，能像窗体一样容纳其他控件。

除了图片框外，还有后面要讲到的框架控件(Frame)可以作为控件的容器。图片框和框架可以进行多层嵌套，也就是说，一个容器中除了可以容纳一般的控件，如按钮、文本框外，还可以容纳图片框和框架等容器控件。

例如，向一个容器控件中添加控件，具体是使用图片框来创建一个工具栏(如图 8.5 所示)，按如下步骤操作。

图 8.5　使用图片框来创建一个工具栏

(1) 在窗体上放置一个图片框控件。然后把图片框的 Align 属性设置为 1，图片框会自动地“附着”在窗体的标题栏下面。将图片框的 Height 属性设置为 420。

(2) 选中图片框，单击控件工具箱中的命令按钮图标，然后在图片框中拖动添加一个按钮控件。这样添加的按钮控件就被容纳在图片框控件中，使用拖动的方式无法将它移出图片框。

如果要把一个窗体上已有的控件移到图片框中，也不能使用拖动的办法。拖动只能把控件叠放在容器上面，并不是内部。应使用剪切与粘贴的方法，先选定控件，然后选择“剪切”命令，再选定图片框控件，最后选择“粘贴”命令即可。

(3) 在图片框中添加多个按钮控件，并把各个控件的大小设置为 375×375，将各控件的位置进行调整，设置相关的属性，然后编写事件的过程。这样，图片框及所容纳的控件便可以作为工具栏使用了。

要想制作出显示图形的按钮控件，需在属性窗口中把按钮控件的 Style 属性设置为 1，然后给它的 Picture 属性赋一个图形文件，并把 Caption 属性的值清空。如果 Caption 属性的值不清空，可以产生按钮表面既有图形又有文字的效果。还可以设置图片框中控件的 TooltipText 属性，使得在运行时，当把鼠标指针停在控件上片刻后，会显示出一个简要介绍控件功能的小工具提示窗口。

可以使用相同的方法把其他任何控件放入图形框中作为工具栏元素。值得注意的是，如果一个控件被放置在容器控件(图片或框架)中，无论嵌套多深，在程序中对它进行操作时，与它被直接放置在窗体上是相同的。如果一个控件位于容器控件中，则它的 Left 和 Top 属性值是以所在容器控件的内部左上角为坐标原点的。

8.3　框架(Frame)控件

框架控件是一个左上角有标题文字的方框。它的主要作用是对窗体上的控件进行视觉上的分组，使窗体上的内容更有条理。

在如图 8.6 所示的对话框中共有 3 个框架控件对控件进行分组，如图 8.6 中①、②、③所示。

图 8.6　Frame 框架示意

在图片框部分已经提到过，框架控件也可以作为控件的容器。各种控件可以放置到框架控件的内部。当使用多组单选按钮时，就得用框架作为容器进行分组。为了将控件分组，首先需要绘制框架控件，选中框架后再绘制框架内部的控件。这样就可以使框架和里面的控件同时移动。如果在框架外部绘制了一个控件并试图把它移到框架内部，那么控件其实是在框架的上部而不是内部，起不到分组的作用，这时可采用前面讲过的剪切粘贴的方法来把控件放入框架。

下面介绍框架控件的常用属性、方法和事件。

1. “名称”属性

即框架控件的对象名。

2. Left、Top、Width、Height、Visible、Enabled 属性

框架控件的这些属性与其他控件的意义相同。如果容器控件的 Enabled 属性值为 False，则置于其内部的控件都不能响应用户的鼠标和键盘操作。

3. Caption 属性

此属性的值就是框架左上角的标题文字。与标签控件相似，可以在这个属性值中使用&设置一个快捷键。

4. BorderStyle 属性

当这个属性值为 0 时，框架不显示边框与标题文字；为 1 时(默认值)，正常样式，有边框和文字。

5. Move 方法

框架控件支持 Move 方法，意义和用法与其他控件一样。

6 .Click、Dblclick 事件

框架控件支持鼠标的单击和双击事件，用法与其他控件一样。一般不必编写框架控件的 Click 和 Dblclick 事件过程。

8.4 选择控件(单选按钮和复选框)

通常在应用程序的对话框中都会以选项的形式给用户提供选择的功能，如果选项的数量不多，一般都会通过单选按钮与复选框实现。

如图 8.7 所示的对话框中，按功能通过框架控件对复选框①与单选按钮②进行了分组。

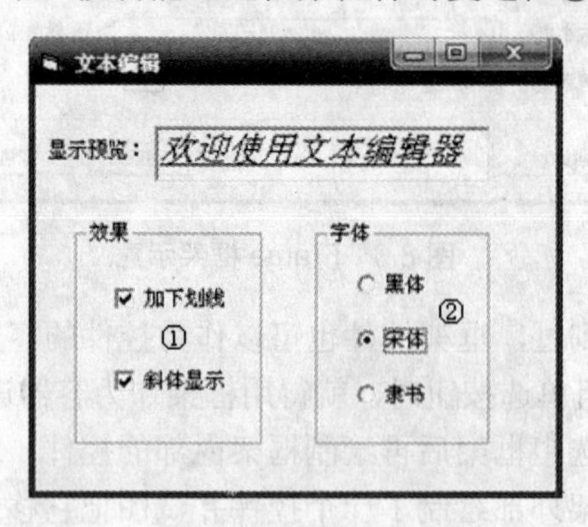

图 8.7 对话框中的复选框和单选按钮

8.4.1 单选按钮(OptionButton)

单选按钮控件(又称为选项按钮)，每个单选按钮都是由一个圆形框和标题文字组成。圆形框中为空白表示这个选项未被选中，圆形框中有黑点表示被选中，即给用户选择一个选

项的功能。单选按钮一般都成组地排列在窗体上供用户从中进行选择，在选项组中用单选按钮显示选项，用户只能选择其中的一项。而在框架控件或图片框控件等容器中绘制单选按钮控件可以把这些控件分组，这样用户只能在每一组中选择一个选项。

以下是单选按钮常用的属性、方法与事件。

1.“名称”属性

即单选按钮控件的对象名。

2. Left、Top、Width、Height、Visible、Enabled 属性

单选按钮控件的这些属性的意义和用法与其他控件相同。

3. Caption 属性

单选按钮控件的标题文字。在这个属性值中可以使用&号建立一个快捷键。

4. Style 属性

此属性值为 0 时(默认值)，单选按钮以标准样式显示；为 1 时，以命令按钮样式显示，按下表示选中，弹起表示未选中。

5. Alignment 属性

此属性值为 0 时(默认值)，单选按钮的圆形在标题文字左边；当此属性值为 1 时，圆形在标题文字右边。

6. Value 属性

单选按钮的 Value 属性为逻辑型，它表示单选按钮的选择状态。当属性值为 False 时，未选中(默认值)；为 True 时，选中。对于同一组中的多个单选按钮，一般在设计时把其中之一的 Value 属性设置为 True。

7. Move 方法

单选按钮支持 Move 方法，用法与其他控件相同。

8. Click、Dblclick 事件

单选按钮同时支持 Click 事件和 Dblclick 事件。一般情况下，没有必要编写这两个事件过程，因为单选按钮的选中与多个单选按钮之间的切换是控件自动完成的。

8.4.2　复选框(CheckBox)

复选框控件也是提供选择项的控件，这种控件的典型外观是一个小的方框后接一串文字。如果方框中有一个“√”，表明这一项被选中，如果方框中为空白，则未选中。除此之外，复选框还有一个选中与未选中的中间状态，这时，方块是灰色的并有“√”。

在多数情况下，一个窗体中会有多个复选框，并且按功能进行了分组。在同一组中，可以有多个复选框被选中，也可以不选任何一个。

> 注意：复选框与单选按钮功能相似，二者之间的重要差别是在同一组中，可以选中任意数量的复选框控件，但只能选中一个单选按钮控件。

以下是复选框的常用属性、方法与事件。

1. “名称”属性

即复选框控件的对象名。

2. Left、Top、Width、Height、Visible、Enabled 属性

复选框控件的这些属性意义和用法与其他控件相同。

3. Caption 属性

复选框控件的标题文字。在这个属性值中可以使用&建立一个快捷键。

4. Style 属性

此属性值为 0 时(默认值)，复选框可以标准样式显示；为 1 时，以命令按钮样式显示，按下表示选中，弹起表示未选中，利用这个属性的取值可以把复选框控件用作所谓的“切换按钮”。

5. Alignment 属性

Alignment 属性值为 0 时，复选框的方框在标题文字的左边(默认值)，当此属性值为 1 时，方框显示在标题文字的右边。

6. Value 属性

Value 属性决定复选框的选中状态，见表 8.5。

表 8.5　复选框的 Value 属性

常　数	属 性 值	描　述
vbUnchecked	0	未选中
vbChecked	1	选中
vbGrayed	2	灰色显示

注意复选框 Value 属性的值为 2 的情况，需通过在程序中把 2 赋值给 Value 属性或在设计期直接设置属性值来实现，用户的操作不会导致复选框以灰色显示。复选框以灰色显式往往表示某种状态不确定或不一致。

复选框控件 Value 属性值为 2 时的灰色显示，同 Enabled 属性为 False 时变灰是完全不同的。前者不影响对用户操作的响应。

7. Move 方法

复选框的 Move 方法的用法与其他控件相同。

8. Click 事件

除了用户的鼠标单击动作之外，其他任何可以改变复选框控件 Value 属性值的用户动作

或程序语句都可以触发此事件。复选框不支持鼠标双击，没有 Dblclick 事件。

值得注意的是，用户通过单击、快捷键等方法使复选框的状态发生变化是复选框本身具有的行为功能，也就是说，不必编写 Click 事件过程的代码，复选框也能响应用户的操作，若希望在单击复选框时还进行其他操作，可以编写 Click 事件过程的代码。

【例 8.2】设计程序，对文本框中的文本进行格式编辑。

为了简化起见，只列出文本加下滑线，斜体显示，字体为宋体、隶书、黑体几个选项，在窗体上建立两个框架控件、3 个单选按钮、两个复选框、一个文本框、一个标签。其属性值设置见表 8.6。

表 8.6　复选框的 Value 属性

对象类型	对 象 名	属 性 名	属 性 值
Label	Label1	Caption	“显示预览：”
Text	Text1	Text	“欢迎使用文本编辑器”
Check	Check1	Caption	“加下划线”
	Check2	Caption	“斜体显示”
Option	Option1	Caption	“黑体”
	Option2	Caption	“宋体”
	Option3	Caption	“隶书”
Frame	Frame1	Caption	“加下划线”
	Frame2	Caption	“斜体显示”

编写程序代码如下：

```
Private Sub Check1_Click()          '设置文本有下划线
If Check1.Value = 1 Then
   Text1.FontUnderline = True
Else
   Text1.FontUnderline = False
End If
End Sub

Private Sub Check2_Click()          '设置文本斜体显示
If Check2.Value = 1 Then
   Text1.FontItalic = True
Else
   Text1.FontItalic = False
End If
End Sub

Private Sub Option1_Click()         '设置字体黑体
Text1.FontName = "黑体"
End Sub

Private Sub Option2_Click()         '设置字体宋体
```

```
Text1.FontName = "宋体"
End Sub

Private Sub Option3_Click()        '设置字体隶书
Text1.FontName = "隶书"
End Sub
```

运行以上程序，效果如图 8.8 所示。

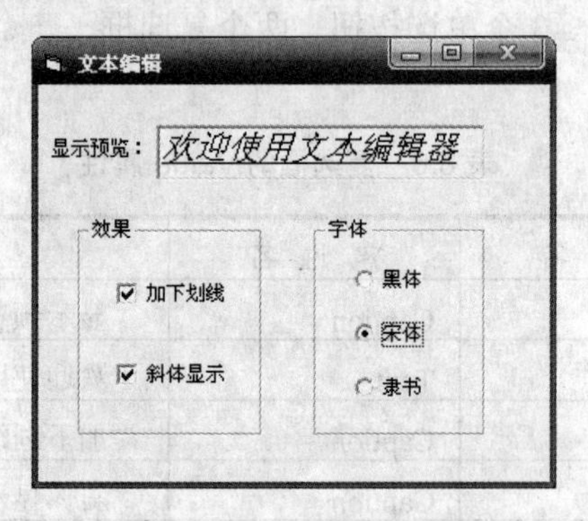

图 8.8　程序运行后的显示界面

8.5　选择控件(列表框和组合框)

当需要向用户提供的备选项目太多时，就不适宜使用单选按钮或复选框了，此时可以用列表框控件与组合框控件向用户提供选择。

在如图 8.9 所示的对话框中就使用了列表框①和组合框②。

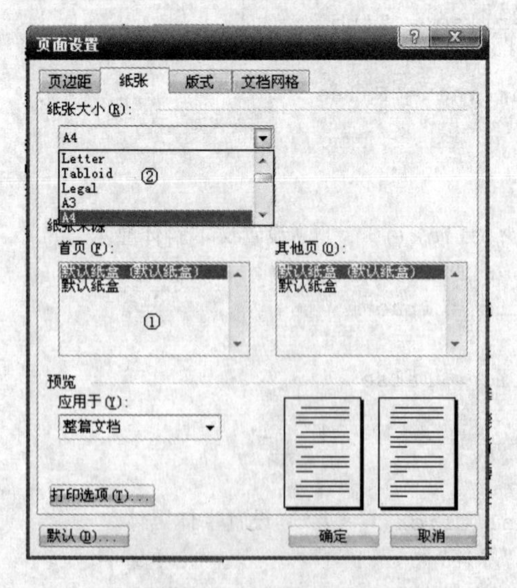

图 8.9　列表框和组合框

下面我们讨论如何在程序中使用列表框控件和组合框控件给用户提供选项。

8.5.1　列表框(ListBox)

与复选框、单选按钮类似，列表框控件也是提供选项的控件。列表框控件占用有限的空间，可以提供很多选项。当列表框不能同时显示所有的选项时，会自动提供滚动条，允许对控件中的选项进行滚动浏览和选择。列表框中的选择项称为“条目(Item)”。

1.“名称”属性

即列表框控件的对象名。

2. Left、Top、Width、Height、Visible、Enabled 属性

列表框控件的这些属性的意义和用法与其他控件相同。

3. Columns 属性

Columns 属性决定列表框中显示条目的列数。这个属性为 0 时(默认值)，显示一列，条目多时自动添加垂直滚动条；为 1 时，仍显示一列，但滚动条是水平的；属性值 n>1 时，条目以 n 列显示，滚动条为水平的。

4. ListCount 属性

此属性值是列表框中的条目数。ListCount 属性是只读属性，并且在设计时不可用。

5. List 属性

此属性实质上是一个一维字符串数组，数组下标的下界为 0，上界为 ListCount 属性值减 1。每个数组元素的值对应列表框中一个条目的显示文字，下标为 0 的元素对应列表框中第 1 个条目，下标为 1 的元素对应列表框中的第 2 个条目，……下标为 ListCount-1 的元素对应列表框中的最后一个条目。

在程序的设计期，可以在属性窗口中的 List 属性处为列表框添加初始条目。属性窗口中的 List 属性处也会显示一个下拉列表，要输入新的条目可使用 Ctrl + Enter 组合键换行。

在程序运行时，可以使用 List 属性来改变列表框现有条目文字。假设一个名为 List1 的列表框，当前有 n 个条目(下标为 0 ~ n-1)，可以使用类似如下的语句：

```
List1.List(m) = "新值"
```

该语句改变了列表框 List1 中序号为 m(0≤m≤n-1)的条目上所显示的文字。如果上面语句中的 m = n，会在列表框的最后添加一个新条目。当 m > n 时，则会出错。如果想要在列表框中插入条目或从列表框删除条目，则需要调用列表框的相关方法。

6. ListIndex 属性

ListIndex 属性的值是当前被选中条目的下标，列表框中被选中的条目会突出显示。如果第一个条目被选中，则此属性的值为 0；如果第二个条目被选中，此属性值为 1。如果当前没有条目被选中，则此属性值为-1。

7. ItemData 属性

列表框控件还为每个条目保存了一个长整型数值，但是它不被显示出来，而是保存于 ItemData 属性中。ItemData 属性是一个长整型数组，数组中每个元素对应列表框中的一个条目，元素的个数与列表框中条目数相同，并与 List 属性的元素一一对应。

8. MultiSelect 属性

MultiSelect 属性决定列表框是否支持多选。具体取值及意义如表 8.7 所示。

表 8.7　MultiSelect 属性的取值及含义

属 性 值	描　述
0	(默认值)不允许复选。用鼠标单击或在获得焦点时用方向键选择，当一个条目被选中时，其他条目都处于未被选中的状态
1	简单复选。鼠标单击或用方向键移动焦点后按下空格键可在列表中选中或取消选中项
2	扩展复选。按下 Shift 键并单击鼠标，将在以前选中项的基础上扩展选择到当前选中项。按下 Ctrl 键并单击鼠标，可以在列表中选中或取消选中项

9. Style 属性

Style 属性为 0 时(默认值)，列表框为标准样式；为 1 时，列表框为复选框样式，列表框每个条目以复选框的形式显示。例如，在如图 8.10 所示的 3 个列表框中，列表框①的 Style 属性值为 0；列表框②的 Style 属性值为 1；对于列表框③，其 Style 属性值为 0，同时 Columns 属性值被设为 3。Style 属性在运行时为只读。

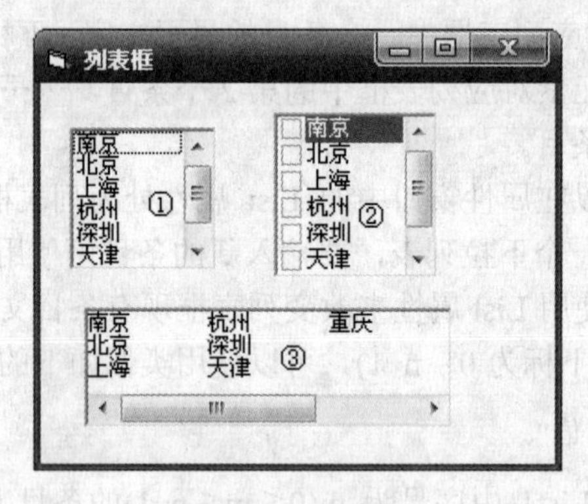

图 8.10　列表框

注意：如果 Style 属性为 1，无论 MultiSelect 属性为何值，列表框均能多选。单击复选框可以对条目进行取舍。

10. SelCount 属性

SelCount 属性值表明列表框中当前被选中的条目数。若没有选中条目，属性值为 0。此属性运行时为只读，设计时不可用。

11. Selected 属性

Selected 属性是一个逻辑型数组，与 List 和 ItemData 属性相似。Selected 属性数组元素个数与列表框中的条目个数相同，每一个元素对应一个条目。数组元素值为 True 表示相应的条目被选中，为 False 表示未被选中。可以利用这个属性在程序中检测某个条目是否被选中，也可以使用此属性在程序中控制列表框中条目的选定状态。此属性在设计时不可用。

12. TopIndex 属性

此属性的值是列表框控件可见的第一个条目的序号。此属性设计时不可用。

13. Text 属性

此属性保存了列表框当前所选条目的文字。如没有条目被选中，则此属性为空字符串。列表框的 Text 属性为只读属性，并且在设计时不可用。例如，对于列表框 List1，如果它有条目被选中，则 List1.Text 的值与 List1.List(Listl.ListIndex)值相同。

14. Sorted 属性

Sorted 属性决定了列表框中的条目是否排序。属性值为 True 时，条目按 ASCII 码与汉字国标码的顺序递增排列；为 False 时不排序(默认)。此属性在运行时只读。

15. NewIndex 属性

该属性值是最新添加到列表框中条目的序号。这个属性为只读，对于排序的列表框特别有用。使用 AddItem 方法往列表框中添加一个条目之后，使用此属性可以获得它的序号，可以使用此序号来为它赋 ItemData 属性值，或进行其他操作。如果在列表框中没有条目或在新条目被加入之后有条目被删除，那么 NewIndex 属性值为-1。

16. AddItem 方法

使用 AddItem 方法往列表框中添加新条目。调用此方法的格式为：

```
列表框对象名.AddItem 字符串表达式，[下标]
```

AddItem 方法把“字符串”(可以是字符串类型、变量、常量或表达式)插入到列表框中下标参数指定的位置上。原来下标位置上的条目和它下面的所有条目都自动往下移动一行。“下标”参数的值不能大于列表框当前的条目数。

如果调用此方法时省略了第二个参数“下标”，若列表框未排序，则新条目会被加到列表框中的最后一条上；如果 Sorted 为 True (排序)，则新条目会被插入到适当的位置上。往排序的列表框中添加新条目时，不要使用第二个参数，否则可能引起混乱。

添加新条目后，对应于此条目的 ItemData 属性值设置为默认值 0。应该在添加之后使用 NewItem 属性得到新条目的序号，设置新条目的 ItemData 值。

可以在窗体的 Load 事件过程中使用 AddItem 方法为列表框控件添加初始条目。

17. RemoveItem 方法

此方法从列表框中删除指定序号位置上的条目。调用此方法的格式为：

```
列表框对象名.RemoveItem 下标
```

这样既可删除指定下标处的条目，条目被删除后，与这一条目相联系的所有数据(如ItemData 属性值、Selected 属性值)都会被删除。它后面的条目均上移一行。

18. Clear 方法

清除列表框中所有的条目，此方法无参数。用此方法的格式为：

```
列表框对象名.Clear
```

19. Move 方法

移动列表框对象的位置或改变其大小。用法与其他控件相同。

20. Click、Dblick 事件

意义及用法与其他控件相同。应该注意的是，只有使用鼠标在列表框控件中的条目上单击或双击时才引发这两个事件。如果在列表框中没有条目的空白区域中操作鼠标，不会引发这两个事件。

21. Scroll 事件

当列表框的滚动条滚动时，触发此事件。用法与滚动条控件相同。

22. ItemCheck 事件

如果 ListBox 控件的 Style 属性置为 1(复选框样式)，当 ListBox 控件中一个条目的复选框被选中或者被取消选中时该事件发生。此事件过程的语法为：

```
Private Sub 列表框对象名_ItemCheck(Item As Integer)
End Sub
```

Item 参数反映被操作条目的序号。ItemCheck 事件出现在 Click 事件之前。

【例 8.3】利用列表框设计程序，查询任课老师的基本信息。

界面设计如图 8.11 所示，各个控件的属性如表 8.8 所示。

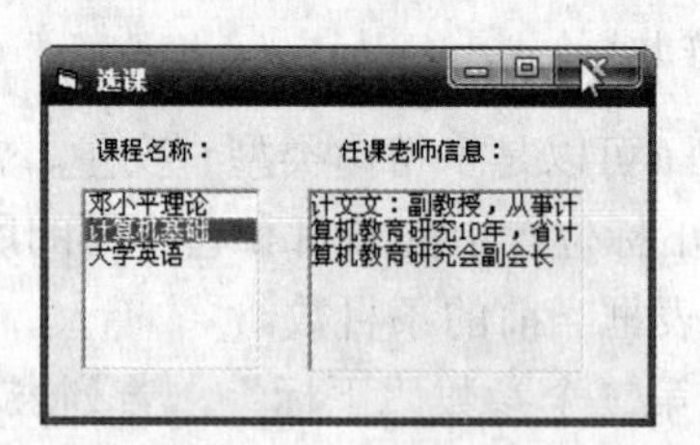

图 8.11　程序界面

表 8.8　各个控件属性的取值

对象类型	对 象 名	属 性 名	属 性 值
Form1	Form1	Caption	“选课”
Label	Label 1	Caption	“”
	Label 2	Caption	“课程名称：”
	Label 3	Caption	“任课老师信息：”

编写程序代码如下：

```
Private Sub Form_Load()                '初始化列表框
List1.AddItem "邓小平理论"
List1.AddItem "计算机基础"
List1.AddItem "大学英语"
End Sub
Private Sub List1_Click()
Select Case List1.ListIndex
   Case 0
      Label1.Caption = "马珍珍：教授，研究马列主义、毛泽东思想 20 多年，硕果累累"
   Case 1
      Label1.Caption = "计文文：副教授，从事计算机教育研究 10 年，省计算机教育研究
会副会长"
   Case 3
      Label1.Caption = "刘玲：教授，从事美国文学研究 30 年，足迹遍及欧美"
End Select
End Sub
```

8.5.2　组合框(ComboBox)

组合框虽然是独立控件，但是也可以看作是由一个文本框和一个列表框构成的组合体，所以组合框拥有文本框与列表框大多数常用的属性、方法和事件。

组合框按照特性与功能不同，可以分为“下拉式组合框”、“简单组合框”和“下拉式列表框”3 种不同的样式(见图 8.12)。每种样式的行为有所不同。

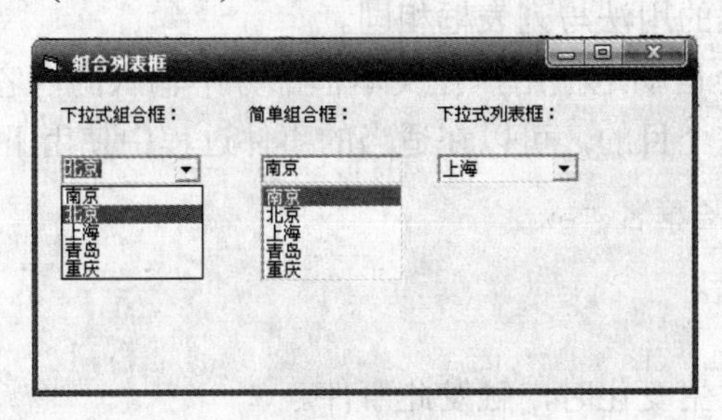

图 8.12　组合框

以下是组合框常用的属性、方法和事件。

1. “名称”属性

即组合框控件的对象名。

2. Left、Top、Width、Height、Visible、Enabled 属性

组合框控件这些属性的意义和用法与其他控件相同。

3. Style 属性

Style 属性决定组合框的样式。属性值及意义见表 8.9。

表 8.9 Style 属性的取值

常 数	属 性 值	描 述
VbComboDropDown	0	(默认值)下拉式组合框。包括一个下拉式列表和一个文本框，可以从列表选择或在文本框中输入
VbComboSimple	1	简单组合框。包括一个文本框和一个不能下拉的列表。可从列表中选择或在文本框中输入。简单组合框的大小包括编辑和列表部分。按默认规定，简单组合框的大小调整在没有任何列表显示的状态。增加 Height 属性值可显示列表的更多部分
VbComboDrop-DownList	2	下拉式列表。这种样式仅允许从下拉式列表中选择

应当根据编程任务和 3 种样式的特点，选择适当样式的组合框。

4. 组合框的其他常用属性

因为组合框可以看作是文本框与列表框的组合体，因此它具有二者的事件和方法。组合框不支持多选，所以没有 MultiSelect、SelCount 和 Selected 属性。组合框不支持复选框样式，因此也无 ItemCheck 事件。

除此之外，组合框支持列表框和文本框的大多数常用属性。如：对应于文本框的 SelLength 属性、SelStart 属性、SelText 属性和 Text 属性；对应于列表框的 ListIndex 属性、NewIndex 属性、Sorted 属性、ItemData 属性、TopIndex 属性、List 属性和 ListCount 属性。有些属性会受 Style 属性设置的影响。比如，对于下拉式列表框来说，Text 属性是只读的。

5. AddItem、Clear、RemoveItem、Move 方法

组合框控件这些方法的用法与列表框相同。

注意，组合框并不会自动地把用户在文本框部分中输入的内容作为一个新条目添加到列表框部分中。要达到这个目的，可以在适当的事件过程中使用下列语句：

```
组合框名.AddItem 组合框名.Text
```

6. Change 事件

当文本框中的内容发生变化时，触发此事件。

【例 8.4】利用组合框设计程序查询各个学院的专业情况。

设计界面如图 8.13 所示，各个控件的属性如表 8.10 所示。

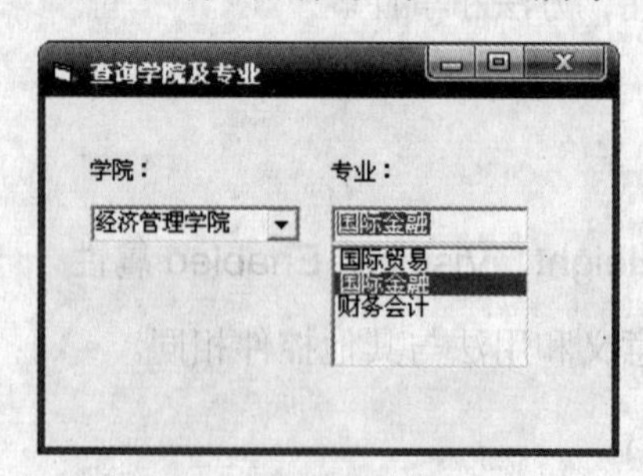

图 8.13 程序界面

表 8.10　各控件属性的取值

对象类型	对 象 名	属 性 名	属 性 值
Form1	Form1	Caption	“查询学院专业情况”
Combo	Combo2	Style	1
Label	Label 1	Caption	“任课老师信息：”
	Label 2	Caption	“课程名称：”

编写程序代码如下：

```
Private Sub Combo1_Click()
Combo2.Clear
Select Case Combo1.Text
   Case "经济管理学院"
      Combo2.AddItem "国际贸易"
      Combo2.AddItem "国际金融"
      Combo2.AddItem "财务会计"
      Combo2.ListIndex = 0
   Case "机械工程学院"
      Combo2.AddItem "机械工程及自动化"
      Combo2.AddItem "测控"
      Combo2.AddItem "车辆工程"
      Combo2.ListIndex = 0
   Case "理学院"
      Combo2.AddItem "物理"
      Combo2.AddItem "化学"
      Combo2.AddItem "数学"
      Combo2.ListIndex = 0
End Select
End Sub
Private Sub Form_Load()                          '初始化组合框
Combo1.AddItem "经济管理学院"
Combo1.AddItem "机械工程学院"
Combo1.AddItem "理学院"
Combo1.ListIndex = 0
End Sub
```

8.6　滚动条(HScrollBar 和 VScrollBar)

滚动条分为水平滚动条(HScrollBar)和垂直滚动条(VScrollBar)两种。这两种控件除了类型名不同、放置的方向不同外，其功能和操作都是一样的。下面所讲的所有属性、方法及事件对二者都适用。滚动条是由两端带有箭头按钮、中间的滚动框(或称为滚动块)以及剩余的空白域组成的。滚动条控件一般用来上下、左右地滚动文字或图形，也可以用来进行其他内容的输入输出，比如指示音量或速度等。

以下是滚动条常用的属性、方法和事件。

1. “名称”属性

即滚动条控件的对象名。

2. Left、Top、Width、Height、Visible、Enabled 属性

滚动条控件的这些属性与其他控件的意义相同。

3. Value 属性

Value 属性是滚动条最重要的属性，它反映了滚动条的当前值。滚动框位置能够反映这个属性的值。无论是单击滚动按钮、单击空白区域还是拖动滚动框，都将会改变这个属性的值。

4. Min 属性

Min 属性决定了当滚动条的滚动框处于顶部(垂直滚动条)或最左位置(水平滚动条)时，滚动条 Value 属性的值，即滚动条滚动范围的下限(最小值)。

5. Max 属性

Max 属性决定了当滚动条的滚动框处于底部(垂直滚动条)或最右位置(水平滚动条)时，滚动条 Value 属性的值。即滚动条滚动范围的上限(最大值)。Min 和 Max 属性的取值可以是 −32768 ~ 32767 范围内的一个整数。属性的默认值：Max 为 32767、Min 为 0。

若希望垂直滚动条的滚动框向上移动时它的 Value 属性值增加，可以使 Max 属性值小于 Min 属性值。Min 与 Max 属性的取值也可以相等。

6. SmallChange 属性

SmallChange 属性的值是当用户单击滚动箭头按钮时，一次产生的变化量。

7. LargeChange 属性

LargeChange 属性的值是当用户单击滚动条和滚动箭头之间的空白区域时，一次产生的变化量。

LargeChange 属性和 SmallChange 这两个属性取值范围为 1~32767 之间的整数。默认时，两个属性都设置为 1。一般情况下滚动条控件的 LargeChange 属性要比 SmallChange 属性的值大，但是如果需要，后者大于前者也是允许的。

8. Move 方法

滚动条对象支持 Move 方法，用法与其他控件相同。

9. Change 事件

滚动条控件不支持 Click 和 DblClick 事件。当滚动条的 Value 属性值发生变化时，激发 Change 事件。能够引起 Value 属性改变的原因可能有：单击滚动条箭头按钮、单击空白区域、拖动滚动框后释放鼠标按钮或是在程序中使用代码重设了 Value 属性的值。

10. Scroll 事件

在滚动条的滚动框被拖动的过程中，引发此事件。Scroll 事件与其他的事件不同，在使用鼠标拖动滚动框的过程中，会连续地发送多个 Scroll 事件。

【例 8.5】在窗体上放置一个文本框 Text1 和一个名为 HScroll1 的垂直滚动条，并将滚动条的 Max、Min、LargeChange 和 SmallChange 属性值分别设置为 100、0、10、1。然后编写如下的事件过程：

```
Private Sub HScroll1_Change()
   Text1.Text = HScroll1.Value
End Sub

Private Sub HScroll1_Scroll()
   Text1.Text = HScroll1.Value
End Sub
```

上面的程序实现的功能是将 HScroll1 的 Value 值通过文本框输出。

8.7 定时器(Timer)

定时器控件又称为“计时器”。它能在程序运行的过程中不断地累积时间，当到达给定的时间间隔时，自动地发送一个名为 Timer 的事件。一个窗体可以使用多个定时器控件，它们各自的时间间隔相互独立。

定时器是不可见控件，它没有 Visible 属性，运行时自动隐藏。定时器的大小不可改变，它没有 Width 和 Height 属性。定时器控件没有任何可调用的方法。

以下是定时器常用的属性、方法和事件。

1. “名称”属性

即定时器控件的对象名。

2. Top、Left 属性

定时器控件在窗体上的位置。

虽然定时器控件具有 Left 和 Top 属性，但是因为它运行时不可见，所以这两个属性值并不重要。

3. Interval 属性

以毫秒为单位的时间间隔。定时器从被打开时起，每隔这个时间间隔都会激发一次 Timer 的事件。

该属性的取值范围为 1~65535，因此时间间隔最长为 1 分多钟。定时器的时间间隔并不精确，特别是当时间间隔设定得太小时，会影响系统性能。

当 Interval 属性为 0 时(默认值)不定时，也不发送 Timer 事件，相当于关闭定时器。

4. Enabled 属性

此属性为 True 时，打开定时器；为 False 时，关闭定时器，不论 Interval 属性的值具体是多少。

Enabled 属性和 Interval 属性一起控制定时器。

5. Timer 事件

只要 Timer 控件的 Enabled 属性被设置为 True 而且 Interval 属性大于 0，定时器就可以定时，当时间间隔到达时，定时器自动触发这个事件。Timer 事件是定时器控件支持的唯一事件。

【例 8.6】设计一个电子计时器，单击“开始”按钮开始计时。

编程如下：

```
Dim num As Integer

Private Sub Command1_Click()
If Command1.Caption = "开始" Then          '定时器启动
    Timer1.Enabled = True
    Command1.Caption = "暂停"
Else
    Command1.Caption = "开始"              '定时器关闭
    Timer1.Enabled = False
End If
End Sub

Private Sub Command2_Click()                '清空文本框
Text3 = ""
Text2 = ""
Text1 = ""
End Sub

Private Sub Timer1_Timer()                 '定时器事件
num = num + 1
Text3 = num Mod 60
Text2 = num \ 60 Mod 60
Text1 = num \ 3600 Mod 60
End Sub
```

启动程序，界面如图 8.14 所示。

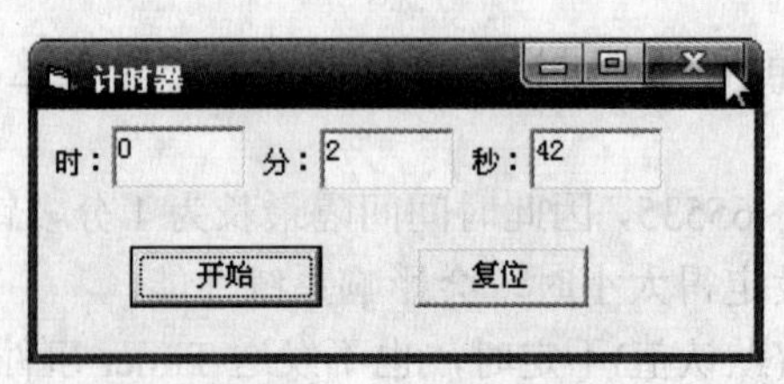

图 8.14　计时器界面

8.8　焦点与 Tab 顺序

在可视化程序设计中，焦点(Focus)是一个十分重要的概念。本节将介绍如何设置焦点，同时介绍窗体上控件的 Tab 顺序。

8.8.1　设置控件焦点

焦点是指对象具有接收用户鼠标输入或键盘输入的能力。在 Windows 系统中，某个时刻可以运行多个应用程序，但只有具有焦点的应用程序窗口才有活动标题栏，才能接收用户输入。

类似地，在含有多个文本框的窗体中，只有具有焦点的文本框才能接收用户的输入。

通常，用下面两种方法给一个对象设置焦点：

- 在程序运行时用鼠标单击该对象或用 Tab 键移动焦点到该对象。
- 在程序运行时用快捷键选择该对象。

对于单选按钮或复选框等控件，在设置 Caption 属性时可以用“&”符号添加快捷键以获取焦点。文本框控件本身不能设置快捷键，但在建立应用程序界面时通常都会在文本框旁放置一个标签，来说明文本框的作用，标签的 Caption 属性是可以设置快捷键的，在按下标签的快捷键时，标签并没有获得焦点，而是把焦点移到标签旁的文本框中。

如图 8.15 所示的界面：当按下 Alt+M 键时，选中单选按钮“男”；而按下 Alt+L 键时，选中复选框“篮球”；类似地，可以通过快捷键选择其他选择框。

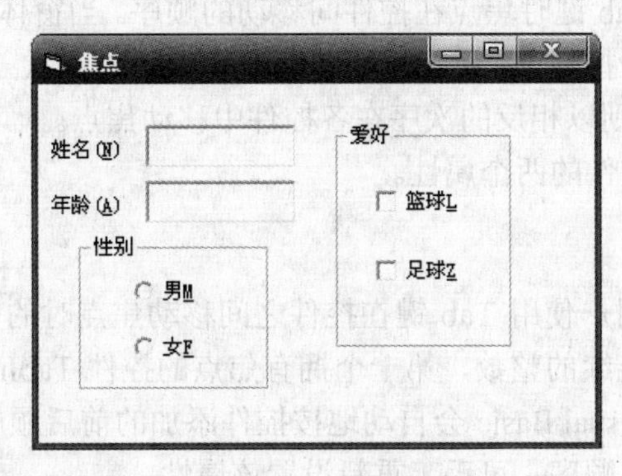

图 8.15　程序界面

也可以在程序代码中使用 SetFocus 方法设置焦点，其调用格式为：

```
对象名.SetFocus
```

该方法将焦点移入对象。在使用 SetFocus 方法设置焦点时应注意，在窗体的 Load 事件完成前，窗体或窗体上的控件是不可视的，因此不能直接在 Form_Load 事件中使用 SetFocus 方法。如果一定要在 Form_Load 事件中设置焦点，必须先用 Show 方法显示窗体，然后才能设置焦点。

> ⚠ 注意：焦点只能移到可视的窗体或有效控件上，因此，只有当一个对象的 Enabled 和 Visible 属性均为 True 时，才能接收焦点。

当对象得到焦点时，会产生 GotFocus 事件，GotFocus 事件过程用来指定当控件或窗体接收到焦点时发生的操作。例如，可以通过给窗体上每个控件附加一个 GotFocus 事件过程来显示简要说明或状态栏信息。

当对象失去焦点时，将产生 LostFocus 事件，LostFocus 事件过程主要是用来对更新进行验证和确认。使用 LostFocus 可以在焦点移离控件时引进确认。例如下面两段程序分别是文本框 1 得到焦点和失去焦点的程序：

```
Private Sub Text1_GotFocus()
   Text1.BackColor = vbBlue                  '获得焦点，背景变蓝
End Sub

Private Sub Text1_LostFocus()
   Text1.BackColor = vbRed                   '失去焦点，背景变红
End Sub
```

并不是所有的对象都可以接收焦点，在控件中，如框架(Frame)、标签(Label)、菜单(Menu)、直线(Line)、形状(Shape)、图像框(Image)和定时器(Timer)控件都不能接收焦点。对于窗体来说，只有窗体内的任何控件都不能接收焦点时，该窗体才能接收焦点。

8.8.2 Tab 键顺序

Tab 键顺序是在按 Tab 键时焦点在控件间移动的顺序。当窗体上有多个控件时，可以使用 Tab 键把焦点移到某个控件中，每按一次 Tab 键可以使焦点从一个控件移到另一个控件，而使用组合键 Shift+Tab 则以相反的次序在各控件中移动焦点。

下面是支持焦点的控件的两个属性。

1. TabIndex 属性

TabIndex 属性决定用户使用 Tab 键在控件之间移动焦点时的先后次序，各控件之间的 TabIndex 属性值一般是连续的整数，第一个拥有焦点的控件 TabIndex 属性值为 0。在设计期向窗体添加控件时，Visual Basic 会自动地按控件添加的前后顺序设置各控件的 TabIndex 属性值，如果要改变 Tab 顺序，可手工重新设置该属性。

2. TabStop 属性

TabStop 属性是一个逻辑值，当一个支持焦点控件的 TabStop 属性为 True 时，用户可使用 Tab 键把焦点移入控件；TabStop 属性为 False 时，使用 Tab 键移动焦点时会跳过此控件，用户只能用其他方法使该控件获得焦点(例如用鼠标单击)。可以获得焦点的控件都具有 TabStop 属性，当该属性的值为 True 时该控件可以接收焦点，当该属性值为 False 时，在用 Tab 键移动焦点时可以跳过该控件。

注意：Enabled 或 Visible 属性为 False 的控件不能拥有焦点，不论该控件的其他属性是如何设置的。

8.9　回到工作场景

通过对 8.2~8.8 节内容的学习，应该掌握了各种控件的属性及使用方法，并能够用来设计程序，此时足以完成对“调查表”程序的设计。下面我们将回到 8.1 节介绍的工作场景中，完成工作任务。

【分析】

本问题重点在于合理应用各控件，通过框架控件区分两组单选框按钮。年龄可以通过滚动条来调节。在程序中，灵活调用各控件的属性值。

【工作过程一】设计用户界面

设计如图 8.1 所示的程序界面，图中各控件的属性值列于表 8.11 中。

表 8.11　设置属性值

控　件	属　性	值
Form1	Caption	“调查表”
Label1	Caption	“姓名：”
Label2	Caption	“年龄：”
Command1	Caption	“信息汇总”
Command2	Caption	“清空”
Frame1	Caption	“性别”
Frame2	Caption	“民族”
Frame3	Caption	“兴趣”
Option1	Caption	“男”
Option2	Caption	“女”
Option3	Caption	“汉”
Option4	Caption	“满”
Option5	Caption	“壮”
Option6	Caption	“蒙”
Check1	Caption	“篮球”
Check2	Caption	“足球”
Check3	Caption	“下棋”
Check4	Caption	“围棋”
Check5	Caption	“象棋”

续表

控 件	属 性	值
Text1	Text	“”
Text2	Text	“”
Text3	Text	“”
HScroll1	Min	10
	Max	100
	Smallchange	1
	Largechange	10

【工作过程二】编写代码

编写的程序代码如下：

```
Private Sub Check3_Click()          '选择“下棋”
If Check3.Value = 0 Then
    Check4.Enabled = False
    Check5.Enabled = False
    Check4.Value = 0
    Check5.Value = 0
Else
    Check4.Enabled = True
    Check5.Enabled = True
End If
End Sub

Private Sub Command1_Click()        '汇总信息
Dim str1 As String
str1 = "姓名：" & Text1 + Chr(13) + Chr(10)
If Option1.Value = True Then
    str1 = str1 + "性别：男" + Chr(13) + Chr(10)
Else
    str1 = str1 + "性别：女" + Chr(13) + Chr(10)
End If
If Option3.Value = True Then str1 = str1 + "民族：汉" + Chr(13) + Chr(10)
If Option4.Value = True Then str1 = str1 + "民族：满" + Chr(13) + Chr(10)
If Option5.Value = True Then str1 = str1 + "民族：壮" + Chr(13) + Chr(10)
If Option6.Value = True Then str1 = str1 + "民族：蒙" + Chr(13) + Chr(10)
str1 = str1 + "兴趣："
If Check1.Value = 1 Then str1 = str1 + "篮球 "
If Check2.Value = 1 Then str1 = str1 + "足球 "
If Check3.Value = 1 And Check4.Value = 1 Then str1 = str1 + "围棋 "
If Check3.Value = 1 And Check5.Value = 1 Then str1 = str1 + "象棋 "
Text3 = str1
End Sub

Private Sub Command2_Click()
```

```
Text3 = ""
End Sub

Private Sub HScroll1_Change()    '通过滚动条输入年龄
    Text2.Text = HScroll1.Value
End Sub

Private Sub HScroll1_Scroll()
    Text2.Text = HScroll1.Value
End Sub
```

【工作过程三】运行程序并保存

(1) 在调查表“姓名”后的文本框中输入“刘玲”，单击“性别”框架中的单选按钮“女”，在“年龄”后的文本框中输入 24，单击“民族”框架中的单选按钮“汉”，单击“兴趣”框架中的多选按钮“篮球”和“足球”，单击“信息汇总”按钮，界面显示效果如图 8.16 所示。单击“清空”按钮，文本框信息清空，界面显示效果如图 8.1 所示。

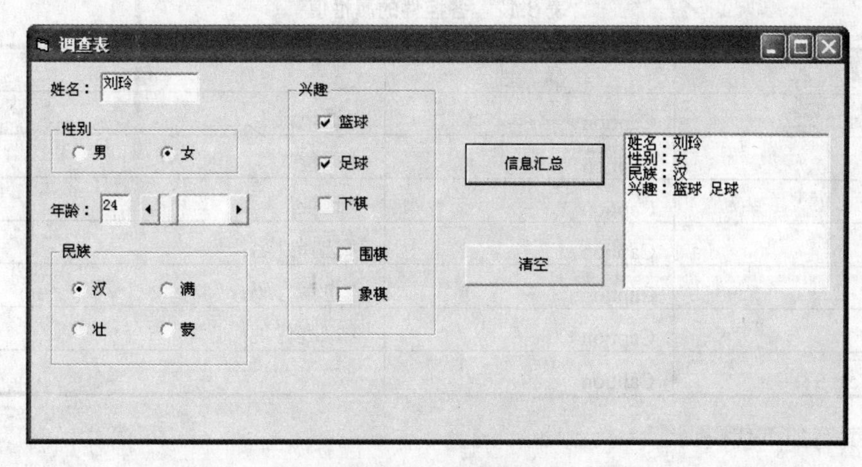

图 8.16　运行界面

(2) 保存工程文件和窗体文件。

8.10　工作实训营

训练实例

设计一个通讯录程序，程序界面如图 8.17 所示。在下拉式列表框中选择姓名，则显示该人的电话号码，选择相应的复选框，可以得到相应的信息。

【分析】

本程序主要用于练习使用列表框、多选框等标准控件。

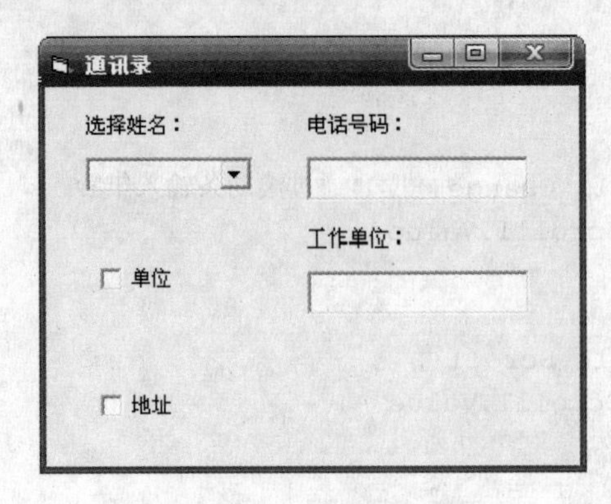

图 8.17　通讯录界面

【设计步骤】

(1) 创建窗体界面。

创建如图 8.17 所示的窗体界面，窗体中各控件的属性值如表 8.12 所示。

表 8.12　各控件的属性值

控　件	属　性	值
Form1	Caption	“通讯录”
Check1	Caption	“单位”
Check2	Caption	“地址”
Label1	Caption	“选择姓名：”
Label2	Caption	“电话号码：”
Label3	Caption	“家庭住址：”
Text1 ~ Text 3	Caption	“”

(2) 编写如下代码：

```
Private Sub Check1_Click()      '单击“单位”多项选择框
   Label3.Visible = Check1.Value
   Text2.Visible = Check1.Value
End Sub

Private Sub Check2_Click()       '单击“地址”多项选择框
   Label4.Visible = Check2.Value
   Text3.Visible = Check2.Value
End Sub

Private Sub Combo1_Click()
   Select Case Combo1.Text
      Case "黄嘉"
         Text1.Text = "13613519834"
         Text2.Text = "南京 28 所"
         Text3.Text = "1 号楼 11 号"
      Case "李胜"
```

```
            Text1.Text = "13812519842"
            Text2.Text = "南京 60 所"
            Text3.Text = "1 号楼 21 号"
        Case "王天"
            Text1.Text = "13567319252"
            Text2.Text = "南京师范大学"
            Text3.Text = "3 号楼 54 号"
        Case "张三"
            Text1.Text = "15965465519"
            Text2.Text = "南京师范大学附属中学"
            Text3.Text = "2 号楼 2 号"
        Case "李四"
            Text1.Text = "13298462465"
            Text2.Text = "南京中学"
            Text3.Text = "2 号楼 10 号"
    End Select
End Sub

Private Sub Form_Load()        '添加通讯录名单
    Combo1.AddItem "黄嘉"
    Combo1.AddItem "李胜"
    Combo1.AddItem "王天"
    Combo1.AddItem "张三"
    Combo1.AddItem "李四"
End Sub
```

(3) 在下拉列表框中选择“李四”，运行后的界面如图 8.18 所示。

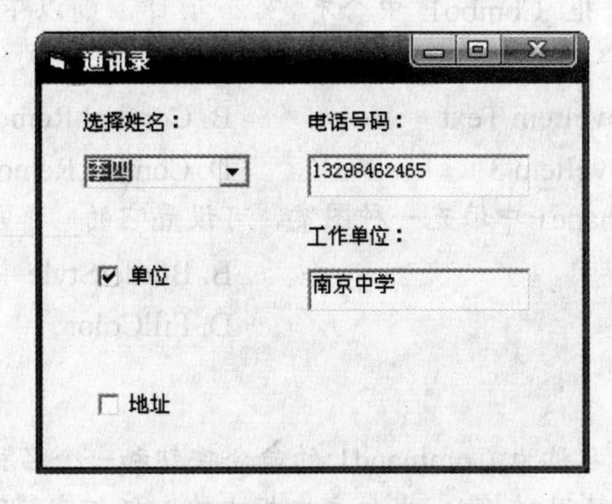

图 8.18　运行后的界面

8.11　习　题

1. 选择题

(1) 在窗体上画两个单选按钮(名称分别为 Option1.Option2，标题分别为“宋体”和“黑体”)、一个复选框(名称为 Check1，标题为“粗体”)、一个文本框(名称为 Text1，Text 属性为“改变文字字体”)。要求程序运行时，“宋体”单选按钮和“粗体”复选框被选中(窗体外观如图 8.19 所示)，则能够实现上述要求的语句序列是________。

A. Option1.Value = True
   Check1.Value = False

B. Option1.Value = True
   Check1.Value = True

C. Option2.Value = False
   Check1.Value = True

D. Option1.Value = True
   Check1.Value = 1

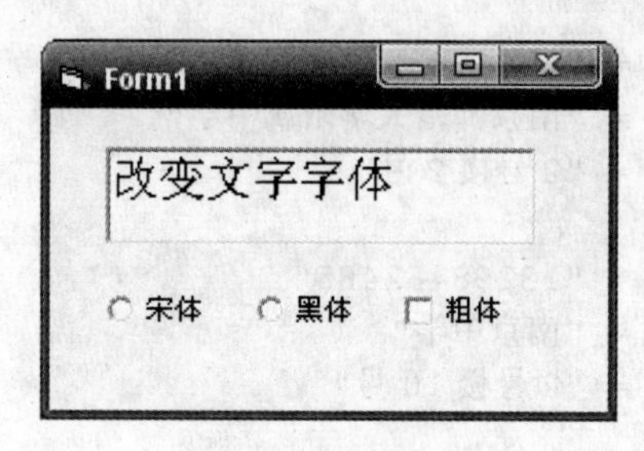

图 8.19　窗体外观

(2) 图像框有一个属性，可以自动调整图形的大小以适应图像框的尺寸，这个属性是________。

A. AutoSize　　B. Stretch
C. AutoRedraw　　D. Appearance

(3) 在程序运行期间，如果拖动滚动条上的滚动块，则触发的滚动条事件是________。

A. Move　　B. Change
C. Scroll　　D. GetFocus

(4) 设窗体上的组合框 Combo1 中含有 3 个项目，则以下能删除最后一项的语句是________。

A. Combol.RemoveItem Text　　B. Combol.RemoveItem 2
C. Combol.RemoveItem 3　　D. Combol.RemoveItem Combol.Listcount

(5) 要在形状控件 Shape1 中填充一种图案，可设置它的________属性。

A. BorderColor　　B. BorderStyle
C. FillStyle　　D. FillColor

2. 填空题

(1) 在窗体上画一个名称为 Command1 的命令按钮和一个名称为 Text1 的文本框，程序运行后，Command1 为禁用(灰色)。当向文本框中输入任何字符时，命令按钮 Command1 变为可用。请在空白处填入适当的内容，将程序补充完整。

```
Private Sub Form_Load()
   Command1.Enabled = False
End Sub
Private Sub Text1_ ________()
   Command1.Enabled = True
End Sub
```

(2) 要使列表框中的选项能同时选中多个，应设置列表框的________属性。

(3) 要使定时器控件每隔 0.3 秒发生一次 Timer 事件，应把它的________属性设置为________。

(4) 已知窗体中有一个图片框，名为 pic1，现在要把图形文件“D:\A1.bmp”显示在该控件中，使用的语句是________。

(5) 所谓 Tab 键顺序，就是指__________________在各个控件之间移动的顺序。设置控件的____________________属性可以屏蔽控件的 Tab 键顺序。

(6) 滚动条的_______属性表示滚动条内滑块所处位置所代表的值。

(7) 把框架的__________属性设为 False，则框架中的所有控件将不再响应用户的操作。

3. 编程题

创建一个实用的学生评语生成器，运行情况如图 8.20 所示。用户可以输入学生姓名并通过单选按钮来选择学生的“德”、“智”、“体”等各方面的表现状况，程序会根据输入的资料自动生成对这名学生的评语，还可以选择合适的寄语，添加自定义评语，最后生成完整的评语。

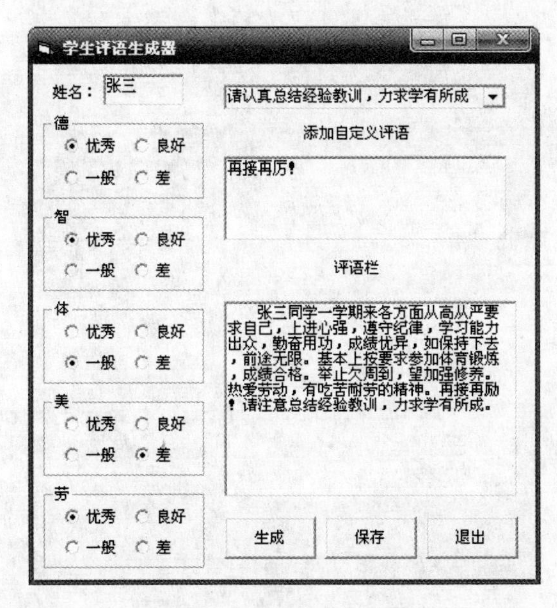

图 8.20 窗体运行后的界面

第 9 章

过　　程

- Sub 过程的建立和调用。
- Function 函数的定义和调用。
- 调用过程中的参数传递。
- 用窗体、控件作为通用过程的参数的操作。
- Static 语句的应用。
- Shell 函数的使用。

- 熟练掌握 Sub 过程的定义及调用方法。
- 熟练掌握 Function 函数的使用方法。
- 理解参数传递的意义及程序设计方法。
- 了解可选参数、可变参数、Static 语句和 Shell 函数的使用方法。
- 了解用窗体、控件做通用过程的参数。

9.1　工作场景导入

【工作场景】

某商场销售若干种彩电，价格目录每天一公布，今日商场又引进了新品种(夏普高清，4399)，设计一个窗体，将这一款电冰箱价格写入价格目录中，程序界面如图 9.1 所示。

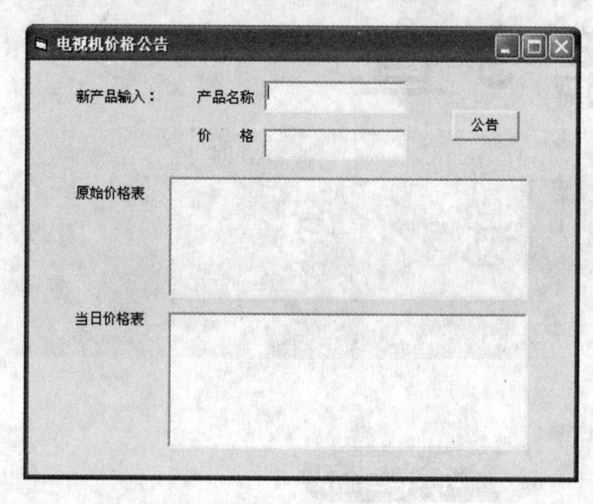

图 9.1　程序界面

【引导问题】

(1)　如何建立过程函数？

(2)　如何实现函数的调用？

(3)　如何在程序中引入“插入排序”？

Visual Basic 应用程序是由过程组成的，过程可以看作是编写程序的功能模块。使用过程是体现结构化(模块化)程序设计思想的重要手段。当问题比较复杂时，可根据功能将程序分解为若干个小模块。若程序中有多处使用相同的代码段，也可以把这一段代码独立出来，作为一个过程，这样的过程叫做“通用过程”，程序中的其他部分可以调用这些过程，而无需重新编写代码，简化了任务，并使得程序更具可读性。

在 Visual Basic 中，通用过程分为两类，即子程序过程和函数过程，前者叫做 Sub 过程，后者叫做 Function 过程。此外，Visual Basic 也允许用 Gosub...Return 语句来实现子程序调用，但它不能作为 Visual Basic 的过程。下面将介绍如何在 Visual Basic 应用程序中使用通用过程。

9.2　Sub 过程

Sub 过程(也称为子过程)是指以规定语法结构组织的、可以被重复调用的、具有规定功能的、相对独立的语句块。

9.2.1 建立 Sub 过程

1. 定义 Sub 过程

通用 Sub 过程的结构与前面多次见过的事件过程的结构类似。定义 Sub 过程的一般语法结构是：

```
[Static][Private][Public] Sub 过程名[(参数列表)]
    语句块
End Sub
```

Sub 过程以 Sub 开头，以 End Sub 结束，在 Sub 和 End Sub 之间是描述过程操作的语句块，称为“过程体”或“子程序体”。语法结构中各参量的含义如下。

Static：指定过程中的局部变量在内存中的默认存储方式。如果使用了 Static，则过程中的局部变量就是 Static 型的，即在每次调用过程时，局部变量的值保持不变；如果省略 Static，则局部变量就默认为“自动”的，即在每次调用过程时，局部变量被初始化为 0 或空字符串。Static 对在过程之外定义的变量没有影响，即使这些变量在过程中使用。

- Private：表示 Sub 过程是私有过程，只能被本模块中的其他过程访问，不能被其他模块中的过程访问。
- Public：表示 Sub 过程是公有过程，可以在程序的任何地方调用它。各窗体通用的过程一般在标准模块中用 Public 定义，在窗体层定义的通用过程通常在本窗体模块中使用，如果在其他窗体模块中使用，则应加上窗体名作为前缀。
- 过程名：是一个长度不超过 255 个字符的变量名，在同一个模块中，同一个变量名不能既用作 Sub 过程名又用作 Function 过程名。
- 参数列表：含有在调用时传送给该过程的简单变量名或数组名，各名字之间用逗号隔开。

参数列表指明了调用时传送给过程的参数的类型和个数，每个参数的格式为：

```
[ByVal] 变量名[()][As 数据类型]
```

这里的“变量名”是一个合法的 Visual Basic 变量名或数组名，如果是数组，则要在数组名后加上一对括号。“数据类型”指的是变量的类型，可以是 Integer、Long、Single、Double、String、Currency、Variant 或用户定义的类型。如果省略“As 数据类型”，则默认为 Variant。“变量名”前面的 ByVal 是可选的，如果加上 ByVal，则表明该参数是“传值”(Passed by Value)参数，没有加 ByVal(或者加 ByRef)的参数称为“引用”(Passed by Reference)参数。在定义 Sub 过程时，“参数列表”中的参数称为“形式参数”，简称“形参”，不能用定长字符串变量或定长字符串数组作为形式参数。不过，可以在调用语句中用简单定长字符串变量作为“实际参数”，在调用 Sub 过程之前，Visual Basic 把它转换为变长字符串变量。

End Sub 标志着 Sub 过程的结束。为了能正确运行，每个 Sub 过程必须有一个 End Sub 子句。当程序执行到 End Sub 时，将退出该过程，并立即返回到调用语句下面的语句。此外，在过程体内可以用一个或多个 Exit Sub 语句，用来从过程中退出。

Sub 过程不能嵌套。也就是说，在 Sub 过程内，不能定义 Sub 过程或 Function 过程；不能用 GoTo 语句进入或转出一个 Sub 过程，只能通过调用执行 Sub 过程，而且可以嵌套调用。

下面是两个定义的 Sub 过程，一个有参数，一个没有参数：

```
Sub tryout(x As Integer, ByVal y As Integer)'y为“传值”参数，x为“引用”参数
    x = x + 100
    y = y * 6
    Print x, y
End Sub

Public Sub changform()  '无传递参数
    Form1.Top = 0
    Form1.Left = 0
    Form1.Caption = "OK"
End Sub
```

2. 建立 Sub 过程

前面几章已见过如何建立事件过程。通用过程不属于任何一个事件过程，因此不能放在事件过程中。通用过程可以在标准模块中建立，也可以在窗体模块中建立。如果在标准模块中建立通用过程，可以使用以下两种方法。

(1) 第一种方法，操作步骤如下。

① 选择“工程”菜单中的“添加模块”命令，打开“添加模块”对话框，在该对话框中选择“新建”选项卡，然后双击“模块”按钮，打开模块代码窗口。

② 选择“工具”→“添加过程”菜单命令，打开“添加过程”对话框，如图 9.2 所示。

③ 在“名称”框内输入要建立的过程的名字(例如 Subtest)。

④ 在“类型”栏内选择要建立的过程的类型，如果建立子程序过程，则应选择“子程序”；如果要建立函数过程，则应选择“函数”。

⑤ 在“范围”栏内选择过程的适用范围，可以选择“公有的”或“私有的”。如果选择“公有的”，则所建立的过程可用于本工程内的所有窗体模块；如果选择“私有的”，则所建立的过程只能用于本标准模块。

⑥ 单击“确定”按钮，回到模块代码窗口，如图 9.3 所示。

此时可以在 Sub 和 End Sub 之间键入程序代码(与事件过程的代码输入相同)。

(2) 第二种方法：选择“工程”→“添加模块”菜单命令，打开模块代码窗口，然后键入过程的名字。例如，键入 Sub Subtest()，按 Enter 键后显示：

```
Sub Subtest()

End Sub
```

可在 Sub Subtest()和 End Sub 之间键入程序代码。

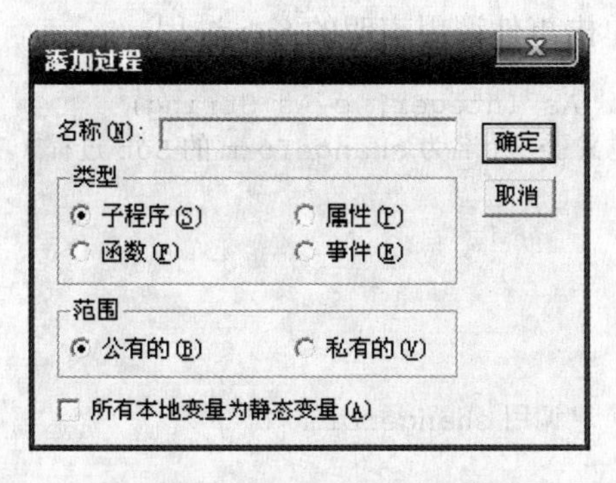

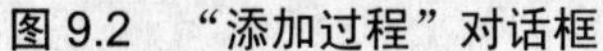
图 9.2　“添加过程”对话框

图 9.3　模块代码窗口

在模块代码窗口中，通用过程出现在“对象”框的“通用”项目下，其名字可以在“过程”框中找到。

如果在窗体模块中建立通用过程，则可双击窗体进入代码窗口，在“对象”框中选择“通用”项目，在“过程”框中选择“声明”，直接在窗口内键入 Sub Subtest()，然后按 Enter 键，窗口内显示：

```
Sub Subtest()

End Sub
```

此时即可键入代码。

9.2.2　调用 Sub 过程

在其他过程中执行已声明的 Sub 过程被称为对 Sub 过程的调用。调用 Sub 过程的方法有两种：一种是把过程的名字放在一个 Call 语句中，一种是把过程名作为一个语句来使用。

1. 用 Call 语句调用 Sub 过程

格式为：

```
Call 过程名 [(实际参数)]
```

Call 语句把程序控制传送到一个 Visual Basic 的 Sub 过程。用 Call 语句调用一个过程时，如果过程本身没有参数，则“实际参数”和括号可以省略；否则应给出相应的实际参数，并把参数放在括号中。“实际参数”是传送给 Sub 过程的变量或常量。例如：

```
Call Subtest(a, b)
```

2. 把过程名作为一个语句来使用

在调用 Sub 过程时，如果省略关键字 Call，就成为调用 Sub 过程的第二种方式。与第一种方式相比，第二种方式去掉了关键字 Call 和“实际参数”的括号。例如：

```
Subtest a, b
```

下面通过一个例子来说明 Sub 过程的应用。

【**例 9.1**】编写如下 Sub 过程，通过按钮的单击事件调用声明的 Sub 过程：

```
Private Sub changeform(a As Integer, b As Integer, c As String)
   Form1.Caption = c                    '定义了一个名为 changeform 的 Sub 过程
   Form1.Top = a
   Form1.Left = b
End Sub

Private Sub Command1_Click()
   Call changeform(0, 0, "Ok")          '调用 changeform
End Sub

Private Sub Command2_Click()
   changeform 1000, 1000, "hello"       '调用 changeform
End Sub
```

上面第一个过程定义了一个名为 changeform 的 Sub 过程，它共有三个不同类型的形式变量，分别是 a、b、c。上面第二、第三个过程为按钮的单击事件过程，事件过程中调用了 changeform 函数，实现的功能是单击不同的按钮则窗体移动到不同的位置，窗体名也跟着发生变化。

9.2.3 通用过程与事件过程

事件过程也是 Sub 过程，但它是一个特殊的 Sub 过程，它附加在窗体和控件上。一个控件的事件过程由控件的实际名字(Name 属性)、下划线和事件名组成；而窗体事件过程由“Form”、下划线和事件名组成。也就是说，窗体的事件过程不能由用户任意定义，而是由系统指定。控件事件过程的一般格式为：

```
[Private|Public] Sub 控件名_事件名(参数表)
   语句组
End Sub
```

窗体事件过程的一般格式为：

```
[Private|Public] Sub Form_事件名(参数表)
   语句组
End Sub
```

可以看出，除了名字外，控件事件过程与窗体事件过程的格式基本上是一样的。在大多数情况下，通常是在事件过程中调用通用过程。实际上，由于事件过程也是过程(Sub 过程)，因此也可以被其他过程调用(包括事件过程和通用过程)。

通用过程可以放在标准模块中，也可以放在窗体模块中，而事件过程只能放在窗体模块中，不同模块中的过程(包括事件过程和通用过程)可以互相调用。当过程名唯一时，可以直接通过过程名调用；如果两个或两个以上的标准模块中含有相同的过程名，则在调用时必须用模块名限定，其一般格式为：

```
模块名.过程名(参数表)
```

一般来说，通用过程(包括 Sub 过程、Function 过程)之间、事件过程之间、通用过程与事件过程之间，都可以互相调用。为了说明这一点，这里举一个例子。

按以下步骤操作。

(1) 启动 Visual Basic，在窗体(Form1)上画两个命令按钮，把 Caption 属性分别设置为 Form1_Button1 和 Form1_Button2。在该窗体模块中编写如下通用过程和事件过程：

```
Sub Common()
    MsgBox "这是第一个窗体模块中的通用过程"
End Sub

Public Sub Button1_Click()
    Module1.Common          '调用第一个标准模块中的通用过程 Common
    Module2.Common          '调用第二个标准模块中的通用过程 Common
End Sub

Public Sub Button2_Click()
    Form2.Common            '调用第二个窗体模块中的通用过程 Common
    Form2.Show              '显示第二个窗体
End Sub
```

(2) 选择“工程”菜单中的“添加窗体”命令，添加一个新的窗体(Form2)，在该窗体上画两个命令按钮，把 Caption 属性分别设置为 Form2_Button1 和 Form2_ Button2。在该窗体模块中编写如下通用过程和事件过程：

```
Public Sub Common()
    MsgBox "这是第二个窗体模块中的通用过程"
End Sub

Private Sub Button1_Click()
    Form1.Button1_Click                 '调用第一个窗体模块中的事件过程
    Command1_Click
    Form1.Common                        '调用第一个窗体模块中的通用过程 Common
End Sub

Private Sub Button2_Click()
    Form1.Button2_Click                 '调用第一个窗体模块中的事件过程
    Command2_Click
End Sub
```

(3) 选择“工程”菜单中的“添加模块”命令，添加一个新的标准模块(Module1)，在该模块中编写如下代码：

```
Public Sub Common()
    MsgBox "这是第一个标准模块中的通用过程"
End Sub
```

选择“工程”菜单中的“添加模块”命令，添加一个新的标准模块(Module2)，在该模块中编写如下代码：

```
Public Sub Common()
    MsgBox "这是第二个标准模块中的通用过程"
End Sub
```

以上共建立了 4 个模块，包括两个窗体模块和两个标准模块，在每个模块中建立了一个通用过程 Common。由于这 4 个通用过程名字相同，因此在调用时都用模块名字限定。从上面的程序可以看出，当在一个模块中调用其他模块中的过程时，被调用的过程必须是“公用”(Public)的。

在上面的例子中，使用的通用过程是 Sub 过程，如果使用 Function 过程，则情况完全一样。

9.3 Function 过程

Function 过程又称为函数。它除具备 Sub 过程的所有功能及用法外，主要目的是为了进行计算并返回一个结果值。

9.3.1 建立 Function 过程

Function 过程定义的格式如下：

```
[Static][Private][Public] Function 过程名[(参数表列)][As 类型]
    [语句块]
End Function
```

Function 过程以 Function 开头，以 End Function 结束，在两者之间是描述过程操作的语句块，即“过程体”或“函数体”。

格式中的“过程名”、“参数表列”、Static、Private、Public、Exit Function 的含义与 Sub 过程中相同。

“As 类型”是 Function 过程返回的值的数据类型，可以是 Integer、Long、Single、Double、Currency 或 String，若省略，则为 Variant。

调用 Sub 过程相当于执行一个语句，不直接返回值；而调用 Function 过程要返回一个值，因此可以像内部函数一样在表达式中使用。Function 过程要返回的值赋给“过程名”。如果在 Function 过程中没有值赋给“过程名”，则该过程返回一个默认值：数值函数过程返回 0 值；字符串函数过程返回空字符串。因此，为了能使一个 Function 过程完成所指定的操作，通常要在过程体中为“过程名”赋值。例如下面的 Function 过程：

```
Public Function myabs(db As Double) As Double    '返回值类型为 Double
    If db >= 0 Then
        myabs = db            '非负时返回本身
    Else
        myabs = -db           '负数返回其相反数
    End If
End Function
```

上面定义的 Function 函数是用于求绝对值的函数。

前面说过，过程不能嵌套。因此不能在事件过程中定义通用过程(包括 Sub 过程和 Function 过程)，只能在事件过程内调用通用过程。

前一节提到的建立 Sub 过程的 3 种方法(两种方法用于标准模块，一种方法用于窗体模块)也可用来建立 Function 过程，只是当用第一种方法建立时，在对话框的“类型”栏内应选择“函数”，另外两种方法中的 Sub 应换成 Function。

【例 9.2】编写自定义函数 Factor 计算给定参数的阶乘并返回。

代码如下：

```
Public Function Factor(n As Integer) As Double
    Dim i As Integer
    Dim res As Double
    res = 1
    For i = 1 To n          '通过 For 循环求阶乘
        res = res * i
    Next
    Factor = res
End Function
```

上述过程通过 For 循环求阶乘，函数只有一个形参，返回值为 Double 类型。

9.3.2 调用 Function 过程

Function 过程的调用比较简单，因为可以像使用 Visual Basic 内部函数一样来调用 Function 过程。

实际上，由于 Function 过程能返回一个值，因此完全可以把它看成是一个函数，它与内部函数(如 Sqr、Str$、Chr$等)没有什么区别，只不过内部函数由语言系统提供，而 Function 过程由用户自己定义。

例如，下面的事件过程调用例 9.2 定义的函数 Factor 来计算 10!-8!的值，并通过文本框输出结果：

```
Private Sub Command1_Click()
    Text1 = Factor(10) - Factor(8)
End Sub
```

上面的程序中，Factor(10)和 Factor(8)两次调用函数 Factor，Factor(10)和 Factor(8)的返回值分别为 3628800、40320，Text1 中的结果为 3588480。

注意：因为 Factor 函数是模块级的，所以要在事件过程调用成功，则函数的声明一定要与事件过程写在同一个模块中，前后顺序并不重要。

【例 9.3】从键盘上输入一个数，输出该数的平方根。

用内部函数 Sqr 可以得到一个数的平方根，但该数必须大于或等于 0。如果是负数，则其平方根是一个虚数。我们用自己编写的过程来求平方根。

设计的程序代码如下：

```
Function fun1(x As Double) As Double
    Select Case Sgn(x)                          'Sgn 为正负数判断函数
    Case 1
        fun1 = Sqr(x)
        Exit Function
    Case 0
        fun1 = 0
    Case -1
        fun1 = -1
    End Select
End Function

Private Sub Form_Click()
    Dim Msg As String
    Dim a As Double
    a = InputBox("请输入要计算平方根的数: ")
    Msg = a & "的平方根"
    Select Case fun1(a)                         '调用 fun1 函数
        Case 0
            Msg = Msg & "是 0"
        Case -1
            Msg = Msg & "是一个虚数"
        Case Else
            Msg = Msg & "是" & fun1(a)
    End Select
    MsgBox Msg                                  '信息框输出答案
End Sub
```

函数 fun1 用来求平方根。该函数有一个参数，其类型为 Double，函数的返回值类型为 Double。

在该过程中，用 Sgn 函数判断参数的符号，当参数为正数时，过程返回该参数的平方根；如果参数为 0，则返回 0 值；如果参数为负数，则返回-1。在事件过程(主程序)中，用从键盘中输入的数调用 fun1 函数，并根据返回的值进行不同的处理。假如运行程序输入 67，如图 9.4 所示为输出结果。

图 9.4　求平方根

以上介绍了过程的定义和调用。Visual Basic 应用程序的过程出现在窗体模块和标准模块中。

在窗体模块中可以定义和编写子程序过程、函数过程及事件过程，而在标准模块中只能定义子程序过程和函数过程。

其结构关系如图 9.5 所示。

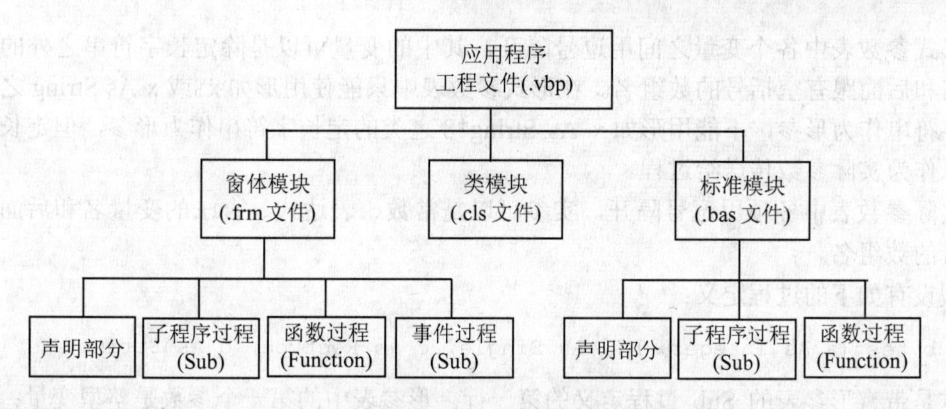

图 9.5 Visual Basic 应用程序中的过程

9.4 参数传送

程序在调用通用过程时，要把语句中的“实参”依次传递给被调用过程的“形参”，然后执行被调用过程中的语句。形参相当于过程中的过程级变量，参数传递时相当于给变量赋初值。过程结束后程序返回到调用它的过程中继续执行。

9.4.1 形参与实参

形参是在 Sub、Function 过程定义中出现的变量名，实参则是在调用 Sub 或 Function 过程时传送给 Sub 或 Function 过程的常数、变量、表达式或数组。在 Visual Basic 中，可以通过两种方式传送参数，即按位置传送和指名传送。

1. 按位置传送

按位置传送是大多数语言处理子程序调用时所使用的方式，是默认的参数传递方式，在前面的例子中使用的就是按位置传送方式。当使用这种方式时，实际参数的次序必须与形式参数的次序相匹配，也就是说，它们的位置次序必须一致。例如，假定定义下面一个过程：

```
Sub Subtest(p1 As Integer, p2 As Single, p3 As String)
    ...
End Sub
```

可以用下面的语句调用该过程：

```
Call Subtest(A, B, "Test")
```

这样就完成了形参与实参的结合，实参 A 赋给形参 p1，实参 B 赋给形参 p2，实参 Test 赋给形参 p3。

> 注意：在传送参数时，形参表与实参表中对应变量的名字不必相同，但是它们所包含的参数的个数与相应形参的类型必须相同。

形式参数表中各个变量之间用逗号隔开，其中的变量可以是除定长字符串之外的合法变量名和后面跟有空括号的数组名。在形式参数表中只能使用形如 x$或 x As String 之类的变长字符串作为形参，不能用形如 x As String*8 之类的定长字符串作为形参，但定长字符串可以作为实际参数传送给过程。

实际参数表中各项用逗号隔开，实参可以是常数、表达式、合法的变量名和后面跟有空括号的数组名。

假设有如下的过程定义：

```
Sub test(a As Integer, b() As Single, c as Rectype, d As String)
```

这是带有形参表的 Sub 过程定义的第一行。形参表中的第一个参数是整型变量；第二个参数是单精度数组；第 3 个参数是一个 Rectype 类型的记录；第 4 个参数是一个字符串。在调用上述过程时，必须把所需要的实参传送给过程，取代相应的形参，执行过程的操作，实参与形参必须按位置次序传送。用下面的程序段可以调用过程 test，并把 4 个实参传送给相应的形参：

```
Type Rectype
   Rand As String * 12
   SerialNum As Long
End Type
Dim Recv As Rectype              '定义 Recv 变量为 Rectype
Call Subtest(x, A(), Recv, "Dephone")
```

2. 指名传送

Visual Basic 6.0 提供了与 Ada 语言类似的参数传送机制，即指名传送方式。所谓指名参数传送，就是显式地指出与形参结合的实参，把形参用“:=”与实参连接起来。与按位置传送方式不同，指名传送方式不受位置次序的限制。例如，假定建立了如下的通用过程：

```
Sub add_num(data1 As Integer, data2 As Integer, data3 As Integer)
   c = (data1 + data2) * data3
   Print c
End Sub
```

如果使用按位置结合方式，则调用语句如下：

```
add_num 4, 6, 8
```

如果使用指名参数传送方式，则下面 3 个调用语句是等价的：

```
add_num data1:=4, data2:=6, data3:=8
add_num data2:=6, data1:=4, data3:=8
add_num data3:=8, data2:=6, data1:=4
```

表面上看来，指名结合比按位结合繁琐，因为要多写一些东西，但它能改善过程调用的可读性；此外，当参数较多，而且类型相似时，指名结合比按位置结合出错的可能性要小一些。

对于 Visual Basic 提供的方法，可以通过指名参数进行调用。但应注意，有些方法的调用不能使用指名参数，在使用时应查阅相关的帮助信息。

9.4.2 引用

在 Visual Basic 中，参数通过两种方式传送，即传地址和传值，其中传地址习惯上称为引用，引用方式通过关键字 ByRef 来实现。也就是说，在定义通用过程时，如果形参前面有关键字 ByRef(通常省略)，则该参数通过引用(即传地址)方式传送。

在默认情况下，变量(简单变量、数组或数组元素以及记录)都是通过“引用”传送给 Sub 或 Function 过程。在这种情况下，可以通过改变过程中相应的参数来改变该变量的值。这意味着，当通过引用来传送实参时，可以改变过程变量的值。对于如下代码：

```
Sub Sub1(x As Integer, ByRef y As Integer)  '引用方式传送参数
    x = x - 100
    y = y * 8
    Print "x = "; x, "y = "; y
End Sub

Sub Form_Click()
    Dim a As Integer, b As Integer
    a = 8: b = 10
    Call Sub1(a, b)
    Print "a = "; a, "b = "; b
End Sub
```

通用过程 Sub1 的操作很简单，即把传送过来的 x 参数减去 100，y 参数乘以 8，然后输出 x、y 的值。在事件过程中，通过“Call Sub1(a,b)”语句调用过程 Sub1，实参 a 和 b 的值分别为 8 和 10，传送给 Sub1 后进行如下计算：

```
8 - 100 = -92
10 * 8 = 80
```

这样，在通用过程中输出的 x 和 y 分别为-92 和 80，而在事件过程中输出的 a 和 b 同样为-92 和 80。因此，运行上述程序后，输出结果如下：

```
x = -92     y = 80
a = -92     b = 80
```

出现这种现象是因为变量(即实参)的值存放在内存的某个地址中，当通过引用来调用一个过程时，向该过程传送变量，实际上是把变量的地址传送给该过程，因此，变量的地址和被调用过程中相应的参数的地址是相同的。这样，如果通用过程中的操作修改了参数的值，则它同时也修改了传送给过程的变量的值。如果不希望在调用过程中改变变量的值，则应把变量的值传送给参数，即传值，而不要传送变量的地址。

可以看出，引用会改变实际参数的值。如果一个过程能改变实际参数的值，则称这样的过程是有副作用的过程，在使用过程时，很容易出现逻辑错误。

一般来说，传地址比下面将要介绍的传值更能节省内存和提高效率。因为在定义通用过程时，过程中的形参只是一个地址，系统不必为保存它的值而分配内存空间，只简单地记住它是一个地址。使用传地址可以使 Visual Basic 更有效地进行操作。对于整型数来说，

这种效率不太明显，而对于字符串来说，传地址与传值的区别就比较大了。假定有下面一个通用过程：

```
Sub Print_String(m_str As String)
    For i = 0 To 9
        Debug.Print m_str
    Next i
End Sub
```

这个过程的操作很简单，仅仅将一个字符串重复输出 10 遍。在调用的时候将一个字符串传递给该过程。如果使用按值传送的方式，则在每次调用的时候，Visual Basic 都要先为字符串分配一个内存空间，并拷贝该字符串。如果要打印的字符串由几百、几千个字符组成，其传送效率是可以想而知的。如果采用按地址传送的方式，调用的时候，直接找到字符串的地址，将字符串打印出来，则效率要高得多。

9.4.3 传值

传值就是传送实际参数，即传送实参的值而不是传送它的地址。在这种情况下，系统把需要传送的变量复制到一个临时单元中，然后把临时单元的地址传送给被调用的通用过程。由于通用过程没有访问变量(实参)的原始地址，因而不会改变原来变量的值，所有的变化都是在变量的副本上进行的。

在 Visual Basic 中，传值方式通过关键字 ByVal 来实现。也就是说，在定义通用过程时，如果形参前面有关键字 ByVal，则该参数用传值方式传送，否则用引用(即传地址)方式传送。例如：

```
Sub Increment(ByVal x As Integer)
    x = x + 1
End Sub
```

这里的形参 x 前有关键字 ByVal，调用时以传值方式传送实参。在传值方式下，Visual Basic 为形参分配内存空间，并将相应的实参拷贝给各形参。如果将前面介绍过的引用传送实参的程序段改为传值方式传送变量，声明的 Sub1 过程要改为如下形式：

```
Sub Sub1(ByVal x As Integer, ByVal y As Integer)   '传值方式传送参数
    x = x - 100
    y = y * 8
    Print "x = "; x, "y = "; y
End Sub
```

事件过程 Form_Click 不用进行任何修改，与前面介绍过的程序段相同。程序运行后，输出结果将与前面介绍过的结果不同，如下所示：

```
x = -92         y = 80
a = 8           b = 10
```

如前所述，传地址比传值效率高。但在传地址方式中，形参不是一个真正的局部变量，可能对程序的执行产生不必要的干扰。而在传值方式中，形参是一个真正的局部变量，当

在程序的其他地方使用时，不会对程序产生干扰。在有些情况下，只有用传值方式才能得到正确的结果。假定有下面的过程：

```
Function power(x As Single, ByVal y As Integer)
    Dim result As Single
    result = 1
    Do While y > 0
        result = result * x
        y = y - 1
    Loop
    power = result
End Function
```

这是一个计算乘幂的过程，用来求 x 的 y 次幂，其中 y>0(正指数)。该函数过程用乘法求乘幂，例如 x 立方等于 x*x*x。形参 y 指定了要执行乘法的次数，每执行一次乘法，y 值减 1，当 y 为 0 时结束。y 是传值方式参数，可以用下面的事件过程调用：

```
Sub Form_Click()
    For i = 1 To 5
        r = power(5, i)
        Print r
    Next i
End Sub
```

过程 power 中的参数 y 使用了关键字 ByVal，因而事件可以顺利执行，5 次循环分别打印出 5、5*5、5*5*5...的值。但是，如果去掉参数 y 前面的关键字 ByVal，则无法得到预期的结果。这是因为，第一次调用 power 后，i 被重新设置为 0(参数 y 是 i 的地址)，然后 For 语句使 i 加 1，再开始循环。由于调用 power 时总是将循环变量 i 设置为 0，所以 For 循环将不会停止，产生溢出。在这种情况下，ByVal 就不是可有可无的了。

究竟什么时候用传值方式，什么时候用传地址方式，没有硬性规定，下面几条规则可供参考。

(1) 对于整型、长整型或单精度参数，如果不希望过程修改实参的值，则应加上关键字 ByVal(值传送)。而为了提高效率，字符串和数组应通过地址传送。此外，用户定义的类型(记录)和控件只能通过地址传送。

(2) 对于其他数据类型，包括双精度型、货币型和变体数据类型，可以用两种方式传送。经验证明，此类参数最好用传值方式传送，这样可以避免错用参数。

(3) 如果没有把握，最好能用传值方式来传送所有变量(字符串、数组和记录类型变量除外)，在编写程序并能正确运行后，再把部分参数改为传地址，以加快运行速度。这样，即使在删除一些 ByVal 后程序不能正确运行，也很容易查出错在什么地方。

(4) 用 Function 过程可以通过过程名返回值，但只能返回一个值；Sub 过程不能通过过程名返回值，但可以通过参数返回值，并可以返回多个值。当需要用 Sub 过程返回值时，其相应的参数需要用传地址方式。例如：

```
Sub Sub2(ByVal x As Integer, ByVal y As Integer, m As Integer, n As Integer)
    m = x + y
    n = x * y
```

```
End Sub

Private Sub Command1_Click()
    Dim Sum As Integer, Mul As Integer
    Sub2 20, 30, Sum, Mul
    Print Sum, Mul
End Sub
```

在这个例子中，通用过程 Sub2 有 4 个参数，后面两个参数用来存放计算结果。当在事件过程中调用该过程时，从通用过程 Sub2 中返回两个数的和(Sum)与积(Mul)。在这种情况下，Sub2 过程中的参数 m 和 n 必须使用传地址方式。

9.4.4 数组参数的传送

Visual Basic 允许把数组作为实参传送到过程中。例如，假设定义了如下过程：

```
Sub Sub3(a(), b())
    ...
End Sub
```

该过程有两个形参，这两个参数都是数组。注意，用数组作为过程的参数时，应在数组名的后面加上一对括号，以免与普通变量混淆。可以用下面的语句调用该过程：

```
Call Sub3(p(), q())
```

这样就把数组 p 和 q 传送给过程中的数组 a 和 b。当用数组作为过程的参数时，使用的是“传地址”方式，而不是“传值”方式，即不是把 p 数组中各元素的值一一传送给过程中的 a 数组，而是把 p 数组的起始地址传给过程，使 a 数组也具有与 p 数组相同的起始地址，如图 9.6 所示。

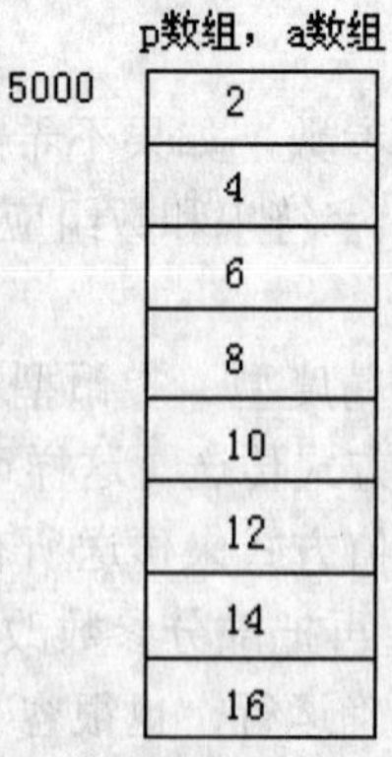

5000	p数组，a数组
	2
	4
	6
	8
	10
	12
	14
	16

图 9.6　实参数组与形参数组

设 p 数组有 8 个元素，在内存中的起始地址为 5000。在调用过程 Sub3 时，进行“形实结合”，p 的起始地址 5000 传送给 a。因此，在执行该过程期间，p 和 a 同占一段内存单元，p 数组中的值与 a 数组共享，如 a(1)的值就是 p(1)的值，都是 2。

如果在过程 Sub3 中改变了 a 数组中的值，例如：

```
a(4) = 20
```

则在执行完过程 S 后，主程序中数组 p 的第 4 个元素 p(4)的值也变为 20 了。也就是说，用数组作为过程参数时，形参数组中各元素的改变将被带回到实参。这个特性是很有用的。

如前所述，数组一般通过传地址方式传送。在传送数组时，除遵守参数传送的一般规则外，还应注意以下几点：

- 为了把一个数组的全部元素传给一个过程，应将数组名分别放入实参表和形参表中，并略去数组的上下界，但括号不能省略。
- 如果不需要把整个数组传送给通用过程，可以只传送指定的单个元素，这需要在数组名后面的括号中写上指定元素的下标。
- 已经介绍过的 LBound 和 UBound 函数常用来确定传送给过程的数组的大小。用 LBound 函数可以求出数组的最小下标值，而用 UBound 函数可以求出数组的最大下标值，这样就能确定传送给过程的数组中各维的上下界。

下面通过几个例子，来理解数组传递的过程。

【例 9.4】随机生成一个一维数组，编写函数求数组中元素的最大值。

编写程序如下：

```
Private Sub Command1_Click()
    Dim a(10) As Integer
    Dim i As Integer
    For i = 0 To 9              '随机产生数组元素
        a(i) = Int(Rnd * 100)
        Print a(i);
    Next
    Print
    Print "最大元素为" & fun1(a())  '调用定义函数
End Sub

Function fun1(a() As Integer) As Integer
    Dim n As Integer
    Dim i As Integer
    Dim max As Integer
    max = a(0)
    n = UBound(a)               '应用 UBound 获得数组最大下标值
    For i = 0 To n
        If a(i) > max Then max = a(i)
    Next
    fun1 = max                  '返回最大值
End Function
```

运行以上程序，单击“生成随机数组并求最大项”按钮，在窗体上打印一串随机生成的数组，并输出最大值的大小，程序运行界面如图 9.7 所示。

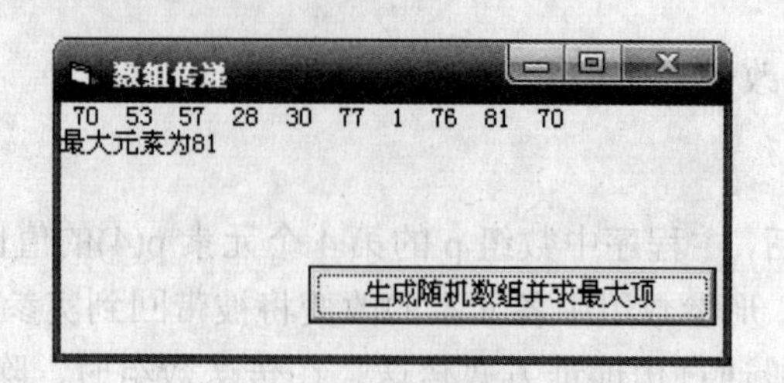

图 9.7 程序运行后显示的界面

以上介绍了 Visual Basic 过程的参数传送，现补充说明以下几点。

(1) 当把常数和表达式作为实参传送给形参时，应注意类型匹配。通常有 3 种情况。

① 字符串常数和数值常数分别传送给字符串类型的形参和数值类型的形参。

② 当传送数值常数时，如果实参表中的某个数值常数的类型与 Function 或 Sub 过程形参表中相应的形参类型不一致，则这个常数被强制变为相应形参的类型。

③ 当作为实参的数值表达式与形参类型不一致时，通常强制变为相应的形参类型。

(2) 记录是用户定义的类型，传送记录实际上是传送该类型的变量，一般步骤如下。

① 定义记录类型。例如：

```
Type StockItem
    PartNumber As String * 8
    Description As String * 20
    UnitPrice As Single
    Quantity As Integer
End Type
```

② 定义记录类型变量。例如：

```
Dim StockRecord As StockItem
```

③ 调用过程，并把定义的记录变量传送到过程。例如：

```
Call FindRecord(StockRecord)
```

④ 在定义过程时，要注意形参类型匹配。例如：

```
Sub FindRecord(RecordVar As StockItem)
```

(3) 单个记录元素的传送。传送单个记录元素时，必须把记录元素放在实参表中，写成“记录名.元素名”的形式。例如：

```
Sub PrintPriceTeg(Desc As String, Price As Single)
    ...
End Sub

...

Dim StockRecord As StockItem
Call PrintPriceTeg(StockRecord.Description, StockRecord.UnitPrice)
...
```

9.5 可选参数与可变参数

Visual Basic 6.0 提供了十分灵活和安全的参数传送方式，允许使用可选参数和可变参数。在调用一个过程时，可以向过程传送可选的参数或者任意数量的参数。

9.5.1 可选参数

在前面的例子中，一个过程中的形式参数是固定的，调用时提供的实参也是固定的。也就是说，如果一个过程有 3 个形参，则调用时必须按相同的顺序和类型提供 3 个实参。在 Visual Basic 6.0 中，可以指定一个或多个参数。例如，假定建立了一个计算两个数的相加和的过程，还可选择加上第 3 个数。在调用时，既可以给它传送两个参数，也可以给它传送 3 个参数。在参数表中使用 Optional 关键字定义可选参数，过程中可以通过 IsMissing 函数测试调用时是否传送了可选参数。对于上面的程序要求可以编写如下的程序：

```
Private Sub Form_Click()
add 1, 2, 3                      '在窗体上打印 6
add 1, 2                         '在窗体上打印 3
End Sub

Sub add(int1 As Integer, int2 As Integer, Optional int3)
    n = int1 + int2
If Not IsMissing(int3) Then      '判断是否有第三个数输入
    n = n + int3
End If
Print n
End Sub
```

上述定义的过程 add 有 3 个参数，前两个参数与普通过程中的书写格式相同，最后一个参数没有指定类型(使用默认类型 Variant)，而且在前面加上了 Optional，表明该参数是一个可选参数。在过程中，首先计算前两个参数的和，并把结果赋给变量 n，然后测试第 3 个参数是否存在，如果存在，则把第 3 个参数与前两个参数的和相加，最后输出和。在窗体的单击事件中调用上面的过程时，先提供 3 个参数，输出 3 个数的和，又提供两个参数，输出两个数的和。

上面的过程只有一个可选参数。实际上也可以安排两个或多个。但应注意，可选参数必须放在参数表的最后，而且必须是 Variant 类型。

可选参数过程通过 Optional 指定可选的参数；通过 IsMissing 函数测试是否向可选参数传送实参值。

IsMissing 函数有一个参数，它就是由 Optional 指定的形参的名字，其返回值为 Boolean 类型。在调用过程时，如果没有向可选参数传送实参，则 IsMissing 函数的返回值为 True，否则返回值为 False。

9.5.2 可变参数

在 C 语言中，通常用预定义函数 printf 输出数据。用该函数可以输出一个数据，也可以输出任意多个数据。输出的数据就是函数的参数，因此 printf 是一个可变参数函数。在 Visual Basic 6.0 中，可以建立与 printf 类似的过程。

可变参数过程通过 ParamAray 命令来定义，一般格式为：

```
Sub 过程名(ParamAray 数组名)
```

这里的“数组名”是个形式参数，只有名字和括号，没有上下界。由于省略了变量类型，“数组”的类型默认为 Variant。前面建立的 Add 过程可以求两个或三个数的和。下面定义的是一个可变参数过程，用这个过程可以求任意多个数的和。

```
Sub Add(ParamArray Numbers())
    n = 0
    For Each x In Numbers
        n = n + x
    Next x
    Print n
End Sub
```

可以用任意个参数调用上述过程。例如：

```
Private Sub Form_Click()
    Add 2, 3, 4, 5, 6                    '在窗体上打印 20
End Sub
```

由于可变参数过程中的参数是 Variant 类型，因此可以把任何类型的实参传送给该过程。例如：

```
Private Sub Form_Click()
    Dim a As Integer, b As Long, c As Variant, d As Integer
    a = 6 : b = 8 : c = 12 : d = 2       '用冒号分开
    Add a, b, c, d
End Sub
```

9.6 对象参数

与传统的程序设计语言一样，通用过程一般用变量作为形式参数。但是，与传统的程序设计语言不同，在 Visual Basic 中，还允许用对象，即窗体或控件作为通用过程的参数。在有些情况下，这可以简化程序设计，提高效率。本节将介绍用窗体和控件作为通用过程参数的操作。

前面已经介绍了如何用数值、字符串、数组作为过程的参数，以及如何把这些类型的实参传送给过程。实际上，在 Visual Basic 中，还可以向过程传送对象，包括窗体和控件。

用对象作为参数与用其他数据类型作为参数的过程没有什么区别，其格式为：

```
Sub 过程名(形参表)
    语句块
    [Exit Sub]
    ...
End Sub
```

其中“形参表”中形参的类型通常为 Control 或 Form。注意，在调用含有对象的过程时，对象只能通过传地址方式传送。因此在定义过程时，不能在其参数前加关键字 ByVal。

9.6.1 窗体参数

下面通过一个例子来说明窗体参数的使用。

假定要设计一个含有多个窗体的程序，该程序有 4 个窗体，要求这 4 个窗体的位置、大小都相同。窗体的大小和位置通过 Left、Top、Width 及 Height 属性来设置：

```
...
Form1.Left = 1000
Form1.Top = 1000
Form1.Width = 4000
Form1.Height = 3000

Form2.Left = 1000
Form2.Top = 1000
Form2.Width = 4000
Form2.Height = 3000

Form3.Left = 1000
Form3.Top = 1000
Form3.Width = 4000
Form3.Height = 3000

Form4.Left = 1000
Form4.Top = 1000
Form4.Width = 4000
Form4.Height = 3000
...
```

每个窗体通过 4 个语句确定其大小和位置，除窗体名称不同外，其他都一样。因此，可以用窗体作为参数，编写一个通用过程：

```
Sub FormSet(FormNum As Form)
    FormNum.Left = 1000
    FormNum.Top = 1000
    FormNum.Width = 4000
    FormNum.Height = 3000
End Sub
```

上述通用过程有一个形式参数，该参数的类型为窗体(Form)。调用时，可以用窗体作为实参。为了调用上面的通用过程，可以用“工程”菜单中的“添加窗体”命令建立4个窗体，即Form1、Form2、Form3和Form4。在默认情况下，第一个建立的窗体(这里是Form1)是启动窗体。对Form1编写如下事件过程：

```
Private Sub Form_Load()
    FormSet Form1
    FormSet Form2
    FormSet Form3
    FormSet Form4
End Sub
```

对4个窗体分别编写如下的事件过程。

```
Private Sub Form_Click()
    Form1.Hide                  '隐藏窗体 Form1
    Form2.Show                  '显示窗体 Form2
End Sub
Private Sub Form_Click()
    Form2.Hide                  '隐藏窗体 Form2
    Form3.Show                  '显示窗体 Form3
End Sub
Private Sub Form_Click()
    Form3.Hide                  '隐藏窗体 Form3
    Form4.Show                  '显示窗体 Form4
End Sub
Private Sub Form_Click()
    Form4.Hide                  '隐藏窗体 Form4
    Form1.Show                  '显示窗体 Form1
End Sub
```

上述程序运行后，首先显示Form1，单击该窗体后，Form1消失，显示Form2，单击Form2窗体后，Form2消失，显示Form3，……，所显示的每个窗体的大小和位置均相同。

9.6.2 控件参数

与窗体参数一样，控件也可以作为通用过程的参数，即在一个通用过程中设置相同性质控件所需要的属性，然后用不同的控件调用此过程。

【例9.5】编写一个通用过程，在这个过程中设置字体属性，并调用该过程显示指定的信息。

通用过程如下：

```
Sub Typeface(Type1 As Control, Type2 As Control)     '控件为参数
    Type1.FontSize = 16                         '改变参数1的属性
    Type1.FontName = "黑体"
    Type1.FontItalic = False
    Type1.FontUnderline = False
```

```
    Type2.FontSize = 24              '改变参数 2 的属性
    Type2.FontName = "宋体"
    Type2.FontItalic = True
    Type2.FontUnderline = True
End Sub
```

上述过程有两个参数，其类型均为 Control。该过程用来设置控件上所显示的文字的各种属性。为了调用该过程，在窗体上建立两个文本框，然后编写如下的窗体事件过程：

```
Private Sub Form_Load()          '加载窗体并为文本框设初始值
    Text1.Text = "不同的字体"
    Text2.Text = "不同的字体"
End Sub
Private Sub Form_Click()         '单击窗体，文本框属性改变
    Typeface Text1, Text2
End Sub
```

运行上面的程序，单击窗体前和执行结果如图 9.8 所示。

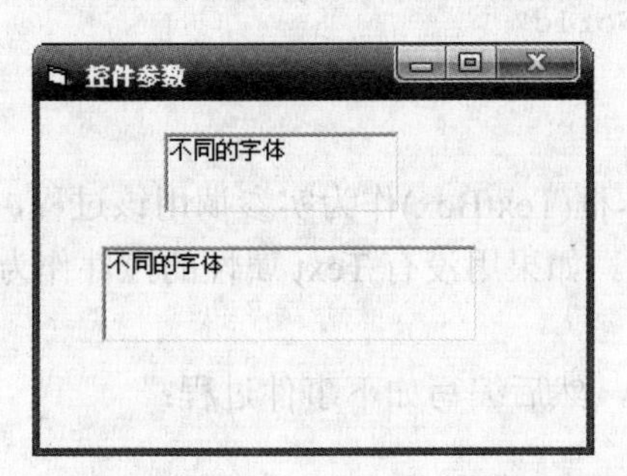

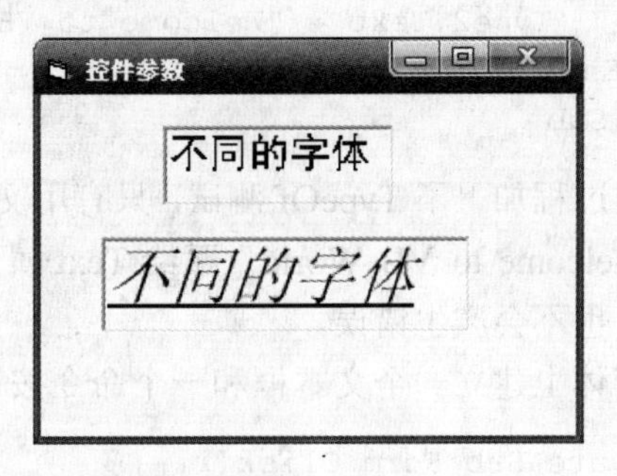

图 9.8　窗体单击前和窗体单击后的结果

控件参数的使用比窗体参数要复杂一些，因为不同的控件所具有的属性也不一样。在用指定的控件调用通用过程时，如果通用过程中的属性不属于这种控件，则会发生错误。对于上面例子中的通用过程 Typeface，如果用文本框控件作为实参调用，则可顺利通过，但如果用图片框调用，例如：

```
Private Sub Picture1_Click()
    Typeface Picture1
End Sub
```

运行上面的语句时程序会出现错误，因为图片框没有文本(Text)属性。这就是说，在用控件作为参数时，必须考虑到作为实参的控件是否具有通用过程所列出的控件属性。为此，Visual Basic 提供了一个 TypeOf 语句，其格式为：

```
[If | ElseIf] TpyeOf 控件名称 Is 控件类型
```

TpyeOf 语句放在通用过程中，“控件名称”实际上是指控件参数(形参)的名字，即“As Control”前面的参数名。“控件类型”是代表各种不同控件的关键字，这些关键字是 CheckBox(复选框)、Frame(框架)、ComboBox(组合框)、HScrollBar(水平滚动条)、CommandButton(命令按钮)、Label(标签)、ListBox(列表框)、DirListBox(目录列表框)、DriveListBox(驱动器列表框)、Menu(菜单)、FileListBox(文件列表框)、OptionButton(单选按钮)、PitureBox(图片框)、

TextBox(文本框)、Timer(计时器)、VScrollBar(垂直滚动条)。

在通用过程中，TypeOf 语句用来限定控件参数的类型。例如下面的通用过程：

```
Sub Typeface(Type1 As Control, Type2 As Control)
    Type1.FontSize = 20                          '设置控件 1 的属性
    Type1.FontName = "Tempus Sans ITC"
    Type1.FontItalic = True
    Type1.FontBold = True
    Type1.FontUnderline = True
    If TypeOf Type1 Is TextBox Then              '限定控件类型为文本框
        Type1.Text = "Welcome to VB World"
    End If
    Type2.FontSize = 24                          '设置控件 2 的属性
    Type2.FontName = "Times New Roman"
    Type2.FontItalic = False
    Type2.FontUnderline = False
    If TypeOf Type2 Is TextBox Then              '限定控件类型为文本框
        Type2.Text = "Welcome to VB World"
    End If
End Sub
```

上述过程加上了 TypeOf 测试，只有用文本框(TextBox)作为实参调用该过程，才会把字符串“Welcome to VB World”赋给 Text 属性。如果用没有 Text 属性的控件作为实参调用该过程，也不会产生错误。

在窗体上建立一个文本框和一个命令按钮，然后编写如下事件过程：

```
Private Sub Form_Click()
    Typeface Text1, Command1
End Sub
```

上述过程中的第一个参数用文本框(TextBox)作为实参，可以顺利调用通用过程 Typeface。第二个参数用按钮(Command1)作为实参调用，它没有 Text 属性，类型不符。但由于 Typeface 过程内已有 TypeOf 测试，因而不会出错。程序的执行结果如图 9.9 所示。

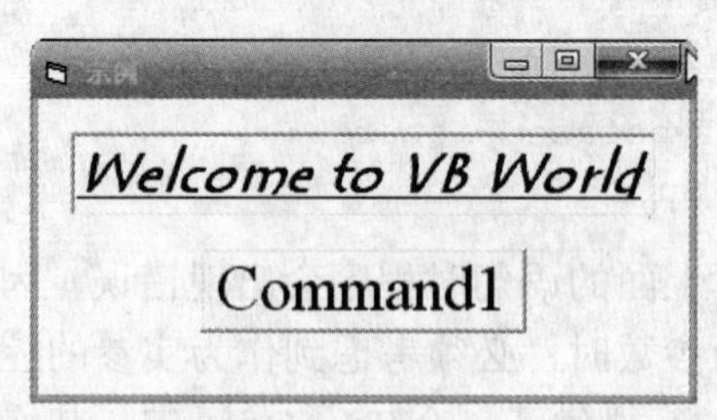

图 9.9 TypeOf 语句示例(窗体单击前和单击后)

9.7 局部内存分配

在运行应用程序时，Visual Basic 知道程序中有多少全局变量，并为它们分配内存。但是，Visual Basic 不知道有多少局部变量，甚至不知道是否会调用程序中的某个过程。只有在调用一个过程时才建立该过程所包含的局部变量和参数，并为其分配内存，而在过程结束后清除这些局部变量。如果再次调用该过程，则重新建立这些变量。也就是说，局部变量的内存在需要时分配，释放后可以被其他过程的变量使用。

有时候，在过程结束时，可能不希望失去保存在局部变量中的值。如果把变量声明为全局变量或模块级变量，则可解决这个问题。但如果声明的变量只在一个过程中使用，则这种方法并不好。为此，Visual Basic 提供了一个 Static 语句，其格式如下：

```
Static 变量[()] [As 类型][,变量[()][As 类型]]...
```

可以看出，Static 语句的格式与 Dim 语句完全一样，Static 语句只能出现在事件过程、Sub 过程或 Function 过程中。在过程中的 Static 变量只有局部的作用域，即只在本过程中可见，但可以与模块级变量一样，即使过程结束后，其值仍能保留。

在程序设计中，Static 语句常用于以下两种情况。

(1) 记录一个事件被触发的次数，即程序运行时事件发生的次数。例如下面按钮的单击事件过程：

```
Private Sub Command1_Click()
   Static counter As Integer
   counter = counter + 1
   Command1.Caption = counter   '按钮上面显示的数字每单击一次加 1
End Sub
```

在属性窗口中设置 Command1 的 Caption 属性为 0，运行程序，则每次单击按钮后，按钮表面的数字增 1。在过程中用 Static 语句定义变量 counter，执行完过程后，该变量的值仍能保留，从而可以记录下单击命令按钮的次数。如果用 Dim 代替过程中的 Static，则程序能正常运行，但按钮表面的值加到 1 后再单击按钮时，按钮的值将没变化，有兴趣的读者不妨一试。

(2) 用于开关切换，即原来为开，将其改为关，反之亦然。例如：

```
Sub Command1_Click()
    Static Switch
    Switch = Not Switch
    If Switch = 0 Then
        text1.FontItalic = True
    Else
        text1.FontItalic = False
    End If
End Sub
```

该过程用来切换文本框中的文字。假定文本框中的文本为普通字体，则单击一次命令按钮将变为斜体；如果再单击一次命令按钮，则又变为普通字体；再单击一次又变为斜体……如此反复，每次单击命令按钮均切换其字体特征。

Static 还有以下几种用法。

① 把一个数值变量定义为静态变量。例如：

```
Static a As Integer
```

② 把一个字符串变量定义为静态变量。例如：

```
Static s As string
```

③ 使一个通用过程中的所有变量成为静态变量。例如：

```
Static Sub MyRoutine()
```

④ 使一个事件过程中的所有变量成为静态变量。例如：

```
Static Sub Command1_Click()
```

⑤ 定义静态数组。例如：

```
Static name(25) As string
```

下面对 Static 再做几点说明。

(1) 用 Static 语句定义的变量可以和在模块级定义的变量或全局变量重名，用 Static 定义的变量优先于模块级或全局变量，因此不会发生冲突。

(2) 前面已经看到，Static 可以作为属性出现在过程定义行中。在这种情况下，该过程内的局部变量都默认为 Static。对于 Static 变量来说，调用过程后其值被保存下来。如果省略 Static，则过程中的变量默认为自动变量。在这种情况下，每次调用过程时，自动变量都被初始化为 0。

(3) 当数组作为局部变量放在 Static 语句中时，在使用之前应标出其维数。例如：

```
Sub Subtest()
   Static Array() As Integer
   Dim Array(0 To 5) As Integer
   ...
End Sub
```

(4) 用下面的程序试验 Static 变量的作用：

```
Sub Form_Click()
   Print "x", "y"
   For m% = 1 To 5
   subtest
   Next m%
End Sub
Sub subtest()
   Static y
   x = x + 5
   y = y + 5
   Print x, y
End Sub
```

在上面的程序中，x 和 y 都是过程 subtest 中的局部变量。其中 x 是一个自动变量，每次调用 subtest 时都被重新初始化为 0；而 y 是 Static 变量，可以保持上次调用的值。这样，每次调用过程 subtest 时，x 的值不会发生变化，而 y 的值每次都要改变。

程序运行结果如下：

```
x     y
5     5
5     10
5     15
5     20
5     25
```

9.8　Shell 函数

前面介绍了通用过程的定义及其调用。实际上，在 Visual Basic 中不但可以调用通用过程，而且可以调用各种应用程序。也就是说，凡是能在 Windows 下运行的应用程序，基本上都可以在 Visual Basic 中调用。这一功能通过 Shell 函数来实现。

Shell 函数的调用格式如下：

```
Shell(命令字符串[, 窗口类型])
```

其中“命令字符串”是要执行的应用程序的文件名(包括路径)，它必须是可执行文件，其扩展名为.COM、.EXE、.BAT 或.PIF，其他文件不能用 Shell。“窗口类型”是执行应用程序时的窗口的大小，有 6 种选择，见表 9.1。

表 9.1　“窗口类型”的取值

常　量	值	窗口类型
VbHide	0	窗口被隐藏，焦点移到隐式窗口
VbNormalFocus	1	窗口具有焦点，并还原到原来的大小和位置
VbMinimizedFocus	2	窗口会以一个具有焦点的图标来显示
VbMaximizedFocus	3	窗口是一个具有焦点的最大化窗口
VbNormalNoFocus	4	窗口被还原到最近使用的大小和位置，而当前活动的窗口仍保持活动
VbMinimizedNoFocus	6	窗口以一个图标来显示，而当前活动的窗口仍保持活动

Shell 函数调用某个应用程序并成功地执行后，返回一个任务标识(Task ID)，它是执行程序的唯一标识。

例如：

```
Tid = Shell("C:\winword\winword.exe", 3)
```

该语句调用“Word for Windows”，并把 ID 返回给 Tid。注意，在具体输入程序时，ID 不能省略。

上面的语句如果写成：

```
Shell("C:\winword\winword.exe", 1)
```

这样的写法是非法的，因为必须要在前面加上“Tid =”(可以用其他变量名)。

> 注意：Shell 函数是以异步方式来执行其他程序的。也就是说，用 Shell 启动的程序可能还没有执行完，就已经执行 Shell 函数之后的语句。

【例 9.6】编写程序，用 Shell 函数调用 VB 程序和 Word 程序。

在窗体上建立两个命令按钮，并把其 Caption 属性分别设置为“开始”和“结束”，把 FontSize 属性均设置为 16。然后编写如下程序：

```
Function return_num()          '自定义函数用于返回用户输入的值
    Dim str1 As String
    Dim str2 As String
    Dim str3 As String
    Dim str4 As String
    str1 = "1.运行 Visual Basic"
    str2 = "2.运行 Word"
    str3 = "请输入数字 1 或 2，进行选择："
    str4 = str1 + Chr(13) + Chr(10) + str2 + Chr(13) + Chr(10) + str3
    return_num = InputBox(str4)
End Function
Private Sub Command1_Click()
    r = return_num()                 '调用自定义函数
    If r = 1 Then                    '判断是执行 VB 程序还是 Word 程序
        x = Shell("C:\Program Files\Microsoft Visual Studio\Vb98\Vb6.exe", 1)
    ElseIf r = 2 Then
        y = Shell("C:\Program Files\Microsoft Office\Office\Winword.exe", 1)
    Else
        MsgBox "输入的值不正确，请输入数字 1 或 2！"
    End If
End Sub
Sub Command2_Click()                 '退出程序
    End
End Sub
```

上面有两个命令按钮的事件过程：在第一个事件过程中，先调用通用过程 return_num，得到一个返回值。如果输入的值为 1 或 2，则分别运行 Visual Basic 和运行 Word。如果输入其他值，则显示一个对话框，要求重新输入。如果单击第二个命令按钮，则退出程序。

9.9 回到工作场景

通过 9.2~9.8 节内容的学习，应该掌握了过程的使用方法。下面我们将回到 9.1 节介绍的工作场景中，完成工作任务。

【分析】

本问题重点在于编写子过程添加新产品内容。在有序数组中插入，如果价格数目比当前的数都大，则放在所有的产品信息后，如果小于当前的产品信息中的某些数，则进行比较，将比它大的数后移一位。

【工作过程一】设计用户界面

设计的程序界面如图 9.1 所示，图中各控件的属性值列于表 9.2 中。

表 9.2 设置属性值

控 件	属 性	值
Form1	Caption	“电视机价格公告”
Label1	Caption	“新产品输入：”
Label2	Caption	“产品名称”
Label3	Caption	“价格”
Label4	Caption	“原始价格表”
Label5	Caption	“当日价格表”
Command1	Caption	“公告”
List1	Caption	“”
List2	Caption	“”

【工作过程二】编写代码

程序代码如下：

```
Private Sub Form_Initialize()
   n = 0
End Sub

Private Sub Command1_Click()
   Dim p, j As Integer          '保存新记录插入的位置
   newName = Text1.Text
   newPrice = Val(Text2.Text)
   '输出原始价格表
   For j = 0 To n - 1
      List1.List(j) = NameT(j) & Chr(9) & Price(j)
   Next j
   '插入新产品价格
   Call Insert(newPrice, newName, n)
   '输出当日新的价格表
   n = n + 1
   For j = 0 To n - 1
      List2.List(j) = NameT(j) & Chr(9) & Price(j)
   Next j

End Sub

Private Sub Insert(ByVal newP As Integer, ByVal newN As String,
ByVal i As Integer)
   Dim p, j As Integer
   For j = 0 To i - 1
     p = j + 1
```

```
            If newP < Price(j) Then
                p = j
                Exit For
             End If
        Next j
        If p < i Then
            For j = i To p + 1 Step -1
                Price(j) = Price(j - 1)
                NameT(j) = NameT(j - 1)
            Next j
        End If
        Price(p) = newP
        NameT(p) = newN
    End Sub
```

【工作过程三】运行程序并保存

运行程序，按题目要求在“新产品输入”后的文本框中依次输入“夏普高清，4399”，单击“公告”按钮，则将今日商场引进的新品种“夏普高清”及其价格写入当日价格目录中，如图 9.10 所示。

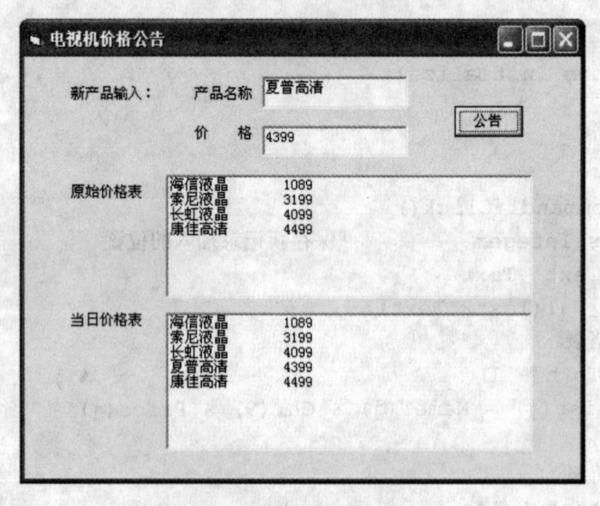

图 9.10 运行结果

9.10 工作实训营

训练实例

(1) 设计程序：产生 n 阶由 1~100 之内的随机整数组成的矩阵。如图 9.12 所示，在文本框中输入阶数，单击“产生 n×n 矩阵”按钮，在窗体上打印出由 1~100 之内的随机整数组成的矩阵。

【分析】

利用自定义过程在窗体上打印矩阵，打印通过双重循环语句来实现。

【设计步骤】

① 创建如图 9.11 所示窗体界面，窗体中各控件的属性值如表 9.3 所示。

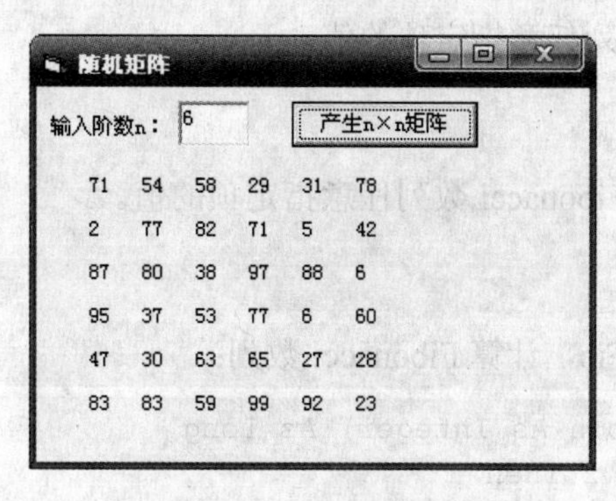

图 9.11　程序界面

表 9.3　各控件的属性值

控　件	属　性	值
Form1	Caption	“随机矩阵”
Command1	Caption	“产生 n×n 矩阵”
Label1	Caption	“输入阶数：”
Text1	Caption	“”

② 编写代码如下：

```
Private Sub Command1_Click()
    Dim n As Integer
    Dim i As Integer
    If Text1.Text = "" Then
        MsgBox "请先输入阶数！"
    Else
        n = Text1.Text
        randnum (n)
    End If
End Sub

Sub randnum(n As Integer)                          '自定义打印过程
    Dim i As Integer
    Dim j As Integer
    Cls
    Print: Print: Print: Print
    For i = 1 To n
        For j = 1 To n
            Print Tab(5 * j);
```

```
            Print Int(Rnd * 100 + 1);
        Next
        Print
        Print
    Next
End Sub
```

(2) 计算 Fibonacci 数列任意指定项的值。

【分析】

利用自定义函数计算 Fibonacci 数列任意指定项的值。

【设计步骤】

① 定义自定义函数 Fib，计算 Fibonacci 数列：

```
Public Function Fib(n As Integer) As Long
    If n = 1 Or n = 2 Then
        Fib = 1
    Else
        Dim a As Integer, b As Integer
        Dim i As Integer
        Dim res As Long                    '数列项可能很大，定义为 long，防止溢出
        a = 1
        b = 1
        For i = 3 To n
            res = a + b
            a = b
            b = res
        Next
        Fib = res                          '返回指定项
    End If
End Function
```

② 以下事件过程调用了上面定义的函数 Fib，计算出 Fibonacci 数列中从第几项开始起数列项的值超过 10000：

```
Private Sub Command1_Click()
    Dim int1 As Integer
    int1 = 1
    Do
        If Fib(int1) > 10000 Then Exit Do    '调用 Fib 函数
        int1 = int1 + 1
    Loop
    Text1.Text = int1
End Sub
```

运行以上程序，Text1 中输出 21，说明从第 21 项开始 Fibonacci 数列中的项都大于 10000。

 9.11 习 题

1. 选择题

(1) 以下叙述中错误的是________。

A. 如果过程被定义为Static类型，则该过程中的局部变量都是Static类型

B. Sub过程中不能嵌套定义Sub过程

C. Sub过程中可以嵌套调用Sub过程

D. 事件过程可以像通用过程一样由用户定义过程名

(2) 在窗体上画一个名称为 Command1 的命令按钮，再画两个名称分别为 Label1、Label2的标签，然后编写如下程序代码：

```
Private X As Integer
Private Sub Command1_Click()
    X = 5 : Y = 3
    Call proc(X, Y)
    Label1.Caption = X
    Label2.Caption = Y
End Sub
Private Sub proc(ByVal a As Integer, ByVal b As Integer)
    X = a * a
    Y = b + b
End Sub
```

单击命令按钮，两个标签中显示的内容分别是________。

A. 5和3　　B. 25和3　　C. 25和6　　D. 5和6

(3) 在窗体上画一个名称为Command1的命令按钮和3个名称分别为Label1、Label2、Label3的标签，然后编写如下代码：

```
Private x As Integer
Private Sub Command1_Click()
    Static y As Integer
    Dim z As Integer
    n = 10
    z = n + z
    y = y + z
    x = x + z
    Label1.Caption = x
    Label2.Caption = y
    Label3.Caption = z
End Sub
```

运行程序，连续3次单击命令按钮后，则3个标签中显示的内容分别是____。

A. 10 10 10　　B. 30 30 30

C. 30 30 10　　D. 10 30 30

(4) 在窗体上画一个命令按钮，名称为 Command1。程序运行后，如果单击命令按钮，则显示一个输入对话框，在该对话框中输入一个整数，并用这个整数作为实参调用函数过程 F1。在 F1 中判断所输入的整数是否是奇数，如果是奇数，过程 F1 返回 1，否则返回 0。能够正确实现上述功能的代码是________。

A.

```
Private Sub Command1_Click()
    x = InputBox("请输入整数")
    a = F1(Val(x))
    Print a
End Sub
Function F1(ByRef b As Integer)
   If b Mod 2 = 0 Then
      Return 0
   Else
      Return 1
   End If
End Function
```

B.

```
Private Sub Command1_Click()
    x = InputBox("请输入整数")
    a = F1(Val(x))
    Print a
End Sub
Function F1(ByRef b As Integer)
   If b Mod 2 = 0 Then
      F1 = 0
   Else
      F1 = 1
   End If
End Function
```

C.

```
Private Sub Command1_Click()
    x = InputBox("请输入整数")
    F1(Val(x))
    Print a
End Sub
Function F1(ByRef b As Integer)
   If b Mod 2 = 0 Then
      F1 = 1
   Else
      F1 = 0
   End If
End Function
```

D.

```
Private Sub Command1_Click()
    x = InputBox("请输入整数")
    F1(Val(x))
    Print a
End Sub
Function F1(ByRef b As Integer)
   If b Mod 2 = 0 Then
      Return 1
   Else
      Return 0
   End If
End Function
```

2. 填空题

(1) 假定有以下函数过程:

```
Function Fun(S As String) As String
    Dim s1 As String
    For i = 1 To Len(S)
        s1 = Ucase(Mid(S, i, 1)) + s1
    Next i
    Fun = s1
End Function
```

在窗体上画一个命令按钮，然后编写如下事件过程:

```
Private Sub Command1_Click()
    Dim Str1 As String, Str2 As String
    Str1 = InputBox("请输入一个字符串")
    Str2 = Fun(Str1)
    Print Str2
End Sub
```

程序运行后，单击命令按钮，如果在输入对话框中输入字符串“abcdefg”，则单击“确定”按钮后在窗体上的输出结果为______________。

(2) 在窗体上画一个名称为 Command1 的命令按钮和一个名称为 Text1 的文本框，然后编写如下程序:

```
Private Sub Command1_Click()
    Dim x, y, z As Integer
    x = 5
    y = 7
    z = 0
    Text1.Text = ""
    Call P1(x, y, z)
    Text1.Text = Str(z)
End Sub
Sub P1(ByVal a As Integer, ByVal b As Integer, c As Integer)
    c = a + b
End Sub
```

程序运行后，如果单击命令按钮，则在文本框中显示的内容是________。

(3) 阅读程序:

```
Sub test(b() As Integer)
    For i = 1 To 4
        b(i) = 2 * i
    Next i
End Sub
Private Sub Command1_Click()
    Dim a(1 To 4) As Integer, i as integer
    For i = 1 to 4
        a(i) = i + 4
```

```
    Next i
    test a()
    For i = 1 To 4
        Print a(i)
    Next i
End Sub
```

运行上面的程序，单击命令按钮，输出结果为______。

(4) 发生了 Form_Click 事件后，下列程序的执行结果是______。

```
Private Sub Form_Click()
    Dim s As Single
    s = 125.5
    Call Convert((s), "12" + ".5")
End Sub
Private Sub Convert(Inx As Integer, Sing As Single)
    Inx = Inx * 2
    Sing = Sing + 23
    Print "Inx="; Inx; "Sing="; Sing
End Sub
```

3. 编程题

(1) 编写程序使程序运行并显示一个输入对话框，在该对话框中输入一个整数，并用这个整数作为实参调用函数过程 F1。在 F1 中判断所输入的整数是否是奇数，如果是奇数，过程 F1 返回 1，否则返回 0。

(2) 如图 9.12 所示的窗体是一个十进制数转换程序，text1.text 用来输入十进制数，text2.text 用来输入要转换成的进制基数，text3.text 用来显示转换的结果。单击 Command1 按钮将进行进制数转换。使用函数 TranDec 进行实际的进制转换，请编程实现。

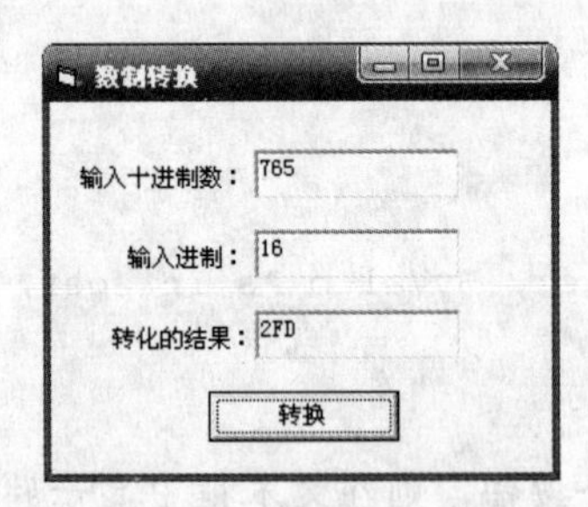

图 9.12 十进制数转换程序

(3) 编写一个窗体单击事件，单击一次窗体，要求输入一个实数 a，然后用迭代公式 $X_{n+1}=(X_n+a/X_n)/2$ 来计算 a 的平方根并在窗体中显示出来。输入负数则结束程序的执行。

(4) 在一个窗体上添加两个文本框、两个命令按钮，在第一个文本框中输入 x 的值，单击第一个命令按钮后，在第二文本框中输入 e^x 的值。单击第二个命令按钮则结束程序的执行。

(5) 定义一个 Variant 型的一维数组，有 10 个实数，用 Array 函数使数组初始化。编写程序求出数组元素的最大值、最小值及数组元素的和及平均值。

第 10 章

键盘和鼠标的事件过程

- 键盘事件 KeyPress、KeyDown 和 KeyUp。
- 鼠标事件 MouseMove、MouseUp 和 MouseDown。
- 拖放操作。
- 鼠标光标不同形状的设置。

- 掌握键盘事件的应用。
- 掌握鼠标事件的编程及应用。
- 了解鼠标光标不同形状的设置方法。
- 掌握拖放操作。

10.1　工作场景导入

【工作场景】

设计一个简单的画图板，界面如图 10.1 所示。通过 3 个水平滚动条可以调出不同的颜色，调色效果显示目前画图的颜色；通过单选按钮能选择画出线条的粗细；单击“清除”按钮清空所画的图。

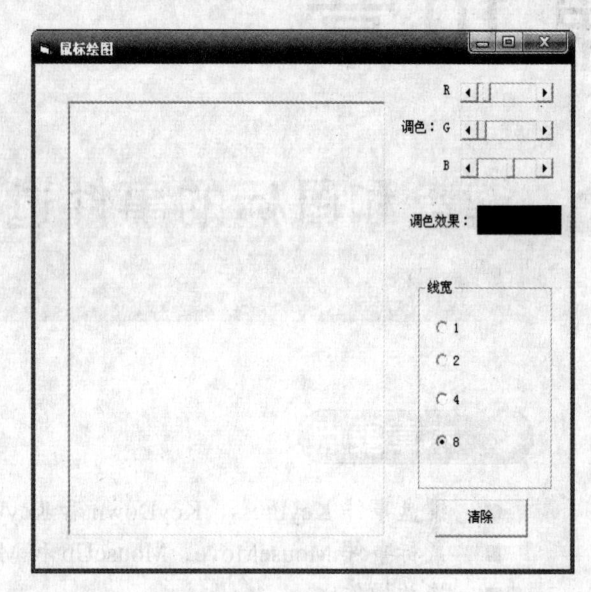

图 10.1　鼠标画图界面

【引导问题】

(1)　如何编写画图程序的代码？

(2)　如何在程序中实现颜色的调节？

(3)　如何编写鼠标事件程序代码？

(4)　如何编写完整程序？

前面已介绍过通用过程和一些常用的事件过程，本章将介绍与键盘和鼠标有关的事件过程。使用键盘事件过程可以处理按下或释放键盘上某个键时所执行的操作，而鼠标事件过程可用来处理与鼠标光标的移动及击键有关的操作。

10.2　KeyPress 事件

当按键盘上的某个键时，将发生 KeyPress 事件。该事件可用于窗体、复选框、组合框、命令按钮、列表框、图片框、文本框、滚动条及与文件有关的控件。严格地说，当按下某个键时，所触发的是拥有输入焦点(Focus)的那个控件的 KeyPress 事件。在某一时刻下，输入焦点只能位于一个控件上，如果窗体上没有活动的或可见的控件，则输入焦点位于窗体上。当一个控件或窗体拥有输入焦点时，该控件或窗体将接收从键盘上输入的信息。在窗体上画一个控件(可以触发 KeyPress 事件的控件)，并双击该控件，进入程序代码窗口后，从“过程”框中选取 KeyPress，即可定义 KeyPress 事件过程。一般格式为：

```
Private Sub Text1_KeyPress(KeyAscii As Integer)

End Sub
```

KeyPress 事件带有一个参数 KeyAscii。KeyPress 事件用来识别按键的 ASCII 码值。参数 KeyAscii 是一个预定义的可读写属性，其中包含所按键的 ASCII 码值。例如，按下“空格”键，KeyAscii 的值为 32；如果按下 Enter 键，则 KeyAscii 的值为 13。利用 KeyPress 可以捕捉击键动作。假定在窗体上建立了一个文本框(Text1)，双击该文本框进入程序代码窗口，从“过程”下拉列表框中选择 KeyPress，编写如下事件过程：

```
Private Sub Text1_KeyPress(KeyAscii As Integer)
    KeyAscii = Asc(UCase(Chr(KeyAscii)))      '输入大写字母
    If KeyAscii = 32 Then           '如果输入为空格键，则响铃并清除
       Beep
       KeyAscii = 0
    End If
    If KeyAscii = 13 Then Print Text1.Text  '输入 Enter 键，打印 Text 内容
End Sub
```

该过程用来控制输入值，当输入的为字母时，控制字母大写。按 Enter 键则在窗口中显示文本框中的内容。程序中的 KeyAscii = 0 用来避免输入的字符在文本框中回显。

在 KeyPress 过程中可以修改 KeyAscii 变量的值。如果进行了修改，则 Visual Basic 在控件中输入修改后的字符，而不是用户输入的字符。例如下面的程序：

```
Private Sub Text1_KeyPress(KeyAscii As Integer)
    If KeyAscii >= 48 And KeyAscii <= 57 Then
        KeyAscii = 42
    End If
End Sub
```

上述过程对输入的字符进行判断，如果其 ASCII 码值大于等于 48(数字 0)，并小于等于 57(数字 9)，则用星号(ASCII 码值为 42)代替。运行上面的过程，如果从键盘上输入“12345”，则在文本框中显示“*****”。

下面通过一个实例说明 KeyPress 事件的具体应用。

【例 10.1】编写程序，控制文本框输入的数据只能是数字 0~9 或者为“+”、“-”号，不接受其他字符，并将 A 键和 Z 键(不论大小写)作为使窗体放大和缩小的专用键。

编写程序代码如下：

```
Dim str1 As String
Private Sub Form_KeyPress(KeyAscii As Integer)
    str1 = UCase(Chr(KeyAscii))       '把按键的 keyAscii 转换为大写字符
    Select Case str1
```

```
        Case "A"
            Form1.Width = Form1.Width * 1.01
            Form1.Height = Form1.Height * 1.01
            KeyAscii = 0            '取消 A 键
        Case "Z"
            Form1.Width = Form1.Width * 0.99
            Form1.Height = Form1.Height * 0.99
            KeyAscii = 0            '取消 Z 键
        End Select
End Sub
Private Sub Text1_KeyPress(KeyAscii As Integer)
    If (KeyAscii < Asc("0") Or KeyAscii > Asc("9")) And _
    KeyAscii <> Asc("+") And KeyAscii <> Asc("-") Then       '注意换行符的使用
        Beep
        KeyAscii = 0
    End If
End Sub
```

运行以上程序，在文本框中输入数据，并按 A 键和 Z 键，看窗体的响应效果。

> **注意：** 例 10.1 程序中如果没有将窗体的 KeyPreview 属性值设为 True，则运行程序时，按 A 键与 Z 键不能得到想要的效果。

在默认情况下，控件的键盘事件优先于窗体的键盘事件，因此在发生键盘事件时，总是先激活控件的键盘事件，而窗体无法接收到键盘事件。如果希望窗体先接收键盘事件，则必须把窗体的 KeyPreview 属性设置为 True。这里所说的键盘事件包括 KeyPress、KeyDown 和 KeyUp。例如下面两个事件过程：

```
Private Sub Text1_KeyPress(KeyAscii As Integer)
    Print KeyAscii          '打印码值
End Sub
Private Sub Form_KeyPress(KeyAscii As Integer)
    Print Chr(KeyAscii)     '打印字母
End Sub
```

在该例中，如果把窗体的 KeyPreview 属性设置为 True，则程序运行后，如果从键盘上输入 d，相应的字符及其 ASCII 码值将在窗体上输出，如图 10.2 所示。字符先于 ASCII 码值输出证明键盘事件首先被窗体的 Form_KeyPress 过程处理，然后才被文本框控件的 Text1_KeyPress 过程处理。

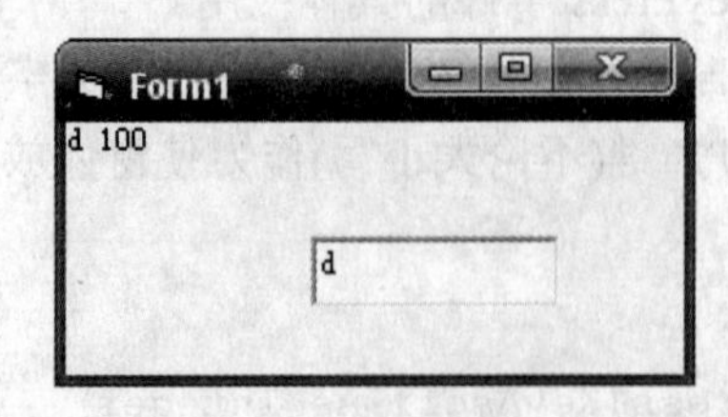

图 10.2　输出结果

10.3　KeyDown 和 KeyUp 事件

与 KeyPress 事件不同的是，KeyDown 和 KeyUp 事件返回的是键盘的直接状态，而 KeyPress 并不反映键盘的直接状态。换言之，KeyDown 和 KeyUp 事件返回的是“键”，而 KeyPress 事件返回的是“字符”的 ASCII 码值。例如，当按字母键 A 时，KeyDown 所得到的 KeyCode 码(KeyDown 事件的参数)与按字母键 a 是相同的，而对 KeyPress 来说，所得到的 ASCII 码值不一样。

KeyDown 和 KeyUp 事件的调用格式为：

```
Private Sub Form_KeyDown(KeyCode As Integer, Shift As Integer)
    ...
End Sub
```

以及：

```
Private Sub Form_KeyUp(KeyCode As Integer, Shift As Integer)
    ...
End Sub
```

KeyDown 和 KeyUp 事件都有两个参数，即 KeyCode 和 Shift，两个参数的含义如下。

- KeyCode：它是按键对应的扫描码。该码以“键”为准，而不是以“字符”为准。也就是说，大写字母与小写字母使用同一个键，它们的 KeyCode 相同(使用大写字母的 ASCII 码值)。但大键盘上的数字键和数字键盘上相同的数字键 KeyCode 是不一样的。对于有上档字符和下档字符的键，其 KeyCode 为下档字符的 ASCII 码值。表 10.1 列出了部分字符的 KeyCode 和 KeyAscii。
- Shift：转换键。它指的是 3 个转换键的状态，包括 Shift、Ctrl 和 Alt，这 3 个键分别以二进制形式表示，每个键有 3 位，即 Shift 键为 001，Ctrl 键为 010，Alt 键为 100。当按下 Shift 键时，Shift 参数的值为 001(十进制数 1)；当按下 Ctrl 键时，Shift 参数的值为 010(十进制数的 2)；而按下 Alt 键时，Shift 参数的值为 100(十进制数 4)。如果同时按下两个或 3 个转换键，则 Shift 参数的值即为上述两者或三者之和。因此，Shift 参数总共可取 8 种值，各值的意义见表 10.2。

表 10.1　部分字符的 KeyCode 与 KeyAscii

键(字符)	KeyCode	KeyAscii
A	&H41	&H41
a	&H41	&H61
B	&H42	&H42
b	&H42	&H62
5	&H35	&H35

续表

键(字符)	KeyCode	KeyAscii
%	&H35	&H25
1(在大键盘上)	&H31	&H31
1(在数字键盘上)	&H61	&H31

表 10.2 Shift 参数的值

十进制数	二进制数	作 用
0	000	没有按下转换键
1	001	按下一个 Shift 键
2	010	按下一个 Ctrl 键
3	011	按下 Ctrl+Shift 键
4	100	按下 Alt 键
5	101	按下 Alt+Shift 键
6	110	按下 Alt+Ctrl 键
7	111	按下 Alt+Ctrl+Shift 键

与 KeyPress 事件一样，对于 KeyDown 和 KeyUp 事件，可以建立形如下面的代码所示的控件事件过程：

```
Sub Text1_KeyDown(KeyCode As Integer, Shift As Integer)
    ...
End Sub
Sub Text1_KeyUp(KeyCode As Integer, Shift As Integer)
    ...
End Sub
```

KeyDown 是当一个键被按下时所产生的事件，而 KeyUp 是松开被按下的键时所产生的事件。为了说明这一点，可以在窗体上建立一个文本框，然后编写下面两个事件过程：

```
Private Sub Text1_KeyDown(KeyCode As Integer, Shift As Integer)
    If KeyCode = vbKeyDelete Then          ' 将文本框设为只读，并丢弃按键
        Text1.Locked = True
    End If
End Sub
Private Sub Text1_KeyUp(KeyCode As Integer, Shift As Integer)
    Text1.Locked = False                    ' 恢复文本框的读写属性
End Sub
```

程序运行后，如果按下某个键，则将文本框设为只读，并丢弃按键；而当松开该键时，恢复文本框的读写属性。

利用逻辑运算符 And 可以判断是否按下了某个转换键。例如，先定义下面 3 个符号常量：

```
Const ShiftValue = 1
```

```
Const CtrlValue = 2
Const AltValue = 4
```

然后用下面的 3 个关系语句判断是否按下了 Shift、Ctrl 或 Alt 键：

```
(Shift And ShiftValue) > 0                '为 True 说明按下了 Shift 键
(Shift And CtrlValue) > 0                 '为 True 说明按下了 Ctrl 键
(Shift And AltValue) > 0                  '为 True 说明按下了 Alt 键
```

这里的 Shift 是 KeyDown 事件的第二个参数。利用这一原理，可以在事件过程中通过判断是否按下了某个或几个键来执行指定的操作。例如，在窗体上画一个文本框，然后编写如下事件过程：

```
Private Sub Text1_KeyDown(KeyCode As Integer, Shift As Integer)
    Const AltValue = 4
    Const ShiftValue = 1
    Const Key_F1 = &H70
    Const Key_F2 = &H71
    ShiftDown = (Shift And ShiftValue) > 0
    AltDown = (Shift And AltValue) > 0
    F1Down = (KeyCode = Key_F1)
    F2Down = (KeyCode = Key_F2)
    If AltDown% And F2Down% Then
        Text1.Text = "您按下了 Alt 和 F2 键"
    ElseIf ShiftDown% And F1Down% Then
        Text1.Text = "您按下了 Shift 和 F1 键"
    End If
End Sub
```

上述程序运行后，如果按 Shift+F1 键，则在文本框显示字符串“您按下了 Shift 和 F1 键”；如果按 Alt+F2 键，则在文本框显示字符串“您按下了 Alt 和 F2 键”。

窗体上的每个对象都有自己的键盘处理程序。在一般情况下，一个键盘处理程序是针对某个对象(包括窗体和控件)进行的，而有些操作可能具有通用性，即适用于多个对象。在这种情况下，可以编写一个适用于各个对象的通用键盘处理程序。对于某个对象来说，当发生某个键盘事件时，只要通过传送 KeyCode 和 Shift 参数调用通用键盘处理程序就可以了。例如：

```
Sub KeyDownHandler(KeyCode As Integer, Shift As Integer)
    Const Key_F2 = &H71
    If KeyCode = Key_F2 Then
        End
    End If
End Sub
```

这是一个通用过程，它的功能是程序运行后，如果按下 F2 键(KeyCode=&H71)，则结束程序。假定在窗体上建立了一个文本框和一个按钮，则可在其键盘事件过程中调用上述通用过程：

```
Private Sub Picture1_KeyDown(KeyCode As Integer, Shift As Integer)
    KeyDownHandler KeyCode, Shift
```

```
End Sub
Private Sub Command1_KeyDown(KeyCode As Integer, Shift As Integer)
   KeyDownHandler KeyCode, Shift
End Sub
```

程序运行后，不管焦点位于哪个控件上，只要按下 F2 键就可以退出程序。

Visual Basic 中已把键盘上的功能键定义为常量，即 vbKeyFx，这里的 x 可以是 1~12 的值。例如，vbKeyF8 表示功能键 F8。这些常量可以直接在程序中使用。

下面通过实例说明 KeyDown 和 KeyUp 事件的应用。

【例 10.2】编写程序，模仿 Windows 操作，当同时按下 Alt 键和 F4 键时关闭当前窗口。

编写的程序如下：

```
Private Sub Form_KeyDown(KeyCode As Integer, Shift As Integer)
   If (KeyCode = vbKeyF4) And (Shift = 4) Then
      'vbkeyF4 代表 F4 键，Shift 为 4 代表按下了 Alt 键
      Uload Form1
   End If
End Sub
```

运行以上程序，如果同时按下 Alt 键和 F4 键，则窗体将关闭。

【例 10.3】在实际应用中，KeyCode 码有着重要的作用，利用它可以根据按下的键采取相应的操作。编写一个程序，当按下键盘上的某个键时，输出该键的 KeyCode 码。

编写代码如下：

```
Private Sub Form_KeyDown(KeyCode As Integer, Shift As Integer)
  Text1 = "你输入的键的 KeyCode 值为&H" + Hex(KeyCode) + "(十六进制数)"
End Sub
```

上述程序运行后，每按一个键，将在文本框中输出该键及其 KeyCode 码的十六进制数。如图 10.3 中的上下两图分别是按键盘上的 A 和→键所得的结果，说明 A 键和→键的 KeyCode 值分别为&H41、&H27。通过查阅，我们可以判断输出结果的准确性。这个小程序可以为我们在以后编程过程中查 KeyCode 码提供很大的方便。

图 10.3 输出结果

上面的程序是针对窗体编写的，如果针对其他对象编写，则该对象必须为活动对象(即拥有焦点)。

【例 10.4】编写程序，通过键盘移动滚动条上的滚动框，并显示移动情况。

在窗体界面上建立一个垂直滚动条和一个水平滚动条，两个滚动条的 Value 值在两个文本框中显示。编写的程序不但通过常规方法可以改变滚动条的 Value 值，而且通过键盘的上下左右键也可以改变滚动条的 Value 值。

窗体上建立的主要控件属性值如表 10.3 所示。

表 10.3　程序中使用的对象

控　件	属　性	值
Form1	Caption	“二维坐标值”
HScroll1	Min	0
	Max	100
	Smallchange	1
	Largechange	5
VScroll1	Min	0
	Max	100
	Smallchange	1
	Largechange	5
Text1	Text	“”
Text2	Text	“”

编写的程序代码如下：

```
Private Sub Form_KeyDown(KeyCode As Integer, Shift As Integer)
   Text2.SetFocus
   Select Case KeyCode                       '判断按键的方向
      Case &H25
         If Text1 > 0 Then
            HScroll1.Value = HScroll1.Value - 1
            Text1 = HScroll1.Value
         End If
      Case &H27
         If Text1 < 100 Then
            HScroll1.Value = HScroll1.Value + 1
            Text1 = HScroll1.Value
         End If
      Case &H26
         If Text2 > 0 Then
            VScroll1.Value = VScroll1.Value - 1
            Text2 = VScroll1.Value
         End If
      Case &H28
         If Text2 < 100 Then
            VScroll1.Value = VScroll1.Value + 1
            Text2 = VScroll1.Value
```

```
            End If
        End Select
    End Sub
    Private Sub Form_Load()
        Text1 = HScroll1.Value
        Text2 = VScroll1.Value
    End Sub
    Private Sub HScroll1_Change()
        Text1 = HScroll1.Value
    End Sub
    Private Sub VScroll1_Change()
        Text2 = VScroll1.Value
    End Sub
```

该过程通过 Select Case 语句移动滚动框。在每个 Case 子句中，首先用 If 语句检查在指定的方向上是否有足够的空间来移动滚动框。如果有，就将相应的属性值加一或减一实现移动操作。程序的运行界面如图 10.4 所示。

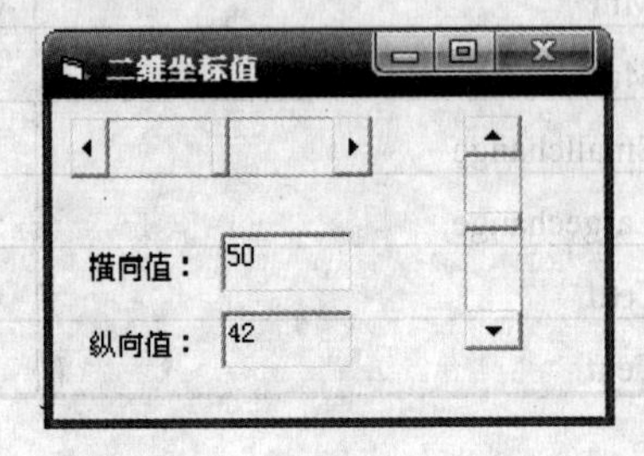

图 10.4　程序界面及输出结果

对于上面这样的问题，用 KeyPress 事件来编写程序同样可以实现想要的功能，有兴趣的读者可以自己尝试练习。

10.4　鼠标事件

在以前的例子中曾多次使用过鼠标事件，即单击(Click)和双击(DblClick)事件，这些事件是通过快速按下并放开鼠标左键产生的。实际上，在 Visual Basic 中，还可以识别按下或放开鼠标右键。

为了实现鼠标操作，Visual Basic 提供了 3 个过程模板如下。

(1)　按下鼠标左键的事件过程：

```
Sub Form_MouseDown(Button As Integer,Shift As Integer,x As Single,y As Single)
    ...
End Sub
```

(2)　松开鼠标的事件过程：

```
Sub Form_MouseUp(Button As Integer, Shift As Integer, x As Single, y As Single)
    ...
End Sub
```

(3) 移动鼠标光标的事件过程：

```
Sub Form_MouseMove(Botton As Integer,Shift As Integer,x As Single,y As Single)
    ...
End Sub
```

上述事件过程适用于窗体和大多数控件，包括复选框、命令按钮、单选按钮、框架、文本框、目录框、文件框、图像框、标签、列表框等。上述 3 个鼠标事件过程具有 4 个相同的参数，其中 Button 代表被按下的鼠标键，可以取 3 个值，见表 10.4；参数 Shift 统一表示 Shift、Ctrl 和 Alt 的状态；x、y 指鼠标光标的当前位置。

表 10.4　鼠标键的取值

符号常量	值	作　用
LEFT_BUTTON	1	按下鼠标左键
RIGHT_BUTTON	2	按下鼠标右键
MIDDLE_BUTTON	4	按下鼠标中间键

下面将介绍鼠标事件的具体用法。

10.4.1　鼠标位置

鼠标位置由参数 X、Y 确定。这里的 X、Y 随鼠标光标在窗体上的移动而变化。当移到某个位置时，如果压下键，则产生 MouseDown 事件；如果松开键，则产生 MouseUp 事件。X、Y 通常指接收鼠标事件的窗体或控件上的坐标。下面通过一个简单的例子说明 3 个鼠标事件的功能。

在窗体上建立一个命令按钮，然后编写如下的事件过程：

```
Private Sub Form_MouseDown(Button As Integer,Shift As Integer, X As Single,_
      Y As Single)
   Command1.Move X, Y
End Sub
```

这是一个窗体的 MouseDown 事件过程，当在窗体上按下鼠标左键时触发该事件。在这个过程中，用 Move 方法把控件移到(X，Y)处。这里的 X、Y 是 MouseDown 事件过程的参数。执行上面的过程，在窗体内移动鼠标光标，如果按下鼠标左键，则把窗体内的命令按钮移动到当前鼠标光标位置(X，Y)，这个位置是命令按钮左上角的位置。

当松开鼠标左键时，产生 MouseUp 事件，例如：

```
Private Sub Form_MouseUp(Button As Integer, Shift As Integer, X As Single,_
      Y As Single)
   Command1.Move X, Y
End Sub
```

上述过程是松开鼠标左键时发生的事件。按下鼠标左键，在窗体上移动鼠标光标，如果在某个位置松开鼠标光标，则把命令按钮移到该位置。

前面两个过程是当压下或松开鼠标时可以把命令按钮移到指定的位置，而如果使用 MouseMove 事件过程，则可“拖”着控件在窗体内移动。例如：

```
Private Sub Form_MouseMove(Button As Integer, Shift As Integer, X As Single,_
      Y As Single)
   Command1.MoveX, Y
End Sub
```

运行上面的过程，不用按鼠标左键，只要移动鼠标光标，就能“拖”着命令按钮在窗体内到处移动。在移动的过程中，鼠标光标始终指在命令按钮的左上角。

【例 10.5】编写程序，当鼠标左键按下时，在窗体面上显示文本框，并在文本框中输出当前的坐标值，鼠标移动，文本框中的数值能够跟着变化。

编写鼠标的按下、移动、松开的事件过程如下：

```
Private Sub Form_Load()              '程序运行文本框不可见
   Text1.Visible = False
End Sub
Private Sub Form_MouseDown(Button As Integer, Shift As Integer,_
      X As Single, Y As Single)
   Text1.Visible = True              '按下鼠标，文本框可见
End Sub
Private Sub Form_MouseMove(Button As Integer, Shift As Integer, _
      X As Single, Y As Single)
   Text1.Text = "   " & X & "," & Y '移动鼠标，文本框内容输出当前鼠标的位置坐标
   Text1.Move X, Y
End Sub
Private Sub Form_MouseUp(Button As Integer, Shift As Integer, _
      X As Single, Y As Single)
   Text1.Visible = False             '松开鼠标，文本框不可见
End Sub
```

运行以上程序，当按下鼠标左键时，窗体中输出如图 10.5 所示结果。

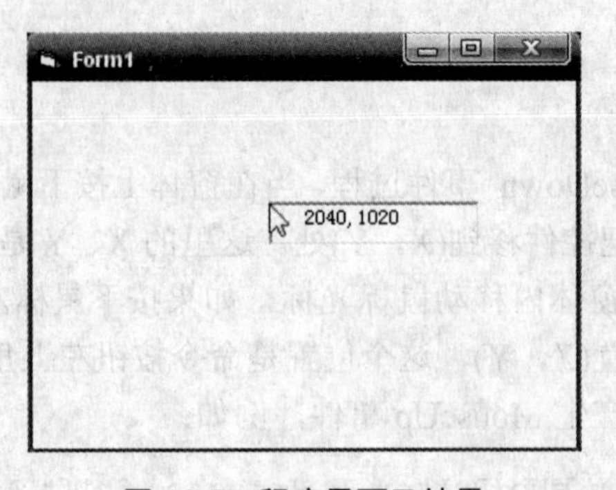

图 10.5　程序界面及结果

10.4.2　鼠标键

鼠标键状态由参数 Button 来设定，该参数是一个整数(16 位)。在设置按键状态时，实

际上只使用了低 3 位(见图 10.6)。其中最低位表示左键，然后是右键，第三位表示中间键。当按下某个键时，相应的位被置 1，否则为 0。

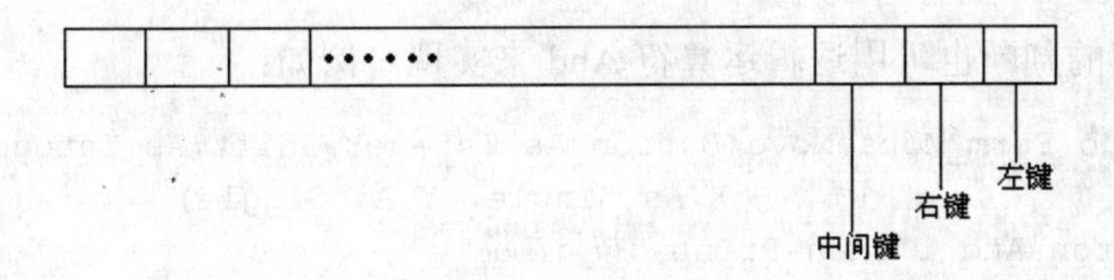

图 10.6　Button 参数

用 3 个二进制位可以表示按键的不同状态，见表 10.5。

表 10.5　按键状态

Button 参数值	作　用
000(十进制 0)	未按任何键
001(十进制 1)	左键被按下(默认)
010(十进制 2)	右键被按下
011(十进制 3)	左、右键同时被按下
100(十进制 4)	中间键被按下
101(十进制 5)	同时按下中间和左键
110(十进制 6)	同时按下中间和右键
111(十进制 7)	3 个键同时被按下

注意: 有些鼠标只有两个键，或者虽有 3 个键但 Windows 鼠标驱动程序不能识别中间键。在这种情况下，表 10.5 中的后 4 个参数值不能使用。

下面对鼠标键做进一步说明。

(1) 对于 MouseDown 和 MouseUp 事件来说，只能用鼠标的按键参数判断是否按下或松开某一个键，不能检查两个键被同时按下或松开，因此 Button 参数的取值只有 3 种，即 001(十进制 1)、010(十进制 2)和 100(十进制 4)。例如：

```
Private Sub Form_MouseDown(Button As Integer, Shift As Integer, _
                           X As Single, Y As Single)
     If Button = 1 Then Print "按下左键"
     If Button = 2 Then Print "按下右键"
     If Button = 4 Then Print "按下中间键"
End Sub
```

上述过程用来测试按下了鼠标的哪一个键，并通过窗体将按的键说明出来。

(2) 对于 MouseMove 事件来说，可以通过 Button 参数判断按下一个键还是同时按下两个或三个键。

① 下面的程序用来判断在移动鼠标时是否按下了右键：

```
Private Sub Form_MouseMove(Button As Integer, Shift As Integer, X As Single,_
```

```
                        Y As Single)
    If Button = 1 Then Print "按下左键"
End Sub
```

② 对按键的判断也可用逻辑运算符 And 来实现。例如：

```
Private Sub Form_MouseMove(Button As Integer,Shift As Integer, _
                           X As Single, Y As Single)
    If Button And 1 Then Print "按下左键"
End Sub
```

③ 用类似的方法可以判断是否同时按下了左、右键：

```
Private Sub Form_MouseMove(Button As Integer, Shift As Integer, _
                            X As Single, Y As Single)
    If (Button And 3) = 3 Then Print "同时按下左、右键"
End Sub
```

④ 用下面的语句可以判断是否同时按下了 3 个键：

```
If (Button And 7) = 7 Then
    Print "同时按下左、中、右键"
End If
```

(3) 在判断是否按下多个键时，要注意避免二义性，例如，下面语句的判断不严密：

```
If (Button And 1) And (Button And 2) Then ...
```

用该语句进行判断时，按下 3 个键和按下两个键的效果相同。再如：

```
If Button And 3 Then ...
```

该语句判断“Button And 3”的结果是否为 True。实际上，有 3 种情况使它为 True，即按下左键、按下右键或同时按下左、右两个键。

(4) 为了提高可读性，可以把 3 个键定义为符号常量：

```
Const LEFT_BUTTON = 1
Const RIGHT_BUTTON = 2
Const MIDDLE_BUTTON = 4
```

在前面的例子中，3 种鼠标事件(MouseDown、MouseUp 和 MouseMove)独立产生，利用 Button 参数，可以把 3 种鼠标事件结合起来使用。看下面的例子。

【例 10.6】 编写程序，在窗体上画圆。要求按着右键移动鼠标可画圆，否则不能画圆。Visual Basic 中用 Circle 方法画圆，其调用格式为：

```
Circle(x, y), R
```

上式将以(x，y)为圆心，以 R 为半径画一个圆。

编写以下 3 个事件过程：

```
Dim pain As Boolean
'按下鼠标键事件
Private Sub Form_MouseDown(Button As Integer, Shift As Integer, _
        X As Single, Y As Single)
```

```
   pain = True
End Sub

'松开鼠标键事件
Private Sub Form_MouseUp(Button As Integer, Shift As Integer, _
      X As Single, Y As Single)
   pain = False
End Sub

'移动鼠标事件
Private Sub Form_MouseMove(Button As Integer, Shift As Integer, _
      X As Single, Y As Single)
   If pain And (Button And 2) Then          '鼠标键是否被按下，且为右键被按下
      Circle (X, Y), 100
   End If
End Sub
```

运行以上程序，按住右键移动鼠标，每移动一个位置，以鼠标光标的当前位置为圆心，以 100 twip 为半径画一个圆圈。鼠标移动速度快地方，圆圈越疏；移动速度慢的地方，圆圈越密。程序运行效果如图 10.7 所示。

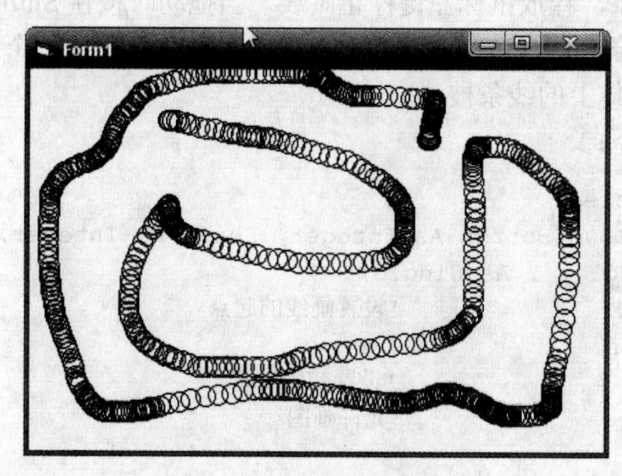

图 10.7　程序界面及输出结果

10.4.3　转化参数(Shift)

与按钮参数 Button 一样，转换参数 Shift 也是一个整数值，并用其低 3 位表示 Shift、Ctrl 和 Alt 键的状态，某键被按下使得一个二进制位被设置，如图 10.8 所示。

图 10.8　Shift 参数

Shift 参数反映了当按下指定的鼠标键时，键盘上转换键(Shift、Ctrl 和 Alt)的当前状态。该参数的设置值见表 10.6。

表 10.6　Shift 参数设置值

Shift 值	作　用
000(十进制 0)	未按转换键
001(十进制 1)	按下 Shift 键
010(十进制 2)	按下 Ctrl 键
011(十进制 3)	同时按下 Shift 和 Ctrl 键
100(十进制 4)	按下 Alt 键
101(十进制 5)	按下 Alt 和 Shirt 键
110(十进制 6)	按下 Alt 和 Ctrl 键
111(十进制 7)	同时按下 Shift、Ctrl 和 Alt 键

下面举几个说明鼠标事件的例子。

【例 10.7】编制一个“画图程序”。当在窗体上按下鼠标左键并拖动时，在窗体上画出从细到粗的渐变线条，释放鼠标左键停止画线。当拖动时按住 Shift 键，画出的线条为黑色；按住 Ctrl 键，线条为绿色；按住 Alt 键，线条为红色；不按三个键，线条为黑色(默认颜色)。双击窗体，窗体上的线条被清空。

编写程序代码如下：

```
Dim Pain As Boolean
Sub Form_MouseDown(Botton As Integer, Shift As Integer, _
      X As Single, Y As Single)
   CurrentX = X                   '设置画线的起点
   CurrentY = Y
   DrawWidth = 4                  '设置初始线宽
   Pain = True                    '允许画图
End Sub

Sub Form_MouseUp(Botton As Integer, Shift As Integer, _
      X As Single, Y As Single)
   Pain = False                   '停止画图
   End Sub
   Private Sub Form_DblClick()                   '双击清空窗体内容
   Cls
End Sub

Private Sub Form_MouseMove(Button As Integer, Shift As Integer, _
      X As Single, Y As Single)
   Dim color As Long
   Dim n As Single
   If Pain Then
      If Button = 1 Then              '根据按键不同选择颜色
         If Shift = 1 Then
```

```
                color = vbBlack
            ElseIf Shift = 2 Then
                color = vbGreen
            ElseIf Shift = 4 Then
                color = vbRed
            End If
        End If
        n = n + 1
        DrawWidth = DrawWidth + n         '增加线宽
        Line -(X, Y), color               '画线
    End If
End Sub
```

运行程序，在窗体上画图。程序界面及输出结果如图 10.9 所示。

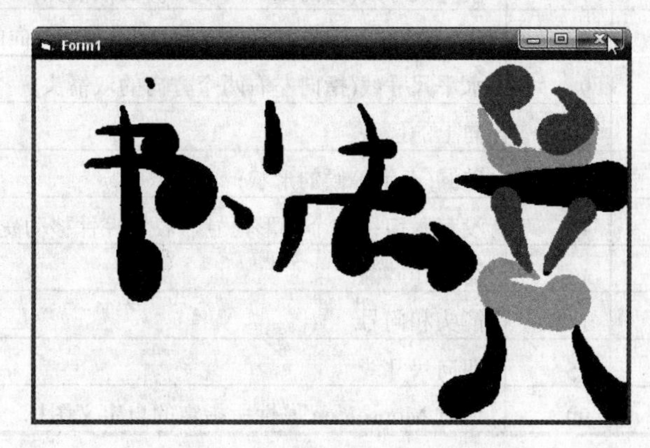

图 10.9　程序界面及输出结果

10.5　鼠标光标的形状

在使用 Windows 及其应用程序时，读者可能已经注意到，当鼠标光标位于不同的窗口内时，其形状是不一样的。有时候呈箭头状，有时候是十字状，有时候是竖线状等。在 Visual Basic 中，可以通过属性窗口来设置改变鼠标光标的形状。

10.5.1　MousePointer 属性

鼠标光标的形状通过 MousePointer 属性来设置。该属性可以在属性窗口中设置，也可以在程序代码中设置。

MousePointer 的属性是一个整数，可以取 0~15 及 99，其含义见表 10.7。

当某个对象的 MousePointer 属性被设置为表 10.7 中的某个值时，鼠标光标在该对象内就以相应的形状显示。

例如，一个文本框的 MousePointer 属性被设置为 3，当鼠标光标进入该文本框时，鼠标光标为 I 形，而在文本框之外，鼠标光标会保持默认的形状。

表 10.7 MousePointer 的属性取值与鼠标光标的形状

常　量	值	形　状
vbDefault	0	(默认值)形状由对象决定
vbArrow	1	箭头
vbCrosshair	2	十字线(crosshair 指针)
vbIbeam	3	I 型
vbIconPointer	4	图标(嵌套方框)
vbSizePointer	5	尺寸线(指向上、下、左和右 4 个方向的箭头)
vbSizeNESW	6	“右上-左下”尺寸线(指向右上和左下方向的双箭头)
vbSizeNS	7	垂直尺寸线(指向上下两个方向的双箭头)
vbSizeNWSE	8	“左上-右下”尺寸线(指向左上和右下方向的双箭头)
vbSizeWE	9	水平尺寸线(指向左右两个方向的双箭头)
vbUpArrow	10	向上的箭头
vbHourglass	11	砂漏(表示等候的形状)
vbNoDrop	12	没有入口：一个圆形记号，表示控件移动受限
vbArrowHourglass	13	箭头和砂漏
vbArrowQuestion	14	箭头和问号
vbSizeAll	15	四向尺寸线
vbCustom	99	通过 MouseIcon 属性所指定的自定义图标

10.5.2 设置鼠标光标形状

MousePointer 属性可以通过代码设置，也可以通过属性窗口设置。

1. 在程序代码中设置 MousePointer 属性

在程序代码中设置 MousePointer 属性的一般格式为：

```
对象.MousePointer = 设置值
```

这里的“对象”可以是复选框、组合框、命令按钮、目录列表框、驱动器列表框、文件列表框、窗体、框架、图像、标签、列表框、图片框、滚动条、文本框、屏幕等。“设置值”是表 10.7 中的一个值。

例如，在窗体上建立一个图片框，然后编写如下的事件过程：

```
Private Sub Picture1_MouseMove(Button As Integer, Shift As Integer, _
                               X As Single, Y As Single)
    Picture1.MousePointer = 11
End Sub
```

上述过程运行后，移动鼠标，当鼠标光标位于图片框中时，鼠标光标变为砂漏的形状；移出图片框后，鼠标光标变为默认形状(箭头)。

【例 10.8】编写程序，显示鼠标光标的形状。

此程序运行后，把鼠标光标移到按钮控件上，每单击一次按钮，变换一种鼠标光标的形状，移出按钮控件，鼠标光标变为默认形状(箭头)。

代码如下：

```
Private Sub Command1_Click()
    Static x As Integer              '每次单击后 x 的值保留
    Cls                              '清空窗体界面
    Print "Mousepointer Property is now"; x
    Command1.MousePointer = x
    x = x + 1
    If x = 15 Then x = 0
End Sub
```

2. 在属性窗口中设置 MousePointer 属性

单击属性窗口中的 MousePointer 属性条，然后单击设置框右端向下的箭头，将下拉显示 MousePointer 的 15 个属性值。单击某个属性值，即可把该值设置为当前活动对象的属性。

3. 自定义鼠标光标

如果把 MousePointer 属性设置为 99，则可通过 MouseIcon 属性定义自己的鼠标光标，有以下两种方法。

(1) 如果在属性窗口中定义，可首先选择所需要的对象，再把 MousePointer 属性设置为“99 - Custom”，然后设置 MouseIcon 的属性，把一个图标文件赋给该属性(与设置 Picture 属性的方法相同)。

(2) 如果用程序代码设置，则可先把 MousePointer 属性设置为 99，然后再用 LoadPicture 函数把一个图标文件赋给 MouseIcon 属性。例如：

```
Form1.MousePointer = 99
Form1.MouseIcon = LoadPicture("C:\Program Files\Microsoft Visual Studio\
Common\Icons\Arrows\POINT8.ico")
```

4. 鼠标光标形状的使用

在 Windows 中，鼠标光标的应用有一些约定俗成的规则。为了与 Windows 环境相适应，在应用程序中应遵守这些规则。

(1) 表示用户当前可用的功能，如 I 形鼠标光标(属性值 3)表示插入文本；十字形状(属性值 2)表示画线或圆，或者表示选择可视对象以进行复制或存取。

(2) 表示程序状态的用户可视线索，如砂漏(属性值 11)表示程序忙，需等待一段时间后再将控制权交给用户。

(3) 当坐标(X，Y)值为 0 时，改变鼠标光标形状。

注意，与屏幕对象(Screen)一起使用时，鼠标光标的形状在屏幕的任何位置都不会改变。不论鼠标光标移到窗体还是控件内鼠标形状都不会改变，超出程序窗口后，鼠标形状将变为默认箭头。如果设置 Screen.MousePointer = 0，则可激活窗体或控件的属性窗口所设定的局部鼠标形状。

10.6 拖放

通俗地说，所谓拖放，就是用鼠标从屏幕上把一个对象从一个地方拖拉(Dragging)到另一个地方再放下(Dropping)。在 Windows 中，我们会经常使用这一操作，Visual Basic 提供了让用户自由拖放某个控件的功能。

拖放的一般过程是，把鼠标光标移到一个控件对象上，按住鼠标左键，不要松开，然后移动鼠标，对象将随鼠标的移动而在屏幕上拖动，松开鼠标左键后，对象即被放下。通常把原来位置的对象叫做源对象，而拖动后放下的位置的对象叫做目标对象。在拖动的过程中，被拖动的对象变为灰色。

10.6.1 与拖放有关的属性、事件和方法

除了菜单、计时器和通用对话框外，其他控件均可在程序运行期间被拖放。下面介绍与拖放有关的属性、事件和方法。

1. 属性

有两个属性与拖放有关，即 DragMode 和 DragIcon。

(1) DragMode 属性

该属性用来设置自动或人工拖放模式。在默认情况下，该属性值为 0(人工方式)。为了能对一个控件执行自动拖放操作，必须把它的 DragMode 属性设置为 1。该属性可以在属性窗口中设置，也可以在程序代码中设置，例如：

```
Picture1.DragMode = 1
```

注意：DragMode 的属性是一个标志，不是逻辑值，不能把它设置为 True(-1)。

如果把一个对象的DragMode属性设置为1，则该对象不再接收Click事件和MouseDown事件。

(2) DragIcon 属性

在拖动一个对象的过程中，并不是对象本身在移动，而是移动代表对象的图标。也就是说，一旦要拖动一个控件，这个控件就变成一个图标，等放下后再恢复成原来的控件。DragIcon 属性含有一个图片或图标的文件名，在拖动时作为控件的图标。例如：

```
Picture1.DragIcon = LoadPicture("C:\Program Files\Microsoft Visual
Studio\Common\Icons\Arrows\POINT8.ico")
```

用图标文件 POINT8.ico 作为图片框 Picture1 的 DragIcon 属性。当拖动该图片框时，图片框变成由 POINT8.ico 所表示的图标。

2. 事件

与拖放有关的事件是 DragDrop 和 DragOver。当把控件(图标)拖到目标位置之后，如果

松开鼠标键，则产生一个 DragDrop 事件。该事件的事件过程格式如下：

```
Sub 目标对象名_DragDrop(Source As Control, X As Single, Y As Single)
    ...
End Sub
```

该事件过程含有 3 个参数。其中 Source 是一个对象变量，其类型为 Control，该参数含有被拖动对象的属性。例如判断被拖动对象的 Name 属性是否为 Folder：

```
If Source.Name = "Folder" Then ...
```

参数 X、Y 是松开鼠标键放下对象时鼠标光标的位置。

DragOver 事件用于图标的移动。当拖动对象越过一个目标控件时，产生 DragOver 事件。其事件过程格式如下：

```
Sub 目标对象名_DragOver(Source As Control, X As Single, Y As Single, _
                                State As Integer)
    ...
End Sub
```

该事件过程含有 4 个参数。其中 Source 参数的含义同前，X、Y 是拖动时鼠标光标的坐标位置。State 参数是一个整数值，可取以下 3 个值：0 表示鼠标光标正进入目标对象的区域；1 表示鼠标光标正退出目标对象的区域；2 表示鼠标光标正位于目标对象的区域之内。

3. 方法

与拖放有关的方法有 Move 和 Drag。其中 Move 方法已熟悉，下面介绍 Drag 方法。

Drag 方法的调用格式为：

```
控件.Drag 整数
```

不管控件的 DragMode 属性如何设置，都可以用 Drag 方法来人为启动或停止一个拖放过程。“整数”的取值为 0、1、2，其中 0 代表取消指定控件的拖放；1 代表当 Drag 方法出现在控件的事件过程中时，允许拖放指定的控件；2 代表结束控件的拖动，并发出一个 DragDrop 事件。

10.6.2　自动拖放

下面通过一个简单的例子来说明如何实现自动拖放操作。

(1) 在窗体上建立一个图片框，并把图标文件 TRFFC14.ico 装入该图片框中(图标文件 TRFFC14.ico 在“C:\Program Files\Microsoft Visual Studio\Common\Icons\Traffic”目录下)。

(2) 在属性窗口中找到图片框对象的 DragMode 属性，将其值由默认的“0 - Manual”改为“1 - Automatic”。

设置完上述属性后，运行该程序，即可自由地拖动图片框。但是，当松开鼠标键时，被拖动的控件又回到原来的位置。其原因是，Visual Basic 不知道把控件放到什么位置。

(3) 在程序代码窗口中的“对象”框中选择“Form”，在“过程”框中选择 DragDrop，编写如下事件过程：

```
Private Sub Form_DragDrop(Source As Control, x As Single, y As Single)
    Picture1.Move x, y
End Sub
```

在该过程中“Picture.Move x, y”语句的作用是：将源对象(Picture1)移到(Move)鼠标光标(x，y)处。

经过以上 3 步，就可以拖动控件了。不过拖动时，整个 Picture1 控件都随鼠标移动。按照拖放的一般要求，拖动过程中应把控件变成图标，放下时再恢复为控件。这可以通过以下两种方法来实现。

第一种方法是在设计阶段，不要用 Picture 属性装入图像，而是用 DragIcon 属性装入图像，其操作与用 Picture 属性装入类似，即在建立图像框后，在属性窗口中找到并单击 DragIcon 属性条，然后利用“加载图片”对话框把图像装入图片框内。不过这样装入后，图片框看上去仍是空白，只有在拖动时才能显示出来。

第二种方法是在执行阶段，通过程序代码设置 DragIcon 属性。一般有以下 3 种形式：

```
Picture1.DragIcon = LoadPicture("C:\Program Files\Microsoft Visual
Studio\Common\Icons\Traffic\TRFFC14.ico")
Picture1.DragIcon = Picture1.Picture
Picture2.DragIcon = Picture1.DragIcon
```

【例 10.9】在窗体上建立两个控件，拖拉其中一个控件，当把它放到第二个控件上时该控件消失，单击窗体后再度出现。

首先在窗体上建立两个图片框，并在第一个图片框中装入一个图标(例如 Phone02.ico)。然后编写如下过程：

```
Private Sub Form_Load()
    Picture1.DragIcon = picture1.Picture
    Picture1.DragMode = 1
End Sub
```

上述过程把图片框 Picture1 的 Picture 属性赋给其 DragIcon 属性，这样就可以在拖动时只显示图标而不显示整个控件。同时把拖放设置为自动方式。

下面的过程可以使 Picture1 消失在 Picture2 上：

```
Picture Sub Picture2_DragDrop(Source As Control, x As Single, y As Single)
    Source.Visible = False
End Sub
```

该过程是在将 Picture1 放到 Picture2 上时发生的事件，此时 Picture1 的 Visible 属性被设置为 False，即消失不见。而下面的过程可以在单击窗体时使 Picture1 再度出现：

```
Private Sub Form_Click()
    Picture1.Visible = True
End Sub
```

用下面的过程可以把 Picture1 拖到窗体上的(x，y)处：

```
Sub Form_DragDrop(Source As Control, x As Single, y As Single)
    Source.Move x, y
```

```
End Sub
```

运行上面的程序，可以把 Picture1 拖到窗体的任何位置。当拖到 Picture2 上时，图形消失，此时如果单击窗体，则图形(Picture1)重新出现。

如果希望某个控件在被拖过一个特定区域时能有某种不同的显示，则可以用 DragOver 事件过程来实现。例如，在上面的例子中，当拖动图片框 Picture1 经过 Picture2 时，为了使 Picture2 改变颜色，可按如下步骤修改。

首先设置 Picture1 的 DragIcon 属性和 Picture2 的颜色：

```
Private Sub Form_Load()
    Picture1.DragIcon = picture1.Picture
    Picture1.DragMode = 1
    Picture2.ForeColor = RGB(255,0,0)          ' 设置前景色
    Picture2.BackColor = RGB(0,0,255)          ' 设置背景色
End Sub
```

过程中的 RGB 函数用来设置颜色。

下面的过程用 DragOver 事件在拖动 Picture1 经过 Picture2 时改变 Picture2 的颜色：

```
Private Sub Picture2_DragOver(Source As Control, X As Single, _
            Y As Single, State As Integer)
    Dim temp As Long
    If State = 0 Or State = 1 Then
        Beep
        Beep
        Temp = Picture2.BackColor
        Picture2.BackColor = Picture2.ForeColor
        Picture2.ForeColor = temp
    End If
End Sub
```

该过程是用鼠标拖动 Picture1 经过 Picture2 时产生的反应。State 参数为 0 表示进入 Picture2，而 State 参数为 1 则表示离开 Picture2。在进入或离开 Picture2 时响铃(Beep)并使 Picture2 的前景色与背景色交换。其余 3 个事件过程不变：

```
Private Sub Form_Click( )
    Picture1.Visible = True
End Sub
Private Sub Form_DragDrop(Source As Control, X As Single, Y As Single)
    Source.Move X, Y
End Sub
Private Sub Picture2_DragDrop(Source As Control, X As Single, Y As Single)
    Source.Visible = 0
End Sub
```

10.6.3　人工拖放

前面介绍的拖放称为自动拖放，因为 DragMode 属性被设置为“1 - Automatic”。只要

不改变该属性，随时都可以拖拉每个控件。与自动拖放不同，人工拖放不必把 DragMode 属性设置为“1 - Automatic”，仍保持默认的“0 - Manual”，而且可以由用户自行决定何时拖拉，何时停止。例如当按下鼠标左键时开始拖拉，松开键时停止拖拉。如前所述，按下和松开鼠标左键分别产生 MouseDown 和 MouseUp 事件。

前面介绍的 Drag 方法可以用于人工拖放。该方法的操作值为 1 时可以拖放指定的控件；为 0 或 2 时停止，如为 2 则在停止拖放后产生 DragDrop 事件。Drag 方法与 MouseDown、MouseUp 事件过程结合使用，可以实现人工拖放。

为了试验人工拖放，可以按如下步骤操作。

(1) 在窗体上建立一个图片框，装入一个图标(例如 Phone02.ico)。

(2) 设置图片框的 DragIcon 属性：

```
Private Sub Form_Load()
   Picture1.DragIcon = Picture1.Picture
End Sub
```

(3) 用 MouseDown 事件过程打开拖拉开关：

```
Private Sub Picture1_MouseDown(Button As Integer, Shift As Integer, _
                                X As Single, Y As Single)
   Picture1.Drag 1
End Sub
```

上述过程是当按下鼠标左键时所产生的操作，即用 Drag 方法打开拖拉开关，产生拖拉操作。

(4) 关闭拖拉开关，停止拖拉，并产生 DragDrop 事件：

```
Private Sub Picture1_MouseUp(Button As Integer, Shift As Integer, _
                              X As Single, Y As Single)
   Picture1.Drag 2
End Sub
```

(5) 编写 DragDrap 事件过程：

```
Private Sub Form_DragDrop(Source As Control, x As Single, y As Single)
   Source.Move (x - Source.Width / 2), (y - Source.Height / 2)
End Sub
```

关闭拖拉开关(用 Drag 2)后，将停止拖拉，并产生 DragDrop 事件。即在松开鼠标后，把控件放到鼠标光标位置。在一般情况下，鼠标光标所指的是控件的左上角，而在该过程中，鼠标光标所指的是控件的中心。

10.7 回到工作场景

通过 10.2~10.6 节内容的学习，应该掌握了鼠标事件的使用方法和编程技术，结合以前学习的知识，此时足以完成鼠标绘图程序的设计。下面我们将回到 10.1 节介绍的工作场景中，完成工作任务。

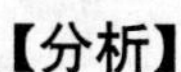

【分析】

使用内部函数 RGB 获得颜色，RGB 的 3 个参数通过 3 个水平滚动条的 Value 值获得。通过鼠标的 MouseDown、MouseUp、MouseMove 这 3 个事件绘制图线。

【工作过程一】设计用户界面

设计如图 10.1 所示的程序界面，各控件的属性值列于表 10.8 中。

表 10.8　各控件的属性值

控　件	属　性	值
Form1	Caption	“计算器”
Picture1	BackColor	&H80000009&
Command1	Caption	“清除”
Option	Caption	1.2.4.8
HScroll	Index	1~3
	Min	0
	Max	255

【工作过程二】编写程序

编写的程序代码如下：

```
Option Explicit
Dim x1 As Integer                                    '起点 X 坐标
Dim y1 As Integer                                    '起点 Y 坐标
Dim x2 As Integer                                    '终点 X 坐标
Dim y2 As Integer                                    '终点 Y 坐标
Dim flag As Boolean                                  '绘图标志
Dim hong As Integer                                  '颜色分量
Dim lu As Integer
Dim lan As Integer

Private Sub Command1_Click()                         '清除 Picture1 中的图形
   Picture1.Cls
End Sub

Private Sub HScroll1_Change(Index As Integer)        '设置线的颜色
   hong = HScroll1(0).Value
   lu = HScroll1(1).Value
   lan = HScroll1(2).Value
   Label6.BackColor = RGB(hong, lu, lan)
   Picture1.ForeColor = RGB(hong, lu, lan)
End Sub

Private Sub Option1_Click()                          '设置线宽
   Picture1.DrawWidth = 1
```

```
End Sub

Private Sub Option2_Click()
   Picture1.DrawWidth = 2
End Sub

Private Sub Option3_Click()
   Picture1.DrawWidth = 4
End Sub

Private Sub Option4_Click()
   Picture1.DrawWidth = 8
End Sub

Private Sub Form_Load()
   Label5.BackColor = RGB(0, 0, 0)
   Picture1.Scale (0, 0)-(400, 400)
   flag = False
   hong = HScroll1(0).Value
   lu = HScroll1(1).Value
   lan = HScroll1(2).Value
   Label6.BackColor = RGB(hong, lu, lan)
   Picture1.ForeColor = RGB(hong, lu, lan)
End Sub

Private Sub Picture1_MouseDown(Button As Integer, Shift As Integer, _
                          X As Single, Y As Single)
'当按下鼠标按键时绘图开始并记录最初的起点
   flag = True
   x1 = X
   y1 = Y
End Sub

Private Sub Picture1_MouseMove(Button As Integer, Shift As Integer, _
                          X As Single, Y As Single)
'如果不是处在绘图状态则退出该过程
'如果处在绘图状态则从起点到目前鼠标所在点绘制直线
'然后将当前鼠标所在点作为新的起点
   If flag = False Then
      Exit Sub
   End If
   If flag = True Then
      x2 = X
      y2 = Y
      Picture1.Line (x1, y1)-(x2, y2)
      x1 = x2
      y1 = y2
   End If
End Sub
```

```
Private Sub Picture1_MouseUp(Button As Integer, Shift As Integer, _
                             X As Single, Y As Single)
'当释放鼠标按键时绘图结束
    flag = False
End Sub
```

【工作过程三】运行和保存工程

程序运行界面如图 10.10 所示，可以调出不同的颜色在图片框中画图。

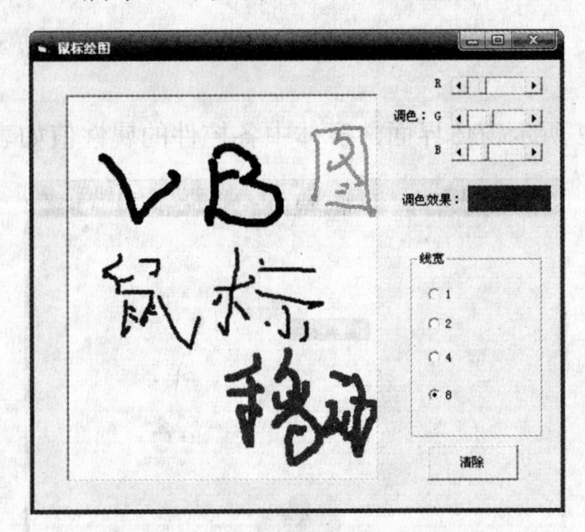

图 10.10　程序运行后的效果

10.8　工作实训营

训练实例

设计弹球游戏的程序，用方向键向上或下发球，用左右键移动托板接球，让弹球连续不断地击打上方的方块，直到打完就算过关了。界面如图 10.11 所示。

图 10.11　程序界面

【分析】

使用 Shape 控件的控件数组，在窗体上方设置 3 行 9 列的方块；通过 Timer 控件的使用，可实现弹球的移动动画；通过捕捉键盘的 KeyDown 事件，可判断用户的按键，向左方向键的 KeyCode 为 37，向上方向键的 KeyCode 为 38，向右方向键的 KeyCode 为 39，向下方向键的 KeyCode 为 40，当用户按下不同方向键时执行相应的操作，相关代码在窗体的 KeyDown 事件当中实现；当弹球移动到某一方块上时，使对应的方块的 Visible 属性改为 False，形成弹球消去方块的效果。利用自定义过程在窗体上打印矩阵，打印通过双重循环语句来实现。

【设计步骤】

(1) 创建如图 10.12 所示窗体界面，窗体中各控件的属性值如表 10.9 所示。

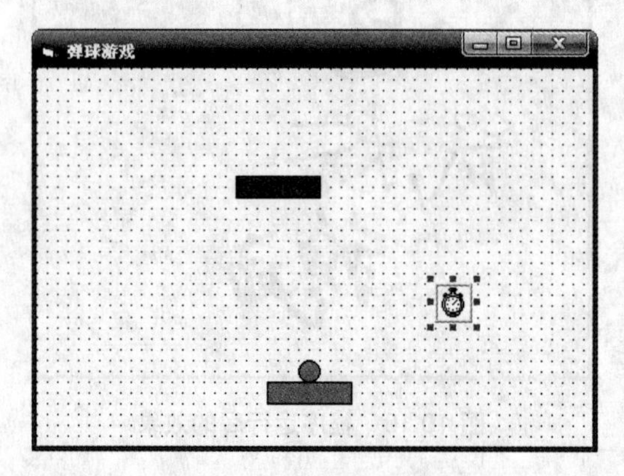

图 10.12 创建窗体界面

表 10.9 各控件的属性值

控 件	属 性	值
Form1	Caption	“弹球游戏”
Timer1	Enable	False
	Interval	100
Shape1	FillStyle	0
	Shape	0—Rectangle
Shape2	FillStyle	0
	Shape	3—Circle
Shape3	FillStyle	0
	Shape	0—Rectangle
	Visible	False
	Index	0

(2) 编写代码如下：

```
Dim xx1 As Byte
Dim yp As Integer
```

```
Dim xp As Integer
Dim xt As Integer
Dim yt As Integer
Dim dire As Integer
Dim aa(50, 50) As Integer
Dim rig As Integer

Sub wx(i, u)
    If aa(i, u) < 1 Then
        aa(i, u) = 1
        xp = -xp
        yp = -yp
        rig = rig + 1
        Shape3(i * 3 + u).Visible = False
        If rig >= 27 Then
            a = MsgBox("您还要继续吗？", vbYesNo, "您赢了")
            If a = vbNo Then
                End
            Else
                Form_Load
                Exit Sub
            End If
        End If
    End If
End Sub

Sub InitAA()
    For i = 0 To 8
        For u = 0 To 2
            aa(i, u) = 0
        Next u
    Next i
    Shape1.Left = Form1.ScaleWidth / 2 - Shape1.Width / 2
    Shape2.Left = Form1.ScaleWidth / 2 - Shape2.Width / 2
    Timer1.Enabled = False
    Shape2.Top = Shape1.Top - Shape2.Height
    xx1 = 0
    rig = 0
    Dim T As Integer
    For i = 0 To 8
        For u = 1 To 3
            T = i * 3 + u
            Shape3(T).Visible = True
        Next u
    Next i
    xt = 150
    yt = 150
End Sub
```

```
Private Sub Form_KeyDown(KeyCode As Integer, Shift As Integer)
    If xx1 = 0 Then
        If KeyCode = 40 Then
            Shape2.Left = Shape1.Left + Shape2.Width
            Shape2.Top = Shape1.Top - Shape2.Height
            Timer1.Enabled = True
            xx1 = 1
            yp = 150
            xp = -150
        End If
        If KeyCode = 38 Then
            Shape2.Left = Shape1.Left + Shape2.Width
            Shape2.Top = Shape1.Top - Shape2.Height
            Timer1.Enabled = True
            xx1 = 1
            yp = 150
            xp = 150
        End If
    End If
    If Shape1.Left > 0 Then
        If KeyCode = 37 Then      '向左移动
            Shape1.Left = Shape1.Left - xt
            If xx1 = 0 Then Shape2.Left = Shape1.Left + Shape2.Width
            dire = 1
        End If
    End If
    If Shape1.Left < Form1.ScaleWidth - Shape1.Width Then
        If KeyCode = 39 Then      '向右移动
            Shape1.Left = Shape1.Left + yt
            If xx1 = 0 Then Shape2.Left = Shape1.Left + Shape2.Width
            dire = 2
        End If
    End If
End Sub

Private Sub Form_KeyUp(KeyCode As Integer, Shift As Integer)
    dire = 0
End Sub
Private Sub Form_Load()
    Dim T As Integer
    Shape3(0).Width = Me.ScaleWidth / 9
    For i = 0 To 8
        For u = 1 To 3
            T = i * 3 + u
            Load Shape3(T)
            Shape3(T).Move i * Shape3(0).Width, (u - 1) * Shape3(0).Height
        Next u
    Next i
    InitAA
```

```
    Show
End Sub

Private Sub Timer1_Timer()
    Shape2.Top = Shape2.Top - yp
    Shape2.Left = Shape2.Left - xp
    For i = 0 To 8
        For u = 3 To 1 Step -1
            If Shape2.Top < u * Shape3(0).Height And _
                Shape2.Top > u - 1 * Shape3(0).Height Then    '在第u行
                If Shape2.Left > i * Shape3(0).Width And _
                    Shape2.Left < (i + 1) * Shape3(0).Width Then  '第i列
                    wx i, u
                End If
            End If
        Next u
    Next i
    If Shape2.Left > Shape1.Left - Shape2.Width And _
        Shape2.Left < Shape1.Left + Shape1.Width Then
        If Shape2.Top > Shape1.Top - Shape2.Height And _
            Shape2.Top < Shape1.Top - Shape2.Height + 200 Then
                yp = -yp
                Select Case dire
                    Case 1
                        xp = xp + 20
                    Case 2
                        xp = xp - 20
                End Select
        End If
    End If
    If Shape2.Left < 0 Then
        Shape2.Left = 0
        xp = -xp
    End If
    If Shape2.Left > Form1.ScaleWidth - Shape2.Width Then
        Shape2.Left = Form1.ScaleWidth - Shape2.Width
        xp = -xp
    End If
    If Shape2.Top < 0 Then
        Shape2.Top = 0
        yp = -yp
    End If
    If Shape2.Top > Form1.ScaleHeight Then
        xx1 = 0
    End If
End Sub
```

10.9 习 题

1. 选择题

(1) 以下叙述中错误的是________。

A. 在KeyUP和KeyDown事件过程中，从键盘上输入A或a被视作相同的字母(即具有相同的KeyCode)

B. 在KeyUp和KeyDown事件过程中，将键盘上的“1”和右侧小键盘上的“1”视作不同的数字(具有不同的KeyCode)

C. KeyPress事件中不能识别键盘上某个键的按下与释放

D. KeyPress事件中可以识别键盘上某个键的按下与释放

(2) 对窗体编写如下事件过程:

```
Private Sub Form_MouseDown(Button As Integer, _
                            Shift As Integer, X As Single, Y As Single)
    If Button = 2 Then
        Print "AAAAA"
    End If
End Sub
Private Sub Form_MouseUp(Button As Integer, _
                            Shift As Integer, X As Single, Y As Single)
    Print "BBBBB"
End Sub
```

程序运行后，如果单击鼠标右键，则输出结果为________。

A. AAAAA
BBBBB　　B. BBBBB

C. AAAAA　　D. BBBBB
AAAAA

(3) 以下程序的功能是：用鼠标右键单击窗体，将画一个直径为300的圆。

```
Private Sub Form_MouseDown(Button As Integer, Shift As Integer, _
                            X As Single, Y As Single)
   If _______Then
      Circle (X, Y), 300
   End If
End Sub
```

在空格处应填________。

A. Button = 0　　B. Button = 1

C. Button = 2　　D. Button = 4

(4) 有以下3个事件过程，执行时从键盘上按一个A键，则在窗体上显示的内容是________。

```
Private Sub Form_KeyDown(KeyCode As Integer, Shift As Integer)
    Print KeyCode;
End Sub
Private Sub Form_KeyPress(KeyAscii As Integer)
    Print KeyAscii;
End Sub
Private Sub Form_KeyUp(KeyCode As Integer, Shift As Integer)
    Print KeyCode;
End Sub
```

A. 65　97　65　　　　B. 97　65　97

C. 65　65　65　　　　D. 97　97　97

2. 填空题

(1) 在窗体上画一个名称为 TxtA 的文本框，然后编写如下的事件过程：

```
Private Sub TxtA_KeyPress(KeyAscii as Integer)
    ...
End Sub
```

若焦点位于文本框中，则能够触发 KeyPress 事件的操作是________。

(2) 当用户要自定义鼠标指针图形时，除要对 MouseIcon 属性进行设置外，还必须将 MousePointer 属性设置为________。

(3) 编写如下两个事件过程：

```
Private Sub Form_KeyDown(KeyCode As Integer, Shift As Integer)
    Print Chr(KeyCode)
End Sub
Private Sub Form_KeyPress(KeyAscii As Integer)
    Print Chr(KeyAscii)
End Sub
```

在不按 Shift 键和锁定大写的情况下运行程序，如果按 A 键，则程序的输出是________。

(4) 下面的程序的功能是：用鼠标器右键单击窗体，将画一个直径为 300 的圆。

```
Private Sub Form_MouseDown(Button As Integer, Shift As Integer, _
    X As Single, Y As Single)
    If ________Then
        Circle (X, Y), 300
    End If
End Sub
```

在空格处应填________。

(5) 下列过程的功能是：在对多个文本框进行输入时，对第一个文本框(Text1)输入完毕后用 Enter 键使焦点跳到第二个文本框(Text2)，而不是用 Tab 键来切换。完成该程序。

```
Private Sub Text1_KeyDown(KeyCode As Integer, Shift As Integer)
    If ______ Then
        Text2.______
    End If
```

```
End Sub
```

(6) 已知在窗体上有一个文本框，且焦点在该文本框中，如果在文本框中按下一个键，希望首先触发窗体的 KeyPress、KeyUp 和 KeyDown 事件，则需把窗体的 KeyPreview 属性设置为________。

(7) 以下程序的功能是：若在文本框中按下的是其他键，则显示出来，若按的是数字键则不显示出来。请填空。

```
Private Sub Text1_KeyPress(KeyAscii As Integer)
    If KeyAscii >= 48 And KeyAscii <= 57 Then
        _______
    End If
End Sub
```

(8) 在拖动一个对象的过程中，并不是对象在移动，而是移动代表该对象的图标，可通过________属性设置移动时的图标。

(9) VB 中实现对象的拖放有两种方式：__________，要设置拖放方式可通过设置对象的属性__________来实现。

(10) 在窗体上双击鼠标将发生 5 种事件，这 5 种事件的顺序是__________。

(11) 当控件的 DragMode 属性设置为 0 时，可采用手工拖放，此时需用 Drag 方法来实现控件的拖放操作，该方法有一个参数，其取值可以是 0~2，取值为 0 表示________，取值为 1 表示________，取值为 2 表示________。

(12) 在窗体上有两个控件，名为 Text1 和 Text2，目前焦点在 Text1 上，下列程序的功能是在 Text1 中按 Enter 键将把焦点移到 Text2 控件，请填空。

```
Private Sub Text1_KeyPress(KeyAscii As Integer)
    If________Then
        Text2.________
    End If
End Sub
```

3. 编程题

(1) 编程实现：在窗体上建立两个控件，拖拉其中一个控件，当把它放到第二个控件上时该控件消失，单击窗体后再度出现。

(2) 编写一个程序，当按下键盘上的某个键时，输出该键的 KeyCode 码。

(3) 编写一个程序，添加两个文本框和 3 个命令按钮。当在第一个文本框中输入数据时全部显示*号，当输入 Password 时，弹出一个窗口，显示密码不正确。3 个命令按钮分别是“确定”、“清除”、“取消”，并实现热键功能。

第 11 章

菜单程序设计

本章要点

- 通过菜单编辑器建立菜单。
- 菜单项的控制和增减。
- 弹出式菜单的编程。

技能目标

- 掌握菜单项的设计方法。
- 掌握菜单项的有效性控制和标记方法。
- 掌握菜单项的增减方法。
- 掌握弹出式菜单的程序设计方法。

11.1 工作场景导入

【工作场景】

新建一个文本编辑器，要求通过文本编辑器内的菜单实现以下功能，在编辑器顶端有一个“格式”菜单，“格式”菜单下含有 3 个子菜单，分别是“字体”、“字形”、“字号”，选择某一项时，子菜单前会有菜单项标记符号。另外，在文本框内设计一弹出式菜单，用来改变文本框的背景颜色。如图 11.1 所示。

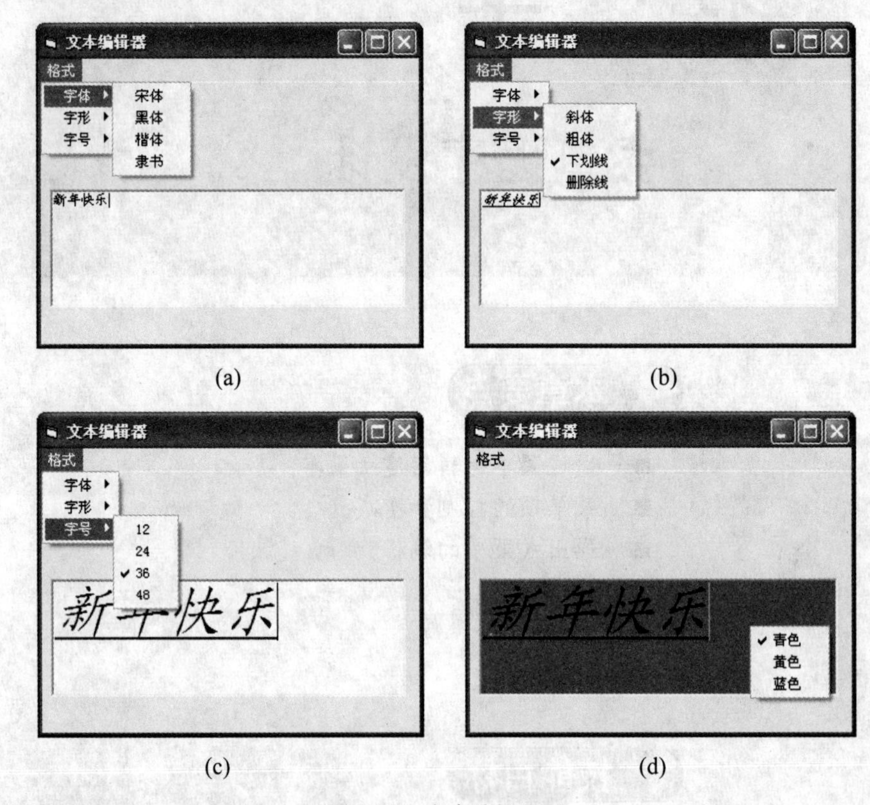

图 11.1　文本编辑界面

【引导问题】

(1) 如何建立下拉式菜单？

(2) 如何建立弹出式菜单？

(3) 如何设置菜单项的相关属性？

(4) 如何编写菜单程序？

11.2 Visual Basic 中的菜单对象

菜单的基本作用有两个，一是可以提供友好的人机对话的界面，以便让使用者选择应用系统中的各种功能；二是可以方便地控制各种功能模块的执行。

在实际的应用中，菜单可分为两种基本类型：下拉式菜单和弹出式菜单。例如，启动 Visual Basic 后，单击“文件”菜单所显示的就是下拉式菜单，而用鼠标右击窗体时所显示的菜单就是弹出式菜单。

在下拉式菜单系统中，一般有一个主菜单，其中包括若干个选择项。主菜单的每一个选择项都可下拉出下一级菜单，而下拉菜单中的每一项又可以包含下拉菜单，这样逐级下拉，构成菜单系统。而弹出式菜单也称为快捷菜单或右键菜单，右击窗体，菜单会在对应的位置出现。下拉菜单有很多优点，例如：

- 整体感强，操作一目了然，界面友好、直观，使用方便，易于学习和掌握。
- 具有导航功能，为用户在各个菜单的功能间导航。
- 占用屏幕空间小，这样可以使屏幕有较大的空间来显示计算过程、处理信息。

菜单的一般结构如图 11.2 所示。包括菜单栏(或主菜单行)，它是菜单的常驻行，位于窗体的顶部(窗体标题栏的下面)，由若干个菜单标题组成；子菜单区，这一区域为临时性的弹出区域，只有在用户选择了相应的主菜单项后才会弹出子菜单，以供用户进一步选择菜单的子项，子菜单中的每一项是一个菜单命令或分隔条，称为菜单项。弹出式菜单见图 11.3。

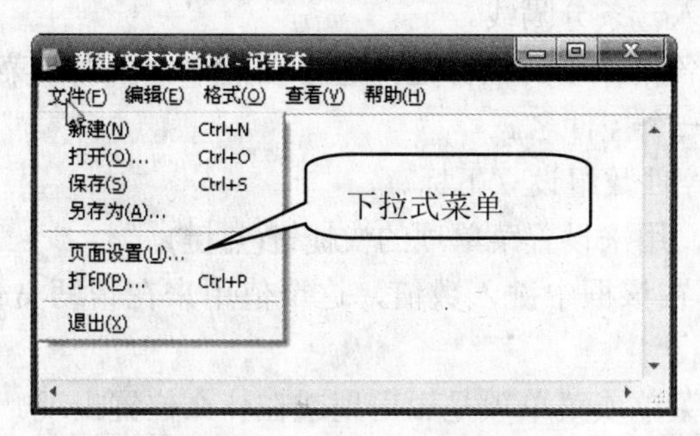

图 11.2 下拉式菜单

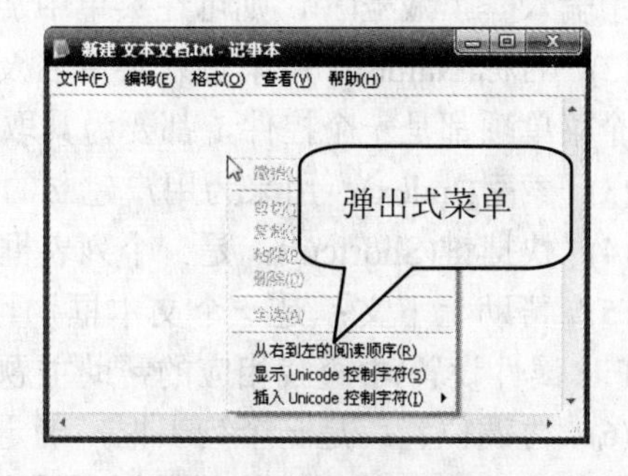

图 11.3 弹出式菜单

在用 Visual Basic 设计菜单时，把每个菜单项(主菜单或子菜单项)看作是一个控件，并具备与某些控件相同的属性，但菜单项没有自己的方法，可以识别的事件只有 Click 事件。

11.3 菜单编辑器

在 Visual Basic 中设计菜单既简单又直观，全部设计过程都在菜单编辑器窗口内完成。可以通过以下 4 种方式进入菜单编辑器：

- 选择“工具”菜单中的“菜单编辑器”命令。
- 使用 Ctrl+E 键。

- 单击工具栏中的“菜单编辑器 ”按钮。
- 在要建立菜单的窗体上单击鼠标右键，将出现一个弹出菜单，然后选择“菜单编辑器”命令。

注意，只有当某个窗体为活动窗体时，才能用上面的方法打开菜单编辑器窗口。打开后的“菜单编辑器”窗口如图 11.4 所示。

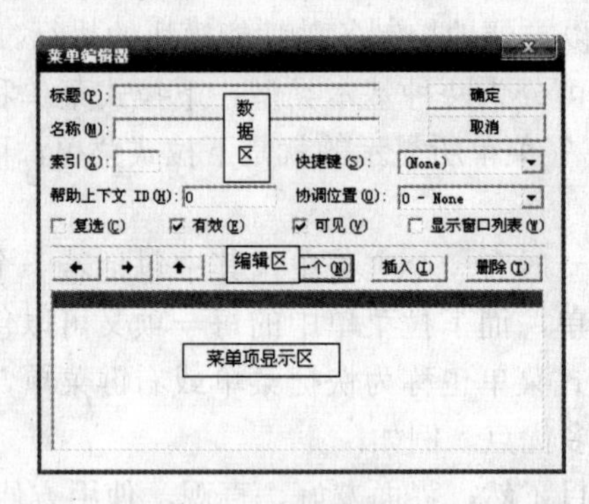

图 11.4　菜单编辑器窗口

该“菜单编辑器”窗口分为 3 个部分，即数据区、编辑区和菜单项显示区。

1. 数据区

用来输入或修改菜单项、设置属性。分为若干栏，各栏的作用如下。

(1) 标题(Caption)：用来输入所建立的菜单的名字及菜单中每个菜单项的标题。如果在该栏中输入一个减号(-)，则可在菜单中加入一条分隔线。

(2) 名称(Name)：用来输入菜单名及各菜单项的控件名，它不在菜单中出现。菜单名和每个菜单项都是一个控件，都要为其取一个控件名。

(3) 索引(Index)：用来为用户建立的控件数组设立下标。

(4) 快捷键(Shortcut)：是一个列表框，用来设置菜单项的快捷键(热键)。

(5) 帮助上下文：是一个文本框，可在该框中键入数值，这个值用来在帮助文件(用 HelpFile 属性设置)中查找相应的帮助主题。

(6) 协调位置：是一个列表框，确定菜单或菜单项是否出现或在什么位置出现。菜单右端的箭头可下拉显示一个列表，如图 11.5 所示。该列表有 4 个选项，作用如表 11.1 所示。

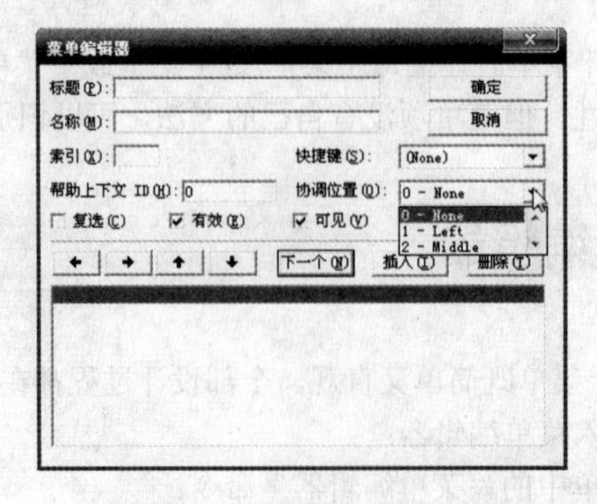

图 11.5　选择菜单项显示位置

表 11.1　菜单项的显示位置设置

值	说　明
0 - None	菜单项不显示
1 - Left	菜单项靠左显示
2 - Middle	菜单项居中显示
3 - Right	菜单项靠右显示

(7)　复选(Checked)：当选择该项时，可以在相应的菜单项旁加上指定的记号(例如"√")。它不影响事件过程对任何对象的执行结果。利用这个属性，可以指明某个菜单项当前是否处于活动状态。

(8)　有效(Enabled)：用来设置菜单项的操作状态。在默认情况下，该属性被设置为 True，表明相应的菜单项可以对用户事件做出响应。如果该属性被设置为 False，则相应的菜单项会"变灰"，不响应用户事件。

(9)　可见(Visible)：确定菜单项是否可见。在默认情况该属性为 True，即菜单项可见。当一个菜单项的"可见"属性设置为 False 时，该菜单项将暂时从菜单中去掉；如果把它的"可见"属性改为 True，则该菜单项将重新出现在菜单中。

(10) 显示窗口列表(WindowsList)：当该选项(图 11.4 中被协调位置下拉列表遮挡)被设置为 On(框内有"√")时，将显示当前打开的一系列子窗口。用于多文档应用程序。

2. 编辑区

编辑区共有 7 个按钮，用来对输入的菜单项进行简单的编辑。菜单在数据区输入，在菜单项显示区显示。

(1)　左、右箭头：用来产生或取消内缩符号。单击一次右箭头可以产生 4 个点，单击一次左箭头则删除 4 个点。4 个点被称为内缩符号，用来确定菜单项的层次，一个内缩符号表示一层，最多有 5 个内缩符号，它后面的菜单项为第 6 层。

(2)　上、下箭头：用来在菜单项显示区中移动菜单项的位置。把条形光标移到某个菜单项上，单击上箭头将使该菜单项上移，单击下箭头将使该菜单项下移。

(3)　下一个：改变菜单显示区中的当前选择对象。把条形光标移动到下一个菜单项(Enter 键作用相同)。

(4)　插入：在当前操作的菜单项前插入一个新的菜单项。

(5)　删除：删除当前(即条形光标所在的)菜单项。

3. 菜单项显示区

位于菜单设计窗口的下部，输入的菜单项在这里显示出来，并通过内缩符号(....)表明菜单项的层次。条形光标所在的菜单项是"当前菜单项"。

11.4　设 计 菜 单

本节将通过一个例子来说明如何编写菜单程序。这个例子很简单，但它说明了菜单程序设计的基本方法和步骤，因此具有通用性。不管多复杂的菜单，都可以用这里介绍的方法设计出来。

【例 11.1】设计如图 11.6 所示的菜单程序。“文件”菜单中包含有 Word、Excel 和 PowerPoint 选项，“附件”菜单中包含“画图”和“游戏”两个选项，而“游戏”菜单中包含有“纸牌”和“扫雷”两个选项，“退出”菜单中包含有“关闭”和“重启”两个选项。当用户选择了“文件”或“附件”中的某一选项时，应能启动相应的程序。当用户选择了“退出”菜单中的某一选项时，将弹出确定对话框，用户确定后将执行相应的操作。

1. 界面设计

根据题意，可以将菜单分为 3 个主菜单项，分别为“文件”、“附件”和“退出”，窗体界面如图 11.7 所示。“文件”菜单下还有 3 个子菜单项，“附件”和“退出”两个菜单下分别有两个和一个子菜单项。菜单项属性设置如表 11.2 所示。

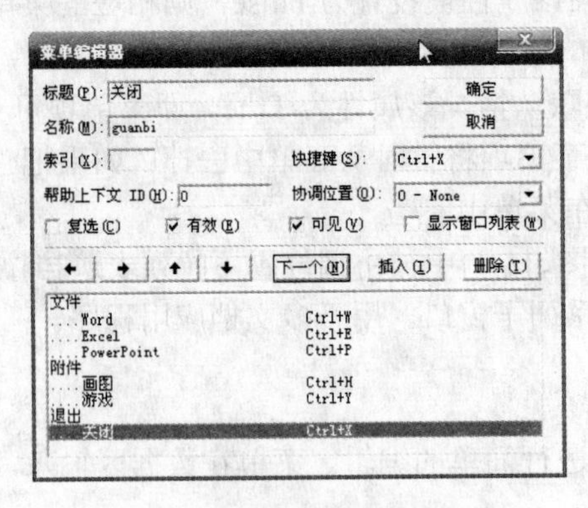

图 11.6 菜单编辑器窗口设计结果

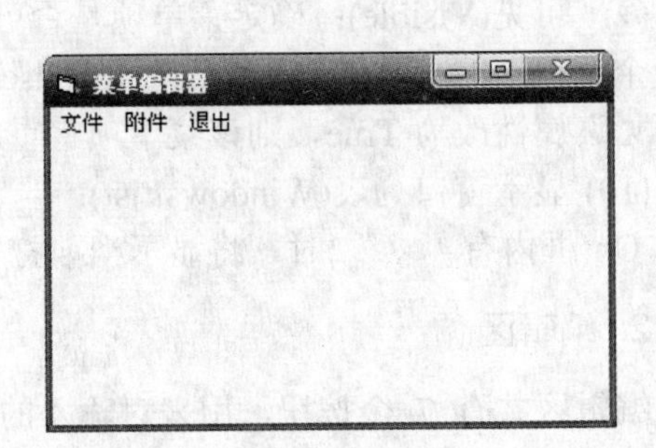

图 11.7 窗体界面

表 11.2 菜单项属性设置

分 类	标 题	名 称	内缩符号	可 见 性	热 键
主菜单项 1	文件	File	无	True	无
子菜单项 1	Word	Word	1	True	Ctrl+W
子菜单项 2	Excel	Excel	1	True	Ctrl+E
子菜单项 3	PowerPoint	PowerPoint	1	True	Ctrl+P
主菜单项 2	附件	fujian	无	True	无
子菜单项 1	画图	huatu	1	True	Ctrl+H
子菜单项 2	游戏	youxi	1	True	Ctrl+Y
主菜单项 3	退出	tuichu	无	True	无
子菜单项	关闭	guanbi	1	True	Ctrl+X

按照以下步骤设计菜单。

(1) 打开“菜单编辑器”窗口。

(2) 在“标题”栏中输入“文件”。

(3) 在“名称”栏中输入“file”。

(4) 单击“下一个”按钮，菜单项显示区中的条形光标下移。

(5) 在“标题”栏中输入“Word”。在“名称”栏中输入“Word”。

(6) 单击编辑区的右箭头，菜单项显示区中的 Word 右移，同时其左侧出现一个内缩符号(....)，表明 Word 是“文件”的下一级菜单。

(7) 单击“快捷键”右端的向下箭头，显示出各种复合键供选择，从中选出 Ctrl+W 作为 Word 菜单项的快捷键。

(8) 单击编辑区的“下一个”按钮，菜单项显示区的条形光标下移，左端自动出现内缩符号“....”。

(9) 在“标题”栏中键入“Excel”，然后在“名称”栏内键入“Excel”，作为菜单项(控件)名称。

(10) 单击“快捷键”栏右端的向下箭头，从中选出 Ctrl+E 作为 Excel 菜单项的快捷键。

(11) 类似地建立下一个菜单项，“标题”为 PowerPoint，“名称”为 PowerPoint，“快捷键”为 Ctrl+P。

(12) 单击编辑区的“下一个”按钮，菜单项显示区的条形光标下移，并带有内缩符号“....”。由于要建立的是主菜单项，因此应消除内缩符号。单击编辑区的左箭头，内缩符号“....”消失，即可建立主菜单项。

建立主菜单“附件”和 2 个子菜单以及主菜单“退出”和 1 个子菜单的操作与前面各步骤类似，不再重复。

设计完成后的窗口如图 11.6 所示。单击右上角的“确定”按钮，菜单的全部建立工作即告结束。

2. 编写程序代码

菜单设计完成后，需要为菜单项编写事件过程。每个菜单项(包括主菜单项和子菜单项，但不包括分隔线)都可以接收 Click 事件，且只接收 Click 事件。每个菜单都有一个 Name 属性，把这个 Name 与 Click 放在一起，就可以组成该菜单项的 Click 事件过程。也就是说，程序运行后，只要单击菜单项，即可执行该菜单项的事件过程。例如，完成菜单设计后，单击菜单项“文件”，将显示下拉子菜单项 Word、Excel 和 PowerPoint。如果单击“文件”下的子菜单项 Word，则进入程序代码窗口，并显示：

```
Private Sub Word_Click()

End Sub
```

可以像普通事件过程一样输入程序：

```
Private Sub Word_Click()
    Shell ("D:\Program Files\Microsoft Office\Office\Winword.exe"), 1
End Sub
```

该事件用于启动 Word 程序，Winword.exe 的文件目录为“D:\Program Files\Microsoft Office\Office\Winword.exe”。这个事件过程是对用户单击 Word 子菜单项所做的反应。用类似的方法可以编写其他几个事件过程。

单击“文件”下的子菜单 Excel，进入单击事件过程的编程，编写以下程序，用于启动 Excel 程序：

```
Private Sub Word_Click()
    Shell ("D:\Program Files\Microsoft Office\Office\Excel.exe"), 1
End Sub
```

单击“文件”下的子菜单 PowerPoint，进入单击事件过程的编程，编写以下程序，用于启动 PowerPoint 程序：

```
Private Sub PowerPoint_Click()
    Shell ("D:\Program Files\Microsoft Office\Office\PowerPoint.exe"), 1
End Sub
```

单击“附件”菜单下的子菜单“画图”，进入单击事件过程的编程，编写以下程序，用于启动画图程序：

```
Private Sub Word_Click()
    Shell ("C:\Program Files\Accessories\Mspain.exe"), 1
End Sub
```

单击“附件”菜单下的子菜单“游戏”，进入单击事件过程的编程，编写以下程序，用于启动游戏程序：

```
Private Sub youxi_Click()
    Shell ("C:\Windows\Minmine.exe"), 1
End Sub
```

单击“退出”菜单下的子菜单“关闭”，进入单击事件过程的编程，编写以下程序，当单击“关闭”子菜单时，先出现警告框，然后才能关闭程序。执行以上操作的窗体界面效果如图 11.8 所示。

```
Private Sub guanbi_Click()
    a = MsgBox("关闭程序将丢失数据！你的程序存盘了吗？", 1 + 48, "警告")
    If a = vbOK Then
        End
    End If
End Sub
```

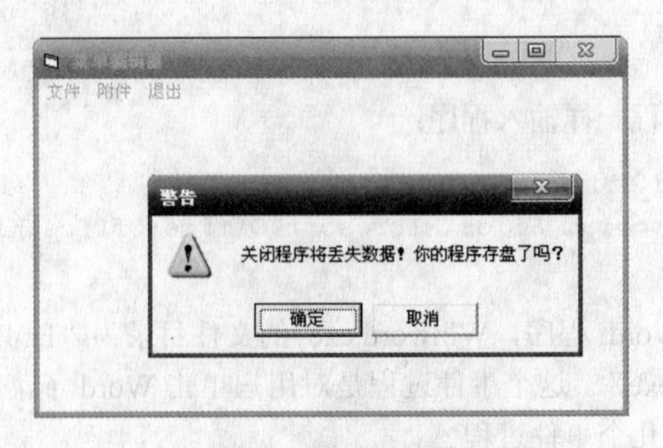

图 11.8　菜单设计举例

至此所有的事件过程均已编写完成。程序运行后，可以通过本程序启动 Word、Excel、PowerPoint 和画图等程序。

从上面的过程可以看出，为了用菜单编辑器建立一个菜单，必须提供菜单项的“标题”和“名称”属性，“有效”属性和“可见”属性一般为 True，只在必要时才设置其他属性。

11.5　菜单项的控制

在使用 Windows 或 Visual Basic 菜单时，可能见过“与众不同”的菜单项。例如，有些菜单呈灰色，在单击这类菜单项时不执行任何操作；有的菜单项前面有“√”号；或者在菜单项的某个字母下面有下划线等。本节将介绍如何在菜单中增加这些属性。

11.5.1　有效性控制

菜单中的某些菜单项应能根据执行条件的不同动态地进行变化，即当条件满足时可以执行，否则不能执行。

例如，为了复制一段文本，必须先把它定义成文本块，然后才能执行相应的复制命令(菜单项)，否则执行这些命令是没有意义的。

菜单项的有效性是通过菜单项的“有效”属性来控制的。把一个菜单项的“有效”属性设置为 False，就可以使其失效，执行后该菜单项变为灰色。为了使一个失效的菜单项变为有效，只要把它的“有效”属性重新设置为 True 即可。例如在前一节的例子中，设置如下语句：

```
Word.Enabled = False
```

可以使子菜单 Word 失效，而如下语句：

```
Word.Enabled = True
```

可以使子菜单“宋体”重新有效。

失效的菜单项呈灰色显示，单击时不产生任何操作。为了能使程序正常执行，有时候需要使某些菜单项失效，以防止出现误操作。

11.5.2　菜单项标记

所谓菜单项标记，就是在菜单项前加上一个“√”。它有两个作用：一是可以明显地表示当前某个菜单项的状态是 On 还是 Off；二是可以表示当前选择的是哪个菜单项。

菜单项标记通过菜单编辑器窗口的 Checked 属性设置，当该属性为 True 时，相应的菜单项前有“√”标记；如果该属性为 False，则相应的菜单项前没有“√”标记。菜单项标记通常是动态地加上或取消的，因此应在程序代码中根据执行情况设置。

【例 11.2】设计一个设置字体样式的菜单，用菜单命令设置文本框中文字的各种样式。

设计的菜单如图 11.9 所示，窗体界面如图 11.10 所示，各个菜单的属性值见表 11.3。

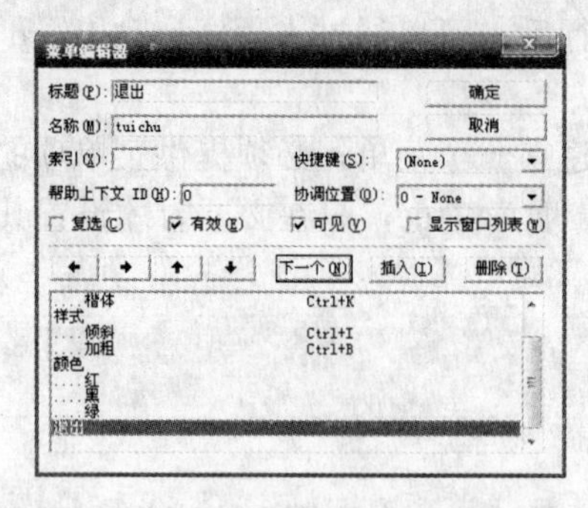

图 11.9 菜单编辑器窗口的设计结果

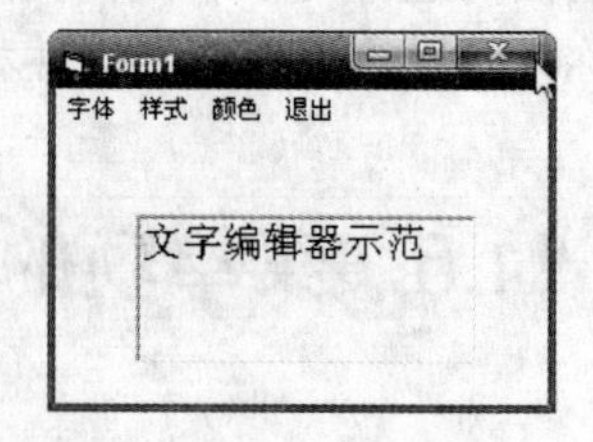

图 11.10 窗体界面

表 11.3 菜单项属性设置

分 类	标 题	名 称	内缩符号	可 见 性	热 键
主菜单项 1	字体	Fontname	无	True	无
子菜单项 1	宋体	songti	1	True	Ctrl+S
子菜单项 2	楷体	kaiti	1	True	Ctrl+K
主菜单项 2	样式	FontStyle	无	True	无
子菜单项 1	倾斜	qingxie	1	True	Ctrl+I
子菜单项 2	加粗	jiacu	1	True	Ctrl+B
主菜单项 3	颜色	yanse	无	True	无
子菜单项 1	红	hong	1	True	无
子菜单项 2	黑	hei	1	True	无
子菜单项 3	绿	lu	1	True	无
主菜单项 4	退出	tuichu	无	True	无

编写程序如下：

```
Private Sub hei_Click()                    '设置文本颜色为黑
    hong.Checked = False
    hei.Checked = True
    lu.Checked = False
    Text1.ForeColor = vbBlack
End Sub

Private Sub hong_Click()                   '设置文本颜色为红
    Text1.ForeColor = vbRed
    hong.Checked = True
    hei.Checked = False
    lu.Checked = False
End Sub

Private Sub lu_Click()                     '设置文本颜色为绿
    Text1.ForeColor = vbGreen
    hong.Checked = False
```

```
    hei.Checked = False
    lu.Checked = True
End Sub

Private Sub jiacu_Click()            '设置文本样式为加粗
    Text1.FontBold = True
End Sub

Private Sub qingxie_Click()          '设置文本样式为倾斜
    Text1.FontItalic = True
End Sub

Private Sub kaiti_Click()            '设置文本字体为楷体
    Text1.Fontname = "楷体_GB2312"
End Sub

Private Sub songti_Click()           '设置文本字体为宋体
    Text1.Fontname = "宋体"
End Sub

Private Sub Text1_Change()           '文本框中无文字，菜单无效
    If Text1.Text = "" Then
        songti.Enabled = False
        qingxie.Enabled = False
        kaiti.Enabled = False
        jiacu.Enabled = False
    Else
        songti.Enabled = True
        qingxie.Enabled = True
        kaiti.Enabled = True
        jiacu.Enabled = True
    End If
End Sub

Private Sub tuichu_Click()           '退出程序
    End
End Sub
```

运行以上程序，通过菜单命令选择“字体”、“样式”主菜单项下的子菜单命令，每单击一个菜单项，文本框都会显示相应的结果，执行结果如图 11.11 所示。

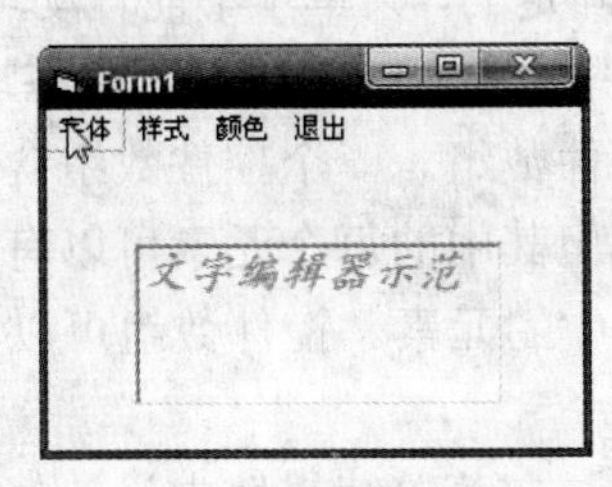

图 11.11 程序执行结果

11.5.3 快捷键和快捷访问键

在一般情况下，菜单项通过鼠标选择，即单击某个菜单项，执行相应的操作。在 Visual Basic 中，也可以通过快捷键或快捷访问键选择所需要的菜单项。用快捷键可以直接执行菜单命令，不必一级一级地下拉菜单，但是不能对主菜单项设置快捷键。

快捷访问键就是菜单项中加了下划线的字母，同时按下 Alt 键和该字母键，就可以选择相应的菜单项。用快捷访问键选择菜单项时，必须一级一级地选择。也就是说，只有在下拉显示下一级菜单后才能用 Alt 键和菜单项中有下划线的字母键选择。

在设计菜单时，为了设置快捷访问键，必须在准备加下划线的字母前加上一个&，例如：

```
&Clean
```

程序执行后，按 Alt+C 键即可选取这个菜单项。在设置快捷访问键时，应注意避免重复。按照使用习惯，通常把第一个字母设置为访问键，这就有可能出现重复，例如，有 Clean 和 Copy 两个菜单项，如果都用第一个字母作为访问键，就会出现二义性，当用 Alt+C 键执行菜单命令时，系统无法判断执行 Clean 还是 Copy。在这种情况下，可以用其他字母作为访问键，例如可以设置为：

```
&Clean  C&opy
```

这样设置后，就可以用 Alt+C 键和 Alt+O 键分别选择 Clean 和 Copy 菜单项。

对于任何一个控件(菜单项也是控件)，只要它有 Caption(标题)属性，就可以为其指定快捷访问键。对于一般控件(即非菜单项)，可以在设计阶段通过属性窗口在 Caption 属性中加 & 设置快捷访问键，也可以在程序代码中设置。

> **注意：** 快捷访问键只能是一个字符。而且这个字符必须是键盘上的某个键，否则没有实际意义。因此，通常用键盘上的西文字符作为快捷访问键，如果用汉字作为菜单项的标题，则通常把快捷访问键放在标题后面的括号中。例如：字体名称(&N)。

11.6 菜单项的增减

用前面的方法建立的菜单是固定的，菜单项不能自动增减。在应用程序运行过程中，可以根据需要动态地增加或减少一些菜单项。这些可以动态增减的菜单项组合就是动态菜单。建立动态菜单时必须使用菜单控件数组。一个控件数组含有若干个控件，这些控件的名称相同，所使用的事件过程相同，但其中的每个元素可以有自己的属性。与普通数组一样，通过下标(Index)来访问控件数组中的元素。控件数组可以在设计阶段建立，也可以在执行时建立。

通过这种方法增加菜单项，与在菜单编辑器中设计好而把对应的 Visible 属性设置为 False 的方法是不同的。在菜单编辑器中设计并把 Visible 属性设置为 False 的方法中，其菜单项是预先存在的，只是没有显示而已，而在使用控件数组的方法中，其菜单项原来是不存在的，是从无到有创建一个全新的菜单项。

【例 11.3】编写程序，假定有一个刚建立尚未执行的菜单，如图 11.12 所示。它有主菜单“附件”，在该菜单下有两个子菜单“增加附件”、“减少附件”及分隔线。要求单击子菜单项“增加附件”时，在分隔线下增加一个新的菜单；单击子菜单项“减小附件”时，将删除分隔线下的菜单。编程步骤如下。

(1) 通过“菜单编辑器”编辑菜单，各菜单项的属性值见表 11.4，设计的窗体界面如图 11.12 所示。

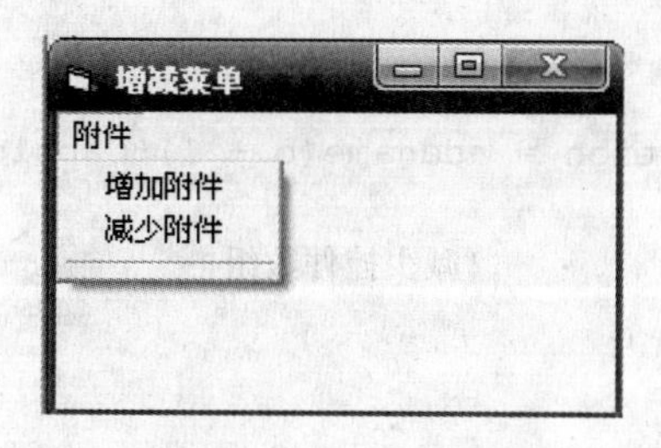

图 11.12　初始菜单

表 11.4　菜单项属性设置

分　类	标　题	名　称	内缩符号	可 见 性	下　标
主菜单项	附件	fujian	无	True	无
子菜单项 1	增加附件	zj	1	True	无
子菜单项 2	减少附件	jf	1	True	无
子菜单项 3	-	xc	1	True	无
子菜单项 4	空白	addname	1	False	0

注意：最后一项子菜单运行时不可见，addname(0)是控件数组的第一个元素。

(2) 编写程序，在窗体层定义如下变量：

```
Dim n As Integer
```

编写“增加附件”子菜单的程序，根据要求，编写如下的事件过程：

```
Private Sub zj_Click()
    Dim str1 As String
    str1 = InputBox("输入文件路径：", "增加程序")
    n = n + 1
    Load addname(n)         '增加控件数组
    addname(n).Caption = str1
    addname(n).Visible = True
End Sub
```

上述过程是单击子菜单项“增加附件”时产生的操作。它首先显示一个对话框，让用户输入附件的名字，接着下标增加 1，用 Load 语句建立控件数组的新元素，并把输入的名字设置为该元素的 Caption 属性，设置 Visible 属性为 True，使该菜单可见。

编写“减少附件”子菜单的程序，根据要求，编写如下的事件过程：

```
Private Sub jf_Click()
    Dim a As Integer, b As Integer
    Dim str2 As String
    a = Val(Input("输入要删除菜单号：", "删除程序"))
    If a > n Or n < 1 Then
        MsgBox "超出范围"
        Exit Sub
    End If
    For b = a To n
        addname(b).Caption = addname(b + 1).Caption
    Next
    Unload addname(n)            '减少控件数组
    n = n - 1
End Sub
```

上述过程是单击子菜单项“减少附件”时产生的操作。

它首先显示一个对话框，要求用户输入要删除的菜单号及下标，接着检查该下标是否在指定的范围内。如果不在此范围内，通过信息框提示“超出范围”，退出过程。如果在此范围内，则将其对应的子菜单删除。

新增加的子菜单项是一些应用程序的名字，为了执行这些应用程序，应编写子菜单 addname 的 Click 事件过程如下：

```
Private Sub addname_Click(Index As Integer)
    语句块
End Sub
```

至此，增加、删除菜单项和执行应用程序的事件过程已经全部编写完毕。

11.7 弹出式菜单

弹出式菜单是独立于菜单栏而显示在窗体上的浮动菜单，它可以在窗体的某个地方显示出来。通常用于对窗体中某个特定区域有关的操作或选项进行控制，例如用来改变某个文本区的字体属性等。与下拉式菜单不同，弹出式菜单不需要在窗口顶部下拉打开，而是通过单击鼠标右键在窗口(窗体)的任意位置打开。建立弹出式菜单通常分两步进行：首先用菜单编辑器建立菜单，然后用 PopupMenu 方法弹出显示。第一步的操作与前面介绍的基本相同，唯一的区别是，必须把菜单名(即主菜单项)的“可见”属性设置为 False(子菜单项不要设置为 False)。

PopupMenu 方法用来显示弹出式菜单，其格式为：

```
对象.PopupMenu 菜单名, Flags, X, Y, BoldCommand
```

其中“对象”是窗体名；“菜单名”是在菜单编辑器中定义的主菜单项的名称；X、Y

是弹出式菜单在窗体上的显示位置(与 Flags 参数配合使用)；BoldCommand 用来在弹出式菜单中显示一个菜单控制；Flags 参数是一个数值或符号常量，用来指定弹出式菜单的位置及行为，其取值分为两组，一组用于指定菜单位置，另一组用于定义特殊的菜单行为，分别见表 11.5 和表 11.6。

表 11.5　用 Flags 参数指定菜单位置

定位常量	值	作　用
vbPopupMenuLeftAlign	0	X 坐标指定菜单左边位置
vbPopupMenuCenterAlign	4	X 坐标指定菜单中间位置
vbPopupMenuRightAlign	8	X 坐标指定菜单右边位置

表 11.6　用 Flags 参数定义菜单行为

行为常量	值	作　用
vbPopupMenuLeftButton	0	通过单击鼠标左键选择菜单命令
vbPopupMenuRightButton	8	通过单击鼠标右键选择菜单命令

进一步对 PopupMenu 方法做如下的说明。

(1) PopupMenu 方法有 6 个参数，除“菜单名”外，其余参数均是可选的。当省略“对象”时，弹出式菜单只能在当前窗体中显示。如果需要弹出式菜单在其他窗体中显示，则必须加上窗体名。

(2) Flags 的两组参数可单独使用，也可联合使用。当联合使用时，每组中取一个值，两个值相加；如果使用符号常量，则两个值用 Or 连接。

(3) X 和 Y 分别用来指定弹出式菜单显示位置的横坐标和纵坐标，如果省略，则弹出式菜单在鼠标光标的当前位置显示。

(4) 弹出式菜单的“位置”由 X、Y 及 Flags 参数共同指定。如果省略这几个参数，则在单击鼠标右键弹出菜单时，鼠标光标所在位置为弹出式菜单左上角的坐标。在默认情况下，以窗体的左上角为坐标原点。如果省略 Flags 参数，不省略 X、Y 参数，则 X、Y 为弹出菜单左上角的坐标；如果同时使用 X、Y 及 Flags 参数，则弹出式菜单的位置分为以下几种情况。

- Flags=0：X、Y 为弹出式菜单左上角的坐标。
- Flags=4：X、Y 为弹出式菜单顶边中间的坐标。
- Flags=8：X、Y 为弹出式菜单右上角的坐标。

(5) 为了显示弹出式菜单，通常把 PopupMenu 方法放在 MouseDown 事件中，该事件响应所有的鼠标单击操作。

按照惯例，一般通过单击鼠标右键显示弹出式菜单。对于两个键的鼠标来说，左键的 Button 参数值为 1，右键的 Button 参数值为 2。因此，可以用下面的语句强制通过单击鼠标右键来响应 MouseDown 事件，显示弹出式菜单：

```
If Button = 2 Then PopupMenu 菜单名
```

下面通过实例说明弹出式菜单的应用。

【例 11.4】建立一个弹出式菜单，用来改变文本框的背景颜色。

设计步骤如下。

(1) 使用菜单编辑器设计菜单，如图 11.13 所示，菜单项属性设置如表 11.7 所示。

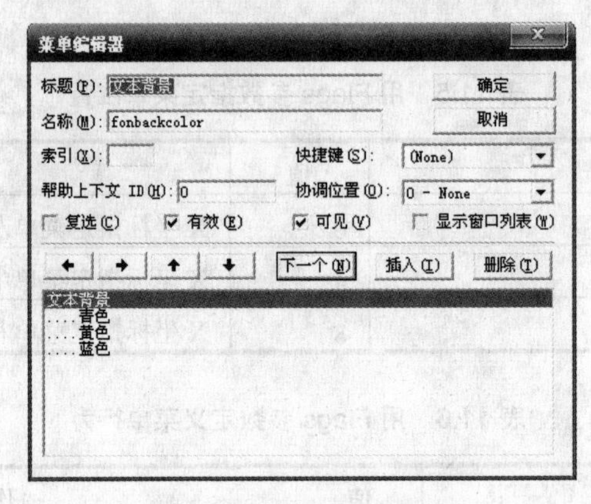

图 11.13 设计弹出菜单

表 11.7 菜单项属性设置

分 类	标 题	名 称	内缩符号	可 见 性	下 标
主菜单项	文本背景	fonbackcolor	无	False	无
子菜单项 1	青色	Fonqing	1	True	无
子菜单项 2	黄色	Fonhuang	1	True	无
子菜单项 3	蓝色	Fonlan	1	True	无

(2) 编写代码如下：

```
Private Sub Text1_MouseDown(Button As Integer, Shift As Integer, _
  X As Single, Y As Single)
    If Button = 2 Then
      PopupMenu fonbackcolor            '显示弹出菜单
    End If
End Sub

Private Sub FonHuang_Click()            '设置文本框背景为黄
    Text1.BackColor = QBColor(6)
    fonlan.Checked = False
    fonhuang.Checked = True
    fonqing.Checked = False
End Sub

Private Sub FonLan_Click()              '设置文本框背景为蓝
    Text1.BackColor = QBColor(1)
    fonlan.Checked = True
    fonhuang.Checked = False
    fonqing.Checked = False
End Sub
```

```
Private Sub FonQing_Click()          '设置文本框背景为青
    Text1.BackColor = QBColor(3)
    fonlan.Checked = False
    fonhuang.Checked = False
    fonqing.Checked = True
End Sub
```

(3) 运行程序，在文本框中右击，会有弹出式菜单出现，单击相应的菜单项，能改变文本框的背景颜色。效果如图 11.14 所示。

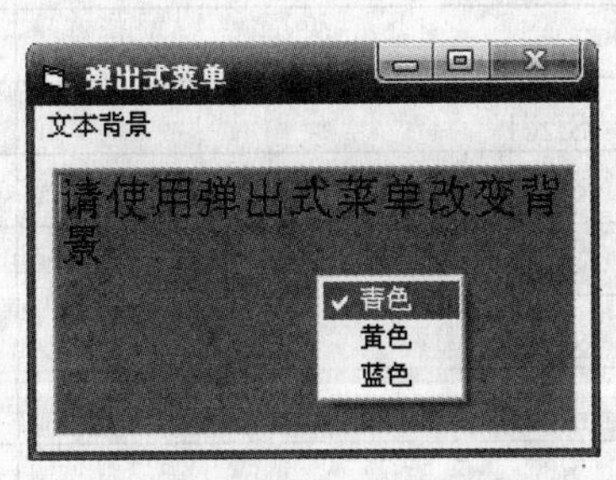

图 11.14　程序运行效果

11.8　回到工作场景

通过对 11.2~11.7 节内容的学习，应该掌握了菜单控件的使用方法和编程技术，结合以前学习的设计窗体界面的方法，此时足以完成多功能窗体程序的设计。下面我们将回到 11.1 节介绍的工作场景中，完成工作任务。

【分析】

本问题重点在于使用菜单控件。在本程序中，各种功能的实现都是通过对菜单项的 Click 事件过程来实现。

【工作过程一】设计用户界面

创建窗体，在窗体上添加一个文本框控件，将其 Text 属性设置为“ ”。通过菜单编辑器设计菜单，菜单结构如表 11.8 所示。

表 11.8　菜单结构

标　题	名　称	可　见
格式	mnu1	True
字体	mnu2	True
宋体	songti	True
黑体	heiti	True
楷体	kaiti	True
隶书	lishu	True

续表

标 题	名 称	可 见
字形	mnu3	True
斜体	xieti	True
粗体	cuti	True
下划线	xiahuaxian	True
删除线	shanchuxian	True
字号	mnu4	True
12	Size1	True
24	Size2	True
36	Size3	True
48	Size4	True
文本框背景颜色	mnu5	False
青色	qingse	True
黄色	huangse	True
蓝色	lanse	True

【工作过程二】程序代码

编写程序代码如下：

```
Private Sub qingse_Click()              '设置文本框背景为青色
    Text1.BackColor = QBColor(3)
    lanse.Checked = False
    huangse.Checked = False
    qingse.Checked = True
End Sub
Private Sub huangse_Click()             '设置文本框背景为黄色
    Text1.BackColor = QBColor(6)
    lanse.Checked = False
    huangse.Checked = True
    qingse.Checked = False
End Sub
Private Sub lanse_Click()               '设置文本框背景为蓝色
    Text1.BackColor = QBColor(1)
    lanse.Checked = True
    huangse.Checked = False
    qingse.Checked = False
End Sub
Private Sub size1_Click()               '设置文本字号为12
    Text1.FontSize = 12
    size1.Checked = True
    size2.Checked = False
    size3.Checked = False
    size4.Checked = False
```

```
End Sub
Private Sub size2_Click()                  '设置文本字号为 24
    Text1.FontSize = 24
    size1.Checked = False
    size2.Checked = True
    size3.Checked = False
    size4.Checked = False
End Sub
Private Sub size3_Click()                  '设置文本字号为 36
    Text1.FontSize = 36
    size1.Checked = False
    size2.Checked = False
    size3.Checked = True
    size4.Checked = False
End Sub
Private Sub size4_Click()                  '设置文本字号为 48
    Text1.FontSize = 48
    size1.Checked = False
    size2.Checked = False
    size3.Checked = False
    size4.Checked = True
End Sub
Private Sub xieti_Click()                  '设置文本字形为斜体
    Text1.FontItalic = True
    cuti.Checked = False
    xieti.Checked = True
    xiahuaxian.Checked = False
    shanchuxian.Checked = False
Private Sub cuti_Click()                   '设置文本字形为粗体
    Text1.FontBold = True
    cuti.Checked = True
    xieti.Checked = False
    xiahuaxian.Checked = False
    shanchuxian.Checked = False
End Sub
Private Sub xiahuaxian_Click()              '为文本添加下划线
    Text1.FontUnderline = True
    Text1.FontStrikethru = False
    cuti.Checked = False
    xieti.Checked = False
    xiahuaxian.Checked = True
    shanchuxian.Checked = False
End Sub

End SubPrivate Sub shanchuxian_Click()        '为文本添加删除线
    Text1.FontStrikethru = True
    Text1.FontUnderline = False
    cuti.Checked = False
    xieti.Checked = False
```

```
    xiahuaxian.Checked = False
    shanchuxian.Checked = True
End Sub

Private Sub songti_Click()            '设置文本字体为宋体
    Text1.FontName = "宋体"
End Sub
Private Sub heiti_Click()             '设置文本字体为黑体
    Text1.FontName = "黑体"
End Sub
Private Sub kaiti_Click()             '设置文本字体为楷体
    Text1.FontName = "楷体_GB2312"
End Sub
Private Sub lishu_Click()             '设置文本字体为隶书
    Text1.FontName = "隶书"
End Sub

Private Sub Text1_Change()            '文本框中无文字，菜单无效
  If Text1.Text = "" Then
    mnu1.Enabled = False
  Else
    mnu1.Enabled = True
  End If
End Sub

Private Sub Text1_MouseDown(Button As Integer, Shift As Integer, X As Single,
Y As Single)
  If Button = 2 Then
       PopupMenu mnu5         '显示弹出菜单
  End If
End Sub
```

11.9 工作实训营

训练实例

建立一个弹出式菜单，用来在窗体上画线、画圆。

【分析】

利用 PopupMenu 方法用来显示弹出式菜单。

【设计步骤】

(1) 使用菜单编辑器设计菜单，如图 11.15 所示。

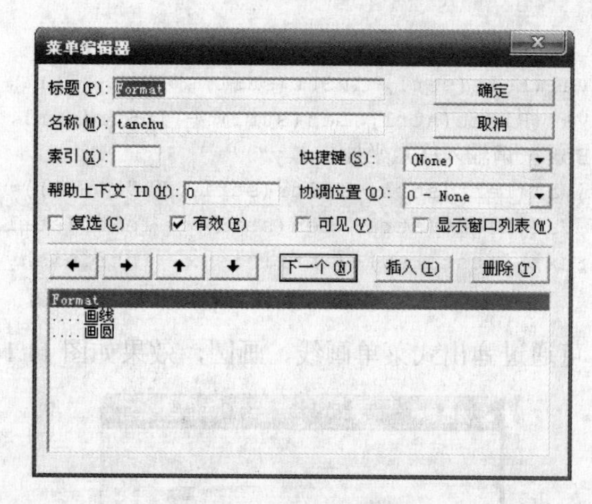

图 11.15　设计弹出菜单

(2) 编写代码如下：

```
Private Sub circle_Click()                                    '画圆
    Dim intstartx As Integer
    Dim intstarty As Integer
    Dim r As Integer
    Dim str1 As String
    str1 = InputBox("请输入圆心坐标：x,y")
    If str1 = "" Then
       Exit Sub
    End If
    intstartx = Val(Left(str1, InStr(str1, ",") - 1))   '取圆心
    intstarty = Val(Right(str1, Len(str1) - InStr(str1, ",")))
    r = Val(InputBox("请输入半径："))
    Circle (intstartx, intstarty), r
End Sub

Private Sub Form_MouseDown(Button As Integer, Shift As Integer, X As Single,
Y As Single)
    If Button = 2 Then
       Form1.PopupMenu tanchu              '弹出菜单
    End If
End Sub

Private Sub xian_Click()                      '画线
    Dim intstartx As Integer
    Dim intstarty As Integer
    Dim intfinishx As Integer
    Dim intfinishy As Integer
    Dim r As Integer
    Dim str1 As String
    str1 = InputBox("请输入起点坐标：x,y")
    If str1 = "" Then
       Exit Sub
```

```
    End If
    intstartx = Val(Left(str1, InStr(str1, ",") - 1))    '取起点坐标
    intstarty = Val(Right(str1, Len(str1) - InStr(str1, ",")))
    str1 = InputBox("请输入终点坐标: x,y")
    intfinishx = Val(Left(str1, InStr(str1, ",") - 1))   '取终点坐标
    intfinishy = Val(Right(str1, Len(str1) - InStr(str1, ",")))
    Line (intstartx, intstarty)-(intfinishx, intfinishy), 4
End Sub
```

运行程序，右击，可通过弹出式菜单画线、画圆，效果如图 11.16 所示。

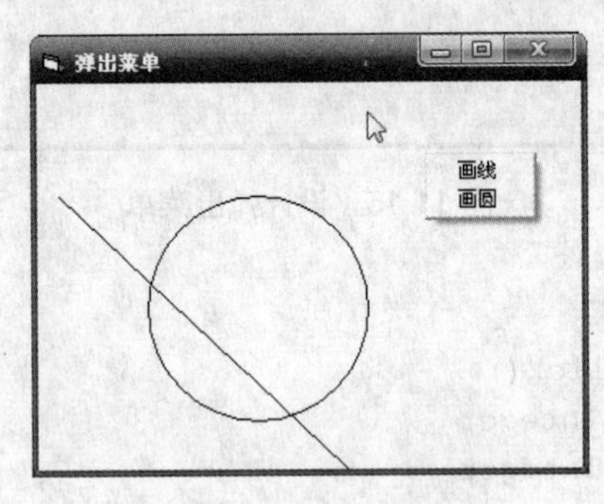

图 11.16　程序运行效果

11.10　习　题

1. 选择题

(1) 在菜单栏中设置菜单项“更新(U)”，必须在菜单编辑器输入______。

A. 更新(#U)　　B. 更新(&U)

C. 更新(%U)　　D. 更新($U)

(2) 菜单控件没有下面的______属性。

A. Caption　　B. Checked

C. Enable　　D. Value

(3) Windows 下窗体的子菜单最多有______级。

A. 3　　B. 4

C. 5　　D. 6

(4) 一个菜单项是不是分隔条，是由______属性决定的。

A. Name　　B. Caption

C. Enable　　D. Visible

(5) 下列说法正确的是______。

A. 菜单控件的属性可以通过属性窗口设置

B. 一个作为分隔条的菜单项是不能有事件过程的

C. 可以编写一个具有子菜单的菜单项的 Click 事件过程，但是不会被执行到

D. 只有使用鼠标右击窗体后，才可以使用 PopupMenu 方法弹出快捷菜单

2. 填空题

(1) 设在菜单编辑器中定义了一个菜单项，名为 menu1。为了在执行时隐藏该菜单项，应使用的语句是____________________。

(2) 在使用菜单编辑器创建菜单时，可在菜单名称中某字符前插入___符号，那么在执行程序时按 Alt 键和该字母键就可以打开该菜单。

(3) 假定有一个菜单项，名为 MenuItem，为了在执行时使该菜单项失效(变灰)，应使用的语句为______________________________。

(4) 有一菜单项名为 Menu123，若想在程序执行的过程中选中该菜单，即在该菜单项前面显示“ √ ”，可执行的语句为______________________________。

(5) 在菜单编辑器中建立了一个菜单，名为 pmenu，把它作为弹出式菜单弹出所使用的语句为____________________________。

(6) 如果要将某个菜单项设计为分隔线，则该菜单项的标题应设置为__________。

(7) 某菜单项显示出来的标题为“文件[F]”，那么在菜单编辑器中输入的标题应为_______________。

(8) 有一菜单项名为 Menu11，要想在程序执行时把它的显示标题改为“你好”，应执行的语句是_______________。

(9) 执行时要想动态增减菜单项目，必须使用菜单数组，增加菜单项时需要采用的语句是_________，减少菜单项时要使用的语句是________________。

(10) 在用菜单编辑器设计菜单时，必须输入的项是_______________。

(11) 在菜单编辑器中建立一个菜单，其主菜单项的名称为 mnuEdit，Visible 属性为 False。程序执行后，如果用鼠标右键单击窗体，则弹出与 mnuEdit 对应的菜单。以下是实现上述功能的程序，请填空。

```
Private Sub Form_ __________(Button As Integer, Shift As Integer, _
                     X As Single, Y As Single)
   If Button = 2 Then _________mnuEdit
End Sub
```

(12) 菜单设计器中的“标题”选项对应于菜单控件的_________属性。

3. 编程题

(1) 在窗体上画一个文本框，把它的 Multiline 属性设置为 True；通过菜单命令向文本框中输入信息并对文本框中的文本进行格式化。按下述要求建立菜单程序。

① 菜单程序含有 5 个主菜单，分别为“输入信息”、“显示信息”、“字体”、“字体样式”、“字号”和“字体颜色”。其中“输入信息”包括两个菜单命令“输入”、“退出”；“显示信息”包括两个菜单命令“显示”、“清除”，“字体”包括 3 个菜单命令“宋体”、“隶书”、“楷体”，“字体样式”包括 3 个菜单命令“粗体”、“斜体”、“下划线”，“字号”包括 3 个菜单命令“12”、“18”、“24”，“字体颜色”包括 3 个菜单命令“红色”、“蓝色”、“绿色”。

② “输入”命令的操作是：显示一个输入对话框，在其中输入一段文字。

③ “退出”命令的操作是：结果程序执行。

④ “显示”命令的操作是：在文本框中显示输入的文本。
⑤ “清除”命令的操作是：清除文本框中所显示的内容。
⑥ “粗体”命令的操作是：文本框中的文本用粗体显示。
⑦ “斜体”命令的操作是：文本框中的文本用斜体显示。
⑧ “下划线”命令的操作是：给文本框中的文本加上下划线。
⑨ “12”命令的操作是：把文本框中文本字体的大小设置为12。
⑩ “18”命令的操作是：把文本框中文本字体的大小设置为18。
⑪ “24”命令的操作是：把文本框中文本字体的大小设置为24。
⑫ “红色”命令的操作是：把文本框中文本字体颜色设置为红色。
⑬ “蓝色”命令的操作是：把文本框中文本字体颜色设置为蓝色。
⑭ “绿色”命令的操作是：把文本框中文本字体颜色设置为绿色。

要求：新输入的文本添加到原有文本的后面。

(2) 江苏、浙江、安徽、山东4个省的部分城市如下。

江苏：南京、苏州、扬州、无锡

浙江：杭州、宁波、台州、温州

安徽：合肥、蚌埠、黄山、六合

山东：济南、青岛、烟台、威海

建立一个弹出式菜单，该菜单包括 4 个命令，分别为“江苏”、“浙江”、“安徽”和“山东”。程序执行后，单击弹出的菜单中的某个命令，在标签中显示相应的省份的名字，而在文本框中显示相应的城市名称。

(3) “三十六计”中前4项的内容如下所示。

① 瞒天过海

备周则意怠，常见则不疑。阴在阳之内，不在阳之外。太阳，太阴。

② 围魏救赵

共敌不如分敌，敌阳不如敌阴。

③ 借刀杀人

敌已明，友未定，引友杀敌，不自出力，以损推演。

④ 以逸待劳

困敌之势，不以战，损则益柔。

建立一个弹出菜单，该菜单包括4个命令，分别为“瞒天过海”、“围魏救赵”、“借刀杀人”和“以逸待劳”。程序运行后，单击弹出菜单中的某个命令，在标签中显示相应的计策标题，而在文本框中显示相应的计策内容。

第 12 章

对话框程序设计

- 自定义对话框的建立。
- 通用对话框的设计方法。
- 文件对话框的组成和属性。
- 颜色、字体和打印对话框的属性。

技能目标

- 掌握建立自定义对话框的方法。
- 掌握使用通用对话框控件建立文件对话框的程序设计方法。
- 掌握颜色、字体和打印对话框的程序设计方法。

12.1 工作场景导入

【工作场景】

记事本是平时常用的工具。编写程序，模拟 Windows 中的记事本，要求可以实现文件的打开、保存、编辑、格式等操作。

设计界面如图 12.1 所示。

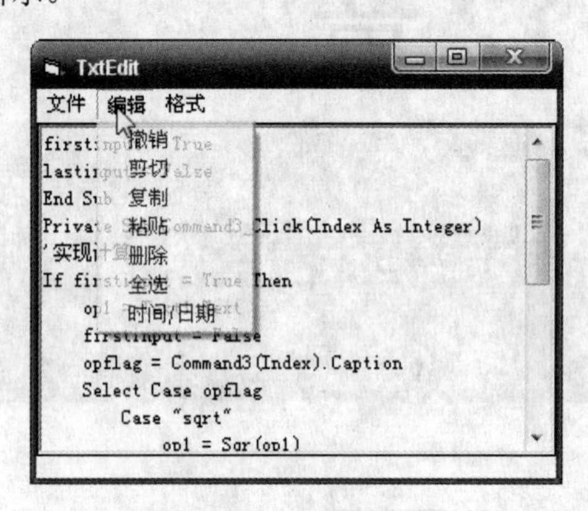

图 12.1 记事本界面

【引导问题】

(1) 如何编写程序实现文件的打开？

(2) 如何编写程序实现文件的保存？

(3) 如何编写程序实现文件的编辑？

(4) 如何编写程序实现文本颜色的设置？

(5) 如何编写程序实现字体的设置？

12.2 概述

在 Visual Basic 中，对话框是一种用于实现用户和应用程序对话交流的特殊窗口。尽管对话框有自己的特性，但从结构上来说，对话框与窗体是类似的。

一个对话框可以很简单，也可以很复杂。简单的对话框可用于显示一段信息，并从用户那里得到简短的反馈信息。利用较复杂的对话框，可以得到更多的信息，或者设置整个应用程序的选项。

使用过文字处理软件(如 Word)或电子表格软件(如 Excel)的读者想必见过较为复杂的对话框，很多选项都可以用这些对话框来设置。

12.2.1　对话框的分类与特点

1. 对话框的分类

Visual Basic 中的对话框分为 3 种，即预定义对话框、自定义对话框和通用对话框。

- 预定义对话框：是由系统提供的，是 Visual Basic 预先设计好的、以函数形式提供的对话框。Visual Basic 提供了两种预定义对话框，即输入框和信息框(消息框)，前者用 InputBox 函数建立，后者用 MsgBox 函数建立。
- 自定义对话框：是由用户根据自己的需要进行定义的。预定义对话框在应用上有一定限制，很多情况下无法满足需要，用户可根据具体需要建立自己的对话框。
- 通用对话框：是一种控件，用这种控件可以设计较为复杂的对话框。

根据运行方式，对话框可以分为有模式和无模式两种类型。如果一个对话框在切换到其他窗体或对话框之前不要求先单击“确定”或“取消”按钮，那么它就是无模式的。一般情况下，显示重要消息的对话框总应当是有模式的，它要求程序在继续运行之前，必须对提供消息的对话框做出响应。

常见的模式对话框有 Msgbox 函数、InputBox 函数建立的对话框和帮助菜单中的“关于……”对话框(或是 About 对话框)。

无模式对话框在对话框没有关闭的同时，允许用户把焦点转移到其他窗体对象上。也就是说，在对话框正在显示时，应用程序的其他部分仍然能继续工作。

常见的无模式对话框有“查找”对话框、复制文件对话框等。

2. 对话框的特点

如前所述，对话框与窗体是类似的，但它是一种特殊的窗体，具有区别于一般窗体的不同的属性，主要表现在以下几个方面：

- 在一般情况下，对话框的边框是固定的，用户不能改变其大小。
- 为了退出对话框，必须单击其中的某个按钮，不能通过单击对话框外部的某个地方关闭对话框。
- 在对话框中不能有最大化按钮(Max Button)和最小化按钮(Min Button)。
- 对话框不是程序的主要工作区，只是临时使用，使用完毕就关闭。
- 对话框中控件的属性可以在设计阶段设置，也可以在运行时通过代码设置或修改控件的属性。

Visual Basic 的预定义对话框体现了前面几个特点，在定义自己的对话框时，也必须考虑到上述特点。

12.2.2　自定义对话框

预定义对话框(信息框和输入框)很容易建立，但在应用上有一定的限制。对于信息框而言，只能显示简单信息、一个图标和有限的几种按钮，程序设计人员不能改变按钮的说明文字，也不能接受用户输入的任何信息；对于输入框可以接受输入的信息，但只限于使用一个输入区域，而且只能使用“确定”和“取消”两种按钮。如果需要比输入框或消息框功能更多的对话框，则只能由用户自己建立。

下面通过一个例子，来说明如何建立用户自己的对话框。

【例 12.1】设计程序，编写程序登录窗口。

(1) 选择“文件”菜单中的“新建工程”命令，建立一个新的工程。屏幕上将出现一个窗体，该窗体作为工程的第一个窗体。窗体界面如图 12.2 所示，设定的属性值见表 12.1。

图 12.2 自定义对话框 1

表 12.1 窗体的属性

控 件	属 性	值
Form1	Caption	“VB 系统”
Label1	Caption	“欢迎进入 Visual Basic 设计系统”
Command1	Caption	“退出”

(2) 选择“工程”→“添加窗体”菜单命令，建立第二个窗体。该窗体作为对话框使用，窗体界面如图 12.3 所示，设定各控件的属性值，如表 12.2 所示。

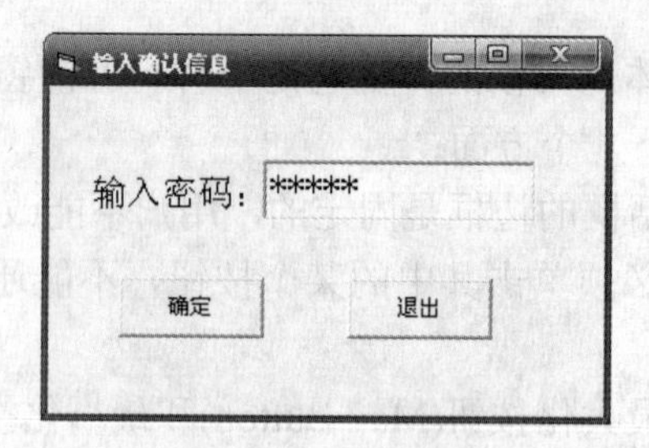

图 12.3 自定义对话框 2

表 12.2 窗体的属性

控 件	属 性	值
Form1	Caption	“输入确认信息”
Label1	Caption	“输入密码”
Text1	PasswordChar	“*”
Command1	Caption	“确定”
Command2	Caption	“退出”

(3) 为第一个窗体编写如下事件过程：

```
Private Sub Command1_Click()         '退出程序
    End
End Sub
Private Sub Form_Load()              '显示自定义窗体
    Form2.Show vbModal
End Sub
```

第一个事件过程用来结束程序；第二个事件以模态方式显示第二个窗体，对话框显示时的常见操作如表 12.3 所示。

表 12.3　对话框的常用操作

任　务	关 键 字	举　例
装入并显示无模式对话框	用 Show 方法	Form1.Show
装入并显示无模式对话框	用 style = vbModal 的 Show 方法	Form1.Show vbModal
从内存中卸载对话框	用 Unload 语句	Unload Form1

运行程序时，将显示如图 12.2 所示的窗体对话框。可以看出，在这个窗体上，没有控制菜单，也没有最大、最小化按钮，而且是一个模态窗口，而如果单击“退出”按钮，则将结束程序。

(4)　为第二个窗体编写如下事件过程：

```
Private Sub Command1_Click()
    Static n As Integer
    Dim str1 As String
    If Text1 = 123456 Then          '密码正确通过
        Form2.Hide
    Else                            '错误密码输入只能输入三次
        n = n + 1
        str1 = "输入信息错误" & "你还有" & 3 - n & "次机会"
        If n < 3 Then
            Text1 = ""
            MsgBox str1
        Else
         End                        '密码三次错误结束程序
        End If
    End If
End Sub

Private Sub Command2_Click()     '程序结束
    End
End Sub
```

第二个窗体是一个对话框，可以在该对话框中输入文字。单击文本框输入密码，输入后单击“确定”按钮，判断密码是否正确，如果正确则隐藏当前窗体，否则提示错误，密码错误超过三次则直接退出程序。

如果单击第二个命令按钮“退出”，则直接退出程序。

12.2.3 通用对话框控件

当要定义的对话框功能较复杂时，将会花费较多的时间和精力。为此，Visual Basic 6.0 提供了通用对话框控件，用它可以定义较为复杂的对话框。通用对话框是一种 ActiveX 控件。在一般情况下，启动 Visual Basic 后，在工具箱中没有通用对话框控件。为了把通用对话框控件添加到工具箱中，可按如下步骤操作。

(1) 选择“工程”菜单中的“部件”命令，打开“部件”对话框。

(2) 在对话框中选择“控件”选项卡，然后在控件列表框中勾选“Microsoft Common Dialog Control 6.0”前的复选框。

(3) 单击“确定”按钮，通用对话框即被加到工具箱中，如图 12.4 所示。

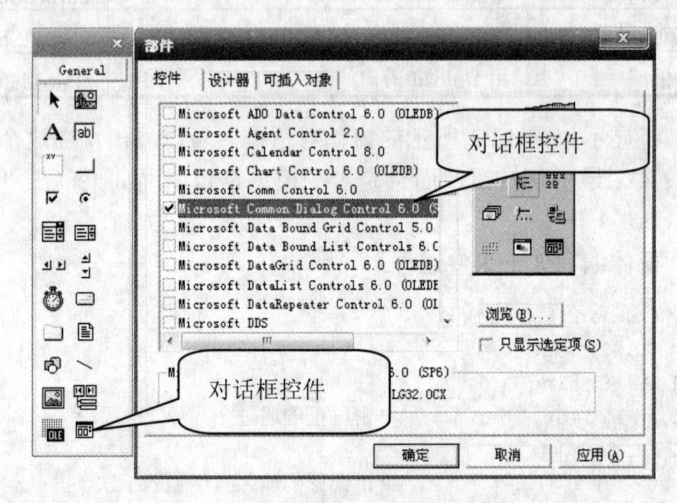

图 12.4 通用对话框控件

通用对话框的默认名称(Name 属性)为 CommonDialogn(n 为 1，2，3，...)。

通用对话框控件可以被设计为几种不同类型的对话框，如打开文件对话框、保存文件对话框、颜色设置对话框、打印对话框等。对话框的类型可以通过 Action 属性设置，也可以用相应的方法设置。

表 12.4 列出了各类对话框所需要的 Action 属性值和方法。

表 12.4 对话框类型

对话框类型	Action 属性值	方 法
打开文件	1	ShowOpen
保存文件	2	ShowSave
选择颜色	3	ShowColor
选择字体	4	ShowFont
打印	5	ShowPrinter
调用 Help 文件	6	ShowHelp

在设计阶段，通用对话框按钮以图标形式显示，不能调整其大小(与计时器类似)，程序运行后消失。下面将介绍如何建立 Visual Basic 提供的几种通用对话框，即文件对话框、颜色对话框、字体对话框和打印对话框。

12.3　文件对话框

文件对话框分为打开文件对话框和保存文件对话框。打开文件对话框可以让用户指定一个文件，由程序使用；而用保存文件对话框可以指定一个文件，并以这个文件名保存当前文件。这两个对话框具有相似的外观，其差别仅体现在对话框标题、按钮的名称上。

12.3.1　文件对话框的组成

如图 12.5 所示的是一个“加载图片”对话框，它属于“打开”对话框，图中各部分的作用按编号对应说明如下。

① 对话框标题：通过 DialogTitle 属性设置。

② 文件夹：用来显示文件夹。右端下拉箭头用来显示文件夹。

③ 选择文件夹级别：单击一次该按钮回退一个文件夹级别。

④ 新文件夹：用来建立新文件夹。

⑤ 文件列表模式：选择是否以列表方式显示文件和文件夹。

⑥ 文件细节：显示文件的详细情况，包括文件名、文件大小、建立(修改)日期、时间及属性等。

⑦ 文件列表：在该区域显示的是“文件夹”栏内文件夹的子文件夹和文件名。

⑧ 文件类型：指定要打开或保存的文件的类型，由通用对话框的 Filter 属性确定。

⑨ 文件名：选择或输入的文件名。单击“打开”按钮后，将以该文件名打开文件。

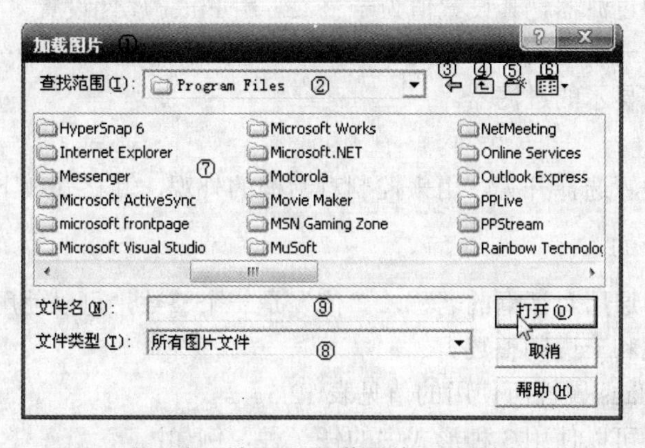

图 12.5　打开“加载图片”对话框

在对话框的右下部还有 3 个按钮，即“打开”、“取消”和“帮助”。在“保存”对话框中，“打开”按钮用“保存”取代。

12.3.2 文件对话框的属性

打开(Open)和保存(Save)对话框共同的属性如下。

(1) DefaultEXT 属性

设置对话框中默认文件的类型，即扩展名。

(2) DialogTitle 属性

设置对话框的标题。在默认情况下“打开”对话框的标题是“打开”，“保存”对话框的标题是“保存”。

(3) FileName 属性

设置或返回要打开或保存的文件的路径及文件名。如果选择了一个文件并单击“打开”或“保存”按钮，所选择的文件即作为属性 FileName 的值，然后就可把该文件名作为要打开或保存的文件。

(4) FileTitle 属性

用来指定文件对话框中所选择的文件名(不包括路径)。该属性与 FileName 属性的区别是 FileName 属性用来指定完整的路径，如 D:\vbporg\prog1.frm，而 FileTitle 只指定文件名，如 prog1.frm。

(5) Filter 属性

用来指定在对话框中显示的文件类型，用该属性可以设置多个文件类型，供用户在对话框的“文件类型”的下拉列表中选择。Filter 的属性值由一对或多对文本字符串组成，每对字符串用管道符“|”隔开，在“|”前面的部分称为描述符，后面的部分一般为通配符和文件扩展名，称为“过滤器”，如*.txt 等，各对字符串之间也用管道符隔开。其格式如下：

```
[窗体.]对话框名.Filter = "描述符 1|过滤器 1|描述符 2|过滤器 2……"
```

(6) FilterIndex 属性

用来指定默认的过滤器，其设置值为一整数。用 Filter 属性设置多个过滤器后，每个过滤器都有一个值，第一个过滤器的值为 1，第二个过滤器的值为 2，……。用 FilterIndex 属性可以指定作为默认显示的过滤器。

(7) Flags 属性

为文件对话框设置选择开关，用来控制对话框的外观，其格式如下：

```
对象.Flags [= 值]
```

其中“对象”为通用对话框的名称，“值”是一个整数，可以使用 3 种形式，即符号常量、十六进制整数和十进制整数。

文件对话框的 Flags 属性所使用的值见表 12.5。

在应用程序中，可以使用 3 种形式中的任一种，例如：

```
CommonDialog1.Flags = cdlOFNFileMustExist          '符号常量
```

或者：

```
CommonDialog1.Flags = &H1000&                      '十六进制整数
```

或者：

```
CommonDialog1.Flags = 4096                          '十进制整数
```

表 12.5　Flags 取值(文件对话框)

符号常量	十六进制整数	十进制整数
cdlOFNallowMultiselect	&H200&	512
cdlOFNCreatePrompt	&H2000&	8192
cdlOFNExtentionDifferent	&H400&	1024
cdlOFNFileMustExist	&H1000&	4096
cdlOFNHideReadOnly	&H4&	4
cdlOFNNoChangeDir	&H8&	8
cdlOFNNoReadOnlyReturn	&H8000&	32768
cdlOFNNoValidate	&H100&	256
cdlOFNOverwritePrompt	&H2&	2
cdlOFNPathMustExist	&H800&	2048
cdlOFNReadOnly	&H1&	1
cdlOFNShareAware	&H4000&	16384
cdlOFNHelpButton	&H10&	16

Flags 属性允许设置多个值，这可以通过以下两种方法来实现。

①　如果使用符号常量，则将各值之间用 Or 运算符连接，例如：

```
CommonDialog1.Flags = cdlOFNOverwritePrompt Or cdlOFNPathMustExist
```

②　如果使用数值，则将需要设置的属性值相加。例如，上面的例子可以写作：

```
CommonDialog1.Flags = 2050                    '即 2048+2
```

注意：设置多个 Flags 属性值时，注意各值之间不要发生冲突。

文件对话框 Flags 属性各种取值的意义见表 12.6(列出十进制值)。

(8)　InitDir 属性

用来指定对话框的起始目录。如果没有设置 InitDir 属性，则显示当前目录。

(9)　MaxFileSize 属性

设定 FileName 属性的最大长度，以字节为单位。取值范围为 1~2048，默认为 256。

(10) CancelError 属性

如果该属性被设置为 True，单击 Cancel(取消)按钮关闭文件对话框时，将产生 CdlCancel 错误，如果该属性被设置为 False(默认)，则不显示出错信息。

(11) HelpCommand、HelpContext 等属性

指定对话框中具体的帮助信息和帮助形式。

由于 Visual Basic 提供的通用对话框控件使用了 Windows 的系统资源，所以，在不同的

Windows 版本中，所打开的对话框的外观可能会有不同，但整体的设置和使用方法是相同的。通用对话框类似于计时器，在设计应用程序时，可以把它放在窗体中的任何位置，其大小不能改变，程序运行时不出现在窗体上。

表 12.6 Flags 属性取值的含义(文件对话框)

值	作 用
1	在对话框中显示“只读”(Read Only Check)复选框
2	询问用户是否覆盖现有文件
4	取消“只读”复选框
8	保留当前目录
16	显示一个 Help 按钮
256	允许在文件中有无效字符
512	允许用户选择多个文件
1024	用户指定的文件扩展名，与由 DefaultExt 属性所设置的扩展名不同，如果 DefaultExt 属性为空，则该标志无效
2048	只允许输入有效的路径，如果输入了无效的路径，则发出警告
4096	禁止输入对话框中没有列出的文件名
8192	询问用户是否要建立一个新文件
16384	对话框忽略网络共享冲突的情况
32768	选择的文件不是只读文件，并且不在一个写保护的目录中

12.3.3 文件对话框举例

【例 12.2】编写程序，建立“打开”和“保存”对话框。

在窗体上画一个通用对话框控件，其 Name 属性为 CommonDialog1(默认值)，再设计菜单控件，菜单项属性设置如表 12.7 所示，设计的窗体界面如图 12.6 所示，然后编写两个事件过程。建立“打开”对话框的事件过程如下：

```
Private Sub open_Click()
    CommonDialog1.Filename = ""
    CommonDialog1.Flags = 2048
    CommonDialog1.Filter = "All Files(*.*)|*.*|所有可执行文件|*.exe"
    CommonDialog1.FilterIndex = 2
    CommonDialog1.DialogTitle = "打开"
    CommonDialog1.Action = 1
    If CommonDialog1.Filename = "" Then
        MsgBox "没有选择任何文件！", vbInformation, "警告"
    Else
        MsgBox "你选择的文件是："&CommonDialog1.Filename,vbInformation, "提示"
    End If
End Sub
```

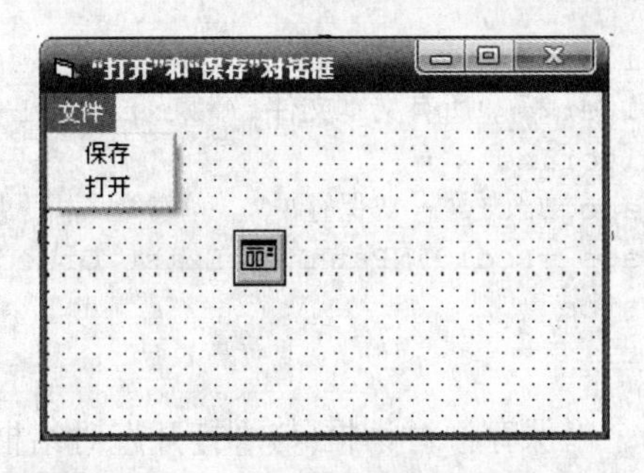

图 12.6 "打开"和"保存"对话框界面

表 12.7　菜单项属性设置

分　类	标　题	名　称	内缩符号	可 见 性	热　键
主菜单项	文件	Filename	无	True	无
子菜单项 1	保存	save	1	True	无
子菜单项 2	打开	open	1	True	无

该事件过程用来建立一个"打开"对话框(见图 12.7)，可以在这个对话框中选择要打开的文件，选择后单击"打开"按钮，所选择的文件名即作为对话框的 FileName 属性值。过程中的语句"CommonDialog1.Action = 1"用来建立"打开"对话框，它与下面的语句等价：

```
CommonDialog1.ShowOpen
```

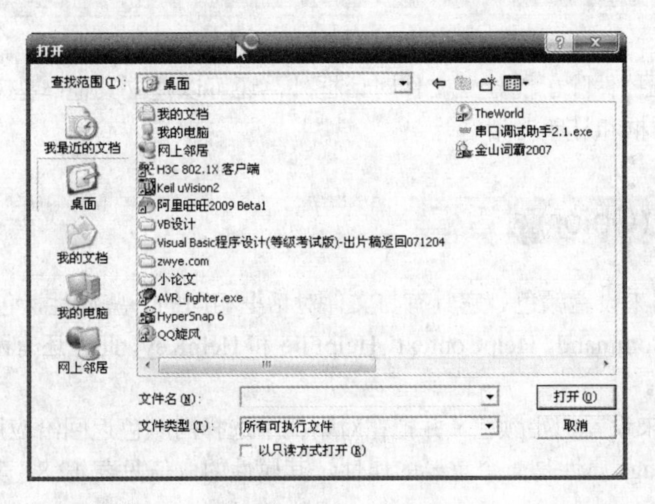

图 12.7　"打开"对话框

"打开"对话框并不能真正"打开"文件，而仅仅是用来选择一个文件，至于选择以后的处理，包括打开、显示等需编写代码进行相应处理。在上面的过程中，前半部分用来建立"打开"对话框，设置对话框中的各种属性，Else 之后的部分用来输出所选择的文件，通过信息框说明选择的文件。

建立"保存"对话框的事件过程如下：

```
Private Sub save_Click()
    CommonDialog1.DefaultExt = "TXT"
```

```
    CommonDialog1.Filename = "aa.txt"
    CommonDialog1.Filter = "所有文本文件|(*.txt)|All Files(*.*)|*.*|"
    CommonDialog1.FilterIndex = 1
    CommonDialog1.DialogTitle = "保存"
    CommonDialog1.Flags = cdlOFNPathMustExist Or cdlOFNOverwritePrompt
    CommonDialog1.Action = 2
End Sub
```

该事件过程用来建立一个“保存”对话框(与“打开”对话框类似)，可以在这个对话框中选择要保存的文件，选择后单击“保存”按钮，所选择的文件名即作为对话框的 FileName 属性值，过程中的语句“CommonDialog1.Action = 2”用来建立“保存”对话框，它与下面的语句等价：

```
CommonDialog1.ShowSave
```

与“打开”对话框一样，“保存”对话框也只能用来选择文件，其本身并不能执行保存文件的操作。

注意：在不同版本的 Windows 中，所打开的对话框的外观可能不一样，上面的对话框是在 Windows XP 中打开的。

12.4 其他对话框

用通用对话框控件除了能建立文件对话框外，还可以建立其他一些对话框，包括颜色对话框、字体对话框和打印对话框等。

12.4.1 颜色(Color)对话框

颜色对话框用来设置颜色。它具有与文件对话框相同的一些属性，包括 CancelError、DialogTitle、HelpCommand、HelpContext、HelpFile 和 HelpKey，此外还有两个属性，即 Flags 属性和 Color 属性。

Color 属性用来设置初始颜色。并把在对话框中选择的颜色返回给应用程序。该属性是一个长整型数；Flags 属性是一个重要的属性，其属性的取值见表 12.8。其属性值的含义见表 12.9。

表 12.8 Flags 取值(颜色对话框)

符号常量	十六进制整数	十进制整数
cdlCCFullOPen	&H2&	2
cdlCCPreventFullOPen	&H4&	4
cdlCCRGBInit	&H1&	1
cdlCCHelpButton	&H8&	8

表 12.9 Flags 属性取值的含义(颜色对话框)

值	作 用
1	使得 Color 属性定义的颜色在首次显示对话框时随着显示出来
2	打开完整对话框，包括“用户自定义颜色”窗口
4	禁止选择“规定自定义颜色”按钮
8	显示一个 Help 按钮

为了设置或读取 Color 属性，必须将 Flags 属性设置为 1。

【例 12.3】在第 10.1 节所介绍的工作场景中，用到 3 个水平滚动条来设置画图的颜色，现在更改程序，通过颜色对话框来设置颜色。

去掉 3 个水平滚动条和相应与颜色设置相关的控件，在窗体上画一个通用对话框和一个“设置颜色”的命令按钮，完成后的窗体界面如图 12.8 所示。

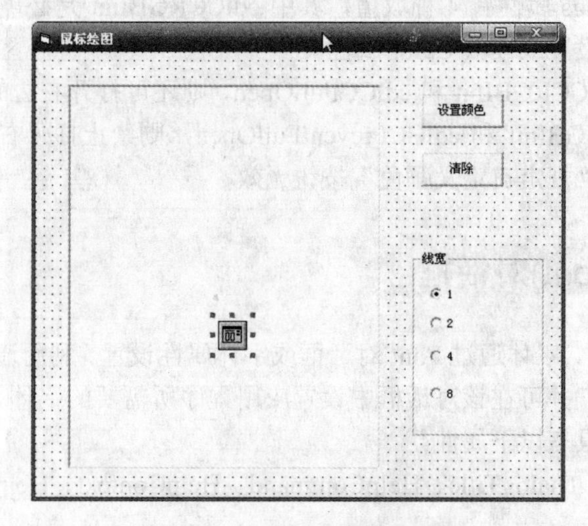

图 12.8 更改的鼠标画图界面

为“设置颜色”命令按钮编写如下代码：

```
Private Sub Command1_Click()
    CommonDialog1.DialogTitle = "颜色"
    CommonDialog1.Flags = 1
    CommonDialog1.Action = 3
    Picture1.ForeColor = CommonDialog1.Color
End Sub
```

执行程序，单击“设置颜色”按钮，将显示一个“颜色”对话框，如图 12.9 所示。在该对话框的“基本颜色”部分选择一种颜色(单击某个色块)，或者通过自定义颜色按钮选择一种颜色，最后单击“确定”按钮，即可把用鼠标在图片框中画图的颜色设置为所选择的颜色。过程中的语句“CommonDialog1.Action = 3”用来建立“颜色”对话框，它与下面的语句等价：

```
CommonDialog1.ShowColor
```

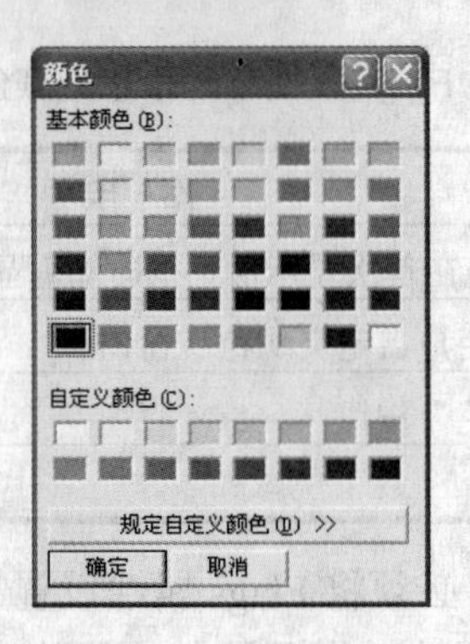

图 12.9　颜色对话框

可以看出，通过通用对话框设置颜色比先前通过 3 个水平滚动条设置颜色更为简单、直观和方便。

颜色对话框的 Flags 属性有 4 种取值，其中 cdlCCRGBInit 是必需的，用它可以打开一个颜色对话框，并可设置或读取 Color 属性。

如果同时设置 cdlCCRGBInit 和 cdlCCFullOpen，则还可打开右边的自定义颜色对话框；如果同时设置 cdlCCRGBInit 和 cdlCCPreventFullOpen，则禁止打开右边的自定义颜色对话框，此时对话框中的“规定自定义颜色”按钮无效。

12.4.2　字体(Font)对话框

在 Visual Basic 中，字体通过 Font 对话框或字体属性设置。利用通用对话框控件，可以建立一个字体对话框，并可在该对话框中设置应用程序所需要的字体。

字体对话框主要具有以下属性。

(1) CancelError、DialogTitle、HelpCommand、HelpContext、HelpFile 和 HelpKey 属性与文件对话框相同。

(2) Flags 属性，取值见表 12.10，各属性值的含义见表 12.11。

表 12.10　Flags 取值(字体对话框)

符号常量	十六进制整数	十进制整数
cdlCFApply	&H200&	512
cdlCFANSIOnly	&H400&	1024
cdlCFBoth	&H3&	3
cdlCFEffects	&H100&	256
cdlCFFixedPitchOnly	&H4000&	16384
cdlCFForceFontExist	&H10000&	65536
cdlCFLimitSize	&H2000&	8192
cdlCFNoSimulations	&H1000&	4096
cdlCFNoVectorFonts	&H800&	2048
cdlCFPrinterFonts	&H2&	2

续表

符号常量	十六进制整数	十进制整数
cdlCFScreenFonts	&H1&	1
cdlCFHelpButton	&H4&	4
cdlCFTTOnly	&H40000&	262144
cdlCFWYSIWYG	&H8000&	32768

表 12.11　Flags 属性取值的含义(字体对话框)

值	作　用
1	只显示屏幕字体
2	只列出打印机字体
3	列出打印机和屏幕字体
4	显示一个 Help 按钮
256	允许中划线、下划线和颜色
512	允许 Apply 按钮
1024	不允许使用 Windows 字符集的字体(无符号字体)
2048	不允许使用矢量字体
4096	不允许图形设备接口字体仿真
8192	只显示在 MAX 属性和 MIN 属性指定范围内的字体(大小)
16384	只显示固定字符间距(不按比例缩放)的字体
32768	只允许选择屏幕和打印机可用的字体。该属性值应当与 3 和 131072 同时设置
65536	当试图选择不存在的字体或类型时，将显示出错信息
131072	只显示按比例缩放的字体
262144	只显示 TrueType 字体

(3) FontBold、FontItalic、FontName、FontSize、FontStrikeThru、FontUnderline 这些属性对对话框进行初始化，还可以利用这些属性的返回值对对象的字体属性进行修改。

(4) Max 和 Min 属性，指定字体大小的范围。字体大小用点度量，一个点的高度是 1/72 英寸。在默认情况下，字体大小的范围为 1~2048 个点。如果要设置 Max 和 Min 属性，必须把 Flags 属性值设置为 8192。

Font 对话框可以通过 ShowFont 方法或 Action 属性(=4)建立，看下面的例子。

【例 12.4】用字体对话框设置桌面上显示的字体。

在桌面上画一个通用对话框，编写如下的程序：

```
Private Sub Form_Click()
    Cls
    Dim str1 As String
    CommonDialog1.Flags = 3
    CommonDialog1.ShowFont
    Form1.FontName = CommonDialog1.FontName
```

```
    Form1.FontSize = CommonDialog1.FontSize
    Form1.FontBold = CommonDialog1.FontBold
    Form1.FontItalic = CommonDialog1.FontItalic
    Form1.FontUnderline = CommonDialog1.FontUnderline
    Form1.FontStrikethru = CommonDialog1.FontStrikethru
    str1 = "用字体对话框设置字体"
    CurrentX = (ScaleWidth - TextWidth(str1)) / 2    '将文本显示在窗体中间
    CurrentY = (ScaleHeight - TextHeight(str1)) / 2
    Print str1
End Sub
```

上面的程序首先把通用对话框的 Flags 属性设置为 3，从而可以设置屏幕显示和打印机的字体，接着用 ShowFont 方法建立字体对话框，然后把在字体对话框中设置的字体属性赋给窗体字体的属性，并在窗体上显示出所设置的值。

程序运行后，单击窗体，显示如图 12.10 所示的“字体”对话框，根据需要在对话框中设置字体，然后单击“确定”按钮，其结果如图 12.11 所示。可以看出，窗体打印的字体已按对话框中设置的属性显示了。

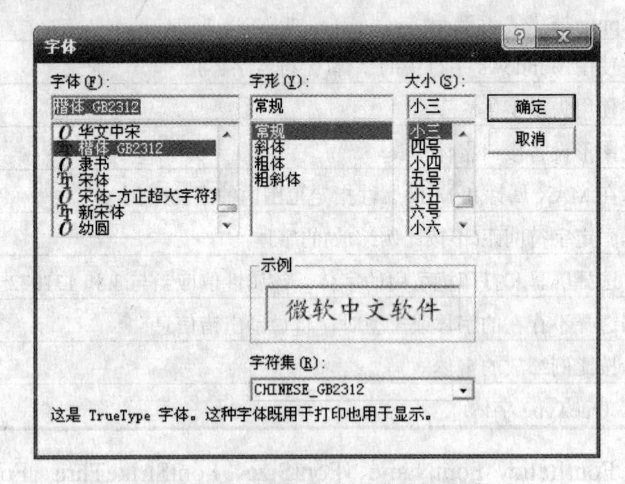

图 12.10　用字体对话框设置字体

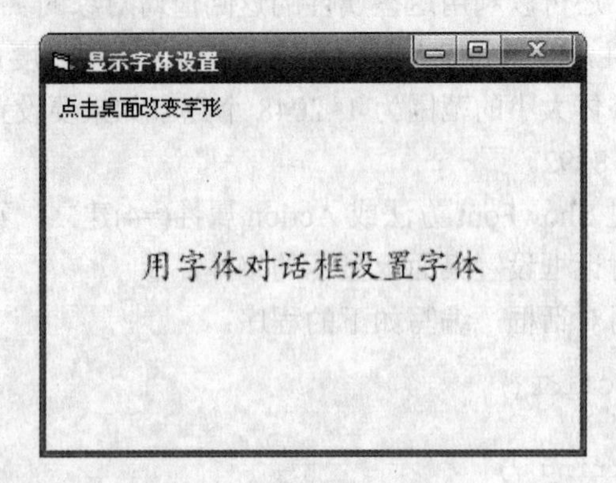

图 12.11　执行结果

12.4.3　打印(Printer)对话框

用打印对话框可以选择要使用的打印机，并可为打印处理指定相应的选项，如打印范围、数量等。打印对话框除具有前面讲过的 CancelError、DialogTitle、HelpCommand、HelpContext、HelpFile 和 HelpKey 等属性外，还具有以下属性。

- Copies 属性：指定打印文档的拷贝数。若把 Flags 属性值设置为 262144，则 Copies 属性值总为 1。
- Flags 属性：该属性的取值见表 12.12，各属性值的作用见表 12.13。
- FromPage 和 ToPage 属性：指定要打印文档的页范围。如果要使用这两个属性，必须把 Flags 属性设置为 2。
- hDC 属性：分配给打印机的句柄，用来识别对象的设备环境，用于 API 调用。
- Max 和 Min 属性：用来限制 FromPage 和 ToPage 的范围，其中 Min 指定所允许的起始页码，Max 指定所允许的最后页码。
- PrinterDefault 属性：该属性是一个布尔值，在默认情况下为 True。当该属性值为 True 时，如果选择了不同的打印设置(如将 Fax 作为默认打印机等)，Visual Basic 将对 Win.ini 文件作相应的修改。如果把该属性设为 False，则对打印设置的改变不会保存在 Win.ini 文件中，并且不会成为打印机的当前默认设置。

打印对话框通过 ShowPrinter 或 Action 属性(=5)建立。

表 12.12　Flags 取值的取值(打印对话框)

符号常量	十六进制整数	十进制整数
cdlPDAllPages	&H0&	0
cdlPDCollate	&H10&	16
cdlPDDisablePrintToFile	&H80000&	524288
cdlPDHidePrintToFile	&H100000&	1048576
cdlPDNoPageNums	&H8&	8
cdlPDNoSelection	&H4&	4
cdlPDNoWarning	&H80&	128
cdlPDPageNums	&H2&	2
cdlPDPrintSetup	&H40&	64
cdlPDPrintToFile	&H20&	32
cdlPDReturnDC	&H100&	256
cdlPDReturnIC	&H200&	512
cdlPDSelection	&H1&	1
cdlPDHelpButton	&H800&	2048
cdlPDUseDevModeCopies	&H40000&	262144

表 12.13　Flags 属性取值的含义(打印对话框)

值	作　用
0	返回或设置“所有页”(All Pages)选项按钮的状态
1	返回或设置“选定范围”(Selection)选项按钮的状态
2	返回或设置“页”(Pages)选项按钮的状态
4	禁止“选定范围”选项按钮
8	禁止“页”选项按钮
16	返回或设置检验(Collate)复选框的状态
32	返回或设置“打印到文件”(Print To File)复选框的状态
64	显示“打印设置”(Print Setup)对话框(不是 Print 对话框)
128	当没有默认打印机时，显示警告信息
256	在对话框的 hDC 属性中返回“设备环境”(Device Context)，hDC 指向用户选择的打印机
512	在对话框的 hDC 属性中返回“信息上下文”(Information Context)，hDC 指向用户选择的打印机
2048	显示一个 Help 按钮
262144	如果打印机驱动程序不支持多份拷贝，则设置这个值将禁止拷贝编辑操作(即不能改变拷贝份数)，只能打印 1 份
524288	禁止“打印到文件”复选框
1048576	隐藏“打印到文件”复选框

【例 12.5】建立打印机对话框。

在窗体上画一个通用对话框和一个命令按钮，然后编写如下事件过程：

```
Private Sub Command1_Click()
    CommonDialog1.CancelError = True
    CommonDialog1.Copies = 1
    CommonDialog1.Flags = cdlPDUseDevModeCopies Or cdlPDSelection
    CommonDialog1.Action = 5
End Sub
```

运行上面的程序，单击命令按钮，将弹出“打印设置”对话框，如图 12.12 所示。

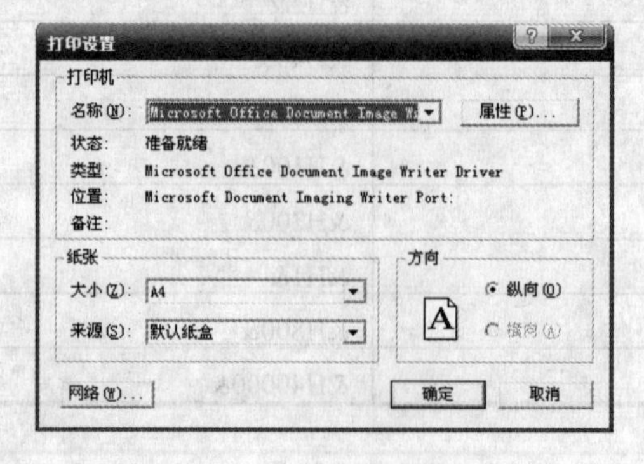

图 12.12　“打印设置”对话框

利用“打印设置”对话框，可以选择要使用的打印机、设定打印范围和打印份数。但是应注意，用上面程序建立的打印设置对话框并不能启动实际的打印过程，为了执行具体的打印操作，必须编写相应的程序代码。

12.5　回到工作场景

通过 12.2~12.4 节内容的学习，应该掌握了对文件对话框、颜色对话框和字体对话框的使用，结合以前学习的设计菜单的方法，此时足以完成对记事本程序的设计。下面我们将回到 12.1 节介绍的工作场景中，完成工作任务。

【分析】

本问题重点在于通用对话框的使用。记事本文件的打开、保存通过读取 CommonDialog 对话框的 FileName 属性值来实现；记事本文件字体格式的设置，通过 CommonDialog 字体对话框的 Font 属性值来确定；记事本中的字体颜色的设置，通过 CommonDialog 颜色对话框的 Color 属性值来确定；文本的复制、剪切与粘贴通过 SendKeys 方法模拟键盘上的 Ctrl+C、Ctrl+X 和 Ctrl+V 键来实现。

【工作过程一】设计用户界面

(1) 通过“菜单编辑器”，编辑菜单。

(2) 选择“工程”→“部件”菜单命令，选中 MicroSoft Common Dialog Control 6.0 和 MicroSoft Rich Textbox Control 6.0，单击“确定”按钮，在此工程的工具箱中添加对话框控件和 RichTextBox 控件。

设计的窗体界面如图 12.13 所示。

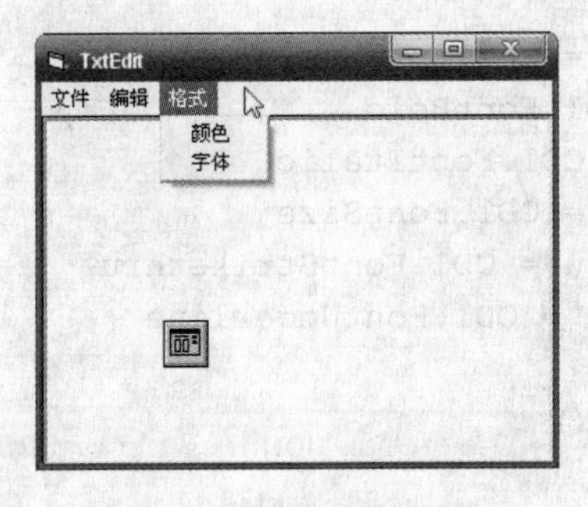

图 12.13　记事本窗体界面

【工作过程二】编写程序

编写的程序代码如下：

```
Private Sub mnuColor_Click()                    '颜色
   On Error Resume Next
   CD1.ShowColor
   Text1.SelColor = CD1.Color
End Sub
```

```
Private Sub mnuCopy_Click()                          '复制
   If Text1.SelLength > 0 Then SendKeys ("^c")
End Sub
Private Sub mnuCut_Click()                           '粘贴
   If Text1.SelLength > 0 Then SendKeys ("^x")
End Sub
Private Sub mnuDelete_Click()                        '删除
   If Text1.SelLength > 0 Then SendKeys "{DEL}"
End Sub
Private Sub mnuExit_Click()                          '退出
   Unload Me
   End
End Sub
Private Sub ExitMe()                                 '退出时检测
Dim a As Integer
If Text1.Text <> "" Then
   a = MsgBox("是否保存文件?", vbYesNoCancel, "保存?")
   If a = vbYes Then
      Call mnuSaveAS_Click
   End If
   If a = vbCancel Then
      Exit Sub
   End If
End If
Unload Me
End
End Sub
Private Sub mnuFont_Click()                                  '字体
   CD1.Flags = cdlCFScreenFonts
   CD1.ShowFont
   Text1.SelFontName = CD1.FontName
   Text1.SelBold = CD1.FontBold
   Text1.SelItalic = CD1.FontItalic
   Text1.SelFontSize = CD1.FontSize
   Text1.SelStrikeThru = CD1.FontStrikethru
   Text1.SelUnderline = CD1.FontUnderline
End Sub
Private Sub Form_Load()                                      '表单在初始化时
   Me.Show
   Me.Refresh

   If Form1.Caption = "TxtEdit" Then
   Else
      Form1.Caption = "TxtEdit"
   End If
End Sub
Private Sub Form_Resize()                                    '窗体大小变化
   On Error Resume Next
   If Form1.WindowState = 0 Then
```

```
        Text1.Height = Form1.Height - 970
        Text1.Width = Form1.Width - 120
    End If
    If Form1.WindowState = 2 Then
        Text1.Height = Form1.Height - 970
        Text1.Width = Form1.Width - 120
    End If
End Sub
Private Sub Form_Unload(Cancel As Integer)          '退出时
    Call ExitMe
    Cancel = 1
End Sub
Private Sub mnuOpen_Click()                         '打开
    On Error GoTo err
    Dim i As Long
    Form1.Caption = "打开中..."
    Text1.Text = ""
    CD1.Filter = "Txt (*.txt)|*.txt|Any File (*.*)|*.*"
    CD1.ShowOpen
    If CD1.FileName <> "" Then
        Dim t As Long
        i = FreeFile
        Open CD1.FileName For Input As #i
        Text1.Text = Input(LOF(i), i)
        Close #i
    Else
        Form1.Caption = "TxtEdit"
        Exit Sub
    End If
    Form1.Caption = "TxtEdit"
    Exit Sub
err:
    Form1.Caption = "TxtEdit - Opening in binary..."
    Close #i
    Open CD1.FileName For Binary As #i
    Text1.Text = Input(LOF(i), i)
    Close #i
    Form1.Caption = "TxtEdit"
    Exit Sub
End Sub
Private Sub mnuPaste_Click()                    '粘贴
SendKeys ("^v")
End Sub
Private Sub mnuPrint_Click()                    '打印
    Printer.Print Text1.Text
End Sub
Private Sub mnuPageSetup_Click()                '页面设置
CD1.ShowPrinter
End Sub
```

```
Private Sub mnuSaveAS_Click()                        '保存
    'On Error GoTo err
    Form1.Caption = "TxtEdit - Saving..."
    Dim a As String
    CD1.Filter = "Txt (*.txt)|*.txt|Html File (*.Html)|*.Html|Any_
                          File (*.*)|*.*"
    CD1.ShowSave
    If CD1.FileName <> "" Then
        Open CD1.FileName For Output As #1
        Print #1, Text1.Text
        Close 1
    End If
    Form1.Caption = "TxtEdit"
    Exit Sub
err:
    Form1.Caption = "TxtEdit"
    MsgBox "Error saving file"
End Sub
Private Sub mnuSelAll_Click()                         '全选
    Dim a As String
    Text1.SelStart = 0
    Text1.SelLength = Len(Text1.Text)
End Sub
Private Sub mnuTimeDate_Click()                      '时间日期
    SendKeys (Now)
End Sub
Private Sub mnuUndo_Click()                          '撤消
    SendKeys ("^z")
End Sub
```

12.6 工作实训营

训练实例

设计程序通过颜色对话框控制如图 12.14 所示窗体中图形的颜色。

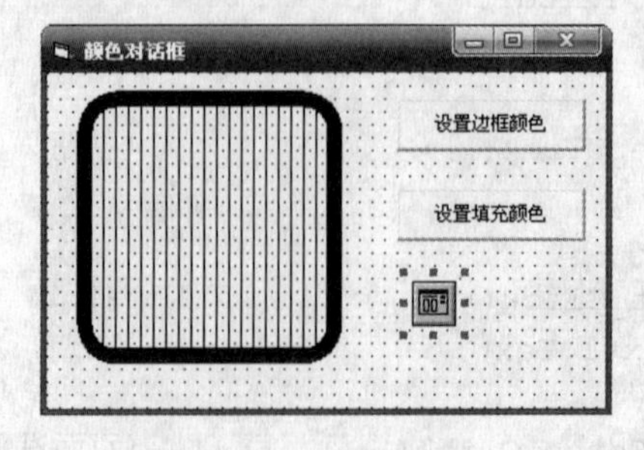

图 12.14 程序界面

【分析】

利用颜色对话框来完成。

【设计步骤】

(1) 创建如图 12.14 所示窗体界面，窗体中各控件的属性值如表 12.14 所示。

表 12.14　各控件的属性值

控　件	属　性	值
Form1	Caption	“颜色对话框”
Command1	Caption	“设置边框颜色”
Command2	Caption	“设置填充颜色”
Shape1	Shape	4—Rounded Rectangle
	FillStyle	3—Vertical Line

(2) 编写代码如下：

```
Private Sub Command1_Click()      '使用颜色对话框设置边框颜色
    On Error GoTo Err_Handle
    CommonDialog1.ShowColor
    Shape1.BorderColor = CommonDialog1.Color
    Exit Sub
Err_Handle:
    MsgBox Err.Description
    Exit Sub
End Sub

Private Sub Command2_Click()      '使用颜色对话框设置填充颜色
    On Error GoTo Err_Handle
    CommonDialog1.ShowColor
    Shape1.FillColor = CommonDialog1.Color
    Exit Sub
Err_Handle:
    MsgBox Err.Description
    Exit Sub
End Sub

Private Sub Form_Load()
    With CommonDialog1
        .DialogTitle = "颜色"
        .Flags = cdCClFullOpen
    End With
End Sub
```

运行程序，单击窗体上面的两个按钮，将弹出一个颜色对话框，通过对话框可以控制相应的颜色属性。

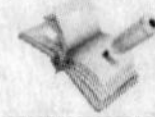

12.7 习　题

1. 填空题

(1) 可通过“打开”对话框的＿＿＿＿＿＿属性设置对话框中所显示文件的类型。

(2) 已知对话框控件名为 Cdlg，则执行＿＿＿＿＿＿＿＿＿＿＿＿＿＿语句，将弹出“打开文件”对话框。

(3) 已知对话框控件名为 Cdlg，为了使对话框显示为颜色对话框，正确的语句应该是＿＿＿＿＿＿＿＿＿＿＿＿。

(4) 在使用通用对话框控件弹出“打开”或“保存”文件对话框时，如果需要指定文件列表框所列出的文件类型是文本文件(即.txt 文件)，则正确的描述格式是＿＿＿＿＿＿。

(5) 可通过“另存为”对话框的＿＿＿＿＿＿属性获得要存盘的文件名。

(6) “字体”对话框的＿＿＿＿属性用于指定对话框中所能选择的字体的最大值。

(7) “打印”对话框的＿＿＿＿属性用来设置打印份数。

(8) 要使用通用对话框控件，应把它加载到工程中，加载的方法是选择＿＿＿＿菜单中的＿＿＿＿菜单命令，在弹出的对话框中单击“控件”标签，在列表中找到＿＿＿＿并选中它，单击“确定”按钮后，通用对话框控件就加载到了工程中。

(9) 如果要输出简单信息，可以使用＿＿＿＿＿＿＿＿＿＿。

(10) 对话框在关闭之前，不能继续执行应用程序的其他部分的对话框属于＿＿＿＿对话框。

(11) 在窗体上画一个名称为 CommonDialog1 的通用对话框，一个名称为 Command1 的命令按钮，然后编写如下代码：

```
Private Sub Command1_Click()
    Commondialog1.FileName = ""
    Commondialog1.Filter = "All Files |*.*| *.txt| *.txt|*.doc|*.doc"
    Commondialog1.FilterIndex = 2
    Commondialog1.DialogTitle = "Open File (*.doc)"
    Commondialog1.Action = 1
    If Commondialog1.FileName = "" Then
        Msgbox "No file selected"
    Else
        '对所有选择的文件进行处理
    End if
End sub
```

程序运行后，单击命令按钮，将显示一个对话框。

① 该对话框的标题是＿＿＿＿＿。

② 该对话框“文件类型”框中显示的内容是＿＿＿＿＿＿＿＿。

③ 单击“文件类型”对话框右端的箭头，下拉显示的内容是＿＿＿＿。

④ 正在起作用的扩展名为＿＿＿＿＿＿＿＿＿＿＿＿＿＿＿＿＿＿。

⑤ 当单击对话框的“确定”按钮时，要使用户得到所选文件的路径和文件名，应该使用对话框的______________________属性。

⑥ 当选择了路径下的文件并单击“确定”按钮后，对话框的属性值为______。

(12) 在窗体上画一个名称为 CommonDialog1 的通用对话框，用下列语句可以建立一个对话框：CommonDialog1.Action = 2，与该语句等价的语句是_____________。

(13) 在显示字体对话框之前必须设置_________属性，否则将发生不存在字体错误。

(14) 把通用对话框的 Action 属性设置 4，将弹出__________对话框。

(15) 可通过“打开”对话框的_____________属性设置起始路径。

(16) 在颜色对话框中，用户选中的颜色可以通过___________________属性得到。

(17) 已知有一通用对话框控件，名为 Cdlg1，为了在执行时弹出“另存为”对话框，可通过调用它的方法来实现，使用的语句是____________，为了打开字体对话框，可通过设置它的 Action 属性来实现，使用的语句是________________。

2. 编程题

(1) 设计一个自定义对话框，对话框上有 3 个单选按钮、两个命令按钮“确定”和“退出”，及一个文本框。程序功能如下。

① 设计一个 Form_Click 事件过程：打开“文件”对话框，从中选择一个文件作为第一个单选按钮的 Caption 属性值，如此重复三次，设置 3 个单选按钮的 Caption 属性值。

② 设计一个 Form_DblClick 事件过程：打开自定义对话框，使之显示在窗体 Form1 上。选择单选按钮的某一项，单击“确定”按钮，将选中的文件名显示在文本框中。

(2) 新建一个工程，在窗体上绘制一个文本框和 3 个命令按钮，在文本框中输入一段汉字，然后实现以下操作。

① 单击第 1 个命令按钮，弹出字体对话框，通过该对话框将文本框中文本的字体设置为黑体，字体样式设置为粗黑体，字体大小设置为 24。

② 单击第 2 个命令按钮，弹出颜色对话框，通过该对话框将文本框中文本的前景色设置为红色。

③ 单击第 3 个命令按钮，弹出颜色对话框，通过该对话框将文本框中文本的背景色设置为黄色。

第 13 章

多重窗体程序设计环境应用

本章要点

- 建立多重窗体的应用程序。
- 窗体的加载和卸载。
- Visual Basic 工程结构。
- DoEvents 语句

技能目标

- 掌握建立多重窗体应用程序的方法。
- 了解 Visual Basic 的工程结构。
- 掌握 DoEvents 语句的使用方法。

13.1 工作场景导入

【工作场景】

创建一个手机产品展示程序，单击选择窗体封面上的手机型号按钮，则隐去封面窗口，显示相应的品牌手机信息窗口；单击信息窗体中的“返回”按钮则返回到封面窗口中，各窗口如图 13.1 和图 13.2 所示。

图 13.1 封面窗口

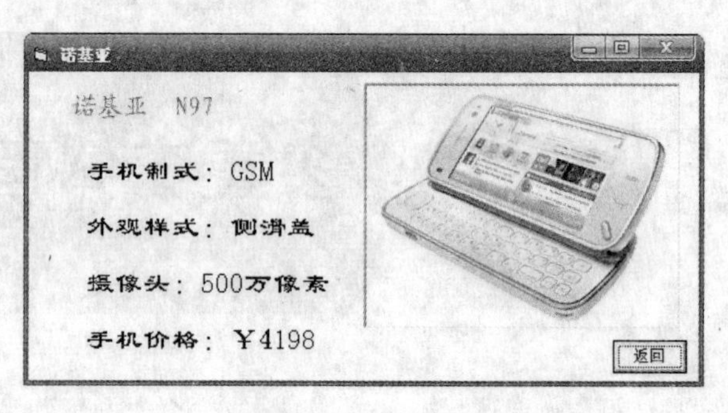

图 13.2 产品信息窗口

【引导问题】

(1) 如何编写多重窗体应用程序？

(2) 如何编写程序代码实现窗体之间的变换？

13.2 建立多重窗体应用程序

在多重窗体程序中，界面由多个窗体组成，每个窗体的界面设计与以前讲的完全一样，多重窗体实际上是单一窗体的集合，而单一窗体是多重窗体程序设计的基础。

掌握了单一窗体程序设计后，多重窗体的程序设计是很容易的，下面介绍与多重窗体程序设计有关的知识。

13.2.1 多重窗体程序的添加、保存和删除

单窗体程序的保存比较简单，通过选择“文件”菜单中的“保存工程”或“工程另存为”命令，可以把窗体文件以.frm 为扩展名存盘，把工程文件以.vbp 为扩展名存盘。

多重窗体程序的保存则要复杂一些，因为每个窗体都要作为一个文件保存，而所有窗体将共用一个工程文件。

1. 窗体的添加

要建立一个多重窗体的工程，需要在一个工程中添加多个窗体，添加窗体的方法有以下两种：

- 选择“工程”菜单中的“添加窗体”命令。
- 在“工程资源管理器”的“工程”图标上右击，在弹出的快捷菜单中选择“添加”→“窗体”命令。

新添加窗体的默认名称为 Formn，默认标题也是 Formn，其中 n 是从 1 开始最小的没有使用过的整数。可以在属性窗口中修改窗体的名称和标题。

2. 保存多窗体程序

为了保存多窗体程序，通常需以下两步。

(1) 在工程资源管理器中选择需要保存的窗体，例如 Form2，然后选择“文件”菜单中的“Form2 另存为”命令保存窗体。在工程资源管理器窗口中列出的每个窗体或标准模块，都必须分别保存。窗体文件的扩展名为.frm，标准模块文件的扩展名为.bas。

(2) 选择“文件”菜单中的“工程另存为”命令，打开“工程另存为”对话框，把整个工程以.vbp 为扩展名保存。

3. 窗体的删除

在工程资源管理器中选定要删除的窗体，例如 Form2，然后选择“文件”菜单中的“移除 Form2”命令，即可把窗体 Form2 从工程中删除。

> 注意：上面的删除方法只是把窗体从工程中删除，并没有把窗体从磁盘中删除，需要时还可以把该窗体重新添加进工程。

4. 装入多窗体程序

选择“文件”菜单中的“打开工程”命令，将弹出“打开工程”对话框(“现存”选项卡)，在对话框中输入或选择工程文件(.vbp)名，然后单击“打开”按钮，即可把属于该工程的所有文件(包括.frm 和.bas 文件)装入内存。在这种情况下，如果对工程中的程序或窗体进行修改后需要存盘，则只要选择“文件”菜单中的“保存工程”命令即可。

如果选择“打开工程”对话框中的“最新”选项卡。则将列出最近编写的工程文件，此时可以选择要打开的工程文件，然后单击“打开”按钮。

在执行“打开工程”命令时，如果内存中有修改后但尚未保存的文件(窗体文件、模块文件或工程文件)，则弹出一个提示保存的对话框。

Visual Basic 可以记录最近存取过的工程文件。这些文件名位于“文件”菜单的底部(在“退出”命令之上)。打开“文件”菜单后，只要选择所需要的文件名，即可打开相应的工程文件。

5. 多窗体程序的编译

多窗体程序可以编译生成可执行文件(.exe)。装入一个多窗体程序，如“工程 1”，选择“文件”菜单中的“生成工程 1.exe”命令生成可执行文件。生成的“工程 1.exe”可执行文件可以在 Windows 下直接执行。

13.2.2 与多重窗体程序设计有关的语句和方法

在单窗体程序设计中，所有的操作都在一个窗体中完成，不需要在多个窗体间切换。而在多窗体程序中，需要打开、关闭、隐藏或显示指定的窗体，这可以通过相应的语句和方法来实现，下面对它们做简单的介绍。

1. Load 语句

该语句的语法格式如下：

```
Load 窗体名称
```

其中“窗体名称”是窗体的 Name 属性。Load 语句把一个窗体装入内存，但并不包括显示窗体的功能。执行 Load 语句后，可以引用窗体中的控件及各种属性。

2. Unload 语句

该语句的语法格式如下：

```
Unload 窗体名称
```

该语句与 Load 语句的功能相反，它清除内存中指定的窗体，不管窗体是隐藏在内存中的还是显示在屏幕上的。在多窗体程序中，经常要用到关键字 Me，它代表的是程序代码所在的窗体。例如：

```
Unload Me                        '卸载当前窗体
```

3. Show 方法

该语句的语法格式如下：

```
[窗体名称.]Show [模式]
```

Show 方法用来显示一个窗体，如果省略“窗体名称”，则显示当前窗体。参数“模式”用来确定窗体的状态，与对话框的显示模式相同，可以取两种值 0 和 1。当值为 1(或常量 vbModal)时，表示窗体是“模态型”窗体。在这种情况下，只有此窗体可以获得焦点。当为 0(或常量 vbModeless)时，表示窗体为“非模态型”窗口，不用关闭该窗体就可以对其他窗口进行操作。

Show 方法兼有装入和显示窗体两种功能。即在执行 Show 时，如果窗体不在内存中，则 Show 自动把窗体装入内存，然后再显示出来，如果窗体已经加载到内存，则直接在屏幕上显示出来。

4. Hide 方法

该语句的语法格式如下：

```
[窗体名称.]Hide
```

Hide 方法使窗体隐藏，即不在屏幕上显示，但仍在内存中。与 Unload 语句一样，Hide 方法中也经常用到 Me 关键字，例如：

```
Me.Hide     '隐藏当前窗体
```

注意：Hide 方法与 Unload 方法是有区别的。

13.2.3　指定启动窗体

“启动窗体”是指一个程序运行时，首先被加载并执行的对象。启动对象可以是一个窗体，也可以是标准模块中名为 Main 的自定义 Sub 过程。

启动窗体通过选择“工程”菜单中的“工程属性”命令来指定。执行该命令后，将打开“工程属性”对话框，单击该对话框中的“通用”选项卡，将显示如图 13.3 所示的界面。单击“启动对象”下拉列表框右端的向下箭头，将下拉显示当前工程中所有窗体的列表，如图 13.4 所示。如果需要改变，则单击作为启动窗体的窗体名字，然后单击“确定”按钮，即可把所选择的窗体设置为启动窗体。

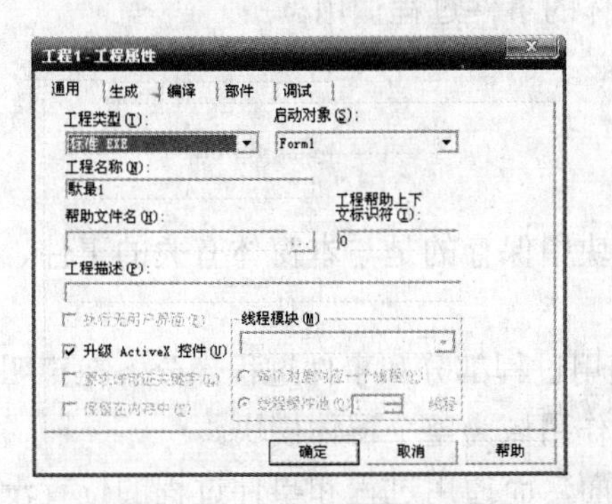

图 13.3　“工程属性”对话框

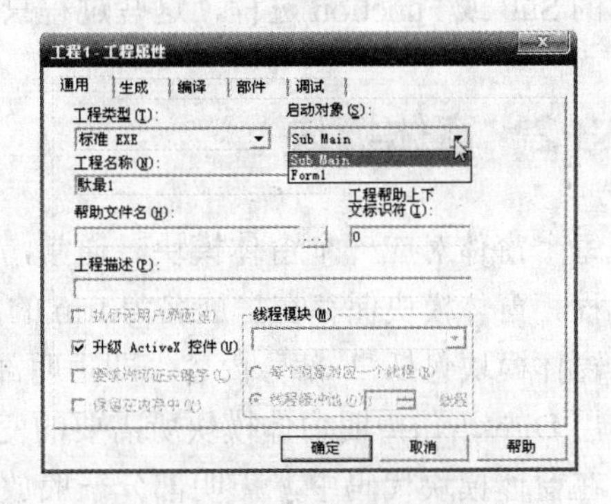

图 13.4　指定启动窗体

注意：对于包含多个窗体的应用程序，系统默认将第一个建立的窗体作为启动窗体。

13.3　Visual Basic 工程结构

模块(Module)是相对独立的程序单元。Visual Basic 应用程序由 3 种模块组成，即窗体模块、标准模块和类模块。类模块主要用来定义类和建立 ActiveX 组件，本书不涉及与类模块有关的内容。下面主要介绍标准模块和窗体模块。

13.3.1　标准模块

标准模块也称全局模块，是由通用过程组成的模块，这些通用过程可以为不同的窗体所共用。这样可以避免在不同的窗体中重复键入代码。

标准模块作为独立的文件存盘，其扩展名为.bas，由全局变量声明、模块级变量声明及通用过程等几部分组成。

其中全局变量声明放在标准模块的首部，使用 Public 关键字声明整个应用程序需要使用的变量或常量；而模块级变量用 Dim 或 Private 关键字声明在标准模块中使用的变量和常量。

一般情况下，任何窗体模块都可以调用标准模块。在大型应用程序中，操作在标准模块中实现，窗体模块用来与用户交互。

在工程中添加标准模块的步骤如下。

(1) 选择“工程”菜单中的“添加模块”命令，打开“添加模块”对话框。

(2) 选中“新建”选项卡(也可把已有模块添加到当前工程中，选择“现存”选项卡，打开已有模块)，打开标准模块代码窗口。

(3) 在该窗口内键入或修改代码。

当一个工程中含有多个标准模块时，各模块中的过程不能重名，当然，一个标准模块内的过程也不能重名。

Visual Basic 通常从启动窗体开始执行。在执行启动用窗体的代码前，不会执行标准模块中的 Sub 或 Function 过程，这些过程只能被窗体的事件过程调用。

13.3.2 窗体模块

每个窗体对应一个窗体模块。通常，窗体模块中保存的是与本窗体有关的事件、自定义过程。窗体模块保存在扩展名为.frm 的文件中。

窗体模块包括 3 部分内容，即声明部分、通用过程部分和事件过程部分。在声明部分中，用 Dim 语句声明窗体模块所需要的变量，其作用域为整个窗体模块。

在窗体模块代码中，声明部分一般放在最前面，而通用过程和事件过程的位置没有严格的限制。窗体模块中的通用过程可以被本模块或其他用窗体模块中的事件过程调用。

在窗体模块中，可以调用标准模块中的过程，也可以调用其他窗体模块中的过程，被调用的过程必须用 Public 定义为公用过程。标准模块中的过程可以直接被调用(当过程名唯一时)，而对于其他窗体模块中的过程则必须加上过程所在的窗体的名字，其格式为：

```
窗体名.过程名(参数列表)
```

13.3.3 Sub Main 过程

在一个含有多个窗体或多个工程的应用程序中，有时候需要在显示窗体之前进行初始化操作，这就需要在启动程序时执行一个特定的过程。在 Visual Basic 中，这样的过程称为启动过程，并命名为 Sub Main。

Sub Main 过程在标准模块窗口中建立。其步骤如下。

(1) 选择“工程”菜单中的“添加模块”命令，打开标准模块窗口。

(2) 在该标准模块窗口中键入 Sub Main，然后按 Enter 键。

(3) 在显示的该过程的开头和结束语句之间输入程序代码。

Sub Main 过程位于标准模块中。一个工程可以含有多个标准模块，但 Sub Main 过程只能有一个。Sub Main 过程通常是作为启动过程编写的，但是要在程序运行时自动识别并执行 Sub Main 过程，必须把它指定为启动过程，其操作步骤如下。

(1) 选择“工程”菜单中的“工程属性”命令，在弹出的对话框中单击“通用”选项卡，单击“启动对象”下拉列表框右端的向下箭头，将显示窗体模块的窗体名列表，Sub Main 过程也出现在列表中，如图 13.5 所示。

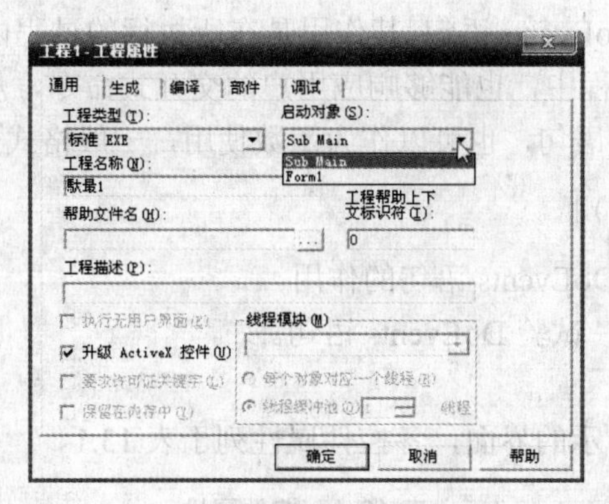

图 13.5　指定启动过程

(2) 选择 Sub Main，单击“确定”按钮，即可把 Sub Main 指定为启动过程。

综上所述，一个完整的 Visual Basic 应用程序由工程文件(扩展名为.vbp)组成。在工程中含有标准模块(扩展名为.bas)、窗体模块(扩展名为.frm)和类模块(扩展名为.cls)。此外，几个工程还可以组成一个工程组(扩展名为.vbg)，它们之间的关系如图 13.6 所示。

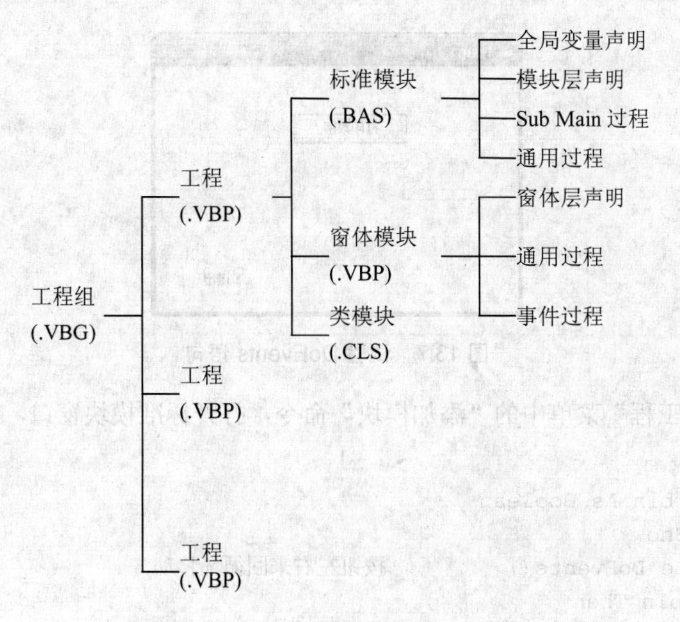

图 13.6　Visual Basic 应用程序的结构

一个工程组可以包含多个工程。一个工程可以包含多个窗体模块、标准模块以及类模块，所有模块共属于同一个工程，但每个模块又相对独立，用一个单独的文件保存。

13.4 DoEvents 语句

Visual Basic 是事件驱动型的语言。一般只有当发生事件时才执行相应的程序。如果操作系统处于“忙碌”状态，则事件过程只能在队列中等待，直到当前过程结束。

Visual Basic 提供了 DoEvents 语句，其作用是在所执行的过程内把控制权传给操作系统，以便让它在执行任务的过程中，也能够响应用户的交互式命令，从而改变程序流程。

DoEvents 既可以作为语句，也可以作为函数使用，一般格式为：

```
[窗体号=]DoEvents[()]
```

下面通过例子来说明 DoEvents 语句的作用。

【例 13.1】编写程序，试验 DoEvents 语句。

按以下步骤操作。

(1) 建立如图 13.7 所示的界面，各控件属性列于表 13.1。

表 13.1 控件属性

控 件	属 性	值
Command1	Caption	“打印数字”
Command2	Caption	“←→”
Command3	Caption	“退出”

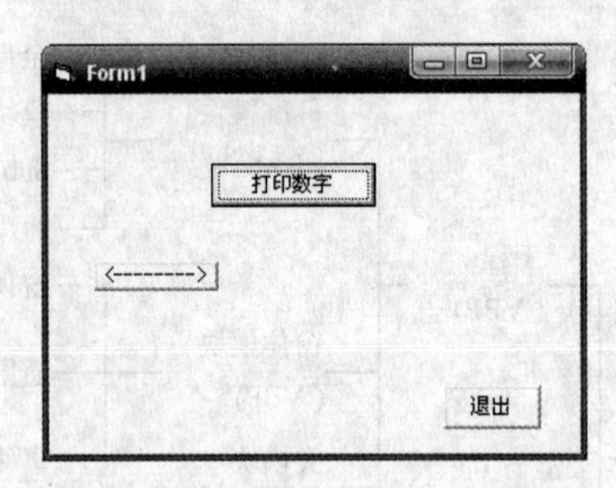

图 13.7 试验 DoEvents 语句

(2) 选择“工程”菜单中的“添加模块”命令，打开标准模块窗口，编写如下程序：

```
Sub main()
    Static bln As Boolean
    Form1.Show
    Do While DoEvents()            '按钮左右来回循环移动
        If bln Then
            If Form1.Command2.Left + Form1.Command2.Width < Form1.ScaleWidth Then
                Form1.Command2.Left = Form1.Command2.Left + 1
            Else
```

```
                bln = False
            End If
        Else
            If Form1.Command2.Left > 0 Then
                Form1.Command2.Left = Form1.Command2.Left - 1
            Else
                bln = True
            End If
        End If
    Loop
End Sub
```

(3) 对 Form1 窗体中的控件编写如下程序：

```
Private Sub Command1_Click()              '在窗体上打印数字
    Static n As Integer
    n = n + 1
    Print n;
End Sub

Private Sub Command3_Click()              '退出程序
    End
End Sub
```

(4) 把 Sub Main 设置为启动对象。

程序运行后，中间的按钮左右不停移动。如果单击“打印数字”按钮，则有事件发生，通过 DoEvents 语句暂停移动，在窗体表面打印数字，然后中间的按钮继续移动；如果单击“退出”按钮，则退出程序。

13.5　回到工作场景

通过 13.2~13.4 节内容的学习，应该掌握了多窗体设计的方法，并能够用来设计程序，此时足以完成手机产品展示程序的设计。下面我们将回到 13.1 节介绍的工作场景中，完成工作任务。

【分析】

本问题重点在于设计多窗体程序，通过窗体的 Show、Hide 方法实现窗体之间的切换；窗体界面的信息通过窗体 Load 语句编程。

【工作过程一】设计封面窗体

在窗体上添加控件，如图 13.8 所示，图中各控件的属性值列于表 13.2 中。

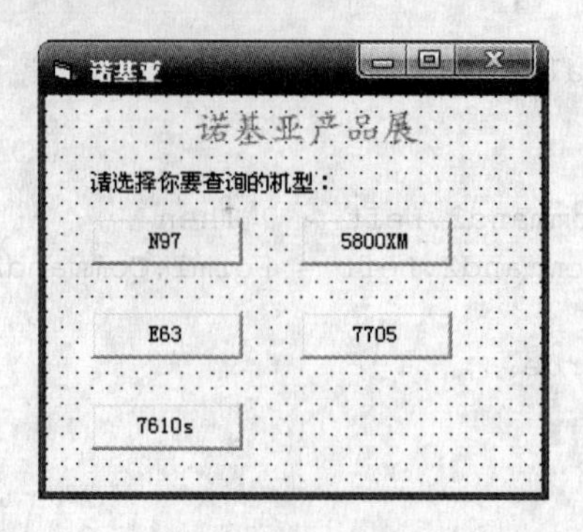

图 13.8　界面

表 13.2　设置属性值

控　件	属　性	值
Form1	Caption	“诺基亚”
Label1	Caption	“诺基亚产品展”
	FontName	“楷体”
Label2	Caption	“请选择要查询的机型”
Command1 ~ Command5	Caption	N97、5800MX、E63.7705.7610S

为 Command1 ~ Command5 这几个按钮控件分别编写如下的程序代码：

```
Private Sub Command1_Click()        '显示 N97 信息
    Form1.Hide
    Form2.Show
End Sub
Private Sub Command2_Click()        '显示 5800MX 信息
    Form1.Hide
    Form3.Show
End Sub
Private Sub Command3_Click()        '显示 E63 信息
    Form1.Hide
    Form4.Show
End Sub
Private Sub Command4_Click()        '显示 7705 信息
    Form1.Hide
    Form5.Show
End Sub
Private Sub Command5_Click()        '显示 7610s 信息
    Form1.Hide
    Form6.Show
End Sub
```

【工作过程二】设计产品信息窗体

在窗体上添加一个标签控件、一个按钮控件和一个图片框控件，如图 13.9 所示，图中各控件的属性值列于表 13.3 中。

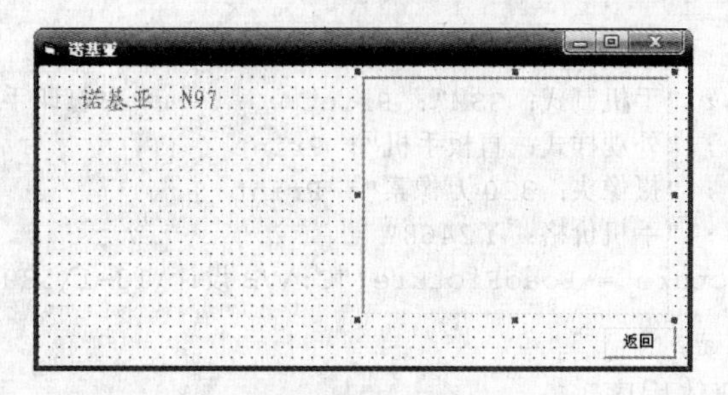

图 13.9　界面

表 13.3　设置属性值

控　件	属　性	值
Form1	Caption	“诺基亚”
Picture1	Autosize	True
Label1	Caption	“诺基亚　N97”
Command1	Caption	“返回”

为此窗体模块编写如下程序：

```
Private Sub Command1_Click()  '返回主窗口
    Me.Hide
    Form1.Show
End Sub
Private Sub Form_Load()
    Show
    Cls
    FontSize = 16
    FontName = "隶书"
    Print: Print: Print
    Print Tab(5); "手机制式：GSM": Print                '打印手机信息
    Print Tab(5); "外观样式：侧滑盖": Print
    Print Tab(5); "摄像头：500 万像素": Print
    Print Tab(5); "手机价格：￥4198"
    Picture1.Picture = LoadPicture("C:\VB 设计\13-1\N97.jpg")  '插入手机图片
End Sub
```

同理可以设计其他 4 个窗体并分别编写程序如下：

(1)　诺基亚 5800XM 窗体程序：

```
Private Sub Command1_Click()    '返回主窗口
    Me.Hide
    Form1.Show
End Sub
Private Sub Form_Load()
    Show
    Cls
    FontSize = 16
    FontName = "隶书"
```

```
    Print: Print: Print
    Print Tab(5); "手机制式：GSM": Print              '打印手机信息
    Print Tab(5); "外观样式：直板手机": Print
    Print Tab(5); "摄像头：320 万像素": Print
    Print Tab(5); "手机价格：￥2468"
     Picture1.Picture = LoadPicture("C:\VB 设计\13-1\5800.jpg") '插入手机图片
End Sub
```

(2) 诺基亚 E63 窗体程序：

```
Private Sub Command1_Click()     '返回主窗口
    Me.Hide
    Form1.Show
End Sub
Private Sub Form_Load()
    Show
    Cls
    FontSize = 16
    FontName = "隶书"
    Print: Print: Print
    Print Tab(5); "手机制式：3G(WCDMA)": Print          '打印手机信息
    Print Tab(5); "外观样式：直板手机": Print
    Print Tab(5); "摄像头：200 万像素": Print
    Print Tab(5); "手机价格：￥1738"
     Picture1.Picture = LoadPicture("C:\VB 设计\13-1\E63.jpg") '插入手机图片
End Sub
```

(3) 诺基亚 7705 窗体程序：

```
Private Sub Command1_Click()     '返回主窗口
    Me.Hide
    Form1.Show
End Sub
Private Sub Form_Load()
    Show
    Cls
    FontSize = 16
    FontName = "隶书"
    Print: Print: Print
    Print Tab(5); "手机制式：3G(CDMA2000 1X EV-DO...": Print  '打印手机信息
    Print Tab(5); "外观样式：旋转": Print
    Print Tab(5); "摄像头：300 万像素": Print
    Print Tab(5); "手机价格：新上市未定"
Picture1.Picture = LoadPicture("C:\VB 设计\13-1\7705.jpg")   '插入手机图片
End Sub
```

(4) 诺基亚 7610s 窗体程序：

```
Private Sub Command1_Click()     '返回主窗口
    Me.Hide
    Form1.Show
```

```
End Sub
Private Sub Form_Load()
    Show
    Cls
    FontSize = 16
    FontName = "隶书"
    Print: Print: Print
    Print Tab(5); "手机制式: GSM": Print              '打印手机信息
    Print Tab(5); "外观样式: 滑盖": Print
    Print Tab(5); "摄像头: 320 万像素": Print
    Print Tab(5); "手机价格: 1288"
Picture1.Picture = LoadPicture("C:\VB 设计\13-1\7610s.jpg")   '插入手机图片
End Sub
```

【工作过程三】运行程序

运行程序，进入程序主界面，单击相应的手机型号，将出现窗体，说明所选型号的信息，单击“返回”按钮，回到主窗体。如图 13.10 所示。

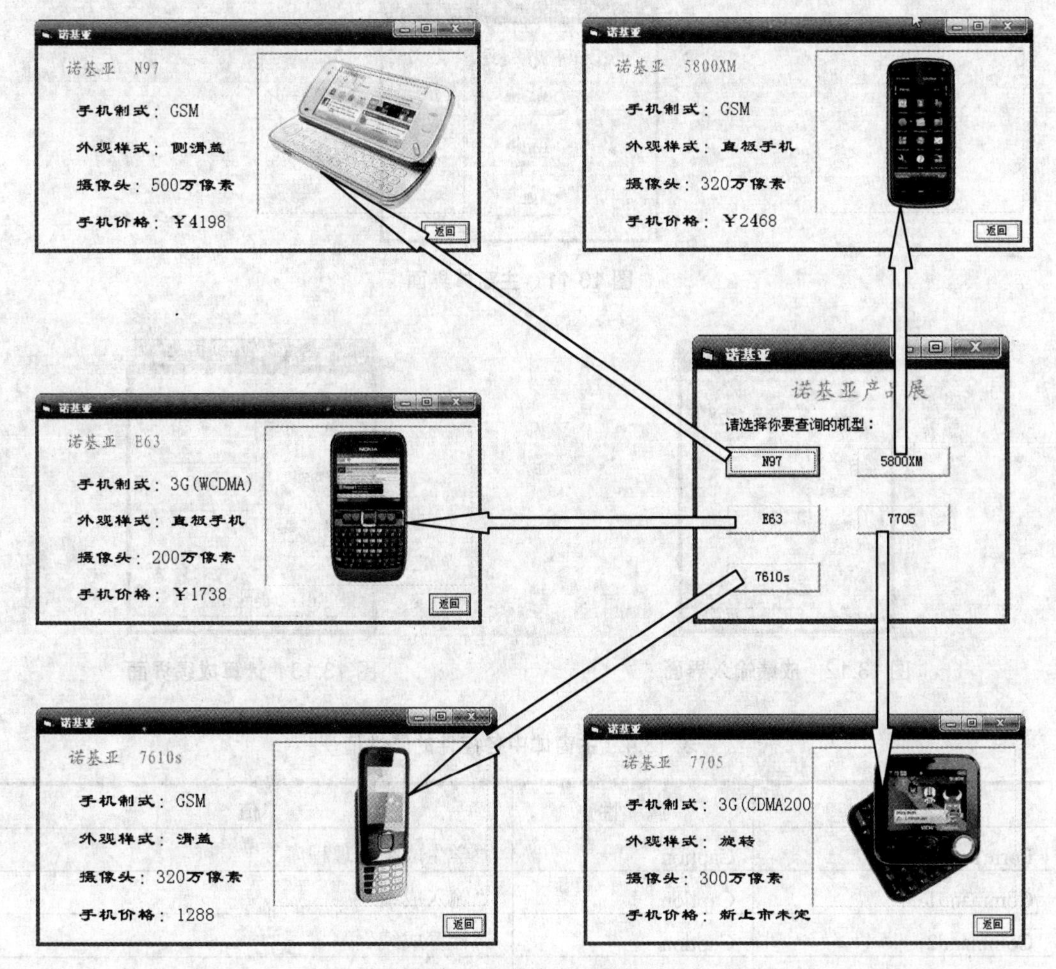

图 13.10　程序运行情况

13.6 工作实训营

训练实例

设计一个简单的学生成绩处理程序，实现学生成绩的输入、计算和评估的功能。

【分析】

本程序需要用到 3 个窗体和一个标准模块文件，这三个窗体分别为主窗体、输入成绩窗体和计算成绩窗体。标准模块用来定义保存学生成绩的全局变量和对学生成绩等级进行评价的全局函数。

【设计步骤】

(1) 创建如图 13.11～13.13 所示窗体界面，控件的属性值分别列于表 13.4、13.5 中。

图 13.11 主窗体界面

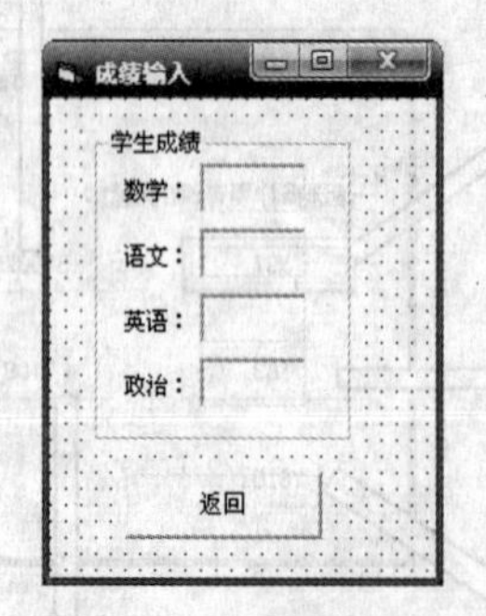

图 13.12 成绩输入界面

图 13.13 计算成绩界面

表 13.4 主窗体中各控件的属性值

控 件	属 性	值
Form1	Caption	“学生成绩处理程序”
Command1	Caption	“输入成绩”
Command2	Caption	“计算成绩”
Label1	Caption	“学生成绩处理”

表 13.5　成绩输入窗体中各控件的属性值

控　件	属　性	值
Form2	Caption	“成绩输入”
Command1	Caption	“返回”
Frame1	Caption	“学生成绩”
Label1	Caption	“数学：”
Label2	Caption	“语文：”
Label3	Caption	“英语：”
Label4	Caption	“政治：”
Text1 ~ Text4	Caption	“”
Form3	Caption	“计算成绩”
Command1	Caption	“返回”
Frame1	Caption	“计算与评价”
Label1	Caption	“总　　分：”
Label2	Caption	“平均成绩：”
Label3	Caption	“等　　级：”
Text1 ~ Text3	Caption	“”

(2) 编写代码。

在标准模块中编写如下代码：

```
Option Explicit
Public shuxue As Single                          '定义全局变量保存成绩
Public yuwen As Single
Public yingyu As Single
Public zhenzhi As Single
Public Function scorelevel(x As Single) As String
   Select Case x                                 '判断成绩等级通用函数
      Case Is >= 90
         scorelevel = "优秀"
      Case Is >= 80
         scorelevel = "良好"
      Case Is >= 70
         scorelevel = "中等"
      Case Is >= 60
         scorelevel = "及格"
      Case Else
         scorelevel = "不及格"
      End Select
End Function
```

在主窗体的代码窗口中编写如下程序代码：

```
Private Sub Command1_Click()                     '输入成绩
   Unload Me
```

```
    Form2.Show
End Sub
Private Sub Command2_Click()
    Unload Me
    Form3.Show
End Sub
Private Sub Command3_Click()                    '退出程序
    End
End Sub
```

在“成绩输入”窗体的代码窗口中编写如下代码：

```
Private Sub Command1_Click()
    shuxue = Text1.Text                         '保存成绩到全局变量
    yuwen = Text2.Text
    yingyu = Text3.Text
    zhenzhi = Text4.Text
    Unload Me
    Form1.Show                                  '返回主窗体
End Sub
```

在“计算成绩”窗体中编写如下代码：

```
Private Sub Command1_Click()                    '返回主窗体
    Unload Me
    Form1.Show
End Sub
Private Sub Form_Load()
    Text1.Text = shuxue + yuwen + yingyu + zhenzhi      '计算总分
    Text2.Text = Text1.Text / 4                          '计算平均分
    Text3.Text = scorelevel(Val(Text2.Text))             '等级
End Sub
```

13.7 习　题

1. 选择题

(1) 将窗体加载到内存的方法是________。

A. Load　　　B. Unload

C. Show　　　D. Hide

(2) 隐藏窗体的方法是________。

A. Load　　　B. Unload

C. Show　　　D. Hide

2. 填空题

(1) 可以在窗体模块的通用声明段中声明________________。

(2) 若要显示名为 frm1 的窗体，所用方法是____________________。

(3) 窗体从加载到显示时，将会发生一系列的事件，最先发生的事件是________。

(4) 当前窗体上有一个按钮，单击该按钮后要把名为 myfrm1 的窗体显示出来，并且系统只能响应该窗体的操作，在 Command1_Click 事件中应输入的代码为______________。

(5) Sub Main 函数可以在_____________模块中定义。

(6) 要把名为 Frm1 的窗体装入内存，使用的语句为____________；要清除名为 Frm1 的窗体，使用的语句为____________。

(7) 为了显示名为 Frm1 的窗体，使用的语句为___________；为了隐藏一个名为 Frm1 的窗体，使用的语句为_____________。

(8) Visual Basic 应用程序中标准模块文件的扩展名为__________。

(9) 假定建立了一个工程，该工程包括两个窗体，其名称(Name 属性)分别为 Form1 和 Form2，启动窗体为 Form1。在 Form1 上画一个命令按钮 Command1，程序运行后，要求当单击该命令按钮时，Form1 窗体消失，显示窗体 Form2，请在空格处将程序补充完整：

```
Private Sub Command1_Click()
    _____ Form1
    Form2._______
End Sub
```

3. 编程题

设计一个“百战奇略”程序，该程序由 6 个窗体构成，其中一个窗体为封面窗体，一个窗体为列表窗体，其余 4 个窗体分别用来显示 4 战的内容。程序运行后，先显示封面窗体，接着显示列表窗体，在该窗体中列出所要显示的战法目录，双击某个目录之后，在另一个窗体的文本框中显示相应的战法内容，各战法用一个窗体显示。

要显示的 4 种战法如下。

① 计战：凡用兵之道，以计为首。为战之时，先料将之贤愚，敌之强弱，兵之众寡，地之险易，粮之虚实。

② 谋战：凡敌始有谋，我从而攻之，使彼计衰而屈服。法曰：上兵伐谋。

③ 间战：凡欲征伐，先用间谍占敌之众寡虚实动静，然后兴师，则大功可成，战无不胜。法曰：无所不用间也。

④ 选战：凡与敌战，须先选择勇将锐卒，使为先锋，一则壮我志，二则挫敌威。法曰：无先锋者北。

第 14 章

文 件 处 理

- 文件的结构。
- 顺序文件、随机文件和二进制文件的操作。
- 文件控件和文件处理函数的使用。
- 文件系统对象的编程。

技能目标

- 掌握顺序文件、随机文件和二进制文件的操作方法。
- 了解文件的结构、文件控件、文件处理函数及文件系统对象的编程方法。

14.1 工作场景导入

【工作场景】

学校为了对学生的信息进行有效的管理，需要编写一个小型学生信息管理系统，系统包括如下功能：添加功能、修改功能、保存功能、查找功能和删除功能，显示学生信息功能。系统中要求建立一个学生记录随机文件，每个记录包括学号、姓名、数学、英语和语文成绩，将其存入随机文件，数据通过键盘输入。程序设计界面如图 14.1 所示。

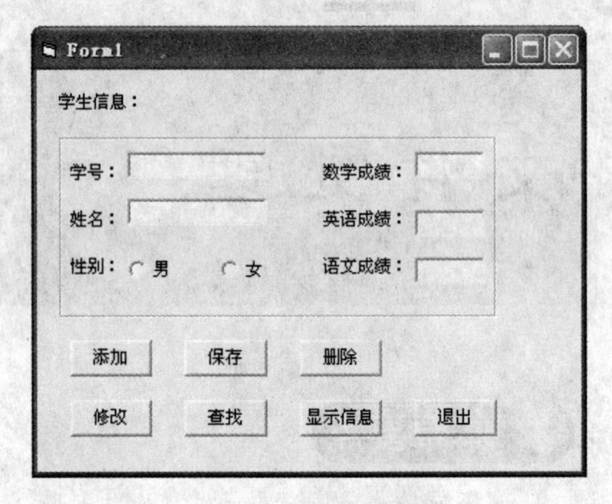

图 14.1 程序界面

【引导问题】

(1) 如何编写程序实现数据的保存和添加？

(2) 如何编写程序实现数据的读取？

(3) 如何在程序中运用多窗体模块？

14.2 文件的结构及种类

所谓文件，是指存放在外部存储介质上的数据或程序等信息的集合。例如用 Word 或 Excel 编辑制作的文档或表格就是一个文件，把它存放在磁盘上就是一个磁盘文件，输出到打印机上就是一个打印机文件。广义上讲，任何输入输出设备都是文件。计算机以这些设备为对象进行输入输出，对这些设备统一按“文件”进行处理。

14.2.1 文件结构

为了有效地存取数据，数据必须以某种特定的方式存放，这种特定的方式称为文件结构。在 Visual Basic 系统中，文件由记录组成，记录由字段组成，字段由字符组成。

在 Visual Basic 系统中把文件分为 3 类，即顺序文件、随机文件和二进制文件：

- 顺序型文件结构比较简单，文件中的记录一个接一个地存放。在这种文件中，只知道第一个记录的存放位置，其他的记录的位置无从知道。
- 随机型文件由相同长度的记录集合组成，适用于读写有固定长度记录结构的文本文件或二进制文件。
- 二进制文件适用于读写任意有结构的文件，用来存储所希望的任何类型的数据。

14.2.2　文件的访问类型

在 Visual Basic 系统中有 3 种文件访问类型，即顺序访问、随机访问和二进制访问。

- 顺序访问适用于普通的文本文件。文件中的每一个字符代表一个文本字符或者文件格式符(如回车、换行符等)。文件中的数据以 ASCII 码方式存储。当要查找某个数据时，从文件头开始，一个记录一个记录地顺序读取，直至找到要查找的记录为止。
- 随机访问的文件适用于有固定记录长度的文本文件，或者二进制文件。例如，可以使用用户自定义的类型来创建由字段组成的记录，每个字段可以有不同的数据类型。以随机方式访问的数据将被作为二进制信息存储。此外，每个记录都有个记录号，在写入数据时，就可以把数据直接存入指定位置；在读数据时，只要给出记录号，就能直接读取该记录。
- 二进制访问的文件适用于读写任意结构的文件。它没有对数据类型和记录长度的设定，为了能正确地检索，必须知道数据是如何写入的，以便正确地读写它们。在二进制访问模式中，不能随意定位读取数据。二进制访问的文件中的数据是顺序地、成块地被读取的。

14.3　顺序文件的操作

文件的操作主要包括打开、关闭和写入 3 方面，本节主要讲解顺序文件的操作。

14.3.1　打开顺序文件

打开文件使用 Open 语句，其语法格式为：

```
Open 文件名 For 方式 As [#]文件号
```

其中“文件名”为字符串类型，指定文件的路径及文件名，如果文件处于当前驱动器的当前文件夹下，可以只写文件名。

“方式”决定文件的打开方式，有 Input、Output 和 Append 这 3 种方式。打开方式不同，对文件的操作模式也不同，详见表 14.1。

表 14.1 文件的打开方式

关键字	描 述
Input	从文件读入数据，如果文件不存在，则会出错
Output	把数据写入文件中，如果文件不存在，则创建新文件；如果文件存在，覆盖文件中原有的内容
Append	追加数据到文件的末尾，不覆盖文件原来的内容；如果文件不存在，则创建新文件

“文件号”是代表被打开文件的文件号，它应该是 1~511 之间的整数，文件前面的#可有可无。Visual Basic 要求为每个打开的文件赋一个唯一的文件号。打开文件之后，读文件的操作均要通过文件号来代替文件，一个被占用的文件号不能再用来打开其他的文件。文件号不要求连续，也不要求第一个打开的文件的文件号必须为 1。

14.3.2 关闭文件

对文件操作完毕后，都应该及时关闭它来释放占用的系统资源，关闭顺序文件的语法结构如下：

```
Close [[#]文件号 1, [#]文件号 2, ...]
```

这里“文件号 n”是已经打开的文件号。Close 命令可以关闭任何一种以 Open 方式打开的文件。Close 语句一次可以关闭多个文件，如果 Close 后面没有参数，则关闭所有通过 Open 语句打开的文件。例如下面的语句：

```
Open "C:\myfirst.txt" For Output As #1      '打开文件
Open "C:\second.txt" For Output As #2       '打开文件
...
Close #1                                    '关闭文件
Close                                       '关闭文件
```

注意：文件被关闭后，它所占用的文件号被释放，可供以后的 Open 语句使用。

14.3.3 相关函数

下面这些与文件操作相关的函数无论哪种文件类型均常用到。

(1) Seek 函数：

```
Seek(文件号)
```

功能：返回“文件号”指定文件的当前的读写位置，返回值为长整型。对于随机文件，这个值表示记录号；对于顺序文件和二进制文件，这个值表示从文件开头算起以字节为单位的位置。如果程序中下一条读写操作语句没有提供读写位置参数，默认地就会从这个位置开始进行读写。

(2) Seek 语句：

```
Seek [#]文件号, 位置
```

功能：将“文件号”所代表文件的下一次读写位置设置在“位置”参数指定处。随机文件的单位是记录；顺序文件和二进制文件的单位是字节。如果指定的位置超出文件长度，会使文件变大。

(3) LOF 函数：

```
LOF(文件号)
```

功能：返回用 Open 语句打开的文件的长度，该大小以字节为单位。

(4) Loc 函数：

```
Loc(文件号)
```

功能：返回一个在已打开的文件中指定的当前读/写位置。具体情况如下：对于随机文件，返回最近被访问的记录号；对于顺序文件，返回该文件被打开以用来读或写的字节数除以 128 后的值；对于二进制文件，返回上一次读出或写入的字节位置。

(5) EOF 函数：

```
EOF(文件号)
```

功能：判断是否到文件结尾。如果是，则返回 True；否则返回 False。有的文件操作语句或函数在执行时，如果超出文件末尾，会导致出错。应该在使用前利用本函数进行检测。

(6) Filelen 函数：

```
Filelen(文件名)
```

功能：返回以“文件名”指定的文件的长度(以字节为单位)。文件不要求打开，如果文件已打开，则返回的是打开前的文件长度。

(7) FreeFile 函数：

```
FreeFile[(文件号范围)]
```

功能：得到一个在程序中没有使用的文件号。当打开的文件较多时，这个函数很有用。特别是当在通用过程中使用文件时，用这个函数可以避免使用其他在 Sub 或 Function 过程中正使用的文件号。利用这个函数，可以把未使用的文件号赋给一个变量，用这个变量做文件号，不必知道具体的文件号是多少。

14.3.4 读顺序文件

要从顺序文件中读入数据到变量中以供后续处理，必须以 Input 方式打开顺序文件。顺序文件的读操作分 3 步进行，即打开文件、读数据文件和关闭文件。其中打开文件和关闭文件前面已经介绍，读数据的操作可以使用以下的语句。

1. Input #语句

该语句格式如下：

```
Input #文件号, 变量表
```

功能：从一个顺序文件中读出数据项，并把这些数据项赋给程序变量。

编程者应该保证变量的类型与文件中相应数据项的类型一致。如果不一致，VB 系统会做一些默认的转换，无法转换时产生“类型不匹配”错误，此语句读入数据项不受回车换行符的影响。例如：

```
Input #1,A,B,C
```

上面的语句从文件 1 中读出三个数据分别赋给 A、B、C 三个变量。

2. Line Input #语句

该语句格式如下：

```
Line Input #filenumber, varname
```

功能：使用 Line Input 语句一次可以把 “文件号”所代表文件中的一整行数据作为一个字符串读入，赋予指定的字符串变量。这个语句把一行中所有界定符、分隔符都当成字符串的组成部分。读入的内容中不包含行末的回车符和换行符。

14.3.5　写顺序文件

写顺序文件之前，必须使用 Output 或 Append 关键字打开文件，可以使用下列语句把变量、常量、属性或表达式的值写入顺序文件。

1. Print #语句

该语句的语法格式为：

```
Print #文件号, 一个或多个参数
```

Print #语句与窗体的 Print 方法很类似。多个参数可以使用逗号分隔也可以使用分号分隔。用逗号分隔时，写入文件中的数据项之间有较多的空格分隔；用分号分隔时，写入文件中的数据项只间隔最多一个空格。如果此语句以一个逗号或分号结尾，则下一条写文件语句的输出不另起行，否则换行。

如果要在两个输出项之间加入 n 个空格，可以使用 Spc(n)函数；如果要把一个输出项输出到指定的第 n 列上，可以使用 Tab(n)函数。Spc 和 Tab 函数的具体用法参考前面章节中的介绍。

> 注意：使用 Tab 函数时应注意，如果当前行第 n 列上已有输出项，会输出到下一行指定列上。

2. Write #语句

该语句的语法格式为：

```
Write #文件号, 一个或多个参数
```

用 Write 语句与 Print 语句的语法格式完全相同，但是输出到文件中的结果不一样，主要表现在：Write 输出到文件中的各数据项之间用逗号分隔；Write 输出参数如果是字符类型，则文件中对应的输出项被加以引号，如果是日期时间类型、逻辑类型参数所对应的输出项两边加上#号，Print 方法输出都没有附加引号或#号。

14.3.6　读写顺序文件练习

下面的两个事件过程分别完成对顺序文件的写和读的操作：

```
Private Sub Form_Click()
   Open "c:\mydocment.txt" For Output As #1      '以 Output 方式打开顺序文件
   Print #1, "welcome", 123; Date; True
   Write #1, "welcome", 123; Date; True
   Close #1
End Sub

Private Sub Form_DblClick()                              '读出数据
   Open "c:\mydocment.txt" For Input As #1
   Do While Not EOF(1)
      Input #1, val1
      Print val1
   Loop
   Close
End Sub
```

运行以上程序，单击窗体，将在 C 盘目录下建立 mydocment.txt 文件，内容如图 14.2 所示；双击窗体，将在窗体上打印出数据，如图 14.3 所示。

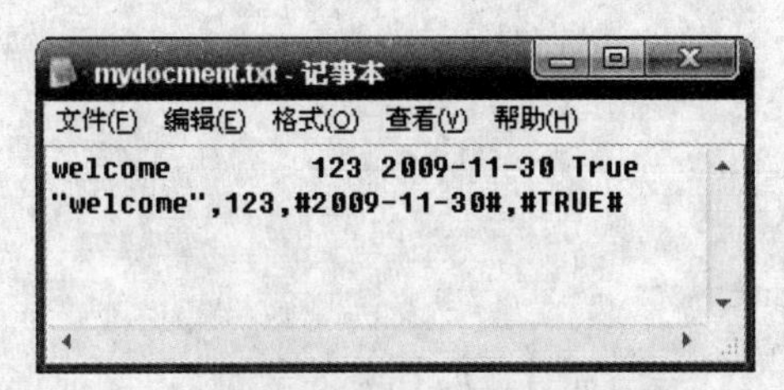

图 14.2　mydocment.txt 文件内容

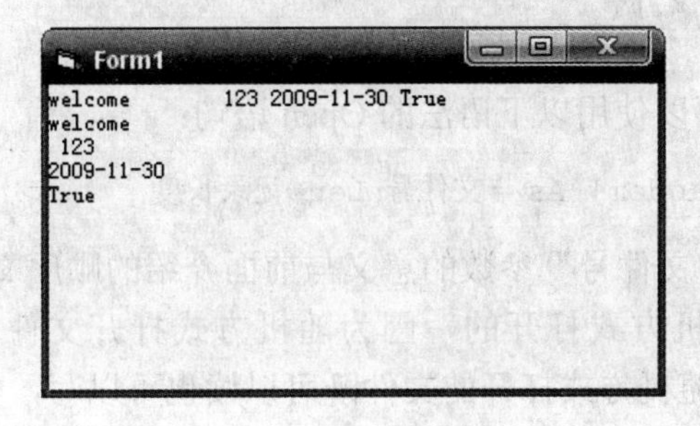

图 14.3　双击窗体事件效果

注意： Input 语句在读入数据时是按文件中的分隔符来区分数据的，一般应该用 Input 语句读取 Write 语句写入的数据，如果用 Input 语句读 Print 写入的数据，可能出现不可预料的结果。

14.4 随机文件的操作

随机文件可以看成是由相同长度的记录集合组成的文件，并按记录进行访问。由于每个记录长度是固定的，查找时可不通过前面的记录而直接查找要访问的记录，所以能够直接快速访问文件中的任意一条记录。随机文件中的每个记录可以具有多个字段，对应于用户自定义类型。在随机文件中的每个记录都有一个记录号，只要指出记录号，就可以对该记录进行读写。如果随机文件太大，通常还会建立一个附加的索引文件。

14.4.1 变量的声明

1. 定义记录类型

如记录由多个字段组成，则须在标准模块中定义一个类型。

例如：

```
Type Student
   Name As String * 8
   Student_Id As Integer
End Type
```

2. 声明变量

例如：

```
Public wj As Student
```

14.4.2 打开随机文件

要打开随机文件，可以使用以下语法的 Open 语句：

```
Open 文件名 [For Random] As #文件号 Len=记录长度
```

其中“文件名”、“文件号”参数的意义与前面介绍的顺序文件相同；“For Random”关键字指定文件是以随机方式打开的，因为随机方式打开文件是默认方式，所以“For Random”可以省略，以随机方式打开的文件既可以读也可以写，如果文件不存在，则创建文件；“记录长度”指定读写操作时一条记录的长度(以字节为单位)，可以使用 Len 函数计算一个变量(尤其是自定义变量)所占的存储空间的大小。

14.4.3　读写随机文件

随机文件的读操作语法格式如下：

```
Get [#]文件号, [记录号], 变量名
```

其中“文件号”参数指定要读取的随机文件；“记录号”指定要读入随机文件中的第几条记录，如果省略此参数，则为上一次读写记录的下一条记录，如果尚未读写，则为第一条记录；“变量名”确定读入的数据存入哪个变量中，此变量的类型应与写文件时使用的变量类型一致，否则读出的数据可能没有意义。

随机文件的写操作的语法格式为：

```
Put [#]文件号, [记录号], 表达式
```

其中“文件号”是已打开的随机文件的文件号；“记录号”指定数据将写在文件中的第几个记录上，如果省略，则写在上一次读写记录的下一条记录上，如果尚未读写，则为第一条记录；“表达式”是指要写入文件的数据来源。

在写操作时，如果该记录上原本有数据，会被新的内容覆盖，其他记录的内容不会受到影响。

对于随机文件，读写操作时可以指定记录号，并且记录号不要求连续也不要求递增，这就是称为“随机”的原因。

对于随机文件，应使用 Put 语句来写，Get 语句来读。与顺序文件不同的是，随机文件中的记录之间不换行也无特殊分隔符。以 For Random 方式打开的文件既可以读也可以写，并且读写操作不受当前文件中的记录数的限制。

14.4.4　关闭随机文件

关闭随机文件的语法格式如下：

```
Close [文件号]
```

其中，可选的“文件号”参数为一个或多个带#的文件号，若省略该参数，将关闭 Open 语句打开的所有活动文件。

14.4.5　编辑随机文件

如要编辑随机文件，先把记录从文件读到程序变量，然后改变各变量的值，最后，把变量写回该文件。使用 Get 语句把记录复制到变量。使用 Put 语句把记录添加或者替换到随机文件。使用 Put 语句指定要替换的记录位置。

要向随机文件的尾端添加新记录，可使用 Put 语句。把记录号的值设置为文件中的记录数加 1。

通过清除其字段可删除一个记录，但是该记录仍在文件中存在。最好把余下的记录拷

贝到一个新文件，然后删除旧文件。操作要用到文件处理函数。

要清除随机文件中删除的记录，可按以下步骤执行。

(1) 创建一个新文件。

(2) 把所有有用的记录从原文件复制到新文件。

(3) 关闭原文件并用 Kill 语句删除它。

(4) 使用 Name 语句把新文件以原文件的名字重新命名。

14.4.6 读写随机文件练习

下面的程序使用自定义数据类型对随机文件进行读写：

```
Option Base 1
Private Type student                        '定义自定义变量
   strname As String * 8
   blnsex As Boolean
   birth As Date
   marks(2) As Integer
End Type
Private Sub Command1_Click()
   Dim stu(2) As student                    '声明自定义类型的数组
   Open "c:\student.txt" For Random As #1 Len = Len(stu(1))
                                          '以随机方式打开文件
   stu(1).strname = "张三"
   stu(1).blnsex = True
   stu(1).birth = #2/1/1979#
   stu(1).marks(1) = 90
   stu(1).marks(2) = 80
   stu(2).strname = "李四"
   stu(2).blnsex = True
   stu(2).birth = #4/5/1985#
   stu(2).marks(1) = 91
   stu(2).marks(2) = 74
   Put #1, 1, stu(1)                        '写入数据
   Put #1, 2, stu(2)
   Close
End Sub
Private Sub Command2_Click()
   Dim str1 As student
   Open "c:\student.txt" For Random As #1 Len = Len(str1)
   Get #1, , str1                           '读出数据在窗体上打印
   Print str1.strname; str1.blnsex; str1.birth; str1.marks(1);
str1.marks(2)
   Get #1, , str1
   Print str1.strname; str1.blnsex; str1.birth; str1.marks(1);
str1.marks(2)
   Close
End Sub
```

运行上面的程序，单击“写”按钮，将在 C 盘目录下创建 student.txt 文件；单击“读”按钮，程序将读数据并在窗体上打印，如图 14.4 所示。

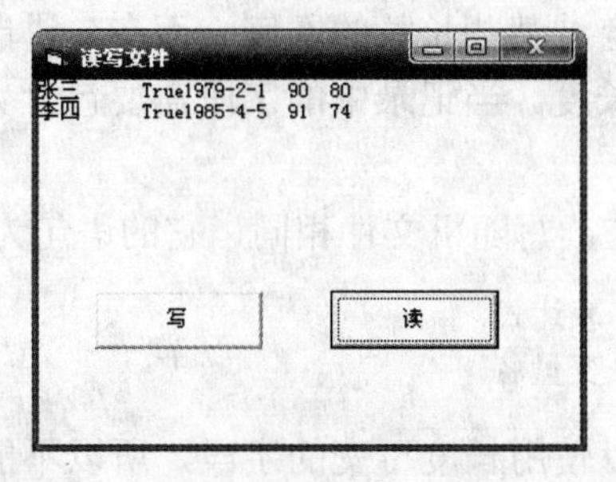

图 14.4　运行结果

14.5　二进制文件的操作

二进制文件与随机文件类似，不同的是：不必限制于固定长度，可以用喜欢的方式来存取文件。二进制访问能提供对文件的完全控制，因为文件中的字节可以代表任何东西，并且可以在文件的任何位置进行读写操作。例如，通过创建长度可变的记录可节省磁盘空间。当要求保存文件的大小尽量小时，应使用二进制型访问。

14.5.1　二进制文件的打开和关闭

使用 For Binary 关键字来打开二进制文件，语法为：

```
Open 文件名 For Binary As [#]文件号
```

以二进制方式打开的文件既可以读也可以写。如果文件不存在，则创建新文件。

二进制文件的关闭与顺序文件、随机文件相同，用 Close 语句来实现，格式如下：

```
Close [文件号]
```

14.5.2　二进制文件的读写

通过使用二进制型访问可使磁盘空间的使用降到最小。因为二进制文件不需要固定长度的字段，类型声明语句可以省略字符串长度参数。例如可以为 student 类型添加一个字段 other 来记录学生的一些其他信息：

```
type student
   name as string * 8
   age as integer
   number as string * 6
   other as string
end type
```

因为 other 字段中内容的长度是不固定的，而且往往相差很多，有的可能没有，而有的可能会很长，如果使用固定长度的 string 类型势必会造成设置字符串长度的矛盾：太长会浪费磁盘空间，而太短又无法容纳某些长长的文字。而在二进制文件中每个记录只占用所需字节，所以不必为字段指定长度。当记录中的字段需要包含大段文字时，使用二进制文件可以节省大量的磁盘空间。

二进制文件的读写使用与读写随机文件相同，它的语句为：

```
Put [#]文件号, [位置], 表达式
Get [#]文件号, [位置], 变量名
```

二进制存取方式由于可以使用长度可变的字段，所以不能随机地访问记录，必须顺序地访问记录以了解每个记录的长度，这是进行二进制输入/输出的主要缺点。但是在这种文件模式下，可以直接查看文件中指定的字节，所以二进制模式也是唯一支持用户到文件的任何位置读写任意长度数据的方法。

为了可以同时使用随机文件和二进制文件的优点，可以使用这样的组合——当字段的长度固定或者长度变化不大时，可以将这些字段存储在随机文件中，而对于长度变化很大的字段，可以保存在二进制文件中，在随机文件的记录中设置一个字段指定它在二进制文件中的位置即可。这样，既可以利用随机文件的方便快捷，又可以大大节省磁盘空间。

14.5.3 读写二进制文件练习

下面的程序演示了如何操作二进制文件：

```
Private Sub Command1_Click()
    Dim int1 As Integer
    Dim sng1 As Single
    Dim dtm1 As Date
    Dim str1 As String * 10
    int1 = 10: sng1 = 1.2
    dtm1 = #1/2/1978#
    str1 = "你好"
    Open "c:\wy.txt" For Binary As #1    '以二进制方式打开文件
    Put #1, , int1                       '写入数据
    Put #1, , sng1
    Put #1, , dtm1
    Put #1, , str1
    Close
End Sub
Private Sub Command2_Click()
    Dim int1 As Integer
    Dim sng1 As Single
    Dim dtm1 As Date
    Dim str1 As String * 10
    Open "c:\wy.txt" For Binary As #1
    Get #1, 3, sng1                      '读出数据
```

```
    Get #1, 7, dtm1
    Get #1, 1, int1
    Get #1, 15, str1
    Print sng1, dtm1, int1, str1
    Close
End Sub
```

运行以上程序，单击“读入”按钮，在 C 盘下生成 wy.txt 文件，单击“读出”按钮，读出数据并在窗体上输出，输出结果如图 14.5 所示。

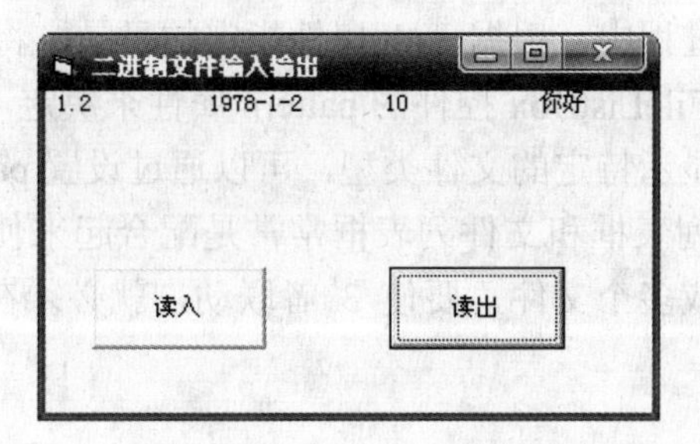

图 14.5　程序的运行结果

14.6　文件控件和文件处理函数

14.6.1　文件控件

Visual Basic 提供的内部控件有 3 个是文件系统控件，它们分别是驱动器列表框、目录列表框和文件列表框，如图 14.6 所示。下面简要介绍 3 个文件控件的含义及功能。

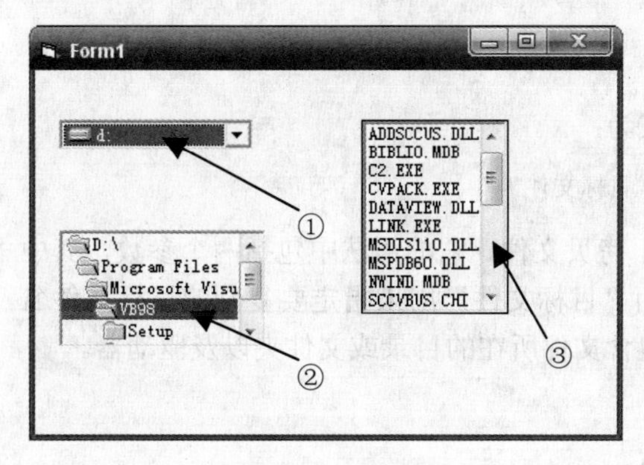

图 14.6　文件控件

1. 驱动器列表框控件(DriveListBox)

驱动器列表框其实是一个下拉式列表框，它自动列出计算机上所有硬盘、软盘、光盘驱动器，甚至网络共享驱动器，并在每个驱动器号前显示不同类型的图标。用户可以根据需要从中选择一个驱动器。与列表框控件不同，程序不能改变驱动器列表框中的条目。

DriveListBox 控件最重要的一个属性就是 Drive 属性，可以在程序的运行阶段通过设置 Drive 属性的值来改变 DriveListBox 控件的默认驱动器。

2. 目录列表框控件(DirListBox)

目录列表框以层次结构显示指定目录中的所有第一级子目录及其所有的父目录。用户可以双击一个目录来指定当前目录。

3. 文件列表框控件(FileListBox)

功能：在程序运行的过程中，根据 path 属性指定的目录，将文件定位并列举出来。

显示的文件的类型由 FileListBox 控件的 pattern 属性来决定，它的默认值为“*.*”，即显示所有的文件，如果要显示特定的文件类型，可以通过设置 pattern 属性来实现。

驱动器列表框、目录列表框和文件列表框常常是配合起来使用的，供用户从计算机的整个文件系统中选择一个或多个文件，要使 3 者联动，就必须在一个控件发生改变之后立即刷新其他控件。

14.6.2 文件处理函数

1. Kill 语句

该语句的语法格式为：

```
Kill 文件名
```

此语句从磁盘上中删除“文件名”所指定的文件。“文件名”中可以使用“*”和“?”作为通配符。如果文件正在打开，则不能删除。例如：

```
Kill "D:\docment\*.exe"
```

2. FileCopy 语句

该语句的语法格式为：

```
FileCopy 源文件，目标文件
```

FileCopy 语句用于拷贝文件。它的语法中包括两个参数，其中“源文件”用来表示要被复制的源文件名，而“目标文件”用来指定要复制的目标文件名。在“源文件”和“目标文件”参数中都要包含文件所在的目录或文件夹以及驱动器。

3. Shell 函数

该语句的语法格式为：

```
Shell(pathname [,windowstyle])
```

其中 pathname 为所要执行的应用程序的名称及其路径；windowstyle 表示在程序运行时窗口的样式。其中 windowstyle 的设置及其说明如下。

- 0：窗口被隐藏，且焦点会移到隐藏式窗口。
- 1：窗口具有焦点，且会还原到它原来的大小和位置。

- 2：窗口会以一个具有焦点的图标来显示。
- 3：窗口是一个具有焦点的最大化窗口。
- 4：窗口会被还原到最近使用的大小和位置，而当前活动的窗口仍然保持活动。
- 6：窗口会以一个图标来显示，当前活动的窗口仍然保持活动。

功能：执行一个可执行文件，同时返回一个 Variant(Double)，如果成功的话，代表这个程序的任务 ID，若不成功，则会返回 0。

4. RmDir 语句

该语句的语法格式为：

```
RmDir path
```

其中参数 path 是一个字符串表达式，用来指定要删除的目录或文件夹。如果在参数 path 中没有指定驱动器，则 RmDir 会在当前驱动器上删除为空的目录或文件夹。

功能：RmDir 语句的功能是删除一个存在的而且为空的目录或文件夹。

5. Name 语句

该语句的语法格式为：

```
Name oldpathname As newpathname
```

其中包括以下两个部分：oldpathname 为字符串表达式，由它来指定已存在的文件名和位置。newpathname 也是字符串表达式，它指定新的文件名和位置。都要包含文件夹以及驱动器。

功能：重新命名一个文件、目录或文件夹。

14.7　文件系统对象编程

14.7.1　文件系统对象编程

文件系统对象(FSO)模型包含在一个称为 Scripting 的类型库中，此类型库位于 Scrrun.dll 文件中。如果还没有引用此文件，可选择“工程”菜单中的“引用”命令，在“引用”对话框中选择 Microsoft Scripting Runtime 项。然后就可以使用“对象浏览器”来查看其对象、集合、属性、方法、事件及其常数。

文件系统对象创建后，如果要创建一个新对象，既可以使用 CreateFolder 方法也可以使用 CreateTextFile 方法(FSO 对象模型不支持创建或删除驱动器)。如果要删除对象，可以使用 FileSystemObject 对象的 DeleteFile 和 DeleteFolder 方法，或者 File 和 Folder 对象的 Delete 方法。使用适当的方法，还可以复制、移动文件和文件夹。

FSO 模型编程包括 3 项主要任务。

(1)　使用 CreateObject 方法，或将一个变量声明为 FileSystemObject 对象类型来创建一个 FileSystemObject 对象。

(2) 新创建的对象使用适当的方法。

(3) 访问该对象的属性。

创建一个 FileSystemObject 对象可以通过如下两种方法来完成。

(1) 将一个变量声明为 FileSystemObject 对象类型：

```
Dim fso As new FileSystemObject
```

(2) 使用 CreateObject 方法来创建一个 FileSystemObject 对象对象类型：

```
Set ofs = createobject(Scripting FileSystemObject)
```

Scripting 是类型库的名称，而 FileSystemObject 则是要创建的实例对象的名字。

14.7.2 访问已有的驱动器、文件和文件夹

要访问一个已有的驱动器、文件或文件夹，可以使用 FileSystemObject 对象中相应的 get 方法——GetDrive、GetFolder、GetFile。例如：

```
Dim fso As New FileSystemObject, fil as file
set fil = fso.getfile("C:\test.txt")
```

并不需要对新创建的对象使用 get 方法，因为 create 函数已经返回了一个句柄到新创建的对象。例如，如果使用 createFolder 方法创建了一个新的文件夹，就没有必要使用 getfolder 方法来访问该对象的名称、路径、大小等属性。只要给 createfolder 函数设置一个变量来获取新建文件夹的句柄，然后就可以访问其属性、方法和事件：

```
Private Sub Create_Folder()
   Dim fso as new FileSystemObject, fldr as folder
   Set fldr = fso.createfolder("C:\mytest")
   Msgbox "created folder:" & fldr.Name
End Sub
```

访问对象的属性一旦有了对象的句柄，就能够访问其属性。例如，假定要获得一个特定文件夹的名称。首先要创建该对象的一个实例，然后通过适当的方法得到其句柄：set fldr = fso.getfolder(“C:\”)。现在有了一个 folder 对象的句柄，可以查看其 name 属性：

```
Debug.Print "Folder name is: "fldr.name
```

如果要找出一个文件的最新修改时间，可以使用如下的语法：

```
Dim fso as new filesystemobject, fil as file
Set fil = fso.getfile("C:\detlog.txt")            '获得要查询的 file 对象
Debug.Print "File last modified:";fil.DateLastModified  '打印信息
```

1. 使用驱动器

如同在 Windows 资源管理器中能进行的交互方式一样，可以在程序中使用 FSO 对象模型来处理驱动器和文件夹，可以复制和移动文件夹、获得驱动器和文件夹的信息等。

Drive 对象允许获得系统的各个驱动器的信息，这些驱动器可以是物理的，也可以是位

于网络上的，通过该对象的属性可以获得下列信息。

(1) 以字节表示的驱动器总空间和以字节表示的驱动器可用空间(AvailableSpace 或 FreeSpace 属性)。

(2) 为驱动器指定的字母号和驱动器类型，诸如可移动的、固定的、网络的、CD_ROM 或者 RAM 盘(DriveType 属性)。

(3) 驱动器序列号(SerialNumber 属性)。

(4) 驱动器使用的文件系统类型，诸如 FAT、FAT32.NTFS 等(FileSystem 属性)。

(5) 驱动器是否可用(IsReady 属性)。

(6) 共享和或卷标的名称(ShareaName 和 VolumeName 属性)。

(7) 驱动器的路径或根文件夹(Path 和 RootFolder 属性)。

2. 使用文件夹

使用文件夹的相关方法如下：

- 创建一个文件夹——FileSystemObject.CreateFolder。
- 删除一个文件夹——Folder.Delete 或 FileSystemObject.DeleteFolder。
- 移动一个文件夹——Folder.move 或 FileSystemObject.MoveFolder。
- 复制一个文件夹——Folder.Copy 或 FileSystemObject.CopyFolder。
- 检索文件夹的名称——Folder.Name。
- 查找一个文件夹是否在驱动器上——FileSystemObject.FolderExists。
- 获得已有 Folder 对象的一个实例——FileSystemObject.GetFolder。
- 找出一个文件夹的父文件夹的名称——FileSystemObject.GetParentFolderName。
- 找出系统文件夹的路径——FileSystemObject.GetSpacialFolder。

3. 使用文件

通过使用新的面向对象的 FSO 对象，如 Copy、Delete、Move 及 OpenAsTextStream 方法，或者使用传统的函数，如 Open、Close、FileCopy、GetAttr 等，可以在 VB 中使用文件。注意，不用考虑其文件类型就可以移动、复制或删除文件。

(1) 用 FileSystemObject 创建文件并添加数据：

```
Dim fso As New FileSystemObject, fil As File
Set fil = fso.CreateTextFile("C:\testfile.txt", True)
```

(2) 添加数据到文件文本。文件一经创建，就可以打开文件以备写入数据，然后写入数据，最后关闭文件。要打开文件，可以使用下面两种方法中的任一种：File 对象的 OpenAsTextStream 方法，或 FileSystemObject 对象的 OpenTextFile 方法。要向打开的文本文件中写入数据，可以使用 TextStream 对象的 Write 或 WriteLine 方法。它们之间的差别是 WriteLine 在指定的字符串末尾添加换行符。如果要向文本文件中加一个空行，应使用 WriteBlankLines 方法。要关闭一个已打开的文件，应使用 TextStream 对象的 Close 方法。

(3) 使用 FileSystemObject 读取文件。要从一个文本文件中读取数据，可使用 TextStream 对象的 Read、ReadLine 或 ReadAll 方法：从一个文件中读取指定数量的字符用 Read，读取一整行用 ReadLine、读取一个文本文件的所有内容用 ReadAll。如果使用 Read 或 ReadLine

方法并且要跳过数据的某些部分，可以使用 Skip 或 SkipLine 方法。这些读取方法产生的文本被存储在一个字符串中，而这个字符串可以在一个控件中显示，也可以被字符串操作符分解、合并等。

(4) 移动、复制和删除文件。针对文件的移动、复制和删除，FSO 对象模型都各自提供了不同的方法。

- 移动——File.Move 或 FileSystemObject.MoveFile。
- 复制——File.Copy 或 FileSystemObject.CopyFile。
- 删除——File.Delete 或 FileSystemObject.DeleteFile。

14.8 回到工作场景

通过 14.2~14.7 节内容的学习，应该掌握了文件的处理方法，并能够运用来设计程序，此时足以完成学生信息处理程序的设计。下面我们将回到 14.1 节介绍的工作场景中，完成工作任务。

【分析】

本问题重点在于文件的处理方法，在标准模块中定义记录类型，Form1 窗体加载后，用 Open 打开一个文件当作数据文件，过程中的操作过程都对打开的文件进行操作，实现信息的添加、修改、保存、查找等功能。

【工作过程一】设计用户界面

工程包括两个窗体模块一个标准模块，第一个窗体(Form1)包含 5 个文本框、7 个标签、2 个单选按钮、7 个命令按钮，如图 14.1 所示；第二个窗体中包含 1 个图片框、一个命令按钮，如图 14.7 所示。

图 14.7 Form2 界面

【工作过程二】编写代码

(1) 在标准模块中编写如下代码定义 student 记录类型：

```
Public Type student
    xh As String * 10
    xm As String * 6
    xb As String * 2
    sx As Single
    yy As Single
    dz As Single
End Type
```

(2) 在 Form1 模块中编写如下代码:

```
Option Explicit
Dim stu1 As student
Dim lastrecord As Integer
Dim recno As Integer
Private Sub Command1_Click()                    '单击“添加”按钮事件
    If Text1.Text <> "" And Text2.Text <> "" And Text3.Text <> "" And _
        Text4.Text <> "" And Text5.Text <> "" Then
        stu1.xh = Text1.Text
        stu1.xm = Text2.Text
        stu1.xb = IIf(Option1.Value, "男", "女")
        stu1.sx = Text3.Text
        stu1.yy = Text4.Text
        stu1.dz = Text5.Text
        lastrecord = lastrecord + 1
        Put #1, lastrecord, stu1
        Text1.Text = ""
        Text2.Text = ""
        Text3.Text = ""
        Text4.Text = ""
        Text5.Text = ""
    Else
        MsgBox "请输入完整的学生信息", , "学生信息不完整"
    End If
    Text1.SetFocus
End Sub
Private Sub Command2_Click()                    '单击“保存”按钮事件
    stu1.xh = Text1.Text
    stu1.xm = Text2.Text
    stu1.xb = IIf(Option1.Value, "男", "女")
    stu1.sx = Text3.Text
    stu1.yy = Text4.Text
    stu1.dz = Text5.Text
    Put #1, lastrecord, stu1
    Command2.Enabled = False
    Command4.Enabled = True
End Sub
Private Sub Command3_Click()                    '单击“删除”按钮的事件
    Dim n As Integer
    Dim i As Integer
```

```
    Open "c:\temp.txt" For Random As #2 Len = Len(stu1)
    lastrecord = LOF(1) / Len(stu1)
    n = InputBox("请输入要删除的记录号，记录号范围在 1-" & Str(lastrecord), "输入
删除号")
    Do While n > lastrecord
        MsgBox ("记录号超出范围，重新输入")
        n = InputBox("请输入要删除的记录号，记录号范围在 1-" & Str(lastrecord), "
输入删除号")
    Loop
    For i = 1 To lastrecord
        If i <> n Then
            Get #1, i, stu1
            Put #2, , stu1
        End If
    Next
    Close
    Kill "c:\record.txt"
    Name "c:\temp.txt" As "c:\record.txt"
    Open "c:\record.txt" For Random As #1 Len = Len(stu1)
End Sub
Private Sub Command4_Click()                '单击“修改”按钮的事件过程
    recno = InputBox("请输入要修改的记录号", "输入记录号")
    Get #1, recno, stu1
    Text1.Text = stu1.xh
    Text2.Text = stu1.xm
    Text3.Text = stu1.sx
    Text4.Text = stu1.yy
    Text5.Text = stu1.dz
    If stu1.xb = "男" Then
        Option1.Value = True
    Else
        Option2.Value = True
    End If
    Command2.Enabled = True
    Command4.Enabled = False
End Sub
Private Sub Command5_Click()              '单击“查找”按钮的事件过程
    Dim i As Integer
    Dim flag As Boolean
    flag = False
    Dim str1 As String
    str1 = InputBox("请输入要查找的姓名", "输入姓名", "aa")
    For i = 1 To lastrecord
        Get #1, i, stu1
        If stu1.xm = str1 Then
            flag = True
            Exit For
        End If
    Next
```

```
    If flag = True And i <= lastrecord Then
        Text1.Text = stu1.xh
        Text2.Text = stu1.xm
        Text3.Text = stu1.sx
        Text4.Text = stu1.yy
        Text5.Text = stu1.dz
        If stu1.xb = "男" Then
            Option1.Value = True
        Else
            Option2.Value = True
        End If
        MsgBox ("记录已经找到")
    Else
        MsgBox ("没有找到姓名为" & str1 & "的记录")
    End If
End Sub
Private Sub Command6_Click()                '单击“显示信息”按钮的事件过程
    Form1.Hide
    Form2.Show
End Sub
Private Sub Command7_Click()                '单击“退出”按钮的事件
    Close
    End
End Sub
Private Sub Form_Load()                    '窗体的加载事件
    Open "c:\record.txt" For Random As #1 Len = Len(stu1)
    lastrecord = LOF(1) / Len(stu1)
End Sub
```

(3)　在 Form2 模块中编写如下程序：

```
Private Sub Command1_Click()
    Form2.Hide
    Form1.Show
End Sub
Private Sub Picture1_Click()
    Dim stu1 As student
    Dim i As Integer
    lastrecord = LOF(1) / Len(stu1)
    Picture1.Cls
    Picture1.Print
    Picture1.Print "学号", "姓名", "性别", "数学", "英语", "语文"
    Picture1.Print "---------------------------------------------"
    For i = 1 To lastrecord
        Get #1, i, stu1
        Picture1.Print stu1.xh, stu1.xm, stu1.xb, stu1.sx, stu1.yy, stu1.dz
    Next
End Sub
```

【工作过程三】运行程序并保存

(1) 运行程序，进入程序主界面 Form1 窗体，按要求输入信息——“学号：1000；姓名：刘玲；性别：男；数学成绩：99；英语成绩：98；语文成绩：96”。输入后的窗体界面如图 14.8 所示。单击“添加”按钮，输入信息——“学号：1001；姓名：李刚；性别：男；数学成绩：91；英语成绩：23；语文成绩：95”。然后单击“显示信息”按钮，运行 Form2 窗体，如图 14.9 所示为 Form2 窗体的运行界面。

(2) 保存工程文件和窗体文件。

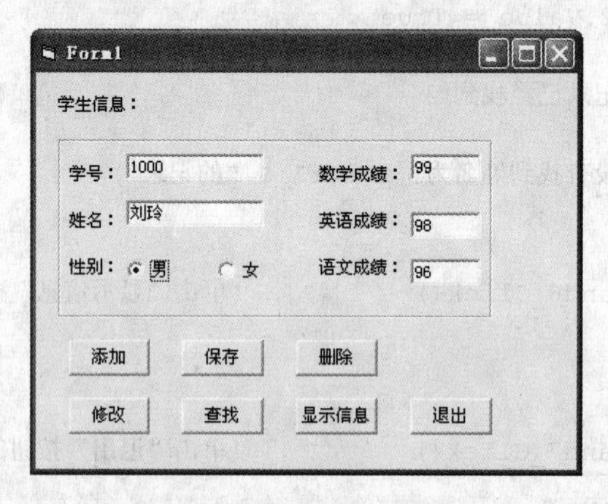

图 14.8 Form1 窗体界面

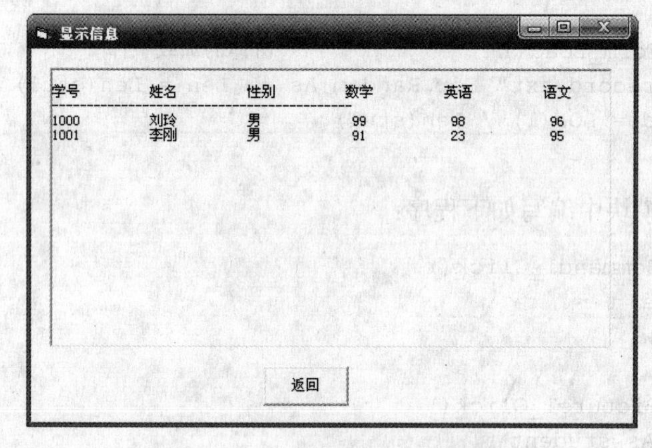

图 14.9 Form2 窗体的运行界面

14.9 工作实训营

训练实例

设计一个程序，程序界面如图 14.10 所示。程序允许用户从任何一个驱动器的任何一个目录中查找一个可执行文件并运行。文本框中显示用户选择的可执行文件的完整路径和文件名，单击“运行”按钮可执行选择的文件。

【分析】

本程序主要使用 3 个文件系统控件，并通过 Shell 函数运行选定的可执行文件。

【设计步骤】

(1) 创建如图 14.10 所示窗体界面，窗体中各控件的属性值如表 14.2 所示。

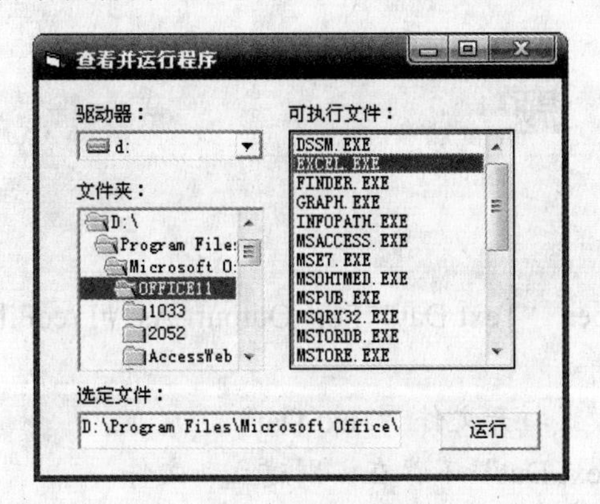

图 14.10　程序界面

表 14.2　各控件的属性值

控　件	属　性	值
Form1	Caption	“查看并运行程序”
Command1	Caption	“运行”
Label1	Caption	“驱动器：”
Label2	Caption	“可执行文件：”
Label3	Caption	“文件夹：”
Label3	Caption	“选定文件：”
Text1	Caption	“”

(2) 为窗体模块编写如下代码：

```
Private Sub Command1_Click()          '运行选定文件
   Dim int1 As Integer
   int1 = Shell(Text1.Text, vbNormalFocus)
End Sub
Private Sub Dir1_Change()             '配合使用 3 个文件系统控件
   File1.Path = Dir1.Path
End Sub
Private Sub Drive1_Change()
   Dir1.Path = Drive1.Drive
End Sub
Private Sub File1_Click()
   If Right(File1.Path, 1) <> "\" Then
      Text1.Text = File1.Path & "\" & File1.FileName
   Else
```

```
        Text1.Text = File1.Path & File1.FileName
    End If
End Sub
Private Sub Form_Load()
    File1.Pattern = "*.exe;*.bat"
End Sub
```

14.10 习 题

1. 选择题

(1) 下面对语句 Open “Text.Dat” For Output As #FreeFile 功能说明中错误的是________。

A. 以顺序输出模式打开文件 “Text.Dat”

B. 如果文件 “Text.Dat” 不存在，则建立新文件

C. 如果文件 “Text.Dat” 已经存在，则打开该文件，新写入的数据将添加到该文件尾

D. 如果文件 “Text.Dat” 已经存在，则打开该文件，新写入的数据将覆盖原文件

(2) 以下方式打开的文件只能读不能写的是________。

A. Input　　B. Output

C. Random　　D. Append

(3) 读随机文件中的记录信息时，应使用下面的________语句。

A. Read　　B. Get

C. Input　　D. Line Input

(4) 下面不是写文件语句的是________。

A. Put　　B. Print

C. Write　　D. Output

2. 填空题

(1) 用 Open 语句打开数据文件时，其 Mode 参数可设为________________、________________或________________。

(2) 要关闭所有已打开的文件，可以使用的语句为________________。

(3) 为了获得当前还没有使用的文件号，可以使用________________函数。

(4) 若要在 8 号通道上建立顺序文件 “C:\dir1\file2.dat”，则使用的语句应当为________________。

(5) 假设随机文件 “C:\dir1\file3.dat” 的每条记录占用 100 个字节的存储空间，则在 5 号通道上打开该随机文件使用的语句为________________。

3. 编程题

(1) 在 A:盘的根目录下有一个文件 test.txt，文件中只有一个正整数。编程建立窗体界

面，当单击按钮 Command1 时，从文件中读入那个正整数，显示在文本框中，并计算该数的阶乘值，结果显示在文本框 2 中。然后把这个阶乘结果写入 A:盘根目录下的一个新文件 testout.txt 中。如果文件 test.txt 中的数大于 12，显示一个“数据太大不能计算”的消息框并关闭程序。程序运行界面如图 14.11 所示。

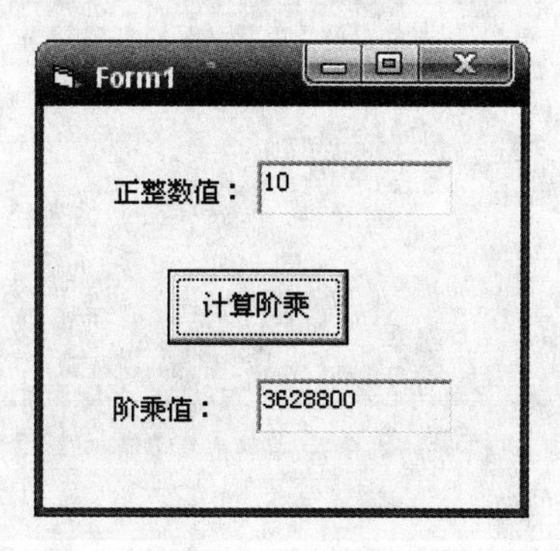

图 14.11　界面

(2) 编写程序，建立一个保存计算机考试成绩的文件，数据项包括学号、姓名、计算机文化基础成绩、VB 成绩等，并能按学号或姓名检索成绩。

第 15 章

多媒体应用开发

- 多媒体的基本知识。
- 动画的运用。
- 音频处理的方法。
- 视频处理的方法。

技能目标

- 掌握动画程序的编写。
- 了解音频、视频的处理方法。
- 掌握 MMControl 控件的使用方法。

15.1 工作场景导入

【工作场景】

制作一个外观如图 15.1 所示的 CD 播放器，要求单击“打开”按钮时可以打开 CD 媒体设备；单击“暂停”按钮则停止播放，并关闭媒体设备。“CD 曲目”中列举了 CD 中的曲目；“曲目总数”中说明了此 CD 光盘中的曲目总数和总播放时间；“当前曲目”说明了当前播放的曲目名称及此曲目的播放时间。

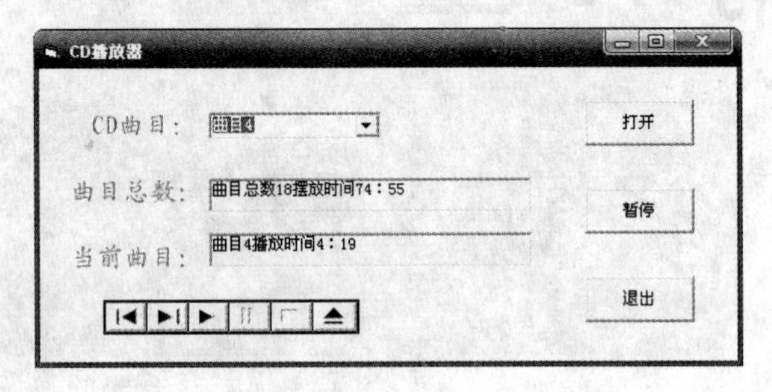

图 15.1 CD 播放器界面

【引导问题】

(1) 如何编写程序实现 CD 的播放？

(2) 如何使用 MMControl 控件？

(3) 如何编写整个过程的程序？

15.2 多媒体基本知识

15.2.1 多媒体概述

多媒体已成为人类信息交流、文化传播的重要组成部分，多媒体计算机系统可以让用户以交互的方式将传统的文本、图片、音频、动画、视频等媒体加工处理后，以单独或合成的形式展示在用户面前。多媒体技术让计算机能综合处理视频、图像、文字、声音、动画等多种媒体信息，使它们集成为一个系统并具有良好的交互性。通过多种媒体的获取、交换、传递和再现信息，使计算机能较好地再现自然界，开拓了诱人的应用前景，极大地改变人们的工作和生活方式。

关于多媒体的定义有很多种。这里列举 3 种。第一种定义是：文字是一种媒体，声音是一种媒体，图像也是一种媒体，通常把这些称为单媒体；而多媒体是指同时使用文字、声音、图像等多媒体表达信息的一种传播媒体。第二种是把多媒体定义为一种技术，例如，多媒体是“一种能够让用户以交互方式将文本、图像、图形、音频、动画、视频等信息经过计算机内软硬件的获取、操作、编辑、存储等处理后，以单独或合成的形态表现出来的技术及方法”。第 3 种则把多媒体定义为一种具有生产、处理、显示并存储多种媒体功能的系统，例如，“一个多媒体系统的特征就在于它是受计算机控制的系统，在这个系统中集成了信息生产、处理、显示、存储和通信等诸多功能，系统中的信息至少由一个连续媒体和一个离散媒体经编码而成。”

15.2.2　MCI 简介

多媒体控制接口(Media Control Interface，MCI)是 Microsoft 公司为实现 Windows 系统下设备无关性而提供的媒体控制接口标准。利用 MCI，多媒体应用程序可以控制各种各样的多媒体设备和文件。对于标准多媒体设备，安装相应的 Windows 的 MCI Driver 后，Windows 即可对该设备进行操作和访问。对于非标准的多媒体设备，只要有厂家提供所配的 MCI Driver 也一样可以操作。由于 MCI 的设备无关性，程序员在多媒体应用系统的开发中，无需了解每种产品的细节，就能开发出通用的多媒体应用系统。

MCI 接口包括 CDAudio(激光唱机)、Scanner(图像扫描仪)、VCR(磁带录像机)、Videodisc(激光视盘机)、DAT(数字化磁带音频播放机)、DigitalVideo(窗口中的数字视频)、Overlay(窗口中的模拟视频叠加设备)、MMMovie(多媒体影片演播器)、Sequencer (MIDI 音序设备)、WaveAudio(波形音频设备)、Other(未定义的 MCI 设备)等多媒体产品。

MCI 可以分为简单设备和复合设备两种。简单设备是一种使用时不必指定相关媒体文件的设备，例如用 CD-ROM 播放音频光盘时系统打开的就是简单设备。而复合设备是一种播放特定媒体文件(称为设备元素)的设备，例如 MIDI 音序器、MPEG 文件解压播放等。如果你想使用这一类复合设备，必须提供相应的 MIDI 或 MPEG 文件名。

设计多媒体程序时，很多工作都是对多种媒体设备的控制和使用，在 Windows 系统中，对多媒体设备进行控制主要有 3 种方法：

- 使用微软公司窗口系统中对多媒体支持的 MCI，即媒体控制接口，MCI 是多媒体设备和多媒体应用软件之间进行设备无关沟通的桥梁。
- 通过调用 Windows 的多媒体相关 API(应用编程接口)函数实现多媒体控制。
- 使用 OLE(Object Linking & Embedding)，即对象链接与嵌入技术，它为不同软件之间共享数据和资源提供了有力的手段。

在 VB 中还可以引用其他公司的控件来解决多媒体编程问题。

15.3　动画

在应用程序中加入适当的图形和动画效果常常可以增加程序的魅力，使其多姿多彩。利用 VB 提供的有关文本显示控件、图形显示控件和绘图方法可以很容易地完成各种文字和图形编程工作。若将它们灵活地加以应用，还可以产生出多种多样的变化效果，十分有趣。动画是对运动的模拟，其实现方法是在屏幕上快速地显示一组相关的图像。因此实现动画的基础是图像的显示和使图像快速、定时地移动或变化的技术。

15.3.1 VB 图形和动画基础

VB 的绘图方法有以下几种。

- Print：显示字符串。
- Line：画直线和方框。
- Circle：画圆或椭圆。
- Point：取得点的颜色值。
- Pset：设置点的颜色值。

通过这些绘图方法，我们能创造出丰富多彩的图形。让绘制的图形随时间变化，就产生了动画效果。或者让有文字、图形、图像的控件随时间移动，也能产生动画效果。另外在 VB 中，对图像的支持非常充分，用 LoadPicture 函数可将 BMP、ICO 和 WMF 等格式的图像文件装入内存，并将函数返回值赋予 Image 对象、PictureBox 对象、CommandButton 等对象的 Picture 属性，以便在相应对象中显示图像。

动画显示的相关图形图像，必须能随时间变化而移动或变化。而使用 Timer 控件可以实现定时控制。Timer 对象的 Interval 属性用来设置时间间隔，决定了动画的变化或移动速度，其单位是毫秒(1/1000 秒)。在 Timer 事件过程中处理图形图像的移动或变化。

使图像移动或变化的基本方法有 3 种：

- 调用 Image 对象的 Move 方法移动图像，其 Left 和 Top 属性指示了 Image 对象的当前左上角位置。也可以修改 Image 对象的 Width 和 Height 属性缩放图像来产生动画效果。
- 无位移动画是指动画对象不移动，但图像不断变化，其典型的例子是幻灯片。实现无位移动画的方法是，设置好 Image 和 Timer 对象后，在 Timer 事件过程中调用 LoadPicture 函数装载不同的图像，并赋予 Image 对象的 Picture 属性，使对象中显示不同的图像，即可实现图像变化。
- 在 Picture 对象中动态地绘制图形。

15.3.2 移动图像产生动画

移动图像可以模拟电子宣传牌上的文字移动效果，可以实现电影电视节目结尾看到的不停上卷的屏幕，可以模拟图像被推走的效果。这些效果的实现原理相同，主要有两种方法：一种是将 Label、TextBox、Image 等控件在 PictureBox 等容器控件中移动；另外一种是在 PictureBox 上每隔一段时间，按照一定方向，用 Print 方法在不同位置输出相同的字符串或图像，形成移动的效果。

【例 15.1】设计滚动字幕，操作如下。

在窗体中添加一个 Label 控件、一个命令按钮和一个 Timer 控件，设置 Timer 控件的 Interval 属性值为 100，编写代码如下：

```
Dim curx As Integer
Dim bool As Boolean
```

```
Private Sub Command1_Click()          '反向移动
    bool = Not bool
End Sub
Private Sub Form_Load()
    curx = Label1.Left
End Sub
Private Sub Timer1_Timer()            '通过定时器控制移动
    If bool Then                      '判断移动方向
        curx = curx - 60
        Label1.Move curx
        If curx < 0 - Label1.Width Then '判断是否到边界
            curx = Form1.Width
        End If
    Else
        curx = curx + 60
        Label1.Move curx
        If curx > Form1.Width Then      '判断是否到边界
            curx = 0 - Label1.Width
        End If
    End If
End Sub
```

运行程序，界面如图 15.2 所示。程序启动后，“欢迎光临”的字幕由左向右移动，单击“反向”按钮，可实现移动方向的变换。

图 15.2　程序运行后显示的界面

15.3.3　无位移动画

无位移动画是对象不动，但对象的图像不断变化，这样同样可以产生动画，举例如下。

【例 15.2】制作幻灯片，程序启动时，在窗体中显示一张图片，单击图片，则将开始切换图片；再次单击，则图片停止切换。位图文件 lcf1.gif ~ lcf4.gif(可自己准备，只要图片大小相同即可)分别保存了不同的图片。它们存放在当前工程所在的目录中。

在窗体中添加一个 Image 控件和一个 Timer 控件，设置属性值后编写如下代码：

```
Option Explicit
Dim ImageNo As Integer                 '当前的位图编号
Dim IsPlaying As Boolean               '动画是否启动
Private Sub Form_Load()
    ImageNo = 1                        '动画从 head1.bmp 开始
```

```
    IsPlaying = False                          '开始时，动画未启动
    Image1.ToolTipText = "开始"                '鼠标移到图片上时，将出现“开始”提示
End Sub
Private Sub Image1_Click()
    If IsPlaying = True Then                   '动画已启动，则停止
        IsPlaying = False
        Timer1.Enabled = IsPlaying             '停止 Timer 控件
        Image1.ToolTipText = "开始"
    Else                                       '动画未启动，则启动
        IsPlaying = True
        Timer1.Enabled = IsPlaying
        Image1.ToolTipText = "停止"            '鼠标移到图片上时，将出现“停止”提示
    End If
End Sub
Private Sub Timer1_Timer()
    ImageNo = ImageNo + 1                      '动画下一帧
    If ImageNo > 4 Then                        '如果动画已到最后一帧，
        ImageNo = 1                            '则再从第一帧开始
    End If
    Image1.Picture = LoadPicture(App.Path & " \lcf" & ImageNo & ".gif")
End Sub
```

15.3.4 动态绘制图形

自然界中有许多令人激动的“动画”，如风中翩翩起舞的蝴蝶，水中嬉戏游玩的鱼儿，可以在 VB 中模拟这种情景，举例如下。

【例 15.3】在窗体上放置一个 Command 控件，设置其 Caption 属性为“退出”，Name 属性为 cmdQuit；设置 Form1 的背景 BackColor 为白色。并添加一个 Timer 控件(Interval 值设置为 33)。程序代码如下：

```
Dim x(100), y(100), pace(100), size(100) As Integer
Private Sub cmdQuit_Click()
    Unload Me
End Sub
Private Sub Form_Activate()  '当激活一个窗口时触发该事件
    Randomize                '用系统计时器返回的值将 Rnd 函数的随机数生成器初始化
    For i = 1 To 100         '用随机数填充数组
        X1 = Int(Form1.Width * Rnd)   'Rnd 函数返回小于 1 但大于或等于 0 的值
        Y1 = Int(Form1.Height * Rnd)
        pace1 = Int(500 - (Int(Rnd * 499)))
        size1 = 50 * Rnd
        x(i) = X1                'x(i)、y(i)为圆心位置
        y(i) = Y1
        pace(i) = pace1          '每次下落的距离，不大于 25
        size(i) = size1          '圆的半径
    Next i
End Sub
```

```
Private Sub Form_Resize()         '窗体改变大小时修改按钮的位置
    cmdQuit.Move Form1.ScaleWidth - cmdQuit.Width - 50, _
Form1.ScaleHeight - cmdQuit.Height - 50
End Sub
Private Sub Timer1_Timer()
    For i = 1 To 100
        Circle (x(i), y(i)), size(i), BackColor
        y(i) = y(i) + pace(i)
        If y(i) >= Form1.Height Then    '超过高度，恢复为 0
            y(i) = 0
            x(i) = Int(Form1.Width * Rnd)
        End If
        Circle (x(i), y(i)), size(i)
    Next i
End Sub
```

运行以上程序，可以在窗体表面看到令人兴奋的雨景画面，如图 15.3 所示。

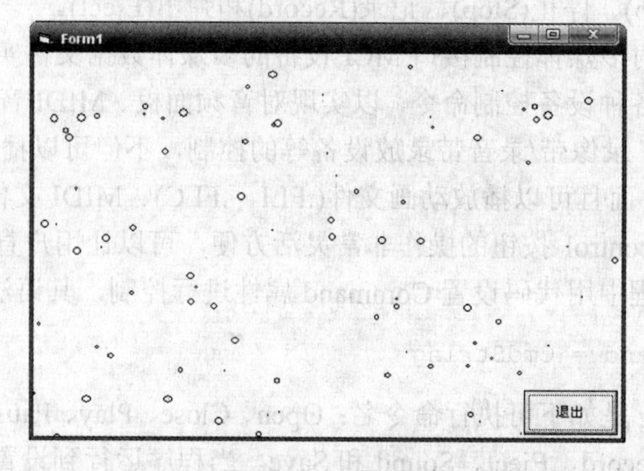

图 15.3　雨景画面

15.4　音频处理

在 Visual Basic 系统中，音频处理主要有以下 3 种方法：

- 使用 MCI，具体就是使用多媒体控件 MMControl。还可以引用其他公司的控件来解决。
- 通过调用 Windows 的多媒体相关 API(应用编程接口)函数来实现多媒体控制。
- 使用 OLE 技术(这里不做介绍)。

15.4.1　MMControl 控件

MMControl 控件又称多媒体控件，是 Visual Basic 进行多媒体应用程序设计的重要部件，是操作 MCI 的一个中间件。MMControl 不是 Visual Basic 系统的标准控件，但可以从“工程”菜单中添加该控件。MMControl 是一个用户与 Windows 多媒体系统间的接口，通过这个接口用户就可以向音频卡、MIDI 序列发生器、CD-ROM 驱动器、视频 CD 播放器、视频记录器等多媒体设备发出 MCI 命令。要使用它，首先要选择“工程”→“部件”菜单命令，在 Available Controls 列表框中选中 Microsoft Multimedia Controls 6.0，就会在工具箱中出现 MMControl 图标，如图 15.4 所示。

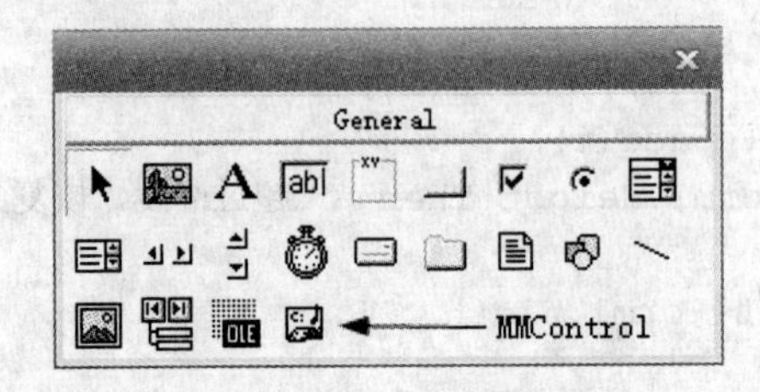

图 15.4 加载 MMControl 控件后的工具箱

双击工具箱中的多媒体控件 MMControl 图标，调用 MMControl 控件，窗体 Form 中出现一排灰色的多媒体控制按钮。控制按钮有向前(Prev)、向后(Next)、播放(Play)、暂停(Pause)、返回(Back)、单步(Step)、停止(Stop)、记录(Record)和弹出(Eject)。

多媒体控制部件对多媒体控制接口 MCI 设备的多媒体数据文件实施的记录或回放，是通过一组按钮来发出各种设备控制命令，以实现对音频面板、MIDI 音序器、CD-ROM 驱动器、音频 CD 播放机、录像带/录音带录放设备等的控制，不但可以播放音频文件(.WAV)、音频视频文件(.AVI)，而且可以播放动画文件(.FLI、.FLC)、MIDI 文件等其他媒体信息。

应用程序对 MMcontrol 按钮的操作非常灵活方便，可以让用户直接操作控件的按钮，也可以在程序运行过程中用代码设置 Command 属性进行控制，其语法是：

```
MMcontrol.Command = CmdString
```

属性值 CmdString 是如下可执行命令名：Open、Close、Play、Pause、Stop、Back、Step、Prev、Next、Seek、Record、Eject、Sound 和 Save。当程序运行到设置命令的代码时，命令将立刻执行。

用户可以方便地使用 MCI 控制标准的多媒体设备。MCI 提供了与设备无关的接口属性。在一个窗体中可以同时操作多个 MCI 设备，通常应用程序是通过指定一个 MCI 设备类型来区分 MCI 设备的，设备类型指明了当前实际使用设备的物理类型，设备的类型可以用 MCI 控件 MCI32.OCX 的 DeviceType 属性来设置，这一命令的语法是：

```
MMcontrol.DeviceType = DeviceString
```

属性值 DeviceString 描述不同的设备类型，如表 15.1 所示。

表 15.1 MMcontrol 控件可以使用的设备类型

属 性 值	设备类型
AVIVideo	视频音频设备
CDAudio	激光唱盘播放设备
VideoDisc	可以使用程序控制的激光视盘机
DAT	数字化磁带音频播放机

续表

属 性 值	设备类型
Sequence	MIDI 音序发生器
DigitalVideo	动态数字视频图像设备
WaveAudio	播放数字化波形音频的设备
Overlay	模拟视频图像叠加设备
Other	未给出标准定义的 MCI 设备

用 MMControl 控件编程的步骤一般如下。

(1) 用 MMControl 控件的 DeviceType 属性设置多媒体设备类型。

(2) 当涉及媒体文件时，用 MMControl 的 Filename 属性指定文件名。

(3) 用 MMControl 控件的 Command 属性的 Open 命令可打开媒体设备。

(4) 用 MMControl 控件的 Command 属性的其他值可控制媒体设备。

(5) 对特殊键进行编程。

(6) 使用完毕后用 Command 属性的 Close 命令关闭媒体设备。

15.4.2　使用 MMControl 控件播放波形文件

首先，创建一个窗体(Form)，装入多媒体控件，窗体上显示出形状类似录音机的控制按钮，但此时多媒体控件还不能工作(各按钮呈灰色)，须通过程序代码来改变按钮的状态。其次，在 Form_Load 过程中，插入相应的程序代码：

```
Sub Form_Load()
    MMControl1.Notify = False
    MMControl1.Wait = True
    MMControl1.DeviceType = "WaveAudio"                    '设置多媒体设备的属性
    MMControl1.FileName = "c:windows\Mmdatademo.wav"       '设置待播放的媒体文件
    MMControl1.Command = "Open"                            '打开媒体设备
End Sub
```

运行上述程序，控制按钮呈黑色，这时就可以使用 Play、Record 等按钮操作波形文件(*.wav)了。例如用鼠标单击 Play 按钮就能听到*.wav 播放的音效。

15.4.3　使用 MMControl 控件制作 CD 播放器

将上例修改为下面的相应代码：

```
Sub Form_Load()
    MMControl1.DeviceType = "CDaudio"        'MCI 设备类型为 CD 唱片
    MMControl1.Command = "open"
End Sub

Sub Form_Unload(Cancel As Integer)
```

```
    MMControl1.Command = "close"                    '退出时关闭MCI 设备
End Sub
```

在 CD 驱动器中放入一张 CD 唱片，然后运行，将发现 9 个按钮中 Prev、Next、Play、Eject 这 4 个按钮变黑(有效状态)，单击一下 Play 按钮，音乐播放出来了！若驱动器中无 CD 盘，则所有按钮都处于无效状态。这样，一个简易的 CD 播放器就完成了。

15.4.4 使用 API 进行音频处理

也可以使用 Windows 应用程序编程接口(API)函数 mciExecute 对 MIDI 文件进行播放。API 函数 sndPlaySound 则可以对 WAV 播放文件进行播放，当然，也可以使用 mciExecute 函数来播放 WAV 文件。

为了播放 WAV 文件，需要在标准模块中添加声明语句：

```
Public Declare Function sndPlaySound Lib "winmmdll" Alias "sndPlaySoundA"_
(ByVal lpszSoundName As String, ByVal uFlags As Long) As Long
```

以及如下的标识常量：

```
Public Const SND_SYNC = &H0
Public Const SND_ASYNC = &H1
Public Const SND_NODEFAULT = &H2
Public Const SND_MEMORY = &H4
Public Const SND_ALIAS = &H10000
Public Const SND_FILENAME = &H20000
Public Const SND_RESOURCE = &H40004
Public Const SND_ALIAS_ID = &H110000
Public Const SND_ALIAS_START = 0
Public Const SND_LOOP = &H8
Public Const SND_NOSTOP = &H10
Public Const SND_VALID = &H1F
Public Const SND_NOWAIT = &H2000
Public Const SND_VALIDFLAGS = &H17201F
Public Const SND_RESERVED = &HFF000000
Public Const SND_TYPE_MASK = &H170007
```

sndPlaySound 函数需要两个参数，第一个参数 soundfilename 是要播放的 WAV 文件的名称。第二个参数是一个表明播放方式的标识常量，其定义的值如上所示，通常所使用的标识意义如下。

- SND_SYNC：播放 WAV 文件，播放完毕后将控制转移回应用程序中。
- SND_ASYNC：播放 WAV 文件，然后将控制立即转移回应用程序中，而不管对 WAV 文件的播放是否结束。
- SND_NODEFAULT：不要播放默认 WAV 文件，以免发生某些意外的错误。

为了播放 MIDI 文件，需要声明：

```
Public Declare Function mciExecute Lib "winmmdll" Alias "mciExecute" _
(ByVal lpstrCommand As String) As Long
```

mciExecute 函数只需要一个参数 CommandString，它是一个命令字符串，用于表明对声音文件播放的命令，例如，希望完整播放声音文件，则该字符串就是字符串 play 加文件名称，如下所示：

```
Dim ReturnSoundValue As Long
ReturnSoundValue = mciExecute("play C:\WIN95\MEDIA\CANYONMID")
```

例子操作如下：新建一个 Standard EXE 工程，将上面的声明加入，在窗体上放置一个 Label 控件、一个 Text1 控件、一个 Command1 控件(标题为“使用 sndPlaySound 函数”)、一个 Command2 控件(标题为“使用 mciExecute 函数”)，添加代码：

```
Private Sub Command1_Click()
    Dim ReturnValue As Long
    Text1Text = "使用 sndPlaySound 函数播放 TADAWAV 文件"
    ReturnValue = sndPlaySound("C:\WIN98\MEDIA\TADAWAV", SND_SYNC)
End Sub

Private Sub Command2_Click()
    Dim ReturnValue As Long
    Text1Text = "使用 mciExecute 函数播放 Canyonmid 文件"
    ReturnSoundValue = _
    mciExecute("play C:\WIN95\MEDIA\CANYONMID from 10 to 100")
End Sub
```

执行程序，则实现了用 API 函数的音频处理。

15.5　视频处理

在多媒体系统中，AVI(Audio Video Interface，音频视频接口)文件是存储电影(包括声音和图像)的标准格式，这些 AVI 文件一般是通过捕获实时视频信号得来的，也可以通过扫描仪获取图像或者使用动画制作软件得到。于是，屏幕窗口上的音频视频操作，就变成了对 AVI 文件(文件后缀为 AVI)的处理。对视频处理的方式和音频处理基本相同，下面以 AVI 文件为例分别介绍如何使用 MMControl 控件播放和使用 API 函数播放。

15.5.1　使用 MMControl 控件播放 AVI 文件

在窗体上添加 1 个 TextBox 控件，设置其 MultiLine 属性为 True，Enable 属性为 False，这样它就不能接收用户输入了，程序中将使用该文本框作为播放窗口；添加 3 个按钮控件，Name 属性分别为 CmdPlay(播放)、CmdPause(暂停)、CmdExit(退出)；添加 1 个 MMControl 控件，设置其 Visible 属性为 False，使它运行时不可见。

程序代码如下：

```
Option Explicit
Dim PauseTimes As Integer                  '记录单击“暂停”按钮的次数
```

```
Private Sub CmdExit_Click()
   MMControl1.Command = "Close"                     '先发出关闭命令，再关闭程序
   Unload Me
End Sub
Private Sub CmdPause_Click()
   PauseTimes = PauseTimes + 1
   If PauseTimes Mod 2 = 1 Then                     '奇数，改变按钮的 Caption 属性
      CmdPause.Caption = "继 续(&C)"
   Else
      CmdPause.Caption = "暂 停(&U)"
   End If
   MMControl1.Command = "Pause"                     '执行 Pause 命令
End Sub
Private Sub CmdPlay_Click()
   CmdPause.Caption = "暂 停(&U)"
   PauseTimes = 0                                   '变量重新初始化
   CmdPause.Enabled = True                          '“暂停”按钮可以使用
   MMControl1.Notify = True                         '播放结束时产生 Done 事件
   MMControl1.Command = "Play"                      '播放
End Sub
Private Sub Form_Load()
   PauseTimes = 0
   MMControl1.DeviceType = "AVIVideo"                  '指定 Mci 设备类型
   MMControl1.FileName = App.Path&"\test.avi" '设定播放的文件，可以自行设定
   MMControl1.Command = "Open"                      '执行打开命令
   MMControl1.hWndDisplay = Text1.hWnd                 '在文本框上播放
   CmdPause.Enabled = False
End Sub
Private Sub MMControl1_Done(NotifyCode As Integer)
   If NotifyCode = 1 Then                              '播放正常完毕
      MMControl1.To = 0
      MMControl1.Command = "Seek"                      '移至开头
      CmdPause.Enabled = False
   End If
End Sub
```

运行结果如图 15.5 所示。

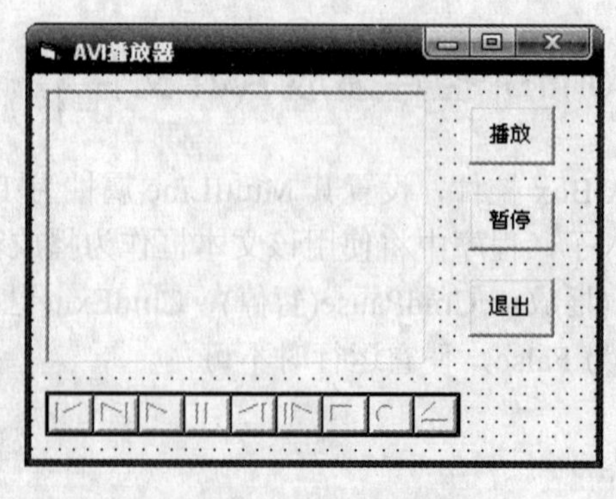

图 15.5　AVI 播放器

15.5.2　使用 API 播放 AVI 文件

在窗体上添加 4 个 CommandButton 控件，从上至下依次为 CmdPlay(播放)、CmdPause(暂停)、CmdClose(关闭)和 CmdOpen(弹出)按钮；1 个 Picture 控件，设置它的 Appearance 和 BorderStyle 属性均为 0；1 个 CommonDialog 控件，用于选择 AVI 文件。

编写程序代码如下：

```
Option Explicit
Private Declare Function mciExecute Lib "winmm.dll" (ByVal lpstrCommand _
                                As String) As Long
Dim AVIMark As Integer                  'AVIMark 的值是 1 时标志 AVI 设备处在打开状态
Dim RtValue As Long                     '存储返回值
Private Sub Command1_Click()
    Dim Fname As String
    If Command2.Caption = "暂 停" Then
        RtValue = mciExecute("pause avi")
    End If
    CommonDialog1.Filter = "AVI Files(*.avi)|*.AVI"
    CommonDialog1.Flags = &H1000&       '输入文件不存在时显示警告信息
    CommonDialog1.FileName = ""
    CommonDialog1.ShowOpen              '弹出打开文件对话框
    If CommonDialog1.FileName <> "" Then
        If AVIMark = 1 Then RtValue = mciExecute("close avi")
                                        '确保在打开 AVI 设备前它是处在关闭状态
        Form1.Caption = CommonDialog1.FileName
        Fname = CommonDialog1.FileName
        Fname = Fname & " Alias avi style Child Parent " & _
                            Str(Picture1.hWnd)  '生成 mci 命令
        AVIMark = mciExecute("Open " & Fname)   '成功打开返回 1
        If AVIMark = 1 Then
            RtValue = mciExecute("Play avi from 1 to 1")
        Else
            RtValue = mciExecute("close avi")
        End If
        Command2.Caption = "播 放"
    End If
    If Command2.Caption = "暂 停" Then  '如果取消打开文件，则继续播放
        RtValue = mciExecute("play avi")
    End If
End Sub
Private Sub Command2_Click()             '根据当前状态改变按钮的 Caption 属性
    If Command2.Caption <> "暂 停" And AVIMark = 1 Then
        RtValue = mciExecute("play avi")
        Command2.Caption = "暂 停"
    ElseIf AVIMark = 1 Then
        RtValue = mciExecute("pause avi")
        Command2.Caption = "继 续"
```

```
        End If
    End Sub
    Private Sub Command3_Click()
        If AVIMark = 1 Then                    '如果设备打开，关闭程序时，要先关闭设备
            RtValue = mciExecute("close avi")
            AVIMark = 0
        End If
        Unload Me
    End Sub
    Private Sub Form_Unload(Cancel As Integer)
        If AVIMark = 1 Then                    '如果设备打开，关闭程序时，要先关闭设备
            RtValue = mciExecute("close avi")
            AVIMark = 0
        End If
    End Sub
```

15.6 回到工作场景

通过 15.2~15.5 节内容的学习，应该掌握了 MMControl 控件的属性及使用方法，并能够用来设计程序了，此时足以完成 CD 播放器的设计。下面我们将回到 15.1 节介绍的工作场景中，来完成工作任务。

【分析】

本问题重点在于合理应用 MMControl 控件。

【工作过程一】设计用户界面

如图 15.6 所示，在窗体上添加一个 MMControl 控件、5 个标签控件，3 个命令按钮和一个组合框控件。MMControl 控件对象一般有 9 个按钮，但在图 15.6 上只显示了 6 个按钮，可以设置 PreEnabled、PlayVisible、PreVisible、PauseVisible、StopVisible、NextEnabled、NextVisible、PlayEnabled 属性为 True，设置 StepVisible、PauseEnabled、StopEnabled、BackEnabled、RecordEnabled、BackVisible、RecordVisible、StepEnabled 属性为 False。窗体上其他控件的设置这里略过。

图 15.6　用户界面

【工作过程二】编写代码

编写的程序代码如下：

```
Private Sub Combo1_Click()
    MMControl1.Track = Combo1.ListIndex + 1
    MMControl1.Command = "Seed"
    MMControl1.From = Combo1.ListIndex + 1
    pubproce                                    '调用自定义过程
End Sub
Private Sub Command1_Click()                    '打开媒体设备
    MMControl1.Command = "Open"
    MMControl1.UpdateInterval = 100
    If MMControl1.Mode = 530 Then MMControl1.Command = "Eject"
    MMControl1.TimeFormat = 10
    Combo1.Enabled = True
    If Combo1.ListCount = 0 Then Form_Load
End Sub
Private Sub Command2_Click()                    '暂停设备
    MMControl1.Command = "Stop"
    MMControl1.Command = "Close"
    Combo1.Enabled = False
End Sub
Private Sub Form_Load()
    Dim i As Integer, ms As Integer, j As Integer
    On Error Resume Next
    MMControl1.DeviceType = "CDAudio"           '设置格式为CD
    MMControl1.Command = "Open"
    If MMControl1.CanPlay = False Then
        Label4.Caption = "驱动器正在运行"
    Else
        MMControl1.TimeFormat = 10
        ms = MMControl1.Tracks
        For i = 1 To ms
            Combo1.AddItem "曲目" & i           '在组合框中添加曲目
        Next
        Combo1.ListIndex = 0
        MMControl1.TimeFormat = 0
        Label4.Caption = "曲目总数" & ms & "摆放时间"    '显示曲目信息
        j = MMControl1.Length / 1000
        ms = Int(j / 60)
        Label4.Caption = Label4.Caption & ms & ": " & (j Mod 60)
        pubproce
    End If
End Sub
Private Sub pubproce()                          '自定义过程，计算当前曲目的播放时间
    Dim j As Single, ms As Single
    MMControl1.TimeFormat = 0
    j = MMControl1.TrackLength / 1000
```

```
    ms = Int(j / 60)
    Label5.Caption = "曲目" & MMControl1.Track & "播放时间" & ms & ": "
    Label5.Caption = Label5.Caption & Format((j Mod 60), "00")
    MMControl1.TimeFormat = 10
End Sub
Private Sub MMControl1_EjectClick(Cancel As Integer)     '弹出
    MMControl1.UpdateInterval = 0
    MMControl1.Command = "Eject"
    MMControl1.Command = "Close"
    Combo1.Enabled = False
End Sub
Private Sub MMControl1_NextClick(Cancel As Integer)      '下一首
    MMControl1.Command = "Next"
    Combo1.ListIndex = MMControl1.Track + 1
    pubproce
End Sub
Private Sub MMControl1_PlayClick(Cancel As Integer)      '播放
    MMControl1.UpdateInterval = 100
    Combo1.Enabled = False
End Sub
Private Sub MMControl1_PrevClick(Cancel As Integer)      '前一首
    MMControl1.Command = "Prev"
    Combo1.ListIndex = MMControl1.Track - 1
    pubproce
End Sub
Private Sub MMControl1_StopClick(Cancel As Integer)      '停止
    MMControl1.UpdateInterval = 0
    MMControl1.Command = "Stop"
    Combo1.Enabled = True
End Sub
Private Sub Command3_Click()                             '退出程序
    End
End Sub
```

【工作过程三】运行程序并保存

在 CD 光驱中放入 CD 盘，通过以上程序过程可实现 CD 的播放。

15.7 工作实训营

训练实例

制作一个 Flash 播放器，应包括完整的播放控制功能：单击“打开”按钮可以选择 Flash 文件，单击“播放”按钮可以放映或暂停 Flash 动画，单击“停止”按钮可以停止放映，通过“前一帧”与“后一帧”按钮可前进或后退一帧。程序界面如图 15.7 所示。

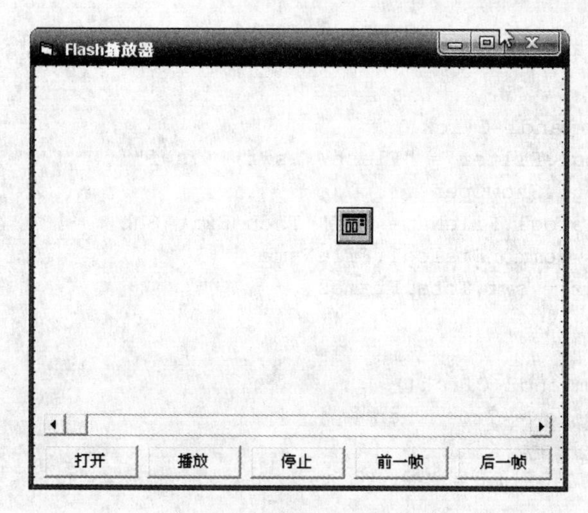

图 15.7　Flash 播放器界面

【分析】

利用 CommonDialog 控件实现“打开文件”对话框，让用户选择要播放的 Flash 文件。通过 Shockwave Flash 控件加载并放映 Flash 动画，Shockwave Flash 控件的使用方法是：选择“工程”→“部件”菜单命令，在弹出的“部件”对话框中选择“控件”选项卡，勾选 Shockwave Flash 前的复选框，确定后将在工具箱中出现 Shockwave Flash 控件，再将该控件拖到窗体上。

Flash 动画的播放通过调用 Shockwave Flash 控件的 Play 方法来实现，暂停通过调用 StopPlay 方法来实现，停止播放通过调用 Stop 方法来实现，前进一帧通过调用 Forward 方法来实现，后退一帧通过调用 Back 方法来实现。通过 Shockwave Flash 控件的 TotalFrames 属性可以知道打开的 Flash 动画共有多少帧，将这个值与滚动条绑定后可以通过拖动来选择播放的位置。

【设计步骤】

(1) 创建如图 15.7 所示窗体界面，窗体中各个控件的属性值如表 15.2 所示。

表 15.2　各控件的属性值

控　件	属　性	值
Form1	Caption	“Flash 播放器”
Command1	Caption	“打开”
Command2	Caption	“播放”
Command3	Caption	“停止”
Command4	Caption	“前一帧”
Command5	Caption	“后一帧”
HScrollBar	Name	“hslFrame”
ShockwaveFlash	Name	“swf”

(2) 编写代码。

编写如下代码：

```
Private Sub Command1_Click()
    CommonDialog1.Filter = "Flash(*.swf)|*.swf"
    CommonDialog1.ShowOpen
    If CommonDialog1.FileName = "" Then Exit Sub
    swf.Movie = CommonDialog1.FileName
    hslFrame.Max = swf.TotalFrames
End Sub

Private Sub Command2_Click()
    If swf.Playing = True Then
        swf.StopPlay
        cmdPlay.Caption = "播放"
    Else
        swf.Play
        cmdPlay.Caption = "暂停"
    End If
End Sub

Private Sub Command3_Click()
    swf.Stop
End Sub

Private Sub Command4_Click()
    swf.Back
End Sub

Private Sub Command5_Click()
    swf.Forward
End Sub
```

15.8 习 题

1. 填空题

(1) VB 绘图的方法有______，______，______，______，______。

(2) MCI 的英文全名为______，中文的意思是______。

2. 编程题

(1) 利用 MMControl 控件播放一个具体的声音文件。

(2) 利用 API 函数播放声音文件。

(3) 利用 MMControl 控件播放一个视频文件。

(4) 利用 API 函数播放视频文件。

第 16 章

数据库编程初步

- 数据库的基本知识。
- VB 数据库的设计。
- 数据控件的使用。
- 数据绑定控件的使用。

技能目标

- 掌握 VB 数据库编程的基本方法。
- 掌握 Data 控件的使用方法。
- 掌握数据绑定控件的使用方法。

16.1 工作场景导入

【工作场景】

通过数据库编写一个学生信息管理的数据库程序，使之具有向数据库中添加、删除、修改和查找的功能，并且要求只有授权用户可以登录系统。程序界面如图 16.1、16.2 所示。

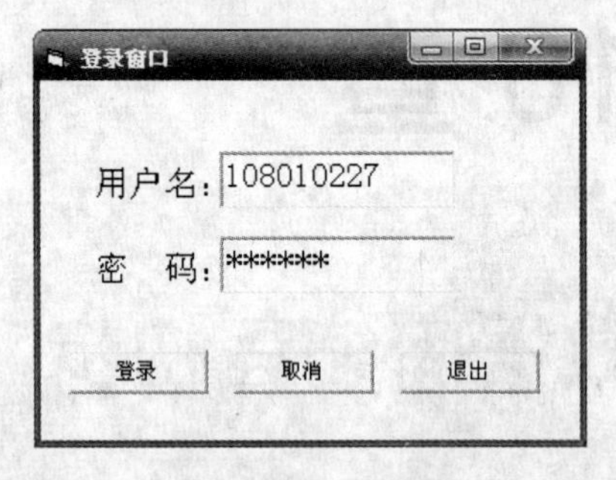

图 16.1 用户登录界面

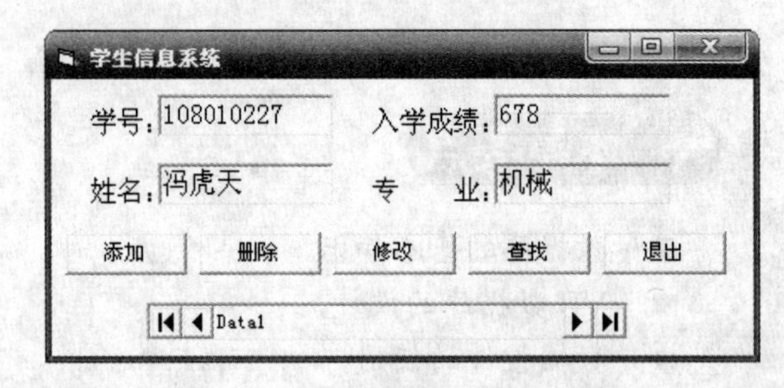

图 16.2 学生信息管理系统界面

【引导问题】

(1) 如何连接数据库?

(2) 如何通过控件实现对数据库的添加、删除等操作?

(3) 如何编写完整的程序?

16.2 数据库基本知识

数据库管理是计算机最为普遍的应用之一，数据库设计是程序设计的一大领域。Visual Basic 6.0 提供了对数据库应用的强大支持，它可以通过多种途径，如 Data 控件、DAO 对象模型、ADO 技术、ADO 控件以及 RDO 来访问数据库，可访问的数据库种类有 Microsoft Access、Btrieve、dBASE、Microsoft Visual FoxPro、Paradox 等，通过这些技术，Visual Basic 不仅可以访问本地数据库的信息，也可访问 Web 数据库中的信息。

16.2.1　数据库概述

数据库是一个以一定方式将相关数据组织在一起，存放在计算机存储器上形成的能为多用户共享、与应用程序彼此独立的一组相关数据的集合。数据库是可以存放大量数据集的地方，是由若干个二维数据文件组成的集合。它按照一定的规则对数据文件进行重新组织，以便使数据具有最大的独立性，并实现对数据的共享。

当我们存放的数据越来越多时，如何高效率地访问数据库就显得非常重要，而数据库管理系统(DBMS)使用户可以在不需要了解数据库底层工作的情况下，有效且方便地对数据库进行访问及维护的工作。

有了数据库及数据管理系统 DBMS，如何获取、显示和更新由 DBMS 存储的数据，就成了我们急需解决的问题，数据库应用程序就担任着这一任务。

一般我们将数据库、数据库管理系统和数据库应用程序合称为数据库系统。

可以这样说，数据库系统提供了一种将我们工作和生活中紧密相关的信息集合在一起的途径，并且提供了在某个集中的地方存储和维护这些信息的方法。

DBMS 中可以存储大量的数据信息，其目的是为用户提供数据信息服务。而数据库应用程序则与 DBMS 进行通信，并访问 DBMS 中的数据，它是 DBMS 实现对外数据信息服务的唯一途径。

从功能上看，数据库应用程序是一种允许用户插入、修改、删除并报告数据库中数据的计算机程序。按照传统的做法，数据库应用程序是由程序员使用程序设计语言编写的，但是近年来出现了多种面向用户的数据库应用程序开发工具，这些工具可以简化使用 DBMS 的过程，但功能相对来说都比较单纯(偏重于数据的查询处理和呈现)。而 VB 是一种强有力的数据库应用程序开发工具，而且它是全方位的开发工具，可以将网络程序、多媒体程序、数据库程序等统合在一起，开发出种类繁多的数据库应用程序。

16.2.2　关系数据库系统及相关概念

从数据模型的角度来看，常见的数据库类型有层次型、网络型和关系型。其中关系数据库系统是最新也是应用最广泛的。

关系模型是用二维表格的结构来表示实体与实体间联系的模型。可以用许多二维表的集合来表示一个关系模型，每个二维表称为一个关系或一个关系表。无论关系表在数据库中的物理存储方式如何，都可以把它看成由行和列组成的，如表 16.1 和表 16.2 所示就是两个二维表。

表 16.1　学生信息表

学　号	姓　名	入学成绩	专　业
108010227	王天	666	计算机
108010228	倪文俊	640	计算机
108010229	李丽	560	中文
108010230	郑无为	599	机械

表 16.2　学生成绩表

学　号	课程名称	成　绩
108010227	编译原理	88
108010228	编译原理	80
108010229	古代汉语	76
108010230	机械设计	84

关系数据库包含 4 个层次，介绍如下。

- 字段：是数据库中的最小数据单元，又称描述实体对象的属性，一个属性对应二维表中的一个“列”，如表 16.1 中的“学号”、“姓名”等。
- 记录：描述一个实体对象信息的集合，由若干个字段组成，对应二维表中的一个“行”。上面表中的每一行都是一个实体对象，如表 16.1 中，学号为“108010227”，姓名为“王天”的有关信息就是一条记录。
- 数据表：由若干个具有相同性质的记录组成，有多少行就有多少条记录，如表 16.1 有 3 行，即有 3 条记录。
- 数据库：将一个或多个数据表按一定的关系进行组织，建立联系，使数据具有很大的独立性和最小的冗余度，以实现对数据的共享。例如表 16.1 和表 16.2 就可以通过“学号”建立联系，组成一个简单的数据库。

一个关系数据库通常由一个或多个数据库组成，而这些数据库通常由一个复杂的表根据关系数据库理论分解而成，因此，这些表与表之间必然存在复杂的联系，而数据库则是按特定的关联方式将这些相互关联的数据表组织起来的一个数据集合。为了查询数据库中表间联系的数据，并重新组合其中的数据以得到有意义的信息，必须在表间建立关系。

根据数据库理论，表间的关系可以归纳为以下 3 种情况。

- 一对一的关系：表 1 中的一个记录与表 2 中的记录是一一对应的，例如，表 16.1 和表 16.2 通过“学号”就可以建立一对一的关系。
- 一对多的关系：指表 1 中的任何一个记录，在表 2 中可以有多个记录与之对应，但表 2 中的任意记录，在表 1 中只有一个记录与之对应。一对多关系是表间的一种普通关系。在表 16.2 中，如果一个学生选择了多个课程，则表 16.1 和表 16.2 构成一对多关系。
- 多对多关系：指表 1 中的一个记录在表 2 中可以对应多个记录，反过来表 2 中的一个记录在表 1 中也对应多个记录。

⚠ 注意：上面一对一的关系在数据库中不经常用，因为如果两个表间可以构成一对一关系，那么两个表就能合并为一个表。

16.3　VB 数据库编程方法

一般来说，数据库管理系统(DBMS)和数据库应用程序都驻留在同一台计算机上，并在同一台计算机上运行，很多情况下两者甚至结合在同一个程序中。以前使用的大多数数据库系统都是用这种方法设计的。但是随着 DBMS 技术的发展，数据库系统又出现了客户机/服务器(C/S)模式，这种模式将 DBMS 和数据库应用程序分开，提高了数据库系统的处理能力。数据库应用程序运行在一个或多个用户工作站(客户机)上，并通过网络与运行在其他计算机或服务器上的一个或多个 DBMS 进行通信。VB 访问数据库的方式也与这种发展密切相关。

16.3.1　以 VB 访问数据库的历史回顾

综观过去的几年，使用 VB 的用户曾设计出数不胜数的程序和组件来建立商务解决方案。大约 80%以上的应用程序是用来访问以下 3 种数据：ASCII 文本文件、SQL 数据库、大型机数据库。

早期的 VB 数据访问工具只是简单的 ASCII 文件的访问工具，极少数 SQL Server 的前端应用程序是使用鲜为人知的数据接口 VBSQL/DBLIB 或 ODBC API 编写的。然而，在 VB 3.0 时代，许多用户强调需转向访问包含远程数据源的 ISAM 数据，为此微软公司设计了 Microsoft Jet Database Engine(简称为 Jet)和 Data Access Object(DAO)，使得 Visual Basic 开发人员能够很容易地与 Jet 接口。数据访问接口是一个对象模型，它代表了访问数据的各个方面。可以在任何应用程序中通过编程控制和查询，返回供使用的数据。在 VB 4.0 中，从 DAO 派生出来了 RDO，DAO 是 ISAM 模式，而 RDO 是关系模式。ADO 则是 VB 6.0 提供的一个数据访问接口，已经完全替代了 RDO，并基本上淘汰了 DAO，DAO 的主要缺点是它不能用来访问远程的数据库。

目前，微软明确宣布今后不会对 VBSQL/DBLIB 进行升级，ODBC API 的编程方式也不得人心。ODBC 本身把关系数据库作为访问对象，而 OLE DB 作为微软最新的数据访问工具，可以提供更多的数据源，不限于关系数据库，它虽然不能通过 VB 直接访问，但可以通过称为 ADO 的 COM 接口访问，因此，使用 ADO 接口访问数据库是最佳手段。

DAO 是 Database Access Object(数据库访问对象)的英文缩写。在 VB 中提供了两种与 Jet 数据库引擎接口的方法：Data 控件和数据库访问对象(DAO)。

Data 控件只给出有限的不需编程而能访问现存数据库的功能，而 DAO 模型则是全面控制数据库的完整编程接口。Data 控件支持对多种数据源访问，将常用的 DAO 功能封装在其中，例如用户数据的输入、显示、筛选等接口界面。这些控件在 VB 和 COM 界面接口之间起着媒介作用。Data 控件与 DAO 控件的关系就好比内存与 Cache 之间的关系一样，所以这两种方法并不是互斥的，实际上，它们常同时使用。ADO 的情况与 DAO 相同。

16.3.2　VB 数据库编程方法

目前 VB 的数据库编程按其难易程度可分为 3 类(由易到难)。

(1) 使用数据库控制项和绑定控制项(如 Data 控件、ADO Data 控件等)。

(2) 使用 VB 提供的数据库对象变量进行编程。

(3) 通过 ODBC 接口访问 ODBC API 函数。

在使用 VB 进行数据库编程时，通常会首先选择 3 种基本方法之中的一个来进行数据库应用程序的方案设计。现在就将以上 3 种设计方法的适应范围及其优缺点进行一个比较。

(1) 使用数据库控制项和绑定控制项，优点在于它是 3 种方法中编码量最小的，不必了解 ODBC 2.0 API 的细节，支持所有的动态集方法及属性；缺点是不能访问快照(Snapshot)对象或表格对象(都属于记录集对象)、不能访问数据库集合(比如表定义、字段、索引及查询定义)、只能访问部分 ODBC 2.0 管理函数、不能进行真正的事务处理。这种方法应用于对中小规模的数据库表(通常少于 1000 条记录)进行简单的浏览操作，并且应用程序的数据输入/输出项较少(通常只涉及一个或两个长度有限的表，表中的字段数在 10 个左右，且不具有关系完整性约束)，作为小的应用这些也就够了，本章主要介绍这种方法。

(2) 使用数据库对象变量进行编程，优点是可以在程序中访问 ODBC 2.0 的管理函数，可以控制多种记录集类型：Dynaset、Snapshop 及 Table 记录集合对象，可以访问存储过程和查询动作，可以访问数据库集合对象(比如表定义、字段、索引及查询定义)，具有真正的事务处理能力，应用程序需要在执行期间可以“显示”数据库的基本结构；缺点是编码量较大、对每个数据库操作没有细力度的控制、比直接使用 ODBC 2.0 API 函数的方法性能低。对于应用程序需要在执行期间动态地建立表、字段及索引的情况能完成要求。对应用程序涉及同步更新几张表(但在逻辑上保持一致性)的复杂事务同样有效。通常当应用程序的表非常大，多于 1000 条记录时可以采用，应用程序可以具有复杂的数据输入/输出项，可以使用复杂的多码索引方式来检索或更新记录。

(3) 直接调用 ODBC API 的优点是可以直接参与结果集的开发、管理及规范化，对结果集游标提供了更多的控制，并且提供了更多的游标类型和执行动作，可以更好地控制 Windows 的执行调度及资源利用，因此这种方法很可能具有最好的性能；缺点是需要大量的代码、代码复杂并且要求程序员具有编制 API 调用的经验，在网络上的运行期错误处理缺乏安全性，因此代码运行期间出现的错误所造成的后果会非常严重。可用于应用程序使用超大规模数据库的情况，例如，数据库表可能包含几万或几十万条记录。

16.4 本地数据库设计

Visual Basic 虽然提供了对数据库应用的强大支持，但它并不是专业的数据库管理系统，因此，它不能直接访问数据库内的数据表，而是通过一个 Microsoft Jet 数据库引擎去访问数据库中一个或多个表组成的记录集中的记录，进而对数据库中的数据进行各种处理。

16.4.1 VB 中的数据访问

VB 提供了两种与 Jet 数据库引擎接口的方法：Data 控件和数据访问对象(DAO)。Data 控件只提供了有限的不需编程就能访问现存数据库的功能，而 DAO 模型则是全面控制数据库的完整编程接口。

VB 中的数据库编程就是创建数据访问对象，这些数据访问对象对应于被访问的物理数据库的不同部分，如 Database(数据库)、Table(表)、Field(字段)和 Index(索引)对象。用这些对象的属性和方法来实现对数据库的操作。VB 通过 DAO 和 Jet 引擎可以识别 3 类数据库。

- VB 数据库：也称为本地数据库，这类数据库文件与 Microsoft Access 具有相同的格式。Jet 引擎直接创建和操作这些数据库并且提供了最大程度的灵活性和速度。
- 外部数据库：VB 可以使用几种比较流行的“索引顺序访问文件方法(ISAM)”数据库，包括 dDase III、dBase IV、FoxPro 2.0 和 2.5 以及 Paradox 3.x 和 4.x。在 VB 中可以创建和操作所有这些格式的数据库，也可以访问文本文件数据库和 Excel 或 Lotus l-2-3 电子表格文件。
- ODBC 数据库：包括符合 ODBC 标准的客户机/服务器数据库，如 Microsoft SQL Server。如果要在 VB 中创建真正的客户机/服务器应用程序，可以使用 ODBC Direct 直接把命令传递给服务器处理。

VB 中创建数据库的主要途径如下。

(1) 可视化数据管理器：使用可视化数据管理器，无须编程就可以创建 Jet 数据库。

(2) DAO：使用 VB 的 DAO 部件可以通过编程的方法创建数据库。

(3) Microsoft Access：因为它使用了与 VB 相同的数据库引擎和格式，所以创建的数据库与直接在 VB 中创建的数据库是一样的。

(4) 数据库应用程序：FoxPro、dBase 或 ODBC 客户机/服务器等应用程序产品可作为外部数据库，VB 可通过 ISAM 或 ODBC 驱动程序来访问这些数据库。

16.4.2　可视化数据管理器

可视化数据管理器(Data Manager)实际上是一个独立的可单独运行的应用程序，可以用来快速地建立数据库结构及数据库内容。它放置在 VB 目录中，可以单独运行，也可以在 VB 开发环境中启动。凡是 VB 有关数据库的操作，如数据库结构的建立、记录的添加和修改及用 ODBC 连接到服务器端的数据库如 SQL Server，都可以利用此工具来完成。

选择“外接程序”菜单下的“可视化数据管理器”命令就可以启动数据管理器，打开 VisData 窗口，如图 16.3 所示(已经打开了一个数据库)。

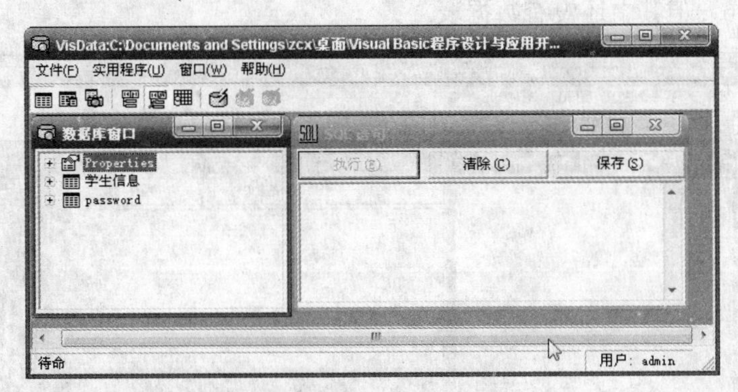

图 16.3　VisData 窗口

我们可以看到，在这个 MDI 窗口内包含两个子窗口：“数据库窗口”和“SQL 语句”窗口。“数据库窗口”显示了数据库的结构，包括表名、列名、索引。“SQL 语句”窗口可用于输入一些 SQL 命令，针对数据库中的表进行查询操作。

窗口的工具栏提供了 9 个按钮，下面我们对工具栏上的按钮进行简单的说明。

(1) 类型群组按钮

工具栏的第一组按钮。它们可以设置记录集的访问方式，具体如下。

- 表类型记录集按钮(最左边的按钮)：当以这种方式打开数据库中的数据时，所进行的增、删、改、查等操作都是直接更新数据库中的数据。
- 动态集类型记录集按钮(中间的按钮)：使用这种方式是先将指定的数据打开并读入到内存中，当用户进行数据编辑操作时，不直接影响数据库中的数据。使用这种方式可以加快运行速度。
- 快照类型记录集(最右边的拉钮)：以这种类型显示的数据只能读不能修改，适用于只查询的情况。

(2) 数据群组按钮

工具栏的中间一组按钮。用于指定数据表中数据的显示方式。先单击要显示风格的按钮，然后选中某个要显示数据的数据表，单击鼠标右键，在弹出的菜快捷单上选择“打开”命令，则此表中的数据就以所要求的形式显示出来。

(3) 事务方式群组按钮

工具栏的最后一组按钮用于进行事务处理。

16.4.3 使用可视化数据管理器

以表 16.1 和表 16.2 为依据建立一个 Student.mdb 数据库。创建的步骤如下。

1. 建立数据库

在可视化数据管理器中选择“文件”→“新建”→“Microsoft Access”菜单命令，再选择“版本 7.0 MDB”项，出现创建数据库对话框，选定新建数据库的路径并输入数据库名，以 Student 为名保存数据库，结果如图 16.4 所示。至此已建立了一个空的数据库文件，名为 Student.mdb，但其中还没有数据表。

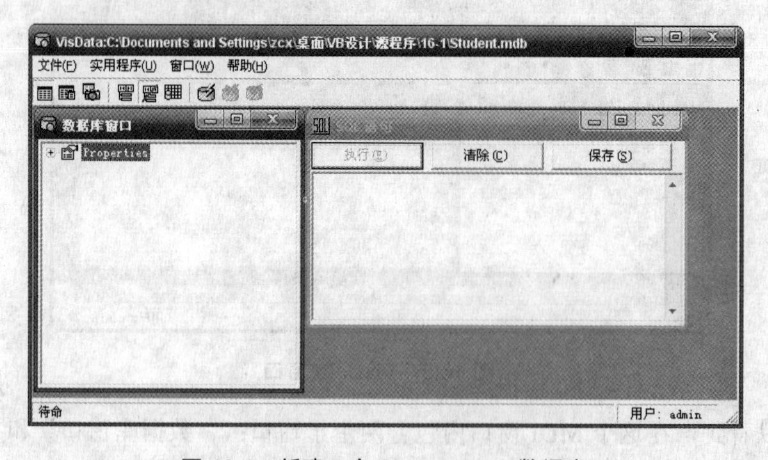

图 16.4 新建一个 Student.mdb 数据库

2. 添加数据表

建立好数据库后，现在要在 Student.mdb 数据库中建立两个数据表。操作步骤如下。

(1) 右击数据库窗口，在弹出的菜单中选择“新建表”命令，出现“表结构”对话框，利用该对话框我们可以建立数据表的结构。必须有表名称，此处设置为“学生信息表”。

(2) 单击“添加字段”按钮，弹出“添加字段”对话框，在此对话框中填入“学号”字段的信息，单击“确定”按钮。按同样的方式顺序输入“姓名”、“性别”、“民族”、“班号”字段，然后单击“关闭”按钮返回到“表结构”对话框。

(3) 建立了表的结构后就可以建立此表的索引了，这样可以加快检索速度。单击“添加索引”按钮，会弹出“添加索引”对话框，通过此对话框可以将数据表的某些字段设置为索引。在“名称”字段中输入索引的名称，然后从下边的“索引的字段”列表中选择作为索引的字段，我们这里选择的是“学号”。回到“表结构”对话框，如图 16.5 所示，单击“生成表”按钮，建立了学生信息数据表。

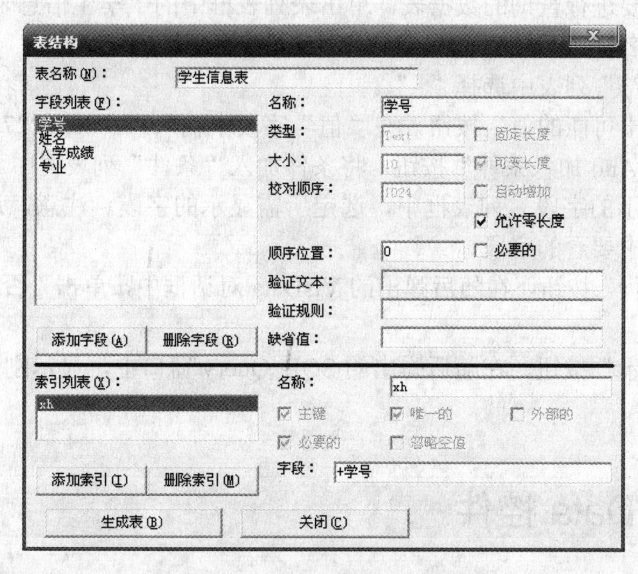

图 16.5　设计表结构的对话框

> **注意：** 如果需要建立多个索引，则每完成一项索引后，单击“确定”按钮，然后继续下一个索引的设置。设置完毕后，单击“关闭”按钮返回到“表结构”对话框。

(4) 按上面的步骤重新建立成绩表，最后可以在“数据库窗口”中看到如图 16.6 所示的两个数据表。

图 16.6　新建的两个数据表

3. 录入数据

数据表结构建立好之后，就可以向表中输入数据了，数据管理器提供了简单的数据录入功能。在要录入数据的数据表上右击，选择“打开”命令，则出现显示数据的窗口，如果此表中已有数据，则此时会显示出此表中的全部数据；若此表中无数据，则会显示出一个空表。在录入数据时，单击“添加”按钮，输入信息后，单击“更新”按钮。

4. 建立查询

数据表建立好之后，如果数据表中已经有数据，就可以对表中的数据进行有条件或无条件的查询。VB 的数据管理器提供了一个图形化的设置查询条件的窗口——查询生成器。选择“实用程序”菜单下的“查询生成器”命令，或在数据库窗口区域右击，然后在弹出的快捷菜单中选择“新建查询”命令，即可弹出“查询生成器”对话框。

假设我们要查询学号为“108010227”的学生的基本情况，可按下述步骤进行。

(1) 首先选择要进行查询的数据表，单击表列表框中的“学生信息表”。

(2) 在“字段名称”下拉列表中选定“学生信息表.学号”。

(3) 在“运算符”列表中选择“=”。

(4) 单击“列出可能的值”按钮，在“值”字段中输入“108010227”。

(5) 单击“将 And 加入条件”按钮，将条件加入“条件”列表框中。

(6) 在“要显示的字段”列表框中，选定所需显示的字段。注意，这里所选的字段就是我们在查询结果中要看的字段。

(7) 单击“运行”按钮，在随后弹出的 VisData 对话框中，单击“否”按钮，即可看到查询结果。

(8) 单击“显示”按钮，在随后弹出的 SQL Query 窗口中，显示刚建立的查询所对应的 SQL 语句。

16.5 Data 控件

当数据库结构建立好并输入了相应的记录后，就可以用 Visual Basic 来管理数据库了。本节介绍用 Data 控件访问数据库的方法。Data 控件是 Visual Basic 6.0 的基本控件之一，可以从工具箱直接引用。

16.5.1 Data 控件的属性

使用 Data 控件可在不添加任何代码的情况下完成如下功能。

(1) 完成对本地和远程数据库的连接。

(2) 打开指定的数据库表，或者是基于 SQL 的查询集。

(3) 将表中的字段传到数据绑定控件，并针对绑定控件中的修改来更新数据库。

(4) 关闭数据库。

Data 控件有许多属性，其中 Name、Left 等属性与数据库的访问无关，另外一些属性密切相关，下面我们选择重要的属性进行介绍。

1. Connect 属性

Connect 属性设置连接的数据库类型，Visual Basic 默认的数据库是 Access 的 MDB 文件，此外，也可连接 DBF、XLS、ODBC 等类型的数据库。

2. DatabaseName 属性

DatabaseName 属性设置被访问的数据库的名字和路径。如果连接的是单表数据库，则 DatabaseName 属性应设置为数据库文件所在的子目录名，而具体文件名放在 RecordSource 属性中。

3. Exclusive 属性

Exclusive 属性设置说明是以单用户(独占)方式还是以多用户方式打开指定的数据库。

4. ReadOnly 属性

ReadOnly 属性设置是否以只读方式打开指定数据库。

5. RecordSource 属性

RecordSource 确定具体可访问的数据，这些数据构成记录集对象 Recordset。该属性值可以是数据库中的单个表名，一个存储查询，或者使用 SQL 查询语言的一个查询字符串。

例如，要指定 Student.mdb 数据库中的基本情况表，则 RecordSource="student"。而 RecordSource="Select * From student Where 性别='男' "，则表示要访问基本情况表中所有男学生的数据。

6. RecordType 属性

RecordType 属性确定记录集的类型。

7. RecordSet 属性

RecordSet 属性确定数据源中的记录集。

8. EofAction 和 BofAction 属性

当记录指针指向 Recordset 对象的开始(第一个记录前)或结束(最后一个记录后)时，数据控件的 EofAction 和 BofAction 属性的设置或返回值决定了数据控件要采取的操作。

16.5.2 Data 控件的方法

Data 控件的常用方法如下。

1. Refresh 方法

如果在设计状态没有为打开数据库控件的有关属性全部赋值，或当 RecordSource 在运行时被改变后，必须使用数据控件的 Refresh 方法激活这些变化。在多用户环境下，当其他用户同时访问同一数据库和表时，Refresh 方法将使各用户对数据库的操作有效。

2. UpdateControls 方法

UpdateControls 方法可以将数据从数据库中重新读到被数据控件绑定的控件内。因而我们可使用 UpdateControls 方法终止用户对绑定控件内数据的修改。

3. UpdateRecord 方法

当对绑定控件内的数据修改后，数据控件需要移动记录集的指针才能保存修改。如果使用 UpdateRecord 方法，可强制数据控件将绑定控件内的数据写入到数据库中，而不再触发 Validate 事件。在代码中可以用该方法来确认修改。

16.5.3　Data 控件的事件

Data 控件的常用事件如下。

1. Error 事件

当 Data 控件产生错误时触发。

2. Reposition 事件

在一条记录成为当前记录后，只要改变记录集的指针使其从一条记录移到另一条记录，就会产生 Reposition 事件。通常，可以在这个事件中显示当前指针的位置。

3. Validate 事件

当要移动记录指针、修改与删除记录前或卸载含有数据控件的窗体时都触发 Validate 事件。Validate 事件检查被数据控件绑定的控件内的数据是否发生变化。它通过 Save 参数(True 或 False)判断是否有数据发生变化，Action 参数判断哪一种操作触发了 Validate 事件。参数可为表 16.3 中的值。

表 16.3　Validate 事件的 Action 参数

Action 值	描　述	Action 值	描　述
0	取消对数据控件的操作	6	Update
1	MoveFirst	7	Delete
2	MovePrevious	8	Find
3	MoveNext	9	设置 Bookmark
4	MoveLast	10	Close
5	AddNew	11	卸载窗体

一般可用 Validate 事件来检查数据的有效性。

16.5.4　记录集(Recordset)的属性和方法

由 RecordSource 确定的具体可访问的数据构成的记录集 Recordset 也是一个对象，因而，它和其他对象一样具有属性和方法。下面列出记录集常用的属性和方法。

1. AbsolutePosition 属性

AbsolutePosition 指示当前记录的位置，如果是第一条记录，则其值为 0，该属性为只读属性。

2. Bof 属性

Bof 属性判断指针是否在首记录之前，是为 True；否则为 False。

3. Eof 属性

Eof 属性判断记录指针是否在末记录之后，是为 True；否则为 False。

4. Bookmark 属性

Bookmark 属性是书签属性，用于设置或返回当前指针的标签。在程序中可以使用 Bookmark 属性重定位记录集的指针。

5. NoMatch 属性

在记录集中进行查找时，如果找到相匹配的记录，则 Recordset 的 NoMatch 属性为 False，否则为 True。该属性常与 Bookmark 属性一起使用。

6. RecordCount 属性

RecordCount 属性对 Recordset 对象中的记录计数，该属性为只读属性。在多用户环境下，RecordCount 属性值可能不准确，为了获得准确值，在读取 RecordCount 属性值之前，可使用 MoveLast 方法将记录指针移至最后一条记录上。

7. Move 方法

使用 Move 方法可代替对数据控件对象的 4 个箭头按钮的操作以遍历整个记录集。这些 Move 方法是：

- MoveFirst——移至第一条记录。
- MoveLast——移至最后一条记录。
- MoveNext——移至下一条记录。
- MovePrevious——移至上一条记录。
- Move [n]——向前或向后移 n 条记录，n 为指定的数值。

8. Find 方法

使用 Find 方法可在指定的 Dynaset 或 Snapshot 类型的 Recordset 对象中查找与指定条件相符的一条记录，并使之成为当前记录。这些 Find 方法是：

- FindFirst——从记录集的开始查找满足条件的第一条记录。
- FindLast——从记录集的尾部向前查找满足条件的第一条记录。
- FindNext——从当前记录开始查找满足条件的下一条记录。
- FindPrevious——从当前记录开始查找满足条件的上一条记录。

这 4 种 Find 方法的语法格式同为：

```
数据集合.Find 方法 搜索条件
```

搜索条件是一个指定字段与常量关系的字符串表达式。在构造表达式时，除了用普通的关系运算外，还可以用 Like 运算符。

9. Seek 方法

使用 Seek 方法时必须打开表的索引，它在 Table 表中查找与指定索引规则相符的第一条记录，并使之成为当前记录。其语法格式为：

```
数据表对象.seek comparison, key1, key2 ...
```

Seek 允许接受多个参数，第一个是比较运算符 comparison，Seek 方法中可用的比较运算符有“=、>=、>、<>、<、<=”等。

在使用 Seek 方法定位记录时，必须通过 Index 属性设置索引。若在记录集中多次使用同样的 Seek 方法(参数相同)，那么找到的总是同一条记录。

10. AddNew、Delete、Edit、Update 和 Refresh 方法

Data 控件是浏览表格并编辑表格的好工具，但怎么输入新信息或删除现有记录呢？这需要编写几行代码，否则无法在 Data 控件上完成数据输入。数据库记录的增、删、改操作需要使用 AddNew、Delete、Edit、Update 和 Refresh 方法。它们的语法格式为：

```
数据控件.记录集.方法名
```

16.5.5 ADO 控件的使用

在 VB 工具箱中显示的数据控件是基于 DAO 技术的旧的数据控件。通过选择“工程(Project)”菜单中的“部件(Components)”命令，再选中“Microsoft ADO Data Control 6.0”项，即可在工具箱中添加 ADO 数据控件。关于 ADO 数据控件的属性、方法以及使用，基本上可参照 Data 控件，这里仅介绍不同之处。

设置 ADO 数据控件的连接字符串(ConnectionString)属性来创建到数据源的连接。这个属性给出了将要访问的数据库的位置和类型。

在 ADO 数据控件的属性窗口中单击 ConnectionString 属性旁的浏览按钮就可以设置这个属性。单击浏览按钮后弹出“属性页”窗口，显示出下面 3 个数据源选项来设置连接字符串属性。

1. 使用数据连接文件

这个选项指定一个连接到数据源的自定义的连接字符串，单击旁边的“浏览”按钮可以选择一个连接文件。

2. 使用 ODBC 数据源名称

这个选项允许使用一个系统定义好的数据源名称(DSN)作为连接字符串。可以在组合框中的数据源列表中进行选择，使用旁边的“添加”按钮可以添加或修改 DSN。

3. 使用连接字符串

这个选项定义一个到数据源的连接字符串。单击“生成”按钮弹出“数据连接属性”对话框，在这个对话框中可以指定提供者的名称、连接以及其他要求信息。

在建立到数据库的连接之后，记录源属性指定记录从何而来。这个属性指定为一个表的名称，或是一个存储操作，或是一个 SQL 语句。使用 SQL 语句是一个很好的练习，因为它只从表中检索出满足条件的行而不是整个表。ADO 数据控件的数据集(Recordset)属性是表示一个表中所有的记录或者一个已执行命令的结果的对象。记录集对象用来访问查询结果返回的记录。

使用记录集对象可以对数据库中的数据进行如下操作。

- 添加记录：adodc1.Recordset.AddNew。
- 修改记录：adodc1.Recordset.Update。
- 取消修改：adodc1.Recordset.CancelUpdate。
- 删除记录：adodc1.Recordset.Delete。

16.6 数据绑定控件的使用

数据控件本身不能直接显示记录集中的数据，必须通过能与它绑定的控件来实现。可与数据控件绑定的控件对象有文本框、标签、图像框、图形框、列表框、组合框、复选框、网格、DB 列表框、DB 组合框、DB 网格和 OLE 容器等控件。要使绑定控件能被数据库约束，必须在设计或运行时对这些控件的以下两个属性进行设置。

- DataSource 属性：通过指定一个有效的数据控件连接到一个数据库上。
- DataField 属性：设置数据库有效的字段与绑定控件建立联系。

绑定控件、数据控件和数据库三者的关系如图 16.7 所示。

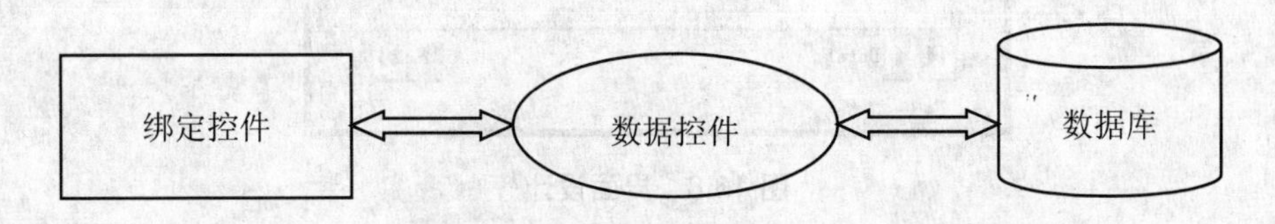

图 16.7　绑定控件、数据控件和数据库三者的关系

当上述控件与数据控件绑定后，Visual Basic 将当前记录的字段值赋给控件。如果修改了绑定控件内的数据，只要移动记录指针，修改后的数据会自动写入数据库。数据控件在装入数据库时，它把记录集的第一个记录作为当前记录。当数据控件的 BofAction 属性值设置为 2 时，若记录指针移过记录集结束位，数据控件会自动向记录集加入新的空记录。

使用数据控件对象的 4 个箭头按钮可遍历整个记录集中的记录。单击最左边的按钮显示第 1 条记录；单击其旁边的按钮显示上一条记录；单击最右边的按钮显示最后一条记录；单击其旁边的按钮显示下一条记录。数据控件除了可以浏览 Recordset 对象中的记录外，同时还可以编辑数据。如果改变了某个字段的值，只要移动记录，这时所作的改变将存入数据库中。

随着 ADO 对象模型的引入，Visual Basic 6.0 除了保留以往的一些绑定控件外，又提供了一些新的成员来连接不同数据类型的数据。这些新成员主要有 DataGrid、DataCombo、DataList、DataReport、MSHFlexGrid、MSChart 控件和 MonthView 等控件。这些新增绑定控件必须使用 ADO 数据控件进行绑定。

Visual Basic 6.0 在绑定控件上不仅对 DataSource 和 DataField 属性在连接功能上做了改进，又增加了 DataMember 与 DataFormat 属性使数据访问的队列更加完整。DataMember 属性允许处理多个数据集，DataFormat 属性用于指定数据内容的显示格式。

几乎不用编写代码就可以实现多条记录数据显示。当把 DataGrid 控件的 DataSource 属性设置为一个 Data 控件时，控件会被自动地填充，并且其列标题会用 Data 控件的记录集里的数据自动地设置。

16.7 ADO 控件实验

我们用 Data 控件实现学生信息表的浏览、添加、删除功能来巩固学到的知识，主要步骤如下。

1. 设计程序界面

在窗体中安排控件，如图 16.8 所示，Text1 ~ Text4 为数据感知控件，Data1 为数据控件。

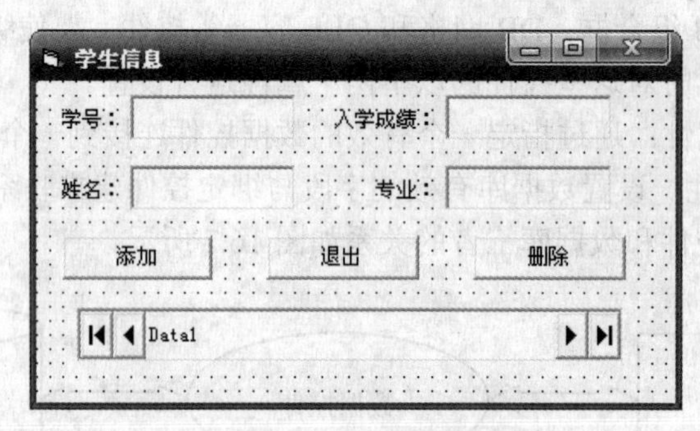

图 16.8 界面设计

选择数据控件 Data1，在属性窗口中单击 DatabaseName 属性，设置数据控件连接的数据库路径，这里为“C:\Documents and Settings\VB 设计\源程序\16-1\Student.mdb”；选中 RecordSource 属性，选择“学生信息表”。

在窗体上选择对象 Text1，然后在属性窗口设置 DataSource 属性为 Data1，设置 DataField 属性为“学号”。同理，设置 Text2.Text3.Text4 的 DataSource 属性为 Data1，DataField 属性分别为“姓名”、“入学成绩”、“专业”。

以上完成了绑定控件，不用编写代码就可以实现多条记录数据显示。如果此时运行程序，如图 16.9 所示，4 个文本框就会显示数据库第一条记录的信息。通过单击数据控件的▶按钮，显示下一条记录内容；单击◀按钮，显示上一条信息；单击▶|按钮，显示最后一条记录的内容；单击|◀按钮，显示第一条记录内容。

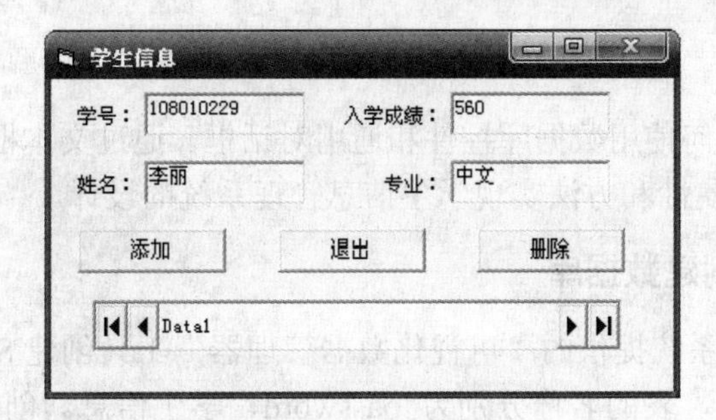

图 16.9　程序运行结果

2. 设计程序

下面编写程序实现数据库记录的添加删除。

双击“添加”按钮，编写如下添加记录程序：

```
Private Sub Command1_Click()
    Data1.Recordset.AddNew                               '添加一条空白记录
    Data1.Recordset("学号") = Text1.Text
    Data1.Recordset("姓名") = Text2.Text
    Data1.Recordset("入学成绩") = Val(Text3.Text)
    Data1.Recordset("专业") = Text4.Text
    Data1.Recordset.Update                               '将数据写入插入的记录中
    MsgBox "已完成数据插入", vbOKOnly, "添加记录"  '提示信息添加成功
End Sub
```

双击“删除”按钮，编写如下删除记录程序：

```
Private Sub Command3_Click()
    Data1.Recordset.Delete         '删除当前记录
    Data1.Recordset.MoveNext       '移动到下一条记录
End Sub
```

双击“退出”按钮，编写如下程序：

```
Private Sub Command2_Click()
    End
End Sub
```

至此编程结束，运行以上程序，将记录指针移到数据库的最后，在 4 个文本框中填入学生的信息，单击“添加”按钮，则将输入的信息添加到了数据库。单击“删除”按钮，则删除当前的记录，并在窗体显示下一条记录的信息。

16.8　回到工作场景

通过 16.2 ~ 16.7 节内容的学习，应该已经掌握了连接数据库，对数据库进行添加、删除等操作的方法，结合以前学习的多窗体设计的方法，此时足以完成学生信息系统的设计。下面我们将回到 16.1 节介绍的工作场景中，完成工作任务。

【分析】

本问题重点在于如何使用数据库控件和通用对话框。通过文本框控件绑定数据库控件，通过 RecordSet 对象的属性和方法实现学生信息管理系统的设计。

【工作过程一】创建数据库

通过 Visual Basic 系统提供的“可视化数据管理器”工具创建 Student.mdb 数据库。为数据库创建两个数据表，表的名称分别为 password、学生信息。创建完成后在“可视化数据管理器”下的“数据库”窗口中可看到如图 16.10 所示的界面。

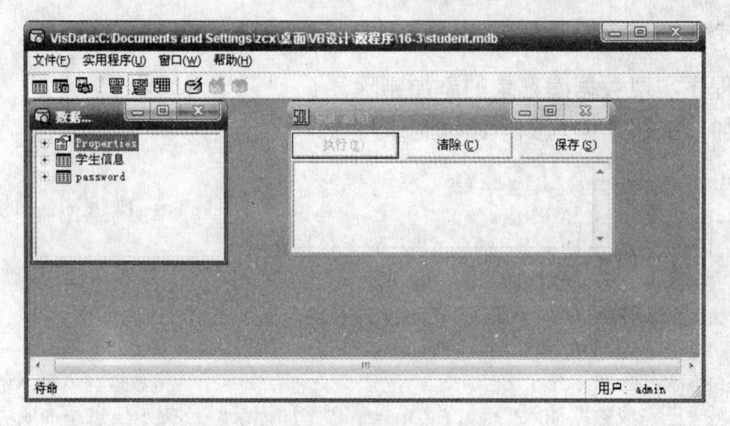

图 16.10 数据库及其中的数据表

【工作过程二】登录窗口的设计

登录窗口用于实现只有授权用户才能访问数据库管理系统。

(1) 设计窗口界面，如图 16.11 所示，窗口中的主要控件的属性值列于表 16.4。

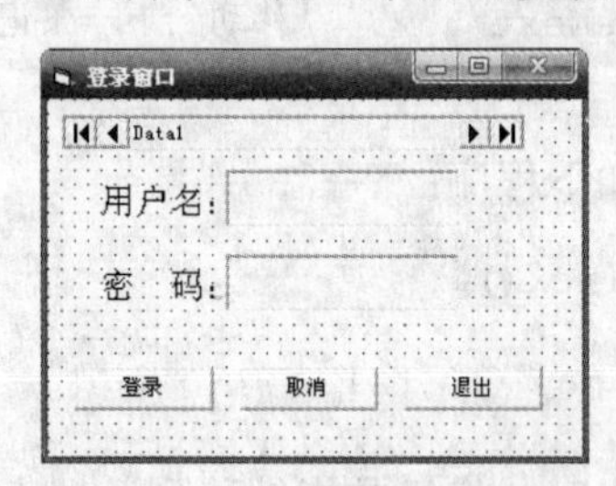

图 16.11 登录窗口界面

表 16.4 登录窗口主要控件的属性

控 件	属 性	值
Data1	DataName	“C: \VB 设计\student.mdb”
	RecordSource	“password”
	Visible	False
Command1	Caption	“确定”
Command2	Caption	“取消”

续表

控　件	属　性	值
Command3	Caption	“退出”
Text1	Text	“”
Text2	Text	“”
	Password	“*”

(2) 分别编写“确定”、“取消”、“退出”三个命令按钮的事件过程如下：

```
Private Sub Command1_Click()                        '“登录”按钮
    Dim str1 As String
    Dim str2 As String
    str1 = Text1.Text
    str2 = Text2.Text
    Data1.Recordset.FindFirst "学号='" & str1 & "'" '查找学号
    If Data1.Recordset.NoMatch Or Data1.Recordset.密码 <> str2 Then
                                                 '判断用户信息是否正确
        Text1.Text = ""
        Text2.Text = ""
        MsgBox "用户名或密码错误"
    Else
        Form2.Show
        Form1.Hide
    End If
End Sub
Private Sub Command2_Click()                        '“取消”按钮
    Text1.Text = ""
    Text2.Text = ""
    Text1.SetFocus
End Sub
Private Sub Command3_Click()                        '“退出”按钮
    End
End Sub
```

【工作过程三】学生信息系统窗体的设计

(1) 设计窗口界面，如图 16.12 所示，窗口中的主要控件的属性值列于表 16.5。

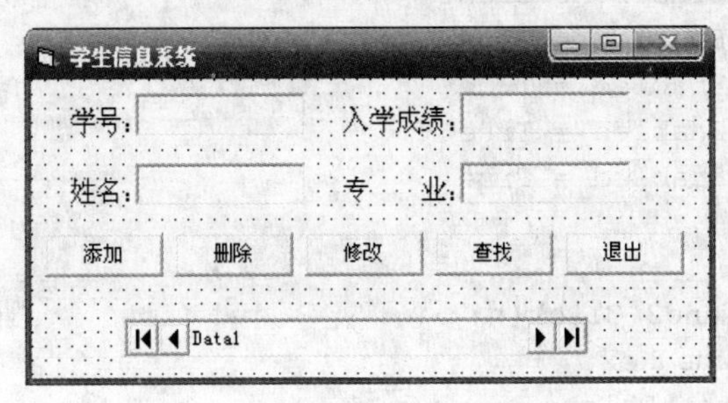

图 16.12　学生信息系统界面

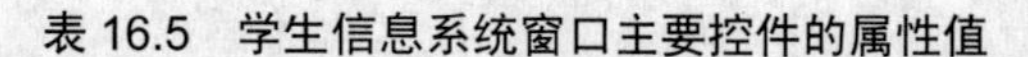
表 16.5 学生信息系统窗口主要控件的属性值

控 件	属 性	值
Data1	DataName	"C: \VB 设计\student.mdb"
	RecordSource	"学生信息"
Text1	DataSource	Data1
	DataField	"学号"
Text2	DataSource	Data1
	DataField	"姓名"
Text3	DataSource	Data1
	DataField	"入学成绩"
Text4	DataSource	Data1
	DataField	"专业"
Command1	Caption	"添加"
Command2	Caption	"删除"
Command3	Caption	"修改"
Command4	Caption	"查找"
Command5	Caption	"退出"

(2) 编写各命令按钮的事件过程如下：

```
Private Sub Command1_Click()                              '添加记录
    Command1.Enabled = False
    Command2.Enabled = False
    Command4.Enabled = False
    Command5.Enabled = False
    If Command1.Caption = "添加" Then
        Command1.Caption = "确定"
        Data1.Recordset.AddNew
        Text1.SetFocus
    Else
        Command1.Caption = "添加"
        Data1.Recordset.Updata
        Data1.Recordset.MoveLast
        Command1.Enabled = True
        Command2.Enabled = True
        Command4.Enabled = True
        Command5.Enabled = True
    End If
End Sub
Private Sub Command2_Click()                              '删除记录
    On Error Resume Next
    Data1.Recordset.Delete
    Data1.Recordset.MoveNext
    If Data1.EOFAction Then Data1.Recordset.MoveLast      '判断是否记录末尾
```

```
End Sub
Private Sub Command3_Click()                                 '修改记录
    On Error Resume Next
    Command1.Enabled = False
    Command2.Enabled = False
    Command4.Enabled = False
    Command5.Enabled = False
    If Command3.Caption = "修改" Then
        Command3.Caption = "确定"
        Data1.Recordset.Edit
        Text1.SetFocus
    Else
        Command3.Caption = "修改"
        Data1.Recordset.Updata
        Command1.Enabled = True
        Command2.Enabled = True
        Command4.Enabled = True
        Command5.Enabled = True
    End If
End Sub
Private Sub Command4_Click()                                 '按学号查询
    Dim str1 As String
    str1 = InputBox("请输入要查询学号", "查询")
    Data1.Recordset.FindFirst "学号='" & str1 & "'"
    If Data1.Recordset.NoMatch Then MsgBox "无此学号！"
End Sub
Private Sub Command5_Click()
    End
End Sub
```

16.9　工作实训营

实训实例

将数据库 DBEmp 中数据表 EmpTable 的字段“姓名”显示在 DataList 控件中。要求在 DataList 控件中选择姓名时，用 DataGrid 控件显示选中职员的信息。界面如图 16.13 所示。

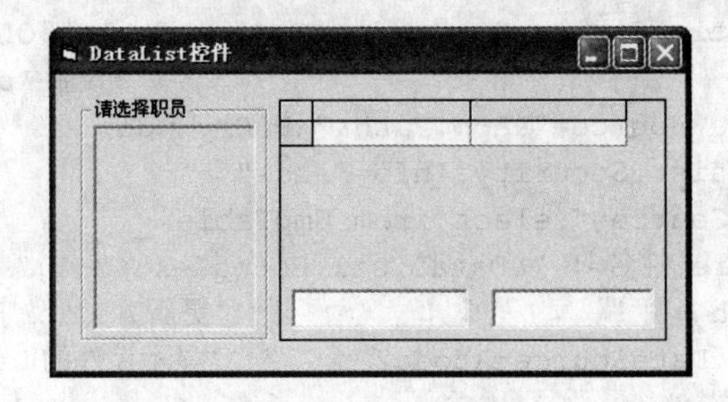

图 16.13　程序界面

【分析】

首选通过 Adodc1 控件将数据表中的姓名字段添加到 DataList 空间中，然后在 DataList 控件的 Click 事件中通过 Adodc2 控件将符合条件的记录在 DataGrid 控件中显示。

【设计步骤】

(1) 创建如图 16.13 所示窗体界面，窗体中各个控件的属性值如表 16.6 所示。

表 16.6　工程、窗体及控件属性的设置

对　象	属　性	设 置 值
工程	Name	DataGrid 控件
窗体	Name	frmMain
	Caption	DataGrid 控件
ADO 控件	Name	Adodc1
	Visible	False
ADO 控件	Name	Adodc2
	Visible	False
DataGrid 控件	Name	DataGrid1
DataList 控件	Name	DataList1

(2) 程序代码如下：

```
Option Explicit
DataList 控件使用演示
Private Sub Form_Load()
    Adodc1.ConnectionString = "Provider=Microsoft.Jet.OLEDB.4.0;_
                            '设置 Adodc1 控件的连接字符串
            Data Source="&App.Path&"\DBEmp.mdb;_
            Persist Security Info=False"
        Adodc1.RecordSource="select*from EmpTable"  '设置 Adodc1 控件的数据源
    Set DataList.RowSource=Adodc1                '设置 DataList 控件的列数据源
    DataList1.ListField="姓名"                    '设置 DataList 控件的列表字段
End Sub

Private Sub DataList1_Click()                   '在 DataGrid 控件中显示详细信息
    Adodc2.ConnectionString="Provider=Microsoft.Jet.OLEDB.4.0;_
                                                  '设置 Adodc2 控件的连接字符串
            Data Source="&App.Path&"\DBEmp.mdb;_
            Persist Security Info=False"
    Adodc2.RecordSource="select*from EmpTable _
            where 姓名=' "&DataList1.BoundText&" ' "
    Adodc2.Refresh                              '更新 Adodc2 控件
    Set DataGrid1.DataSource=Adodc2             '显示控件的 DataSource 为 Adodc2
End Sub
```

16.10　习　题

用 VB 编写一个通讯录,实现个人信息的输入、保存以及查询的功能。程序需要用 Access 建立一个个人信息的数据库，使用 VB 的 Data 控件读取数据库。完成设计后，可实现简单的读取数据库功能。程序窗体如图 16.14 所示。要求:

① 单击“添加”按钮将为数据库添加一条记录。

② 单击“删除”按钮将删除当前的记录。

③ 在列表框中选择查询的依据，单击“查询”按钮，将按最下面的文本框的内容查询记录。

④ 单击“上一个”按钮，将显示上一条记录信息。

⑤ 单击“下一个”按钮，将显示下一条记录的信息。

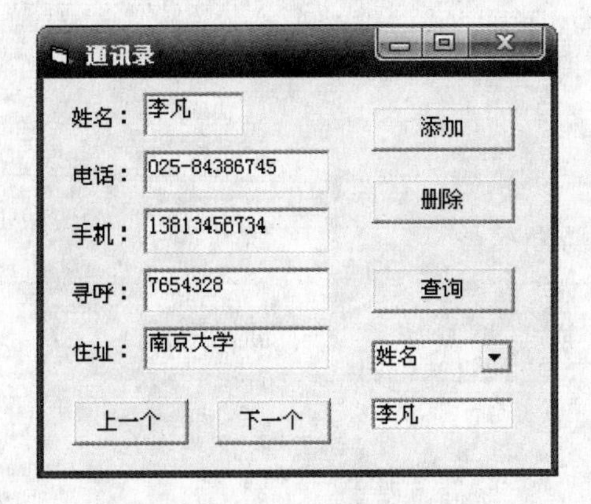

图 16.14　个人通讯录

第17章

综合案例

- 宾馆管理系统的编程。
- 应用程序的设计方法。

技能目标

- 掌握VB面向对象可视化程序设计及结构化程序设计的方法。
- 掌握通过文件设计开发一个具体的管理系统的方法。

本章通过数据文件的方法详细地阐述宾馆管理系统的开发过程，读者可以根据步骤进行项目开发实践，迅速掌握在 VB 环境下一般应用程序的分析和实现方法，从而能够开发出自己的应用程序。

17.1 宾馆管理系统简介

宾馆管理系统软件提供了宾馆管理中顾客登记、退房、顾客信息查询等功能，该系统各主要功能模块界面如图 17.1 ~ 17.5 所示。

图 17.1 用户登录界面

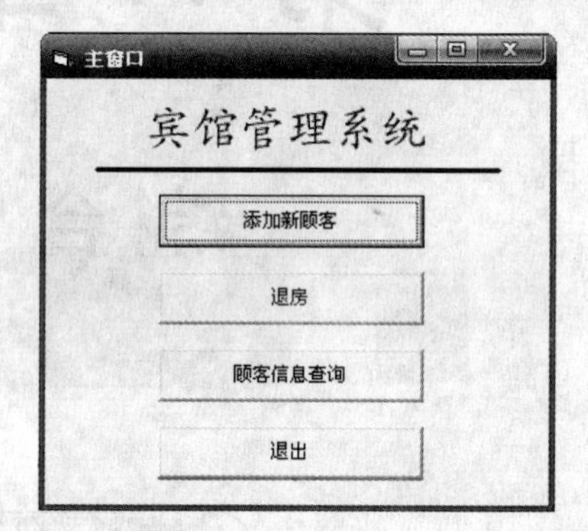

图 17.2 主窗口界面

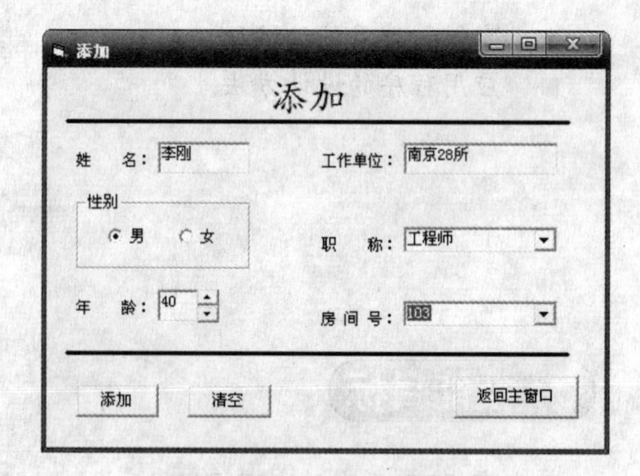

图 17.3 添加顾客信息界面

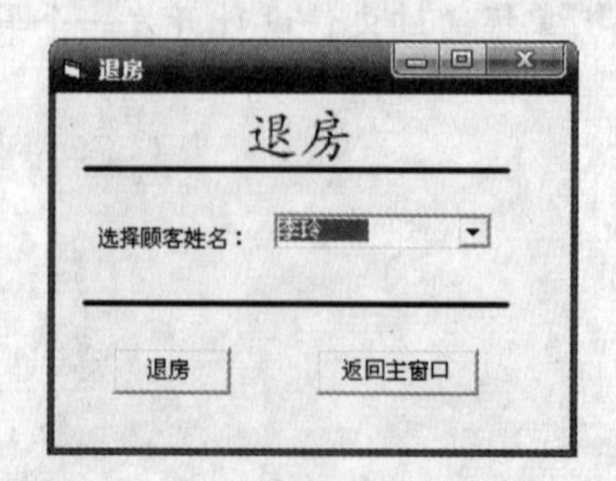

图 17.4 顾客退房窗口界面

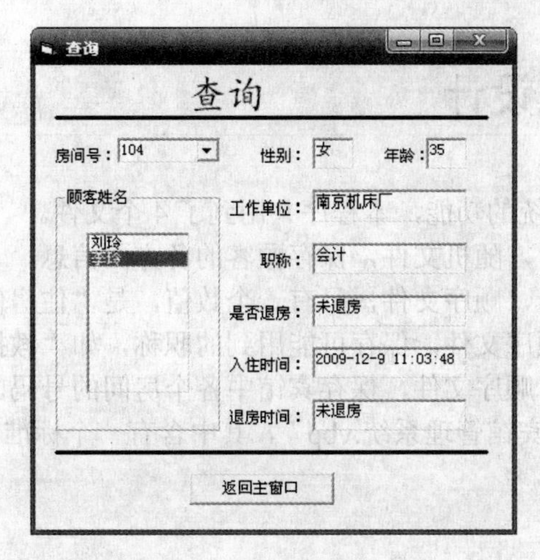

图 17.5 用户查询窗口界面

17.2 系统功能分析

在实际开发中，系统功能分析需要开发小组的系统分析及设计人员与用户进行全面、深入的交流，切实了解用户对整个系统期望具有的功能，与用户共同决定系统具体具有哪些功能，本章的宾馆管理系统主要有以下功能。

(1) 宾馆用户管理：管理用户进入系统，对整个系统的操作。

(2) 退房管理：管理对退房顾客的查询和删除。

(3) 添加管理：管理对新进顾客的信息录入。

(4) 查询管理：管理对宾馆所有顾客信息的查询。

根据上述功能分析，经过模块化的分析，得到如图 17.6 所示的宾馆管理系统功能模块结构图。

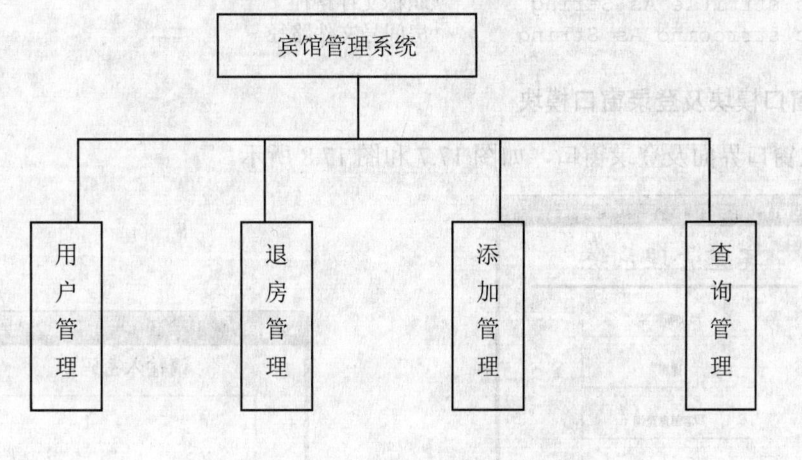

图 17.6 宾馆管理系统功能模块结构图

17.3 系统设计

为了实现宾馆管理系统的功能，本程序共用到了 4 个文件。

(1) “住房信息.txt”，随机文件，保存顾客的各方面信息。

(2) “住房人数.txt”，顺序文件，只有一个数值，是“住房信息.txt”的记录数。

(3) “职称.txt”，顺序文件，保存可能用到的职称，如“教授”、“工程师”等。

(4) “房间号.txt”，顺序文件，保存宾馆中各个房间的号码。

本工程的文件名为“宾馆管理系统.vbp”，其中含有一个标准模块和 5 个窗体模块，下面分别介绍各模块的设计。

1. 标准模块

在标准模块中声明了一个全局自定义数据类型 guest，所有的窗体都使用这个变量。模块中还声明了 4 个字符串类型的全局变量，用来保存运行时要用到的文件名。

下面是标准模块中的程序代码：

```
Type guest                                '声明全局自定义变量
   strname As String * 8                  '姓名
   blnsex As Boolean                      '性别，True 为男
   bytage As Byte                         '年龄
   strcompany As String * 40              '工作单位
   strtitle As String * 20                '职称
   strroom As String * 4                  '房间号
   dtmin As Date                          '入住日期
   dtmout As Date                         '离开日期
   blisin As Boolean                      '是否还在
End Type

Public strguestdata As String             '住房信息路径
Public strguestnum As String              '住客数文件路径
Public strtitle As String                 '职称文件路径
Public strroomno As String                '房间号文件路径
```

2. 主窗口模块及登录窗口模块

建立主窗口界面及登录窗口，如图 17.7 和图 17.8 所示。

图 17.7 主窗口

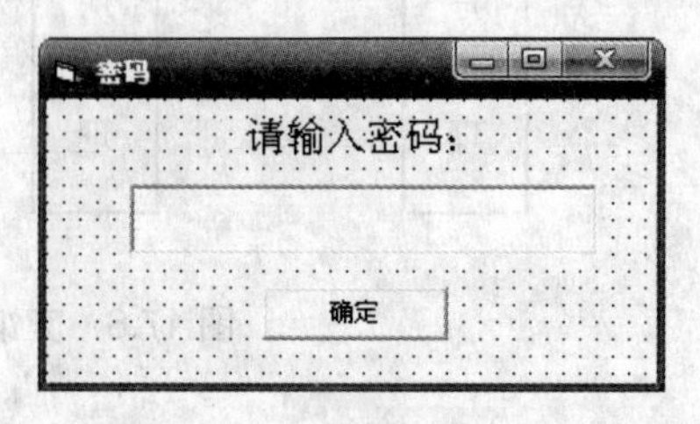

图 17.8 登录窗口

(1) 设计思想

在程序运行时，最先出现密码登录窗口，只有用户在文本框中输入正确的密码后，主窗口才会出现，否则将直接结束程序。用户可以通过主窗口上的命令按钮直接进入不同的窗体进行相应的操作。

(2) 控件属性

上面两个窗体中的控件属性分别列于表 17.1 和 17.2。

表 17.1 主窗口中主要控件的属性值

控 件	属 性	值
Form2	Caption	“主窗口”
Command1	Caption	“添加新顾客”
Command2	Caption	“退房”
Command3	Caption	“顾客信息查询”
Command4	Caption	“退出”
Line1	Borderwidth	3
Label1	Caption	“宾馆管理系统”
	Fontsize	24
	Fontname	“楷体”

表 17.2 登录窗口主要控件的属性值

控 件	属 性	值
Form1	Caption	“密码”
Command1	Caption	“确定”
Label1	Caption	“请输入密码：”
Text1	Text	“”
	Password	“*”

(3) 程序代码

主窗口模块的代码如下：

```
Public strpassword As String          '保存用户输入密码
Private Sub Command1_Click()          '单击“添加新顾客”按钮
   Form3.Show
End Sub
Private Sub Command2_Click()          '单击“退房”按钮
   Form4.Show
End Sub
Private Sub Command3_Click()          '单击“顾客信息查询”按钮
   Form5.Show
End Sub
Private Sub Command4_Click()          '单击“退出”按钮
   End
```

```
End Sub
Private Sub Form_Load()
    Dim str1 As String                    '输入密码
    Form2.Show 1
    If Trim(strpassword) <> "123456" Then
        MsgBox "密码错误！程序关闭", 16
        Unload Me
    Else
        str1 = _
          InputBox("请输入文件存放的路径：" & Chr(10) & Chr(13) & "默认在C盘")
        If Len(Trim(str1)) = 0 Then           '文件路径
            str1 = "C:\"
        End If
        strguestdata = str1 & "住房信息.txt"
        strguestnum = str1 & "住房人数.txt"
        strroomno = str1 & "房间号.txt"
        strtitle = str1 & "职称.txt"
    End If
End Sub
```

登录窗口模块的程序代码如下：

```
Private Sub Command1_Click()
    Form1.strpassword = Text1.Text
    Unload Me
End Sub
```

3. “添加”窗口模块

当用户在主窗口中单击“添加新顾客”按钮时，将会弹出“添加”窗口(见图 17.9)。

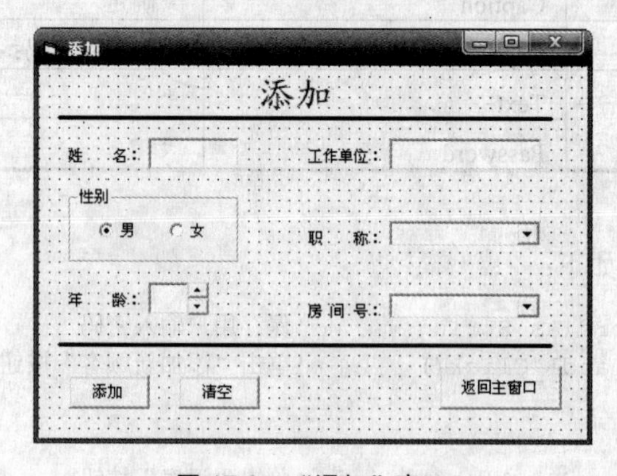

图 17.9 “添加”窗口

“添加”窗口中有很多控件，允许用户输入新顾客的姓名、性别、年龄、工作单位、职称以及分配好的房间号等信息。在窗体中输入所有信息，单击“添加”按钮，输入的信息就会作为一条记录添加到“住房信息.txt”文件中，并且“住房人数.txt”文件中的数值增加 1；添加过程中，程序还会取当前的系统时间当作用户登记时间存放到“住房信息.txt”文件中。添加完信息后，程序会自动把各个控件清除以便输入下一位顾客的信息。应注意到，“职称”和“房间号”使用的是下拉式列表框，用户可以从下拉列表中选择一个职称和房间号。当列表中没有想要的内容时，可以直接输入，新输入的职称与房间号会被程序记下，添加到下拉列表框中并存放到“职称.txt”和“房间号.txt”文件中，供以后使用。如果要清除当前窗体中控件的内容，可以单击“清除”按钮。若单击“返回主窗口”按钮，将返回主窗口。

“添加”窗口中的各控件属性如表 17.3 所示。

表 17.3 控件的属性值

控 件	属 性	值
Form3	Caption	“添加”
Command1	Caption	“添加”
Command2	Caption	“清除”
Command3	Caption	“返回主窗口”
Label1	Caption	“添加”
	Fontsize	24
	Fontname	“楷体”
Label2	Caption	“姓名：”
Label3	Caption	“工作单位：”
Label4	Caption	“职称：”
Label5	Caption	“房间号：”
Label6	Caption	“年龄：”
Option1	Caption	男
	Value	True
Option2	Caption	女
Frame1	Caption	性别
Text1、Text2、Text3	Text	“”
Combo1、Combo2	Text	“”
Line1、Line2	Borderwidth	3
VScroll1	Min	1
	Max	100
	Smallchange	1
	Largechange	10

“添加”窗口模块的代码如下：

```
Private Sub Command1_Click()                        '“添加”按钮的Click事件
    Dim newguest As guest
    Dim int1 As Integer
    If Len(Trim(CStr(Text1.Text))) = 0 Then        '姓名不能为空
        MsgBox "必须输入姓名！"
        Exit Sub
```

```
        End If
        newguest.strname = Text1.Text
        newguest.blnsex = Option1.Value
        newguest.bytage = CInt(Text3.Text)
        newguest.dtmin = Now                              '当前日期与时间
        newguest.strcompany = Text2.Text
        newguest.blisin = True
        newguest.strtitle = Combo1.Text
        newguest.strroom = Combo2.Text
        If Dir(strguestnum) = "" Then                  '如果“住房信息”文件不存在，则新建
            int1 = 0
        Else
            Open strguestnum For Input As 1
            Input #1, int1
            Close 1
        End If
        Open strguestnum For Output As 1
        Write #1, int1 + 1
        Close 1
        Open strguestdata For Random As 1 Len = Len(newguest)
        Put #1, int1 + 1, newguest
        Close 1
        For int1 = 0 To Combo1.ListCount - 1            '如果“职称”文件不存在，则新建
            If Trim(Combo1.Text) = Trim(Combo1.List(int1)) Then
                Exit For
            End If
        Next
        If int1 = Combo1.ListCount Then
            Open strtitle For Append As 1
            Combo1.AddItem Trim(Combo1.Text)
            Write #1, Trim(Combo1.Text)
            Close 1
        End If
        For int1 = 0 To Combo1.ListCount - 1       '如果“住房信息”文件不存在，则新建
            If Trim(Combo2.Text) = Trim(Combo2.List(int1)) Then
                Exit For
            End If
        Next
        If int1 = Combo2.ListCount Then
            Open strroomno For Append As 1
            Combo2.AddItem Trim(Combo2.Text)
            Write #1, Trim(Combo2.Text)
            Close 1
        End If
        Call clearcontrol                                '清空控件
    End Sub
    Private Sub clearcontrol()                           '自定义清空控件子程序
        Text1.Text = ""
        Text2.Text = ""
```

```
    Text3.Text = "40"
    Combo1.Text = ""
    Combo2.Text = ""
    Option1.Value = True
End Sub
Private Sub Command2_Click()                    '单击“清空”按钮
    Call clearcontrol
End Sub
Private Sub Command3_Click()                    '单击“返回主窗口”按钮
    Unload Me
End Sub
Private Sub Form_Load()
    Dim str1 As String
    If Dir(strtitle) <> "" Then                 '如果“职称”文件存在则打开
        Open strtitle For Input As 1
        Do While Not EOF(1)
            Input #1, str1
            Combo1.AddItem str1
        Loop
        Close 1
    End If
    If Dir(strroomno) <> "" Then                '如果“房间号”文件存在则打开
        Open strroomno For Input As 2
        Do While Not EOF(2)
            Input #2, str1
            Combo1.AddItem str1
        Loop
        Close 2
    End If
    Text3.Text = "40"
End Sub
Private Sub VScroll1_Change()                   '通过滚动条设置年龄
    Text3.Text = VScroll1.Value
End Sub
Private Sub VScroll1_Scroll()
    Text3.Text = VScroll1.Value
End Sub
```

4. “退房”窗口模块

当用户在主窗口中单击“退房”按钮时，将会弹出“退房”窗口(见图 17.10)。

“退房”窗口相对比较简单，列表框中列出了所有未退房的顾客姓名，可以从中选择一位顾客姓名，然后单击“退房”按钮，则顾客退房完成，已退房的顾客信息并未从数据文件中删除，只是记下了退房时间，供以后查询，操作完毕后，单击“返回主窗口”按钮，返回到主窗口。

“退房”窗口中的各控件属性如表 17.4 所示。

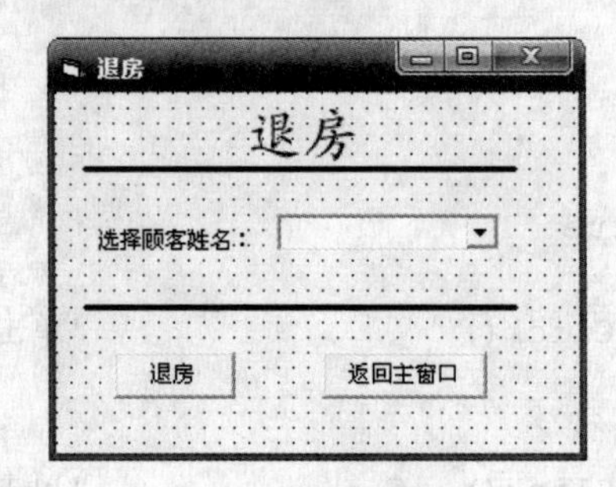

图 17.10　退房窗口

表 17.4　控件的属性值

控　件	属　性	值
Form4	Caption	“退房”
Command1	Caption	“退房”
Command2	Caption	“返回主窗口”
Label1	Caption	“退房”
	Fontsize	24
	Fontname	“楷体”
Label2	Caption	“选择顾客姓名：”
Combo1	Text	“”
Line1、Line2	Borderwidth	3

“退房”窗口中的代码如下：

```
Private Sub Command1_Click()          '单击“退房”按钮
    Dim str1 As String * 8
    Dim str2 As String * 8
    Dim guest1 As guest
    Dim int1 As Integer
    Dim int2 As Integer
    If Combo1.ListIndex = -1 Then
        MsgBox "请选择顾客姓名！"
        Exit Sub
    End If
    Open strguestdata For Random As 1 Len = Len(guest1)
    int1 = Combo1.ItemData(ListIndex)
    Get #1, int1, guest1
    guest1.blisin = False
    guest1.dtmout = Now
    Put #1, int1, guest1
    Combo1.RemoveItem Combo1.ListIndex
    Close 1
End Sub

Private Sub Command2_Click()          '返回主窗口
```

```
    Unload Me
End Sub

Private Sub Form_Load()                   '在组合框中添加未退房的顾客
    Dim guest1 As guest
    Dim int1 As Integer
    Dim int2 As Integer
    If Dir(strguestnum) <> "" And Dir(strguestdata) <> "" Then
        Open strguestnum For Input As 1
        Input #1, int1
        Close 1
        Open strguestdata For Random As 1 Len = Len(guest1)
        For int2 = 1 To int1
            Get #1, int2, guest1
            If guest1.blisin = True Then
                Combo1.AddItem guest1.strname
                Combo1.ItemData(Combo1.NewIndex) = int2
            End If
        Next
        Close 1
    End If
End Sub
```

5. “查询”窗口模块

当用户在主窗口中单击“顾客信息查询”按钮时，会弹出“查询”窗口(见图 17.11)。

查询功能是信息管理系统都必须具备的。这里在“查询”窗口，从“房间号”列表框中选择一个房间号，下面的“顾客姓名”列表框中会列出在这个房间住过的所有人的姓名，单击任何一个顾客的姓名，窗体右半部分就会列出这个人的全部信息，包括入住时间和退房时间。如果此人还未退房，则文本框中显示“未退房”。

“查询”窗口中各控件的属性如表 17.5 所示。

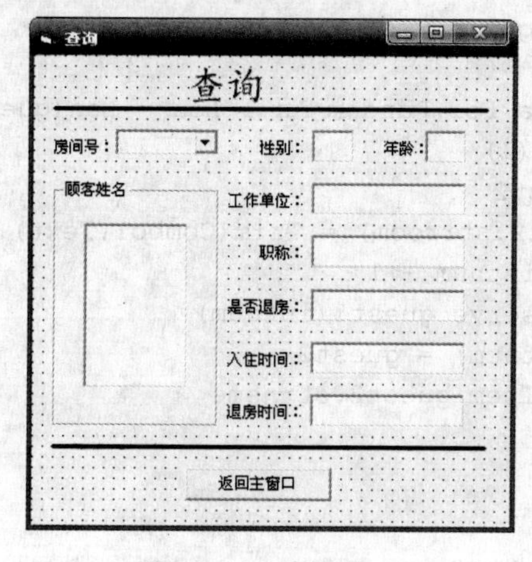

图 17.11　查询窗口

表 17.5 各控件的属性值

控 件	属 性	值
Form5	Caption	“退房”
Command1	Caption	“返回主窗口”
Label1	Caption	“退房”
	Fontsize	24
	Fontname	“楷体”
Label2	Caption	“房间号：”
Label3	Caption	“性别：”
Label4	Caption	“年龄：”
Label5	Caption	“工作单位：”
Label6	Caption	“职称：”
Label7	Caption	“是否退房：”
Label8	Caption	“入住时间：”
Label9	Caption	“退房时间：”
Combo1	Text	“”
Text1 ~ Text7	Text	“”
List1	List	“”
Line1、Line2	Borderwidth	3

“查询”窗口中的代码如下：

```
Dim intnum As Integer
Dim guest1() As guest                    '声明模块级动态数组
Private Sub Combo1_Click()               '在组合框中选择一个房间号
    intnum = 0
    Dim guest2 As guest
    Dim int1 As Integer
    List1.Clear
    Open strguestdata For Random As 1 Len = Len(guest2)
    Do While Not EOF(1)
        Get 1, , guest2
        If Trim(guest2.strroom) = Trim(Combo1.Text) Then
            intnum = intnum + 1
            ReDim Preserve guest1(intnum)
            guest1(intnum) = guest2
            List1.AddItem guest2.strname
        End If
    Loop
    Close 1
    Call clearcontrol
End Sub
Private Sub clearcontrol()                '自定义清空过程
```

```
    Text6.Text = ""
    Text1.Text = ""
    Text2.Text = ""
    Text3.Text = ""
    Text4.Text = ""
End Sub
Private Sub Command1_Click()                '返回主窗口
    Unload Me
End Sub
Private Sub Form_Load()                     '在组合框中列出所有房间号
    Dim str1 As String
    If Dir(strroomno) <> "" Then
        Open strroomno For Input As 1
        Do While Not EOF(1)
            Input #1, str1
            Combo1.AddItem str1
        Loop
        Close 1
    End If
End Sub
Private Sub List1_Click()                    '单击顾客姓名
    Dim int1 As Integer
    int1 = List1.ListIndex + 1
    If guest1(int1).blnsex Then
        Text1.Text = "男"
    Else
        Text1.Text = "女"
    End If
    Text3.Text = guest1(int1).strcompany
    Text2.Text = guest1(int1).bytage
    Text4.Text = guest1(int1).strtitle
    If guest1(int1).blisin Then
        Text5.Text = "未退房"
    Else
        Text5.Text = "已退房"
    End If
    Text6.Text = guest1(int1).dtmin
    If guest1(int1).blisin Then
        Text7.Text = "未退房"
    Else
        Text7.Text = guest1(int1).dtmout
    End If
End Sub
```

6. 运行保存

运行程序，并保存工程文件及窗体文件。

通过以上过程，我们完成了对整个管理系统的编程，对于以上管理系统，我们也可以通过第 16 章介绍的数据库内容进行编程，可以得到同样的效果，有兴趣的读者可以尝试。

17.4 习题

结合本章案例以及全书知识点设计一个提供了系统管理、基础数据管理、部门信息管理、职员基本信息管理、职员考核信息管理以及数据库管理等功能的人事管理系统。

附录　习 题 答 案

这里的答案仅供参考。对于有些习题，答案不止一种，所给出的答案不一定是最好的，为了节省篇幅，编程题有的只给了代码，有的直接省略。

第 1 章　Visual Basic 程序开发环境

1. 选择题

(1) B　(2) C　(3) D　(4) C　(5) A

2. 填空题

(1) 工具栏　(2) F5　(3) 本地窗口　(4) 监视窗口　(5) 立即窗口
(6) 设计模式　中断　(7) Ctrl+Break　(8) F8　Shift+F8

第 2 章　对象及其操作

1. 选择题

(1) B　(2) C　(3) B　(4) B　(5) A
(6) D　(7) C　(8) D　(9) D　(10) A

2. 填空题

(1) 欢迎使用 VB 语言　编写应用程序
(2) 属性窗口　语句
(3) 属性名称　属性值
(4) 保留字
(5) 完成某种特定的功能
(6) 窗体的标题　相同

3. 编程题

(1)
① 在窗体上画一个文本框和两个命令按钮。
② 通过“属性窗口”把两个按钮的标题分别设置为“显示”和“隐藏”。
③ 编写“装载窗体”事件过程的代码。
④ 分别编写“单击命令按钮 1”和“单击命令按钮 2”的事件过程的代码。
⑤ 运行程序，并对上述事件过程进行检验。

(2)
① 建立一个窗体。

② 编写程序代码：确定两行字的坐标位置，设置字体格式，并输入文字内容。

③ 运行程序，并对单击窗体事件进行检验。

(3)

① 在窗体上建立一个标签框，并在“属性窗口”中设置“标题”属性值并设置规定的字体、字号。

② 编写单击窗体事件及双击窗体事件的过程代码。

③ 运行程序，单击窗体，检验该事件的效果；再双击窗体，同样检验运行效果。

第 3 章　简单程序设计

1、选择题

(1) B　(2) A　(3) B　(4) B　(5) C　(6) D　(7) C　(8) D

2、填空题

(1) 面向对象　　(2) 一个或多个事件过程

(3) 窗体模块　类模块　　(4) 窗体文件　工程文件　.vbp

(5) 属性窗口　　(6) 控件列表　事件列表

(7) 欢迎使用本系统！ VB 应用程序

3. 编程题

参考 3.3 节的实例

第 4 章　Visual Basic 程序设计基础

1. 选择题

(1) B　(2) D　(3) B　(4) B　(5) B

(6) A　(7) A　(8) B　(9) A　(10) B

(11) C　(12) C　(13) B　(14) D　(15) B

2. 填空题

(1) 单精度　(2) 变体　(3) 4　(4) False　(5) 200　300

(6) 1　(7) Public A As Integer　(8) 变体型

(9) 标准模块

```
Type stu
    Name As String * 8
    Age As Integer
    Math As Single
End Type
```

(10) x+y<10 And x-y>0

(11) x*y>0 或 x>0 And y>0 or x<0 And y<0

(12) A=0 And b<>0 Or a<>0 And b=0

(13) True

(14) x>=a And x<b

(15) GoodMorning　GoodMorning

3.　编程题

```
Private Sub Command1_Click()
    Dim byt1 As Byte
    Dim str1 As String
    byt1 = CByte(Text1)
    For int1 = 1 To 8
        If (byt1 And 2 ^ (8 - int1)) <> 0 Then
            str1 = str1 & "1"
        Else
            str1 = str1 & "0"
        End If
    Next
    Text2.Text = str1
End Sub
```

第 5 章　数据的输出与输入

1.　选择题

(1) D　(2) D　(3) C　(4) C　(5) C　(6) D

2.　填空题

(1) -013.24　--013.24　+013.24　-+013.24

(2) 95101　(3) 321456　(4) 你的年龄是：26　(5) 22

(6) EFGH　(7) True　(8) Printer.Print "今天是个好日子"　(9) 22

(10) 002.45　2.449　24.49e-01　-2.4495　(11) InputBox　MsgBox

3.　编程题

(1) 在窗体上画 3 个文本框，text 属性为空，再画一个按钮，caption 为"确定"；按钮的 click 事件处理程序为 text3.text=val(text1.text)+ val(text2.text)。

(2) 本题用到了 loadpicture()函数用来切换图片。

(3) 本题用到了文本框的 Password 属性，判断语句 if 的用法。

第 6 章　控制结构

1.　选择题

(1) B　(2) D　(3) A　(4) C

2. 填空题

(1) BBCCCDDDDEEEEE

(2) x>=0　　x<amin

(3) Rnd　x Mod 5　　x

(4) n>Max　n<Min　s-Max-Min

(5) Is<-100, Is>200　　Is<0　Is<=100　Is<=200

(6) a=t　I Mod 5=0　　i=i+1

3. 编程题

(1)

```
Private Sub Form_Load()
    Show
    '三角形
    Dim I As Integer, J As Integer
    For I = 1 To 6
        Print Tab(16 - I);
For J = 1 To 2 * I - 1
Print "*";
        Next J
        Print
    Next I
'倒三角形
    For I = 1 To 5
        Print Tab(10 + I);
        For J = I To 10 - I
            Print "*";
        Next J
        Print
    Next I
End Sub
```

(2)

```
Private Sub Form_Load()
    Show
    Dim I As Integer, J As Integer
    For I = 50 To 100
        For J = 2 To Sqr(I)
            If I Mod J = 0 Then Exit For
        Next J
        If J > Sqr(I) Then
            Print I,
        End If
        If I Mod 10 = 0 Then Print : Print
    Next I
End Sub
```

(3)

```
Private Sub Command1_Click()
   Dim A As Single, B As Single, C As Single
   Dim D As Single   '中间变量
   A = Val(Text1.Text)
   B = Val(Text2.Text)
   C = Val(Text3.Text)
   If A < B Then
      D = A
      A = B
      B = D
   End If
   If A < C Then
      D = A
      A = C
      C = D
   End If
   If B < C Then
      D = B
      B = C
      C = D
   End If
Text4.Text = Str(A) + Str(B) + Str(C)
End Sub
```

第7章　数组

1. 选择题

(1) D　(2) B　(3) C　(4) A　(5) B

2. 填空题

(1) 45　(2) a(i, j)　a(i, i)　a(i, j−i)　(3) a(i)=a(10−i+1)　a(10−i+1) = Tmp

(4) 1　a(i) > a(max_i)　(5) Index　FontName

3. 编程题

(1)

```
Private Sub Command1_Click()
    Dim s As String, t As String, ss As String
    s = Text1.Text
    For i = 1 To Len(s)
       t = Mid(s, i, 1)
       n = Asc(t)
       If n <= Asc("z") And n >= Asc("a") Then
          n = Asc("a") + (26 - (n - Asc("a") + 1) +1) - 1
```

```
        End If
        If n <= Asc("Z") And n >= Asc("A") Then
            n = Asc("A") + (26 - (n - Asc("A") + 1) + 1) - 1
        End If
        t = Chr(n)
        ss = ss + t
    Next
    Text2.Text = ss
End Sub
```

(2)

```
Dim num() As Integer, i As Integer, n as integer
N=3
ReDim num(n ^ 2 - 1) As Integer
If n Mod 2 = 0 Then Exit Sub
For i = 0 To n ^ 2 - 1
    If i < n Then
        num(i) = IIf(i >= (n - 1) / 2, 0, n * (n + 1)) + (i - (n - 1) / 2) *
(n + 2) + 1
    Else
        num(i) = 1 + (n ^ 2 + num(i - n) + _
IIf(num(i - n) Mod n = 0, 0, n)) Mod n ^ 2
    End If
    Print Tab((i Mod n) * 6); Space(4 - Len(Str(num(i)))) & num(i);
    If (i + 1) Mod n = 0 Then Print
Next
```

第 8 章　常用标准控件

1. 选择题

(1) D　(2) A　(3) C　(4) B　(5) C

2. 填空题

(1) Change　(2) MultiSelect　(3) Interval　300

(4) Pic1.Picture = LoadPicture("D:\A1.bmp")

(5) Tab　TabStop　(6) Value　(7) Enabled

3. 编程题

参考工作场景中的程序完成

第 9 章　过程

1. 选择题

(1) D　(2) B　(3) C　D　(4) B

2. 填空题

(1) GFEDCBA

(2) 12

(3) 2

4

6

8

(4) Inx=252　Sing=35.5

3. 编程题

(1) 解析：函数的定义与返回值的方法。要想让函数返回一个值，只能在函数体中对函数名进行赋值，而不是通过 Return 语句。对奇数的判定可以用 MOD 运算，看余数是否为 1。

(2) 完整的代码如下：

```
Public Function TranDec(ByVal iDec As Integer, _
    ByVal iBase As Integer) As String
    Dim iDecR(60) As Integer
    Dim iB As Integer, i As Integer
    Dim strDecR As String * 60
    Dim strBase As String * 16
    strBase = "0123456789ABCDEF"
    i = 0
    Do While iDec <> 0
        iDecR(i) = iDec Mod iBase
        iDec = iDec \ iBase
        i = i + 1
    Loop
    strDecR = ""
    i = i - 1
    Do While i >= 0
        iB = iDecR(i)
        strDecR = RTrim$(strDecR) + Mid$(strBase, iB + 1, 1)
        i = i - 1
    Loop
    TranDec = strDecR
End Function
Private Sub Command1_Click()
    Dim IDEC0 As Integer, IBASE0 As Integer
    IDEC0 = Val(Text1.Text)
    IBASE0 = Val(Text2.Text)
    Text3.Text = TranDec(IDEC0, IBASE0)
End Sub
```

(3) 解析：本题用了递归的思路，用题中给的迭代公式计算。部分代码如下：

```
X1 = a / 2
```

```
X2 = (X1 + a / X1) / 2
Do Until Abs(X2 - X1) < e     'e为计算精度
    X1 = X2
    X2 = (X1 + a / X1) / 2
Loop
```

(4) 解析：本题用文本框来接受要编写的求 E 的 x 次方过程的参数，在过程中完成计算并输出。在函数过程中调用系统函数 Exp(number)求解 ex 的值。

(5) 解析：编写函数过程 F1 用来求数组元素的最大值、最小值。用 For 循环求解数组元素的和与平均值。求最值时，设定两个临时变量 max 和 min 用来存放最大值和最小值。每次将数组元素与这两个变量的值比较。若大于 max 则放入 max，若小于 min 则放入 min。全部比较结束后，max 和 min 就是最大值和最小值。

第 10 章　键盘与鼠标事件过程

1. 选择题

(1) D　　(2) A　　(3) C　　(4) A

2. 填空题

(1) 按一下键盘上的某个键

(2) 99

(3) A

a

(4) Button=2

(5) KeyCode=13　　SetFocus

(6) True

(7) KeyAscii = 0

(8) DragIcon

(9) 自动方式和手工方式　　DragMode

(10) Form_MouseDown Form_MouseUp Form_Click　Form_DblClick　Form_MouseUp

(11) 可采用手工拖放　　开启控件的拖放操作　　结束和停止控件的拖放并释放控件

(12) KeyAscii = 13　　SetFocus

3. 编程题

(1) 解析：本题用到了 DragOver 事件和 click 事件修改对象的 Visible 属性。

(2)

```
Private Sub Form_KeyDown(KeyCode As Integer, Shift As Integer)
    Print KeyCode
End Sub
```

(3) 解析：将文本框的 PasswordChar 属性设置为“*”，输入数据全部显示“*”号；在命令按钮的 Caption 属性中添加& (热键字母)，会实现热键功能。

第 11 章　菜单程序设计

1. 选择题

(1) B　(2) D　(3) B　(4) B　(5)A

2. 填空题

(1) menu1.Visible = False　(2) &　(3) MenuItem.Enabled = False
(4) Menu123.Checked = True　(5) Form1.PopupMenu pmenu
(6) -　(7) [&F]　(8) Menu11.Caption = "你好"
(9) Load　Unload
(10) 名称　(11) MouseDown　PopupMenu 或者 Form1.PopupMenu
(12) Caption

3. 编程题

(1) 解析：使用菜单编辑器建立题目要求的菜单，单击菜单项“输入”时，弹出输入对话框 Inputbox，单击菜单项“退出”，则 End 结束程序，单击菜单项“显示”时令 Text1.Text 取得从 Inputbox 中接收到的字符，单击菜单项“清除”时令 Text1.Text=“”，其余字体格式设置参考书中的例题。

(2) 解析：使用菜单编辑器建立题目要求的菜单，并使菜单项不可见，编写窗体的 MouseDown 事件，当按下的是右键时弹出菜单，代码如下：

```
Private Sub Form_MouseDown(Button As Integer, _
Shift As Integer, X As Single, Y As Single)
   If Button = 2 Then
      PopupMenu 菜单名
   End If
End Sub
```

选择江苏时，Label1.Caption = “江苏”，Text1.Text = “南京　苏州　扬州　无锡”。

(3) 解析同第 2 题。

第 12 章　对话框程序设计

1. 填空题

(1) Filter　(2) Cdlg.ShowOpen　(3) Cdlg.ShowColor　(4)“text(.txt)|(*.txt)”
(5) FileName　(6) Max　(7) Copies
(8) 工程　部件　Microsoft Common Dialog Control 6.0
(9) Msgbox 语句
(10) 模式
(11)
① Open File(*.doc)

② *.txt

③ All Files

*.txt

*.doc

④ *.txt

⑤ FilterIndex

⑥ 所选择的文件名

(12) CommonDialog1.ShowSave (13) Flags (14) 字体

(15) InitDir (16) Color (17) Cdlg1.ShowSave Cdlg1.Action=4

2. 编程题

(1)

①

```
Private Sub Form_Click()
   CommonDialog1.Action = 1
   Option1.Caption = CommonDialog1.FileName
End Sub
```

②

```
Private Sub Command1_Click()
   Text1.Text = Option1.Caption
End Sub
Private Sub Form_DblClick()
   CommonDialog1.ShowOpen
   Option1.Caption = CommonDialog1.FileName
End Sub
```

(2)

```
Private Sub Command1_Click()
    CommonDialog1.Flags = 3
    CommonDialog1.Action = 4
    Text1.FontName = CommonDialog1.FontName
    Text1.FontBold = CommonDialog1.FontBold
    Text1.FontSize = CommonDialog1.FontSize
End Sub
Private Sub Command2_Click()
   CommonDialog1.Action = 3
   Text1.ForeColor = CommonDialog1.Color
End Sub
Private Sub Command3_Click()
   CommonDialog1.Action = 3
   Text1.BackColor = CommonDialog1.Color
End Sub
```

第 13 章　多重窗体程序设计环境应用

1. 选择题

(1) A　　(2) D

2. 填空题

(1) 全局变量　(2) frm1.Show　(3) Initialize　(4) myfrm1.Show
(5) 标准　(6) Load Frm1　Unload Frm1
(7) Frm1.Show　Frm1.Hide　(8) .bas　(9) Unload　Show

3. 编程题

参考本章的工作场景

第 14 章　文件处理

1. 选择题

(1) C　(2) A　(3) B　(4) D

2. 填空题

(1) Input　Output　Read　(2) Close　(3) FreeFile
(4) Open "C:\dir1\file2.dat"　For Input As #8
(5) Open "C:\dir1\file3.dat"　[For Random] As #5　Len=100

3. 编程题

(1)

```
Private Sub Command1_Click()
   Dim intinput As Integer
   Dim lngresult As Long
   Open "A:\test.txt" For Input As 1
   Input #1, intinput
   Close
   If intinput > 12 Then
      MsgBox "数据太大，不能计算"
      End
   End If
   Text1.Text = intinput
   lngresult = factor(intinput)
   Text2.Text = lngresult
   Open "A:\testout.txt" For Output As 1
   Print #1, lngresult
   Close
```

```
End Sub

Private Function factor(n As Integer)
    If n = 1 Then
        factor = 1
    Else
        factor = factor(n - 1) * n
    End If
End Function
```

(2) 先定义一个记录型变量，以随机方式存取。具体编程略

第 15 章　多媒体应用开发

1、填空题

(1) Print、Line、Circle、Point、Pset　　(2) Media Control Interface，多媒体控制接口

2、编程题

参考书中的例子并查阅资料完成

第 16 章　数据库编程初步

参考书中的例子完成

参 考 文 献

[1] 谭浩强. Visual Basic 语言程序设计[M]. 北京：清华大学出版社，2000.

[2] 李淑华. VB 程序设计及应用(第二版)[M]. 北京：高等教育出版社，2009.

[3] 匡松等. Visual Basic 程序设计及应用[M]. 北京：清华大学出版社，2008.

[4] 刘韬. Visual Basic 6.0 实效编程百例[M]. 北京：人民邮电出版社，2002.

[5] 梁芳. Visual Basic 程序设计案例教程[M]. 北京：清华大学出版社，2006.